サクライ
上級量子力学

[第Ⅰ巻]

輻射と粒子

ADVANCED
QUANTUM MECHANICS

J.J.サクライ 著

樺沢 宇紀 訳

丸善プラネット株式会社

J.J. SAKURAI
Late of the Department of Physics,
University of California, Los Angeles

ADVANCED QUANTUM MECHANICS

Authorized translation from the English edition, entitled ADVANCED QUANTUM MECHANICS, 1st Edition, ISBN 0201067102 by SAKURAI, J. J., published by Pearson Education, Inc, publishing as Addison Wesley, Copyright © 1967

All rights reserved. No part of this book may be reproduced or transmitted in any form or by any means, electronic or mechanical, including photocopying, recording, or by any information storage retrieval system, without permission from Pearson Education, Inc.

Japanese language edition published by Maruzen Planet Co., Ltd., © 2010, 2013 Under translation agreement with Pearson Education, Inc, the Japanese language edition published in 2 volumes.

PRINTED IN JAPAN

序

　本書の目的は1927年から現在までに進展した量子物理学の基本的な部分を，これ以上簡単にできないような方法で提示することにある．題材を選択するにあたり，非相対論的な量子力学を扱う伝統的な教科書で論じられているような種々の話題は省くことにした．すなわち群論的方法，原子や分子の構造，固体物理，低エネルギーの核物理や素粒子物理などは対象外である．遺憾ながら衝突過程に関する定式的な理論も省いたが，この題材については幸い同じ Addison-Wesley から出版された P. Roman, "*Advanced Quantum Theory*" において入念に扱われている．本書では輻射の量子論，レプトンを扱う Dirac（ディラック）の理論，および共変な量子電磁力学を主要な対象とした．読者はあらかじめ相対論的量子力学や場の量子論に馴染んでいる必要はないが，非相対論的な量子力学 (Dicke and Wittke や Merzbacher の教科書など)，古典電磁気学 (Panofsky and Phillips や Jackson など)，古典力学 (Goldstein など) を既に習得しているものと仮定した．

　本書の内容は，シカゴ大学の物理学科において Ph.D. を取得しようとする"すべての"学生にとって必修となっている3期連続の量子力学講義において，最後の期に行う講義のノートが元になっている．20年前には，そのような短期の"上級量子力学"の講義では Schiff（シッフ）の教科書の最後の3つの章で論じられている題材が扱われていた．しかしながら我々は P. A. M. Dirac が電子の相対論的な波動方程式を見出してから既に40年が経過していることを認識する必要がある．R. P. Feynman（ファインマン）が有名なグラフの技法を発明してからでさえもう20年近くが経過しており，その技法は量子電磁力学や高エネルギー核物理学だけでなく，統計力学や超伝導や核子の多体問題のような，元々直接的な関係の少ない分野にまで深遠な影響を与えてきた．20年前の大学院生にとって適切であったカリキュラムが，もはや物理学の進展の最前線を担うべき現在の大学院生にとって満足のいくものでないことは明らかである．

　本書の第1章は，後の章を読むための前提として必要となる古典場の理論の簡単な紹介に充ててある．第2章では電磁場の量子論を扱う．まず横波の電磁場 (輻射場) を，量子力学的な調和振動子との類似性に基づいて量子化する．その後の部分では原

子による光子の放射，吸収，散乱などの標準的な話題を扱い，学生たちがすでに受けた講義において親しんでいる原子の諸現象（自発放射，Planck(プランク)の輻射則，光電効果など）に関して厳密に正しい（皮相的ではない）説明を与える．さらに，より程度の高い共鳴蛍光と輻射減衰，Kramers-Kronig(クラマース クローニッヒ)の分散関係，質量の繰り込みの概念，Bethe(ベーテ)によるLamb(ラム)シフトの取扱いなどの話題も論じることにする．

今ではHeitler(ハイトラー)の古典的な輻射の量子論の教科書を読む学生が極めて少なくなってきているが，これは嘆かわしいことである．その結果，教養はあっても教育に欠けていて，Heisenberg(ハイゼンベルク)場に関するLSZ形式などには親しんでいても，励起した原子から光が放射される理由を知らず，空の青さを理解するために必要なRayleigh(レイリー)則の量子論的な導出方法を知らないような理論家を多く見かけるようになった．本書の第2章では，このように20世紀中葉において生じた教育の断絶を埋め合わせることを試みた．

第3章ではB. L. van der Waerden(ファン・デル・ウェルデン)が最初に示した流儀に従い，Pauli(パウリ)行列を含む相対論的な2階の方程式を1階にすることによってDirac方程式を導入する．平面波解，近似的もしくは厳密な水素原子の解，高速微細振動(ツィッターベヴェーグング)などの標準的な題材に加えて，読者に種々のガンマ行列の物理的な意味に馴染んでもらうための特別な試みを行う．Dirac方程式を1粒子理論として解釈することの問題点を指摘し，章末に向けてJordan-Wigner(ヨルダン ウィグナー)の方法を用いてDirac場の量子化を行う．スピンと量子統計の関係に関する厳密な証明は与えないが，Pauliの排他律に従わないような電子場の理論の構築が困難であることを示す．章末では原子核のβ崩壊，ハイペロンの崩壊，π中間子の崩壊などの弱い相互作用による過程への応用を扱い，2成分ニュートリノとパリティ非保存の問題を簡単に論じる．

第3章全体にわたり，対称性に関する考察を強調する．Dirac波動関数や量子化されたDirac場のLorentz(ローレンツ)変換，パリティ変換，荷電共役(きょうやく)変換に関する変換性を形式的に論じるだけでなく，種々の変換操作を具体的な諸問題（たとえば電子の運動量とヘリシティの固有状態を求める問題）において用いる方法も示す．3.9節と3.10節において，しばしば多くの文献において混乱を引き起こしている，量子化されていないDirac理論における荷電共役変換と量子化されたDirac理論における荷電共役変換の基本的な違いを明示することを試みる．

共変な摂動論を第4章において扱う．この章の際立った特徴は，共変な量子電磁力学を"新しい理論"としてではなく，相対論的な量子力学と，1932年にその基礎が与えられた"基本的な"場の量子論に基づいて，ほとんど直接的で自然な帰結として提示している点にある．場の量子論からFeynman規則を導く通常の方法では，初めに5種類の不変な関数や3種類の順序化積を定義することになるが，初学者は最初のうち，これらの概念の必要性を理解し難い．本書では場の理論からDyson-Wick(ダイソン ウィック)形式

を用いた最も一般的な形で Feynman 規則を導出する代わりに，明確な物理的実例を用いた自然な方法で，時間順序化積の真空期待値 $\langle 0|T(\psi(x')\bar{\psi}(x))|0\rangle$ がどのようにして理論の中に現れてくるのかを示す．それから Feynman 流に，この真空期待値が時間の中を進行したり遡ったりする電子の伝播を表す関数として図画的に解釈できることを指摘する．そして 2 つの非共変な式を単一の共変な式に統合し，戦後に完成された計算技法の簡明さと優美さを正確に提示する．また Feynman 規則を，波動方程式における点源解 (Green 関数) の観点からも論じ，時空における Feynman 流の直観的な方法を，場の量子論の方法と比較する．いくつかの電磁気的な過程 (たとえば Mott(モット)散乱，2 光子放射型 e^-e^+ 対(つい)消滅，Møller(メラー)散乱) を詳細に論じ，最後の節では高次の過程，質量と電荷の繰り込み，および現在の場の量子論の困難について簡単に紹介する．電子の自己エネルギーや結節点(ヴァーテックス)補正のような標準的な話題に加え，ユニタリー性や因果律の原理を用いて，電荷の繰り込み定数と外場の下における対(つい)生成の確率を関係づける和則を導く方法を示す．付録 E において共変な摂動論に現れる積分を評価する方法を論じる．具体例として，電子の自己エネルギーや異常磁気能率を詳しく計算する．

本書では共変な計算技法を，なるべく読者が 2π, i, -1 などの因子の間違いを犯しにくい方法で提示する．この理由から，本書全体を通じて体積 V の立方体領域の中の 1 粒子を想定した規格化を採用する．この流儀では，多くの V が最終的には相殺されてしまうけれども 2π については事情が違うということが分かり易いので，実用的にも便利である．かなり多くの頁を割いて，微分断面積や崩壊頻度のような観測可能な量が，共変な $\mathcal{M}$ 行列と単純な関係を持つことを示す．$\mathcal{M}$ 行列は "グラフ" を見れば即座に書き下すことができる．

本書全体を通じて，物理的な概念を強調している．物理的な現実とはあまり関係のない複雑な数学上の概念や形式に関する議論は極力省いた．たとえば Dirac 場の量子化の出発点を，Dirac 場の反交換関係ではなく，生成・消滅演算子の反交換関係に置いている．Dirac 場自体は観測可能ではないが，2 つの生成演算子の間の反交換関係は，物理系に許容される Pauli の排他律に整合するような状態と，単純で直接的な関係を持つからである．本書の後半の部分において量子化された Dirac 場を幅広く扱うけれども，上述の意味において我々の方法は "場" の観点よりもむしろ "粒子" の観点に立っている．

同じ結果を導く複数の方法がある問題について論じる際には，必ずしも最もエレガントな方法を選ぶことをせず，導出の各段階において問題の物理的側面が最も分かり易いような方法を提示した．

例えば 2 電子間の Møller(メラー)相互作用を論じる際に E. Fermi(フェルミ)の輻射ゲージ (Coulomb(クーロン)

ゲージ)の形式から始めて,この非共変ではあるが単純な形式からほとんど奇跡的とも言えるような方法によって,共変性が明白で,4種類の"共変な光子"の交換過程によって可視化できるような行列要素を導く.我々はこのアプローチの方がBleuler-Gupta(ブロイラー・グプタ)の流儀に基づく方法よりも好ましいと考える.後者では不定計量や負の確率のような恣意的な概念を導入することになるが,"初学者"の量子電磁力学に対する理解を促すという観点からは,後者はあまり啓発的とは言えない.

本書では新たに導入する諸概念と,読者に馴染み深い非相対論的な量子力学や古典的な電磁気学との関係を可能な限り明示した.たとえば第1章で古典電磁気学を論じる際に,非相対論的な量子力学におけるベクトルポテンシャルの役割を復習し,特にAharonov-Bohm(アハロノフ・ボーム)効果と磁束の量子化を考察した.第2章では原子による光の散乱の量子論的な取扱いを,古典的な議論と比較した.電子-陽電子消滅から生じる2光子系における偏光の相関を論じる部分では,A. Einstein(アインシュタイン)の偉大な精神を悩ませ続けた量子論における観測の特殊な性質を紹介した.第4章では多大の注意を払って初等的な摂動論(エネルギー分母を用いる)と共変な摂動論(相対論的に不変な分母を用いる)による計算方法の関係を示すようにした.電子間のMøller相互作用と核子間相互作用を論じる部分では,非相対論的な量子力学において用いられるポテンシャルの概念と,量子交換に基づく場の量子論的な記述方法との関係を示すように試みた.

本書全体を通じて中間子論や核物理から多くの例を引いているが,我々は原子核や高エネルギー現象の体系的な解説を意図していない.非電磁力学的な過程に関する議論は,電磁力学的な問題を通じて得られる技法を,物理学の他の分野に応用する方法の素描を与えているにすぎない.

各章末に与えてある全47題の練習問題は,本論の最も重要な部分に関わる題材を含んでいる.本文を読んでも練習問題を解けないような読者は,本書から何も学んでいないのである.やや難度が高い問題もいくつかあるが,過度に難しい問題や時間を浪費するような問題はない.シカゴ大学の学生たちは,これらの問題のほとんどすべてを解いている.中には本書の元となった講義において,最終試験に出題した問題もある.

近年,相対論的量子力学の計算技法を扱った優れた教科書がいくつか現れてきた.それらと本書を区別する特徴は,本書が高エネルギー物理だけに適用できるあらゆる有用な手段やDirac行列の積の対角和(トレース)の計算方法などを単に紹介するのではなく,基本的な物理過程に対する1927年以降の量子論的な理解の進展を読者に知ってもらうことを意図した点にある.この観点から,学生が電子の磁気能率を8桁まで計算できるような規則を習得するだけでなく,輻射場の量子論的な記述が量子数の大きい極限において馴染み深い古典的な記述に帰着することや,スピン$\frac{1}{2}$の粒子が排他律に「従

わなければならない」ことを学生が理解することも同様に重要であると信じている.

　我々の考え方をまとめると,相対論的な量子力学と場の理論は,M. Planck, A. Einstein, N. Bohr(ボーア)による最良の伝統を受け継いで20世紀の多くの理論物理学者が成してきた英雄的な知的冒険の一部として捉えるべきものである.もし理論物理のPh.D. 課程における講義の大部分が,基本的に1926年までに完成された非相対論的な量子力学の水準に終始するならば,それは物理学の将来にとって破滅的であろう.非相対論的な量子力学がすでに物理や化学を学ぶすべての学生の習得すべき基礎と認知されているのと同様に,本書で扱った題材は,現在では物理を専攻するPh.D. 課程のすべての学生が真摯に学ぶべきものであると私は確信している.

　私はAlfred P. Sloan Foundationの特別奨励制度(フェローシップ)に感謝している.これによって,最後の章を私の性分に合ったCERN (European Organization for Nuclear Research)の雰囲気の中で執筆することができた.Drs. J. S. Bell, S. Fenster, A. MaksymowiczおよびMr. D. F. Greenbergからは,原稿の様々な部分を読んでいただき,多くの有益な意見を得た.原稿に入念に数式を書き込んでくれたMr. I. Kimelに対して,特別に謝意を表したい.

1967年5月
シカゴ,イリノイにて

J. J. S.

目 次

序 ... iii

第1章 古典的な場 ... 1
1.1 粒子と場 ... 1
1.2 離散的な力学系と連続的な力学系 ... 4
1.3 古典的なスカラー場 ... 7
共変な表記法 ... 7
中性スカラー場 ... 8
湯川ポテンシャル ... 10
複素スカラー場 ... 12
1.4 古典的なMaxwellの場 ... 15
基本的な場の方程式 ... 15
ラグランジアンとハミルトニアン ... 17
ゲージ変換 ... 18
1.5 量子力学におけるベクトルポテンシャル ... 19
Schrödinger理論による荷電粒子の取扱い ... 19
Aharonov-Bohm効果と磁束の量子化 ... 21
練習問題 ... 23

第2章 輻射の量子論 ... 25
2.1 古典的な輻射場 ... 25
横波条件 ... 25
Fourier展開と輻射振動子 ... 27
2.2 生成演算子, 消滅演算子, 個数演算子 ... 29
輻射場の量子化 ... 29
光子の状態 ... 33

		フェルミオンの演算子	34
2.3		量子化された輻射場	36
		輻射場の量子力学的な励起としての光子	36
		輻射場のゆらぎと不確定性関係	40
		古典的な記述の正当性	43
2.4		原子による光子の放射と吸収	44
		光子の放射と吸収を表す行列要素	44
		時間に依存する摂動論	48
		原子による光子の自発放射	50
		Planckの輻射則	56
2.5		Rayleigh散乱, Thomson散乱, Raman効果	58
		Kramers-Heisenberg公式	58
		Rayleigh散乱(光子-原子弾性散乱)	61
		Thomson散乱(光子-電子散乱)	63
		Raman効果(光子の非弾性散乱)	65
2.6		共鳴散乱と輻射減衰	66
2.7		分散関係と因果律	71
		前方散乱振幅の実部と虚部	71
		因果性と解析性	72
		屈折率と光学定理	76
2.8		束縛された電子の自己エネルギー: Lambシフト	79
		自己エネルギーの問題	79
		原子準位のずれ	80
		質量の繰り込み	84
		BetheによるLambシフトの取扱い	86
練習問題		. . . .	89
第3章		**スピン1/2粒子の相対論的量子力学**	**93**
3.1		相対論的量子力学における確率の保存	93
3.2		Dirac方程式	96
		Dirac方程式の導出	96
		保存する流れ	102
		表示の任意性	103
3.3		単純な解; 非相対論近似; 平面波	106
		大きい成分と小さい成分	106

	静電的な問題に対する近似ハミルトニアン	107
	静止している自由粒子	110
	平面波解	113
3.4	相対論的共変性	118
	Lorentz変換と回転	118
	Dirac方程式の共変性	119
	空間反転	124
	簡単な例	126
3.5	双一次共変量	130
	双一次共変量の変換性	130
	電荷電流密度のGordon分解	135
	自由粒子のベクトル共変量	138
3.6	Heisenberg表示によるDirac演算子	140
	Heisenbergの運動方程式	140
	運動における保存量	141
	Dirac理論における"速度"	144
3.7	高速微細振動(ツィッターベヴェーグング)と負エネルギーの解 . . .	146
	αとxの期待値	146
	負エネルギー成分の存在	148
	Kleinの逆理	149
3.8	中心力問題；水素原子	152
	一般的な考察	152
	水素原子	157
3.9	空孔理論と荷電共役変換	165
	空孔と陽電子	165
	Dirac理論によるThomson散乱	168
	仮想的な電子-陽電子対の効果	173
	荷電共役な波動関数	175
3.10	Dirac場の量子化	179
	量子化を施さないDirac理論の困難	179
	Dirac場の第二量子化	180
	陽電子を表す演算子とスピノル	185
	電磁相互作用と湯川型相互作用	193
3.11	弱い相互作用とパリティ非保存	196

| 相互作用の種類 196
| 粒子系のパリティ 196
| Λハイペロンの崩壊 199
| β崩壊の理論 208
| 2成分ニュートリノ 210
| π中間子の崩壊とCPT定理 214
| 練習問題 219

第 1 章 古典的な場

1.1 粒子と場

　非相対論的な量子力学の基礎は 1923 年から 1926 年にかけて確立されたが，それは原子や分子の領域における多くの現象に対して論理的に一貫した統一的描像を与えている．人々が時として P. A. M. Dirac に倣って「物理学の大部分と化学全般に関わる理論を構築するための基礎となる物理法則は，もはや完全に解明された」と主張したい気持ちになるのも当然かも知れない．

　しかしながら非相対論的な量子力学に立脚した物理現象の記述が不完全であると信ずるべき本質的な理由が 2 つある．第 1 に非相対論的な量子力学は，古典的極限において非相対論的なエネルギー-運動量の関係をもたらすように定式化されているので，たとえば水素様原子の微細構造を説明することができない．(これに類する問題は前期量子論の時代に A. Sommerfeld によって扱われていた．彼は N. Bohr の原子模型を相対論的に一般化した．)　一般に非相対論的な量子力学は，相対論的な速度を持った粒子の力学的な挙動について何も予言できない．この欠陥は，Dirac が 1928 年に構築した電子に対する相対論的な理論によって修復されたが，これについては第 3 章で論じる予定である．更に深刻な第 2 の問題は，非相対論的な量子力学が基本的に 1 粒子の (あるいは粒子数の確定した物理系の) 理論であり，対象として着目する粒子を見出す確率密度の全空間にわたる積分は恒常的に 1 でなければならないことである．したがってこの理論では，励起原子が外場のない状況下で "自発的に" 光子を生成 (放射) して基底状態に戻るような単純な過程すら記述できないし，中性子が陽子に変わる際に電子と反ニュートリノを生成する原子核の β 崩壊のような反応過程を扱うことも不可能である．実際，過去 40 年間にわたり，最も創造的な理論物理学者たちの多くが，さまざまな粒子が生成したり消滅したりする物理現象を理解するために多大な努力を払ってきたことは偶然ではない．本書の主要な部分は，上述の観点に沿って，1927 年に出版された Dirac の歴史的な論文 "The Quantum Theory of the Emission and Absorption of Radiation" において "場の量子論" (quantum theory of fields) と呼ばれる新しい分野が拓かれてから，今日までに物理学者たちが

成し遂げてきた理論の進展を記述することに充てられる.

元々の場の概念は,古典力学において空間的に離れた物体の相互作用を説明するために導入されたものである.古典物理において,たとえば電場 $\mathbf{E}(\mathbf{x}, t)$ は各時空点において定義される3成分関数であり,帯電した2つの物体1,2の間の相互作用は,物体1から生じた電場と物体2との相互作用として捉えられる.しかし場の量子論において,場の概念は新たな側面を併せ持つことになった.1920年代から1930年代初頭にかけて形成された場の量子論の基本概念は,電磁場のような場に対して"粒子"の描像を賦与するものであった.より正確に言うと,場の量子力学的な励起は,場の種類に固有の質量やスピンを備えた粒子として観測される.この概念は2.2節において,横波の電磁場と光子の概念との関連において詳細に論じる予定である.

戦後の時代に進展を見せた計算技法によって,水素原子における $2s_{1/2}$-$2p_{1/2}$ 準位間のずれを8桁まで正確に算出できるようになったが,それ以前にもすでに場の量子論による多くの輝かしい成果があった.第1に,第2章において論じるように,Diracやその他の人々によって確立された輻射の量子論 (quantum theory of radiation) は,光子の放出や吸収を含む広範な現象に対する定量的な理解を可能にした.第2に場の量子論の一般原理に起因する要請を,Lorentz(ローレンツ)不変性や状態ベクトルに対する確率解釈など,他の一般的な諸原理と組み合わせることによって,自然界において存在を許される粒子の性質に著しい制約が課せられることが明らかになった."相対論的な"場の量子論から導かれる規則として,特に以下の2点を挙げておく.

a) すべての種類の荷電粒子に対して,同じ質量と寿命を備え,反対の電荷を持つ反粒子 (antiparticle) が存在しなければならない.

b) 自然界に存在する多粒子系は,スピン-統計の定理に従わねばならない (W. Pauli(パウリ), 1940年).すなわち半整数スピンを持つ粒子 (電子,陽子,Λ(ラムダ)ハイペロンなど) は必ず Fermi(フェルミ)-Dirac 統計に従い,整数スピンを持つ粒子 (光子,π中間子,K中間子など) は必ず Bose(ボーズ)-Einstein(アインシュタイン) 統計に従う‡.

---

‡(訳註) 素粒子の大局的な分類を (原書出版当時の雰囲気に近い形で) 示してみる.

i) レプトン (lepton):強い相互作用をしないフェルミオン素粒子.
電子,ミュー粒子,ニュートリノなど.

ii) 重粒子 (バリオン baryon):強い相互作用をするフェルミオン素粒子.
陽子と中性子 (まとめて N と書く),Δ粒子,Λ粒子,Σ粒子,Ξ粒子,Ω粒子など.
このうち奇妙さの量子数 (ストレンジネス) がゼロでない Λ, Σ, Ξ, Ω を "ハイペロン" もしくは "ハイパー核子" (hyperon) と呼ぶ.

iii) 中間子 (meson):強い相互作用をするボゾン素粒子.
π中間子,K中間子など.

iv) 非物質粒子:光子,重力子などのボゾン.(狭義の '素粒子' にはこれを含めない.)

1.1. 粒子と場

実験的に，これらの規則の例外は知られていない．第3に，場の量子論は，短距離ではあっても有限の距離を隔てた核子の間に非電磁気的な相互作用が働くという事実から，それを媒介する場の存在と，そのような場に付随する質量を持った粒子の存在の推定を促すことになった．このことを1935年に初めて指摘したのは H. Yukawa (湯川秀樹) である．よく知られているように，今では π 中間子 (π-meson) もしくはパイオン (pion) と呼ばれているこの新たな粒子は，理論的にその存在が予言されてから12年後に実験によって発見された．

上述のような状況から判断すると，場に粒子が付随するという概念，あるいは逆に粒子に場が付随するという概念は，大筋としては正当と考えて良いようにも思われる．しかし場の量子論の現在の形態には，将来において解決されねばならない困難が内在している．第1に，戦後の量子電磁力学は様々な観測可能な効果の計算において圧倒的な成功を収めたけれども，電子が仮想光子を放出・再吸収することによって生じる質量や電荷への"観測できない"補正は，仮想光子の振動数に依存して対数的に発散してしまうのである．このことには第4章の末尾で言及する予定である．第2に強い相互作用の領域に目を向けると，強い相互作用に関わる"粒子"もしくは"共鳴"の種類は100ほどにも及び，それらすべての粒子に対して異なる種類の場をあてがうという考え方は，基礎理論としては極めて不自然である．1961年から1964年にかけて，強い相互作用に関わる粒子を分類するための新しい体系(スキーム)が成功を収め，極度に不安定な"粒子" (寿命 10^{-23} sec. しばしば'共鳴'とも呼ばれる) と準安定な粒子 (寿命 10^{-19} sec) とが同格に扱われるようになり，上記のような問題点が特に深刻に意識されている[1])．しかしながらこれらの困難にもかかわらず，今日の場の量子論が含んで

重粒子と中間子をまとめて，強い相互作用をする素粒子という意味で"強粒子"(ハドロン hadron) と呼ぶが，現在の標準理論では強粒子は基本粒子ではなく，孤立状態で存在することのない，より基本的なフェルミオンである"クォーク"の複合体系であるとみなされている (重粒子は3クォーク系，中間子はクォーク-反クォーク系である)．上記の"非物質粒子"は，現在の術語では相互作用を媒介するゲージボゾンであって，弱い相互作用を媒介する $W^\pm$ ボゾンや Z ボゾン，強い相互作用を媒介するグルーオン (gluon) もここに加わることになる．

[1]) 実際，今日の強い相互作用に関する理論の定式化の試みにおいては，"場"と"粒子"の間の1対1の対応関係が失われているように見える．多くの (仮にそのすべてではないとしても) いわゆる"素粒子"が，互いに束縛し合った (もしくは共鳴を起こしている) 状態と見なされているのである．しかしながら電子やミュー粒子や光子を扱う量子電磁力学的な相互作用の領域においては，基本粒子と複合粒子の区別はかなり明確である．このことの具体例として，4.4節においてポジトロニウム (電子-陽電子束縛系) の寿命を，ポジトロニウムに対応する場を導入することなしに計算する予定である．(以下訳註) その後，前記訳註のように観測可能なすべての強粒子が，孤立状態で存在することのない少数種類の仮想的な基本粒子"クォーク"の複合粒子であると見なされるようになって，強粒子現象全般の本質を要素還元論的に捉える基礎理論への道が拓かれた (原書出版当時すでにクォーク仮説は現れていたが，その実在性やダイナミカルな基礎理論との関連性という側面は模索の段階にあった)．更に色の量子数と非可換ゲージ場の概念が導入されて，1970年代に強い相互作用を扱う場の理論である量子色力学が成立することになる．

いる多くの要素が，100年後まで残り続けることはほぼ確実である．

我々は量子化された場の理論を論じる前に，まず古典的な場を学ぶことにする．この決断の理由のひとつとして，量子電磁力学に先行して確立したMaxwell(マックスウェル)による古典電磁気学が，電磁波の存在を予言するなど多くの成功を収めたという歴史的事実がある．本章では，後から"量子化された"場を理解するために必要となる"古典的な"場の理論の基礎を論じる．場の量子化の準備として，我々は古典的な場の力学的な性質に特別な関心を払う必要がある．この目的のために，Hamilton(ハミルトン)の原理に従い，ラグランジアン(Lagrange関数(ラグランジュ))を用いたアプローチを辿ることにする．

1.2 離散的な力学系と連続的な力学系

古典力学における 1 粒子の力学的な挙動，より正確に言うならば，ひとつの質点の挙動であるが，これは Lagrange の運動方程式によって与えられる．

$$\frac{d}{dt}\left(\frac{\partial L}{\partial \dot{q}_i}\right) - \frac{\partial L}{\partial q_i} = 0 \tag{1.1}$$

この運動方程式は，次に示す Hamilton の変分原理から導かれる．

$$\delta \int_{t_1}^{t_2} L(q_i, \dot{q}_i) dt = 0 \tag{1.2}$$

ラグランジアン L (ここでは時間にあらわに依存しないものと仮定する) は，運動エネルギー T と位置エネルギー V の差として与えられる．

$$L = T - V \tag{1.3}$$

式(1.2) の変分では径路の始点と終点 (時刻 t_1 と t_2) において δq_i をゼロに固定するという制約下で，その途中では任意の径路変更を許容した $q_i(t)$ を考える．この系のハミルトニアン (Hamilton関数) は，

$$H = \sum_i p_i \dot{q}_i - L \tag{1.4}$$

と与えられる．q_i と正準共役(きょうやく) (canonical conjugate) の関係にある運動量 p_i は，

$$p_i = \frac{\partial L}{\partial \dot{q}_i} \tag{1.5}$$

のように定義される．

上述のような考察を，多粒子を含む系へと一般化することもできる．具体的な例として N 個の同じ質量を持つ粒子が一列に並んでいて，それぞれ隣接する粒子同士

1.2. 離散的な力学系と連続的な力学系

図1.1　同じばねで1次元的に接続してある粒子群 (1次元鎖).

が同じ弾性定数 k のばねによって結合している図1.1のような1次元鎖を考えてみよう[2]．i 番目の粒子の平衡位置からの変位を η_i と書くことにする．ラグラジアンは次のように与えられる．

$$L = \frac{1}{2}\sum_i^N \left[m\dot{\eta}_i^2 - k(\eta_{i+1} - \eta_i)^2\right]$$
$$= \sum_i^N a \frac{1}{2}\left[\frac{m}{a}\dot{\eta}_i^2 - ka\left(\frac{\eta_{i+1} - \eta_i}{a}\right)^2\right] = \sum_i^N a\mathcal{L}_i \quad (1.6)$$

a は平衡状態における隣接粒子の距離，$\mathcal{L}_i$ は1次元ラグランジアン密度，すなわち単位長さあたりのラグランジアンである．

上記の離散的な力学系から，隣接粒子の距離を無限小に，自由度を無限大にして，次のように連続的な力学系へと移行することができる．

$$a \to dx, \qquad \frac{m}{a} \to \mu = [\,1\text{次元質量密度}\,]$$
$$\frac{\eta_{i+1} - \eta_i}{a} \to \frac{\partial \eta}{\partial x}, \quad ka \to Y = [\text{Young率}] \quad (1.7)$$

その結果，得られる連続系のラグランジアン L は次のようになる．

$$L = \int \mathcal{L}\,dx \quad (1.8)$$
$$\mathcal{L} = \frac{1}{2}\left[\mu\dot{\eta}^2 - Y\left(\frac{\partial\eta}{\partial x}\right)^2\right] \quad (1.9)$$

ここでは η が連続変数 x および t の関数になったことに注意されたい．式(1.2)において q_i が一般化座標を表しているのと同様に，上のラグランジアンでは η が一般化座標と見なされることになる．

この連続的な系に，次の変分原理を適用する．

$$\delta \int_{t_1}^{t_2} L\,dt = \delta \int_{t_1}^{t_2} dt \int dx\,\mathcal{L}\left(\eta, \dot{\eta}, \frac{\partial \eta}{\partial x}\right) = 0 \quad (1.10)$$

---
[2] この問題は Goldstein (1951) の第11章で非常に詳しく扱われている．

η の変分は t_1 と t_2 ではゼロと設定されるが，更に空間積分範囲の端 (境界面) でも任意時刻においてゼロと仮定する．(場の理論では後者の仮定が格別に言及されることはない．通常，無限遠において充分急速にゼロになる場だけを対象とすることは自明だからである．) この条件下において，完全に任意な変分を想定してよい．作用積分の変分は，次のようになる．

$$\delta \int L dt = \int dt \int dx \left\{ \frac{\partial \mathcal{L}}{\partial \eta} \delta \eta + \frac{\partial \mathcal{L}}{\partial(\partial \eta/\partial x)} \delta\left(\frac{\partial \eta}{\partial x}\right) + \frac{\partial \mathcal{L}}{\partial(\partial \eta/\partial t)} \delta\left(\frac{\partial \eta}{\partial t}\right) \right\}$$

$$= \int dt \int dx \left\{ \frac{\partial \mathcal{L}}{\partial \eta} \delta \eta - \frac{\partial}{\partial x} \frac{\partial \mathcal{L}}{\partial(\partial \eta/\partial x)} \delta \eta - \frac{\partial}{\partial t} \frac{\partial \mathcal{L}}{\partial(\partial \eta/\partial t)} \delta \eta \right\}$$

(1.11)

上式で行った後ろの2つの部分積分は，対象とする時空領域の端面全体において $\delta \eta$ がゼロなので境界項を生じない．そして次式が満たされるならば，式(1.11) は許容される任意の変分の下で必ずゼロになる．

$$\frac{\partial}{\partial x} \frac{\partial \mathcal{L}}{\partial(\partial \eta/\partial x)} + \frac{\partial}{\partial t} \frac{\partial \mathcal{L}}{\partial(\partial \eta/\partial t)} - \frac{\partial \mathcal{L}}{\partial \eta} = 0 \tag{1.12}$$

上式は Euler-Lagrange 方程式と呼ばれている[3])．式(1.9) の例に対して式(1.12) を適用すると，次式を得る．

$$Y \frac{\partial^2 \eta}{\partial x^2} - \mu \frac{\partial^2 \eta}{\partial t^2} = 0 \tag{1.13}$$

この式は伝播速度が $\sqrt{Y/\mu}$ の1次元波の波動方程式に同定される．式(1.4) に倣い，ハミルトニアン密度 $\mathcal{H}$ が次のように定義される．

$$\mathcal{H} = \dot{\eta} \frac{\partial \mathcal{L}}{\partial \dot{\eta}} - \mathcal{L} = \frac{1}{2} \mu \dot{\eta}^2 + \frac{1}{2} Y \left(\frac{\partial \eta}{\partial x}\right)^2 \tag{1.14}$$

$\partial \mathcal{L}/\partial \dot{\eta}$ は，η と正準共役な運動量であり，π と書かれることが多い．式(1.14) の2つの項は，それぞれ運動エネルギー密度，ポテンシャルエネルギー密度と同定される．

[3)] 文献によっては，この方程式を，

$$\frac{\partial}{\partial t} \frac{\partial \mathcal{L}}{\partial(\partial \eta/\partial t)} - \frac{\delta \mathcal{L}}{\delta \eta} = 0$$

と書いているものもある．$\delta \mathcal{L}/\delta \eta$ は $\mathcal{L}$ の η に関する汎関数微分と呼ばれるが，この書き方は以下の理由から推奨できない．(a) $\mathcal{L}$ の空間座標への依存性が明示されていない．(b) 時間だけを特別扱いしており，これは共変なアプローチと相容れないものである (次節参照)．

1.3 古典的なスカラー場

共変な表記法　前節の議論を，容易に3次元系へ一般化することができる．各時空点 $(\mathbf{x}, t)$ において定義されている実数関数 ϕ を考えよう．$\mathcal{L}$ は ϕ, $\partial\phi/\partial x_k$ ($k = 1, 2, 3$), $\partial\phi/\partial t$ を引数とする．3次元連続弾性場の Euler-Lagrange 方程式は，次のように与えられる．

$$\sum_{k=1}^{3} \frac{\partial}{\partial x_k} \frac{\partial \mathcal{L}}{\partial(\partial\phi/\partial x_k)} + \frac{\partial}{\partial t} \frac{\partial \mathcal{L}}{\partial(\partial\phi/\partial t)} - \frac{\partial \mathcal{L}}{\partial \phi} = 0 \tag{1.15}$$

式 (1.15) を相対論的に共変 (covariant) な形式に書き直すことを考えるが，まずは Lorentz 変換の性質をいくらか復習しておこう．4元ベクトルの記法を導入する．b_μ ($\mu = 1, 2, 3, 4$) は，

$$b_\mu = (b_1, b_2, b_3, b_4) = (\mathbf{b}, ib_0) \tag{1.16}$$

を表す．b_1, b_2, b_3 は実数，$b_4 = ib_0$ は純虚数である．一般にギリシャ文字の添字 μ, ν, λ などは1から4まで，イタリックの添字 i, j, k などは1から3までの整数値を取るものと見なす．4次元時空内の座標ベクトルは，次のように表される．

$$x_\mu = (x_1, x_2, x_3, x_4) = (\mathbf{x}, ict) \tag{1.17}$$

c は光速である．x_1, x_2, x_3 の代わりに，x, y, z を用いる場合もある．Lorentz 変換による4元座標の変換を，

$$x'_\mu = a_{\mu\nu} x_\nu \tag{1.18}$$

のように表すならば§，変換係数 $a_{\mu\nu}$ は次式を満たす．

$$a_{\mu\nu} a_{\mu\lambda} = \delta_{\nu\lambda}, \quad \left(a^{-1}\right)_{\mu\nu} = a_{\nu\mu} \tag{1.19}$$

したがって，式 (1.18) による x から x' への変換に対する逆変換は，

$$x_\mu = \left(a^{-1}\right)_{\mu\nu} x'_\nu = a_{\nu\mu} x'_\nu \tag{1.20}$$

と表される．変換行列の要素 $a_{\mu\nu}$ のうち a_{ij} および a_{44} は実数，a_{j4} および a_{4j} は純虚数である．4元ベクトルは，その定義により Lorentz 変換の下で x_μ と同じように変換する．式 (1.20) から，

$$\frac{\partial}{\partial x'_\mu} = \frac{\partial x_\nu}{\partial x'_\mu} \frac{\partial}{\partial x_\nu} = a_{\mu\nu} \frac{\partial}{\partial x_\nu} \tag{1.21}$$

---
§(訳註) 同じ添字を持つ因子の積は，その同じ添字を変えて総和を取るものと規定しておく (Einstein の規約)．したがって式 (1.18) の右辺は $\Sigma_{\nu=1}^{4} a_{\mu\nu} x_\nu$ を意味する．

という関係が得られるので，4元勾配 $\partial/\partial x_\mu$ は4元ベクトルである．ベクトル同士のスカラー積 $b \cdot c$ は，次のように定義される[†]．

$$b \cdot c = b_\mu c_\mu = \sum_{j=1}^{3} b_j c_j + b_4 c_4 = \mathbf{b} \cdot \mathbf{c} - b_0 c_0 \tag{1.22}$$

スカラー積は Lorentz 変換の下で不変量であるが，これは次のように示される．

$$b' \cdot c' = a_{\mu\nu} b_\nu a_{\mu\lambda} c_\lambda = \delta_{\nu\lambda} b_\nu c_\lambda = b \cdot c \tag{1.23}$$

2階のテンソル $t_{\mu\nu}$ は，次のように変換する．

$$t'_{\mu\nu} = a_{\mu\lambda} a_{\nu\sigma} t_{\lambda\sigma} \tag{1.24}$$

高階テンソルへの一般化も，そのまま上に倣って行えばよい．本書では共変ベクトルと反変ベクトル (contravariant vector) を区別しないし，計量テンソル $g_{\mu\nu}$ も導入しないことを注意しておく[‡]．これらの概念は"特殊"相対性理論の範囲内では全く不要である．（多くの教科書の執筆者が，この基本的な要点を強調していないことは遺憾である．）

式(1.15) は，次のように書き直される．

$$\frac{\partial}{\partial x_\mu} \left[\frac{\partial \mathcal{L}}{\partial(\partial \phi/\partial x_\mu)} \right] - \frac{\partial \mathcal{L}}{\partial \phi} = 0 \tag{1.25}$$

この記法の下では，ラグランジアン密度 $\mathcal{L}$ が相対論的に不変なスカラー量であれば，そのラグランジアン密度から導かれる場の方程式が共変であること（すなわち方程式がすべての Lorentz 座標軸から「同じように見える」こと）が即座に分かる．$\mathcal{L}$ の相対論的な不変性は強い制約となるので，このことは一般に，共変な波動方程式を"導出する"ための指針を与えるという意味において重要である．

中性スカラー場 例として実スカラー場 $\phi(x)$ を考える．スカラー場の定義として，これは Lorentz 変換の下で次のように変換する．

$$\phi'(x') = \phi(x) \tag{1.26}$$

[†](訳註) ナカグロを省いて，スカラー積を単に bc のように書く文献も多い．4元ベクトル b の自身とのスカラー積を b^2 と書く場合もあり，$(b-c)^2$ は $|\mathbf{b}-\mathbf{c}|^2 - (b_0-c_0)^2$ という意味になる（このような'自乗'の表記は本書でも用いられる）．

[‡](訳註) 現在では計量テンソルと反変・共変ベクトル（反変添え字は上付きにする）を導入する文献の方が多い．この場合には，スカラー積は $b \cdot c = g_{\mu\nu} b^\mu c^\nu = b^\mu c_\mu = b_\mu c^\mu = b_0 c_0 - \mathbf{b} \cdot \mathbf{c}$ と表され（$\mu, \nu = 0, 1, 2, 3$，$g_{00} = 1$，$g_{11} = g_{22} = g_{33} = -1$），本書(式(1.22)) とは符号が反転した定義となる．式(1.30) で導入される D'Alembertian（ダランベルシャン）も，本質的な定義は（本書の流儀では）$\Box = (\nabla, i(1/c)(\partial/\partial t)) \cdot (\nabla, i(1/c)(\partial/\partial t)) = (\partial/\partial x_\mu)(\partial/\partial x_\mu)$ という"スカラー積"なので，計量テンソルを用いる流儀では定義式の符号が反転する．

ϕ' は，変換後のプライム (') 付きの座標系から見た場を表す関数である．$\mathcal{L}$ は場および場の導関数を通じて時空座標に依存するが，時空座標 x_μ 自体は $\mathcal{L}$ の直接的な引数にはならない．これはスカラー場の取扱いにおいて 4 元勾配 $\partial\phi/\partial x_\mu$ だけが唯一の 4 元ベクトルであることを意味する．したがって $\mathcal{L}$ の中に 4 元勾配が現れるならば，それはそれ自身との積によってスカラー化された形をとる必要がある．さらに，線形の波動方程式を得ることを目的とするのであれば，$\mathcal{L}$ は ϕ と $\partial\phi/\partial x_\mu$ に関する 2 次式でなければならない．上記の要請に整合する $\mathcal{L}$ の候補として，

$$\mathcal{L} = -\frac{1}{2}\left(\frac{\partial\phi}{\partial x_\mu}\frac{\partial\phi}{\partial x_\mu} + \mu^2\phi^2\right) \tag{1.27}$$

という形が考えられる．これを Euler-Lagrange 方程式 (1.25) に適用すると，次式が得られる．

$$-\frac{1}{2}\frac{\partial}{\partial x_\mu}\left(2\frac{\partial\phi}{\partial x_\mu}\right) + \mu^2\phi = -\frac{\partial}{\partial x_\mu}\frac{\partial\phi}{\partial x_\mu} + \mu^2\phi = 0 \tag{1.28}$$

この方程式は，次のように表記されることもある．

$$\Box\phi - \mu^2\phi = 0 \tag{1.29}$$

$$\Box = \nabla^2 - \frac{1}{c^2}\frac{\partial^2}{\partial t^2} \tag{1.30}$$

式 (1.29) は Klein-Gordon 方程式（クライン・ゴルドン）と呼ばれている (演算子 $\Box$ は D'Alembertian（ダランベルシャン）と呼ばれる)．この式は 1920 年代の半ばに，自由粒子に対する"非相対論的な" Schrödinger（シュレーディンガー）方程式に対応する"相対論的な"波動方程式の候補として，O. Klein と W. Gordon だけでなく E. Schrödinger も考えた式である．式 (1.29) を質量 m の自由粒子に関する相対論的なエネルギー-運動量の関係，

$$E^2 - c^2|\mathbf{p}|^2 = m^2c^4 \tag{1.31}$$

と比較すると，初等的な量子化の規則，

$$E \to i\hbar\frac{\partial}{\partial t}, \quad p_k \to -i\hbar\frac{\partial}{\partial x_k} \tag{1.32}$$

によって両者が対応していることは明らかである[§]．式 (1.29) における μ は長さの次元を持ち，式 (1.32) の関係を通じて両式を比較することにより，

$$\mu = \frac{mc}{\hbar} \tag{1.33}$$

[§] (訳註) さらに 4 元運動量を $p_\mu = (\mathbf{p}, iE/c) \to (-i\hbar\nabla, -(\hbar/c)\partial/\partial t)$ と定義することで，Klein-Gordon 方程式 (1.29) が $(p_\mu p_\mu + m^2c^2)\phi = 0$ のように自然な形で表される．

と同定される．数値的には，たとえば質量 140 MeV/c^2 の粒子 (荷電 π 中間子にあたる) の場合†，$1/\mu = 1.41 \times 10^{-13}$ cm $= 1.41 \times 10^{-15}$ m である．

湯川ポテンシャル　ここまでは，場の源(ソース)を含まない空間における場を想定してきた．そのような場は"自由場"(free field) と呼ばれる．ラグランジアン形式における場 ϕ と源との相互作用は，式(1.27) に，相互作用密度，

$$\mathcal{L}_{\text{int}} = -\phi\rho \tag{1.34}$$

を加えることで導入される．ρ は源の密度であり，一般には時空座標に依存する分布関数である．場の方程式は次のように修正される．

$$\Box\phi - \mu^2\phi = \rho \tag{1.35}$$

原点に定在的な源がある場合の，式(1.35) の静的な解 (時間に依存しない解) を考察してみよう．解くべき方程式は次のようになる．

$$(\nabla^2 - \mu^2)\phi = G\delta^{(3)}(\mathbf{x}) \tag{1.36}$$

G は場と源の結合の強さを表す定数で，電磁気学の e に相当する．式(1.36) の解は即座に推測できるが，教育上の観点から敢えて Fourier (フーリエ) 変換の方法で解を求めてみる．まず $\tilde{\phi}(\mathbf{k})$ を次のように定義する．

$$\begin{aligned}\phi(\mathbf{x}) &= \frac{1}{(2\pi)^{3/2}}\int d^3k\, e^{i\mathbf{k}\cdot\mathbf{x}}\tilde{\phi}(\mathbf{k}) \\ \tilde{\phi}(\mathbf{k}) &= \frac{1}{(2\pi)^{3/2}}\int d^3x\, e^{-i\mathbf{k}\cdot\mathbf{x}}\phi(\mathbf{x})\end{aligned} \tag{1.37}$$

d^3k および d^3x は，それぞれ 3 次元波数空間および 3 次元座標空間における体積要素を表す．式(1.36) の両辺に $e^{-i\mathbf{k}\cdot\mathbf{x}}/(2\pi)^{3/2}$ を掛けて d^3x で積分し，部分積分を 2 回行うと (ϕ と $\nabla\phi$ は無限遠において充分に速くゼロになるものとする)，微分方程式(1.36) は次のような代数式に変換される．

$$(-|\mathbf{k}|^2 - \mu^2)\tilde{\phi}(\mathbf{k}) = \frac{G}{(2\pi)^{3/2}} \tag{1.38}$$

解は，次のように表される．

$$\tilde{\phi}(\mathbf{k}) = -\frac{G}{(2\pi)^{3/2}}\frac{1}{|\mathbf{k}|^2 + \mu^2} \tag{1.39}$$

---

†(訳註) 素粒子物理では $E = mc^2$ の関係に基づいて，質量を電子ボルト単位のエネルギー値に換算して表すことが慣例となっている．電子質量は 0.511 MeV/c^2，陽子質量は 938.3 MeV/c^2 である．"/c^2" を省いて単に 0.511 MeV，938.3 MeV のように書く場合もある．

1.3. 古典的なスカラー場

$$\phi(\mathbf{x}) = -\frac{G}{(2\pi)^3}\int d^3k \, \frac{e^{i\mathbf{k}\cdot\mathbf{x}}}{|\mathbf{k}|^2+\mu^2}$$
$$= -\frac{G}{(2\pi)^3} 2\pi \int_0^\infty |\mathbf{k}|^2 d|\mathbf{k}| \int_{-1}^{1} d(\cos\theta_k) \frac{e^{i|\mathbf{k}|r\cos\theta_k}}{|\mathbf{k}|^2+\mu^2} \tag{1.40}$$

ここで $r=|\mathbf{x}|$, $\theta_k = \angle(\mathbf{k},\mathbf{x})$ である．積分を計算すると最終的な解の形が得られる．

$$\phi(\mathbf{x}) = -\frac{G}{4\pi}\frac{e^{-\mu r}}{r} \tag{1.41}$$

湯川は，電荷を持つ物体が静電場の源となっていることから類推して，核子が核力を媒介する"中間子場"(meson field)の源になっているという仮説を立てた．原点にある核子のまわりの中間子場が，式(1.36)を満たすものと仮定してみよう．点 $\mathbf{x}_1$ にある核子によって生じる中間子場の強さは，点 $\mathbf{x}_2$ において，

$$\phi(\mathbf{x}_2) = -\frac{G}{4\pi}\frac{e^{-\mu|\mathbf{x}_2-\mathbf{x}_1|}}{|\mathbf{x}_2-\mathbf{x}_1|} \tag{1.42}$$

と与えられる．相互作用のラグランジアン密度 (1.34) は ϕ の時間微分を含まないので，対応するハミルトニアン密度は $\mathcal{H}_{\text{int}} = -\mathcal{L}_{\text{int}}$ である (式(1.14)参照)．したがって相互作用ハミルトニアンは，

$$H_{\text{int}} = \int \mathcal{H}_{\text{int}} d^3 x = \int \phi \rho d^3 x \tag{1.43}$$

となる．よって一方が $\mathbf{x}_2$，もう一方が $\mathbf{x}_1$ にある2つの核子の間に働く相互作用のエネルギーは，次式で表される．

$$H_{\text{int}}^{(1,2)} = -\frac{G^2}{4\pi}\frac{e^{-\mu|\mathbf{x}_2-\mathbf{x}_1|}}{|\mathbf{x}_2-\mathbf{x}_1|} \tag{1.44}$$

Coulomb力の場合とは異なり，この相互作用は常に引力で[4]，短距離力である．すなわち，この中間子場による相互作用は，

$$|\mathbf{x}_1-\mathbf{x}_2| \gg 1/\mu \tag{1.45}$$

において急速にゼロに近づく．

式(1.36)に従う場が相互作用を媒介することを仮定するならば，核子間に働く短距離力を定性的に理解できることを見た．湯川は核力の場に付随する粒子 (中間子) の質量を，核力の到達距離から電子質量のおおよそ200倍と見積もった．その後，1947

---

[4] Coulomb相互作用が(同符号の電荷に関して)斥力になり，湯川型相互作用が引力になるという違いについては4.6節において取り上げるが，Coulomb場がベクトルの第4成分のように変換するのに対し，ϕ はスカラー場として変換することから違いが生じている．

年に C. F. Powell(バウエル)とその共同研究者たちによって実際に発見された π 中間子は，湯川の推定に近い質量を持っていた (電子質量の270倍). ただし，より現実的に中間子場と核子の相互作用を表現するには，いくつかの点でモデルの修正が必要である．第1に核子のスピンと，π 中間子自身の奇のパリティを考慮する必要がある．これらについては 3.10 節と 3.11 節において扱う予定である．第2に，自然界に見出された π 中間子には，電荷の異なる3種類のもの (π^+, π^0, π^-) があることに注意しなければならない．この議論の自然な流れとして，次に複素場に関する考察が必要となる．

複素スカラー場 同じ質量を持つ2つの実場 ϕ_1, ϕ_2 が同時に存在するものと仮定する．この場合，次のようにして複素場 ϕ, ϕ^* を構築することができる[5]．

$$\phi = \frac{\phi_1 + i\phi_2}{\sqrt{2}}, \quad \phi^* = \frac{\phi_1 - i\phi_2}{\sqrt{2}} \tag{1.46}$$

$$\phi_1 = \frac{\phi + \phi^*}{\sqrt{2}}, \quad \phi_2 = \frac{\phi - \phi^*}{i\sqrt{2}} \tag{1.47}$$

この自由場のラグランジアン密度を，実場 ϕ_1 と ϕ_2 を用いて書くことも，複素場 ϕ と ϕ^* を用いて書くことも可能である．

$$\begin{aligned}\mathcal{L} &= -\frac{1}{2}\left(\frac{\partial \phi_1}{\partial x_\mu}\frac{\partial \phi_1}{\partial x_\mu} + \mu^2 \phi_1^2\right) - \frac{1}{2}\left(\frac{\partial \phi_2}{\partial x_\mu}\frac{\partial \phi_2}{\partial x_\mu} + \mu^2 \phi_2^2\right) \\ &= -\left(\frac{\partial \phi^*}{\partial x_\mu}\frac{\partial \phi}{\partial x_\mu} + \mu^2 \phi^* \phi\right)\end{aligned} \tag{1.48}$$

元の2つの実場 ϕ_1 と ϕ_2 を独立変数とする代わりに，これと等価な措置として ϕ と ϕ^* の方を基本的な2つの独立な場のように見立てて変分原理を適用する．そうすると ϕ と ϕ^* が従うべき場の方程式が得られる．

$$\frac{\partial}{\partial x_\mu}\frac{\partial \mathcal{L}}{\partial (\partial \phi/\partial x_\mu)} - \frac{\partial \mathcal{L}}{\partial \phi} = 0 \quad \Rightarrow \quad \Box \phi^* - \mu^2 \phi^* = 0$$

$$\frac{\partial}{\partial x_\mu}\frac{\partial \mathcal{L}}{\partial (\partial \phi^*/\partial x_\mu)} - \frac{\partial \mathcal{L}}{\partial \phi^*} = 0 \quad \Rightarrow \quad \Box \phi - \mu^2 \phi = 0 \tag{1.49}$$

複素場を物理的にどのように解釈すればよいだろう？ 複素場が電磁場 A_μ と共存する場合，Klein-Gordon 方程式の複素解 ϕ が電荷 e を持つ粒子の場を表すならば，ϕ^* が同じ A_μ の下で電荷 $-e$ を持つ粒子の場を表すことを示すのは難しくない．これは練習問題とする (p.24, 問題1-3).

スカラー場が複素場であることと，その場の属性 (電荷など) との関係を更に調べるために，ϕ_1 と ϕ_2 に対する次のようなユニタリー変換 (正確には正規直交変換) を

---

[5] 本書全体を通じて，上付きの * は "複素共役" を，上付きの † はエルミート共役 (Hermitian conjugate) を意味するものとする．

1.3. 古典的なスカラー場

考えてみよう.

$$\phi'_1 = \phi_1 \cos\lambda - \phi_2 \sin\lambda$$
$$\phi'_2 = \phi_1 \sin\lambda + \phi_2 \cos\lambda \tag{1.50}$$

λ は時空座標に依存しない実定数である. 式(1.48) において ϕ_1 と ϕ_2 の質量は全く等しいものと仮定されているので, 自由場のラグランジアン (1.48) が式(1.50) の変換の下で不変であることは明らかである. ϕ と ϕ^* を見ると, 変換 (1.50) は次のような"ゲージ変換"として表される.

$$\phi' = e^{i\lambda}\phi$$
$$\phi^{*\prime} = e^{-i\lambda}\phi^* \tag{1.51}$$

式(1.51) において λ が無限小であると仮定しよう. そうすると ϕ と ϕ^* の変化は,

$$\delta\phi = i\lambda\phi$$
$$\delta\phi^* = -i\lambda\phi^* \tag{1.52}$$

と表される. 一方, 式(1.52) に伴ってラグランジアン密度 $\mathcal{L}$ に生じる変分は,

$$\begin{aligned}\delta\mathcal{L} &= \left[\frac{\partial\mathcal{L}}{\partial\phi}\delta\phi + \frac{\partial\mathcal{L}}{\partial(\partial\phi/\partial x_\mu)}\delta\left(\frac{\partial\phi}{\partial x_\mu}\right)\right] + \left[\frac{\partial\mathcal{L}}{\partial\phi^*}\delta\phi^* + \frac{\partial\mathcal{L}}{\partial(\partial\phi^*/\partial x_\mu)}\delta\left(\frac{\partial\phi^*}{\partial x_\mu}\right)\right] \\ &= \left[\frac{\partial\mathcal{L}}{\partial\phi} - \frac{\partial}{\partial x_\mu}\left(\frac{\partial\mathcal{L}}{\partial(\partial\phi/\partial x_\mu)}\right)\right]\delta\phi + \left[\frac{\partial\mathcal{L}}{\partial\phi^*} - \frac{\partial}{\partial x_\mu}\left(\frac{\partial\mathcal{L}}{\partial(\partial\phi^*/\partial x_\mu)}\right)\right]\delta\phi^* \\ &\quad + \frac{\partial}{\partial x_\mu}\left[\frac{\partial\mathcal{L}}{\partial(\partial\phi/\partial x_\mu)}\delta\phi + \frac{\partial\mathcal{L}}{\partial(\partial\phi^*/\partial x_\mu)}\delta\phi^*\right] \\ &= -i\lambda\frac{\partial}{\partial x_\mu}\left(\frac{\partial\phi^*}{\partial x_\mu}\phi - \phi^*\frac{\partial\phi}{\partial x_\mu}\right) \end{aligned} \tag{1.53}$$

となる. 上の計算の過程で Euler-Lagrange 方程式を用いた. Hamilton の原理により, ラグランジアン密度の変分 $\delta\mathcal{L}$ はゼロでなければならない. したがって次式が成立する.

$$\frac{\partial s_\mu}{\partial x_\mu} = 0 \tag{1.54}$$

$$s_\mu = i\left(\frac{\partial\phi^*}{\partial x_\mu}\phi - \phi^*\frac{\partial\phi}{\partial x_\mu}\right) \tag{1.55}$$

これは 4 次元時空 (Minkowski 時空) において, 複素場 ϕ に付随する, 保存する流れ (連続の方程式(1.54) を満たす 4 元ベクトル場 s_μ) の存在を意味している.

置換 $\phi \rightleftarrows \phi^*$ を施すと s_μ は符号を変えるので，s_μ が電荷電流密度 (電荷の流れの密度) であって，ϕ は電荷 e を持つ粒子の場，ϕ^* は電荷 $-e$ を持つ粒子の場であるという解釈が可能である．これは問題1-3 (p.24) において得られる解釈とも整合する．"同じ" 質量を持ち，"反対の" 電荷を持つ粒子の組合せを理論の中に自然に収容できることは，相対論的な場の理論の顕著な特徴である．しかしこのような複素場の定式化において，s_μ を電磁気学における電流密度と関係づける解釈は，可能性のひとつに過ぎない．実際，この保存する流れの定式化は，複素場において保存する任意の属性に対応させることができる．

　π 中間子に話を戻そう．自然界に見られる3種類の電荷を持つ π 中間子を記述するために，$\pi^\pm$ と π^0 の質量のわずかな違い (約140 MeV に対して 5 MeV 程度の違い) を無視して，次のラグランジアン密度から議論を始める．

$$\mathcal{L} = -\frac{1}{2}\left[\sum_{\alpha=1}^{3}\left(\frac{\partial \phi_\alpha}{\partial x_\mu}\right)\left(\frac{\partial \phi_\alpha}{\partial x_\mu}\right) + \mu^2 \phi_\alpha \phi_\alpha\right] \tag{1.56}$$

ϕ_1 と ϕ_2 を式(1.46) に従って直交変換した組合せは荷電 π 中間子に対応し，ϕ_3 は中性 π 中間子に対応する．この形式において，ϕ_1 と ϕ_2 だけの混合 (1.50) よりも広く ϕ_3 までを含んだユニタリー変換の可能性を考えることができる．これはアイソスピン (isospin) の一般的な定式化の出発点となるが，この話題は本書では扱わない．

　以上をまとめると，ϕ_1 と ϕ_2 の質量が厳密に縮退していることは，ラグランジアン密度 $\mathcal{L}$ が式(1.50) もしくは式(1.51) の変換の下で不変であることを含意し，そのことから複素場 ϕ と ϕ^* に関わる電荷もしくはそれに類する何らかの場の属性の保存則が導かれる．物理系の何らかの変換に関する不変性と，物理系において成立する保存則との関係は，古典力学においても量子力学においてもよく知られている．たとえば回転対称性 (空間内の等方性) は角運動量保存則をもたらす．ここでは電荷のような幾何的ではない属性の保存則が，やはり式(1.51) の変換に関する不変性から導かれることを見た．Pauli(パウリ)に倣って，式(1.51) の変換を "第1種ゲージ変換" と呼ぶことにする．

　ここまでの議論の真の重要性を理解するためには，近似的にしか保存しないような場の属性の実例を見るとよい．場の理論において，高エネルギー粒子の衝突によって生成する中性K中間子は，電気的に中性であるにもかかわらず複素場で記述される．この理由は K^0 とその反粒子である $\bar{K}^0$ が固有の属性として，Y という記号で表される超電荷(ハイパーチャージ)を担っているからである．K^0 は $Y = +1$ で複素場 ϕ に対応し，$\bar{K}^0$ は $Y = -1$ で ϕ^* に対応する．超電荷(ハイパーチャージ)の保存[6](M. Gell-Mann(ゲルマン)と K. Nishijima [西

---

[6] 超電荷の保存に関する基礎的な議論は，たとえば Segrè (1964) の第15章を参照されたい．

島和彦] が 1953 年に導入した奇妙さ(ストレンジネス)の保存則と等価である) は非常に有用な保存則であるが, 確定した超電荷(ハイパーチャージ)を持つ K^0 と $\bar{K}^0$ の生成に関わる相互作用に比べて極めて弱い ($\sim 10^{-12}$ 程度の) 別種の相互作用によってわずかに破られている. その結果, 基本的に ϕ_1 と ϕ_2 に対応する K_1 と K_2 と呼ばれるこの粒子の 2 つの状態には, 非常に小さいけれども観測可能な質量の差がある ($\sim 10^{-11}$ MeV$/c^2$). 超電荷(ハイパーチャージ)が厳密には保存しないおかげで, 我々は近似的にしか保存しない属性を持ち, 質量の縮退が解けている粒子の現実的な実例を見ることができる.

1.4 古典的な Maxwell の場

基本的な場の方程式 ここでは古典的な電磁気学の枠組みに従って, 電磁場の挙動を論じる. 本章と次章では Heaviside-Lorentz(ヘヴィサイド) の有理化単位系[‡]を採用する. Maxwell(マックスウェル) の方程式は, 次のように表される.

$$\nabla \cdot \mathbf{E} = \rho$$
$$\nabla \times \mathbf{B} - \frac{1}{c}\frac{\partial \mathbf{E}}{\partial t} = \frac{\mathbf{j}}{c} \tag{1.57}$$

$$\nabla \cdot \mathbf{B} = 0$$
$$\nabla \times \mathbf{E} + \frac{1}{c}\frac{\partial \mathbf{B}}{\partial t} = 0 \tag{1.58}$$

微細構造定数は, この単位系では次のように与えられる.

$$\frac{e^2}{4\pi\hbar c} \approx \frac{1}{137.04} \tag{1.59}$$

Gauss(ガウス) (cgs) 単位系では $e^2/\hbar c$, MKSA 有理化系では $e^2/(4\pi\hbar c\epsilon_0)$ となる. 我々の単位系における場やポテンシャルを Gauss 単位系に移す場合には $1/\sqrt{4\pi}$ が付く. たとえば本書における $(1/2)\bigl(|\mathbf{E}|^2 + |\mathbf{B}|^2\bigr)$ は, Gauss 単位系では $(1/8\pi)\bigl(|\mathbf{E}|^2 + |\mathbf{B}|^2\bigr)$ と読み替えなければならない. しかしながら,

$$\bigl(\sqrt{4\pi}\,e\bigr)\bigl(\mathbf{A}/\sqrt{4\pi}\,\bigr) = e\mathbf{A}$$

さらにゆきとどいた議論は Nishijima (1964) の第 6 章や Sakurai (1964) の第 10 章に与えられている.

[‡](訳註) Gauss 単位系を有理化した (すなわち因子 4π が頻出しないようにした) 単位系と考えればよい. エネルギー密度は, 現在実用的な MKSA 有理化系では $(1/2)(\epsilon_0|\mathbf{E}|^2 + \mu_0^{-1}|\mathbf{B}|^2)$ だが, この Heaviside-Lorentz 系では (すぐ後にも言及があるように) 簡単に $(1/2)(|\mathbf{E}|^2 + |\mathbf{B}|^2)$ と表される. ϵ_0 と μ_0 が不要なので数式だけを扱うには便利であるが, 数値や次元を論じる際には注意が必要になる. たとえば $\mathbf{A}$ の次元は MKSA 系では kg m s^{-1}C^{-1}, Heaviside-Lorentz 系では g$^{1/2}$cm$^{1/2}$s^{-1} である.

なので，$\mathbf{p} - e\mathbf{A}/c$ のような式は，どちらの単位系でも共通である．

Maxwellの方程式は，μ と ν に関して反対称な場のテンソル $F_{\mu\nu}$ と，電荷電流密度4元ベクトル j_μ を次のように導入すると，簡単な形で書けるようになる．

$$F_{\mu\nu} = \begin{pmatrix} 0 & B_3 & -B_2 & -iE_1 \\ -B_3 & 0 & B_1 & -iE_2 \\ B_2 & -B_1 & 0 & -iE_3 \\ iE_1 & iE_2 & iE_3 & 0 \end{pmatrix} \tag{1.60}$$

$$j_\mu = (\mathbf{j}, ic\rho) \tag{1.61}$$

式(1.57) は，次のように表される．

$$\frac{\partial F_{\mu\nu}}{\partial x_\nu} = \frac{j_\mu}{c} \tag{1.62}$$

このように共変な形式で表した Maxwell方程式の簡潔さは注目に値する．実際，現在 Lorentz不変性という術語で言及される性質は，そもそも H. Poincaré(ポアンカレ)が Maxwell方程式の変換性を調べて発見したものである．

$F_{\mu\nu}$ の反対称性から，電荷電流密度に関する連続の方程式を得ることができる．これを示すためには，単純に式(1.62) の両辺の4元発散を調べればよい．左辺の発散は，

$$\begin{aligned} \frac{\partial}{\partial x_\mu}\frac{\partial F_{\mu\nu}}{\partial x_\nu} &= \frac{1}{2}\left(\frac{\partial}{\partial x_\mu}\frac{\partial F_{\mu\nu}}{\partial x_\nu} - \frac{\partial}{\partial x_\mu}\frac{\partial F_{\nu\mu}}{\partial x_\nu}\right) \\ &= \frac{1}{2}\left(\frac{\partial}{\partial x_\mu}\frac{\partial F_{\mu\nu}}{\partial x_\nu} - \frac{\partial}{\partial x_\nu}\frac{\partial F_{\mu\nu}}{\partial x_\mu}\right) = 0 \end{aligned} \tag{1.63}$$

となるので，連続の方程式が得られる．

$$\frac{\partial j_\mu}{\partial x_\mu} = 0 \tag{1.64}$$

このように $F_{\mu\nu}$ を導入することによって，Maxwellの理論は電荷電流保存則が自動的に成り立つように構築されているということが明確に分かる．歴史的にも電荷の保存は，古典電磁気学の定式化において決定的に重要な役割を果たした．C. Maxwell は動的な問題においても電荷が保存するように変位電流の概念を新たに導入したのである．式(1.57) における $\partial \mathbf{E}/\partial t$ の項がこれにあたる．

4元ベクトルポテンシャル A_μ は，次式を満たすように導入される．

$$\frac{\partial A_\nu}{\partial x_\mu} - \frac{\partial A_\mu}{\partial x_\nu} = F_{\mu\nu} \tag{1.65}$$

Maxwell方程式の，後ろの2本の式の組 (1.58) は，3階のテンソル $t_{\lambda\mu,\nu}$ を用いて，

$$t_{\lambda\mu,\nu} + t_{\mu\nu,\lambda} + t_{\nu\lambda,\mu} = 0 \tag{1.66}$$

1.4. 古典的なMaxwellの場

と表すことができる．この3階テンソルは，次のように定義される．

$$t_{\lambda\mu,\nu} = \frac{\partial F_{\lambda\mu}}{\partial x_\nu} = \frac{\partial}{\partial x_\nu}\left(\frac{\partial A_\mu}{\partial x_\lambda} - \frac{\partial A_\lambda}{\partial x_\mu}\right) \tag{1.67}$$

式(1.65)によって4元ポテンシャルを導入してしまえば，Maxwell方程式の後ろの2本は自動的に成立することが見て取れる．また，仮に電荷と対応するような磁気単極子が存在して，これらの式が成立せず，

$$\nabla \cdot \mathbf{B} = \rho_{\text{mag}} \neq 0, \quad \nabla \times \mathbf{E} + \frac{1}{c}\frac{\partial \mathbf{B}}{\partial t} = -\mathbf{j}_{\text{mag}} \neq 0 \tag{1.68}$$

となる場合には，$\mathbf{E}$と$\mathbf{B}$をA_μ "だけ" によって記述することが不可能になる．

ラグランジアンとハミルトニアン　場のテンソル自体から構築できる唯一のスカラー量(密度)は，

$$F_{\mu\nu}F_{\mu\nu} = 2\left(|\mathbf{B}|^2 - |\mathbf{E}|^2\right) \tag{1.69}$$

である[7]．ラグランジアン密度として，電荷電流密度との相互作用を表すスカラー量の項を加えた次の形を試みてみよう．

$$\mathcal{L} = -\frac{1}{4}F_{\mu\nu}F_{\mu\nu} + \frac{j_\mu A_\mu}{c} \tag{1.70}$$

A_μの各成分が独立な場であると仮定する．共変な Euler-Lagrange 方程式(式(1.25)参照)の一方の項は，

$$\begin{aligned}
&\frac{\partial}{\partial x_\nu}\frac{\partial \mathcal{L}}{\partial(\partial A_\mu/\partial x_\nu)}\\
&= -\frac{1}{4}\frac{\partial}{\partial x_\nu}\left\{\frac{\partial}{\partial(\partial A_\mu/\partial x_\nu)}\left[\left(\frac{\partial A_\sigma}{\partial x_\lambda} - \frac{\partial A_\lambda}{\partial x_\sigma}\right)\left(\frac{\partial A_\sigma}{\partial x_\lambda} - \frac{\partial A_\lambda}{\partial x_\sigma}\right)\right]\right\}\\
&= -\frac{1}{4}\frac{\partial}{\partial x_\nu}\left[\frac{\partial}{\partial(\partial A_\mu/\partial x_\nu)}\left(2\frac{\partial A_\sigma}{\partial x_\lambda}\frac{\partial A_\sigma}{\partial x_\lambda} - 2\frac{\partial A_\sigma}{\partial x_\lambda}\frac{\partial A_\lambda}{\partial x_\sigma}\right)\right]\\
&= -\frac{1}{4}\frac{\partial}{\partial x_\nu}\left(4\frac{\partial A_\mu}{\partial x_\nu} - 4\frac{\partial A_\nu}{\partial x_\mu}\right)\\
&= -\frac{\partial}{\partial x_\nu}F_{\nu\mu} \tag{1.71}
\end{aligned}$$

となり，もう一方の項は，

$$\frac{\partial \mathcal{L}}{\partial A_\mu} = \frac{j_\mu}{c} \tag{1.72}$$

---

[7] 代わりに $(i/8)\epsilon_{\mu\nu\lambda\sigma}F_{\mu\nu}F_{\lambda\sigma} = \mathbf{B}\cdot\mathbf{E}$ という量も考えられる ($\epsilon_{\mu\nu\lambda\sigma}$ は μ,ν,λ,σ が 1,2,3,4 の偶置換ならば 1，奇置換ならば -1，同じ数を重複して含む場合には 0 となる因子である)．ただしこれは空間反転操作(パリティ変換)に関して不変ではないので，ここでは考察の対象とは見なさない．

となる．したがってラグランジアン密度 (1.70) の下で，各成分 A_μ に関する Euler-Lagrange方程式が，Maxwell方程式 (1.62) に一致することが確認できた．

自由な Maxwell 場のハミルトニアン密度 $\mathcal{H}_{\mathrm{em}}$ は，自由場のラグランジアン密度 $\mathcal{L}_{\mathrm{em}} = -\frac{1}{4}F_{\mu\nu}F_{\mu\nu}$ から，次のように与えられる[8]．

$$\begin{aligned}\mathcal{H}_{\mathrm{em}} &= \frac{\partial \mathcal{L}_{\mathrm{em}}}{\partial(\partial A_\mu/\partial x_4)}\frac{\partial A_\mu}{\partial x_4} - \mathcal{L}_{\mathrm{em}} \\ &= -F_{4\mu}\left(F_{4\mu} + \frac{\partial A_4}{\partial x_\mu}\right) + \frac{1}{2}\left(|\mathbf{B}|^2 - |\mathbf{E}|^2\right) \\ &= \frac{1}{2}\left(|\mathbf{B}|^2 + |\mathbf{E}|^2\right) - i\mathbf{E}\cdot\nabla A_4\end{aligned} \qquad (1.73)$$

自由場の場合，式(1.73) の最後の式の後の項は影響を持たない．部分積分を考えると $\nabla\cdot\mathbf{E} = \rho = 0$ となり，$\mathbf{E}$ と A_4 が無限遠でゼロになるものとすれば，境界項も生じないからである．このようにして，自由場のエネルギーを表す式に到達する．

$$H_{\mathrm{em}} = \int \mathcal{H}_{\mathrm{em}}\,d^3x = \frac{1}{2}\int \left(|\mathbf{B}|^2 + |\mathbf{E}|^2\right)d^3x \qquad (1.74)$$

ゲージ変換　共変な形式の Maxwell 方程式 (1.62) に戻ろう．これは4元ポテンシャルを用いて次のようにも書ける．

$$\Box A_\mu - \frac{\partial}{\partial x_\mu}\left(\frac{\partial A_\nu}{\partial x_\nu}\right) = -\frac{j_\mu}{c} \qquad (1.75)$$

試行的に，この4元ポテンシャルの発散がゼロでないという仮定を置いてみよう．

$$\frac{\partial A_\mu}{\partial x_\nu} \neq 0 \qquad (1.76)$$

$F_{\mu\nu}$ を変更することなく，次のように A_μ を再定義することができる．

$$A_\mu^{\mathrm{new}} = A_\mu^{\mathrm{old}} + \frac{\partial \chi}{\partial x_\mu} \qquad (1.77)$$

χ は任意関数でよいが，ここでは次式を満たすものとしてみる．

$$\Box\chi = -\frac{\partial A_\mu^{\mathrm{old}}}{\partial x_\mu} \qquad (1.78)$$

そうすると，新たに定義した4元ポテンシャルに関しては，

$$\frac{\partial A_\mu^{\mathrm{new}}}{\partial x_\mu} = \frac{\partial A_\mu^{\mathrm{old}}}{\partial x_\mu} + \Box\chi = 0 \qquad (1.79)$$

---

[8] 厳密には，Maxwell理論の Hamilton 形式による定式化のためのラグランジアン密度として式(1.70) は適切ではない．このラグランジアン密度は $\partial A_4/\partial x_4$ を含まず，A_4 に対して正準共役な運動量が恒等的にゼロになってしまうからである．

のように4元発散がゼロになる．我々は，物理的に直接の意味を持つ量は $F_{\mu\nu}$ だけだという観点に立つ．ポテンシャル A_μ は単に計算を簡単にするために導入した補助的な量に過ぎず，ゲージの選択には任意性がある．したがって恣意的に，一般的な式(1.75) の代わりに，より簡単な，

$$\Box A_\mu = -\frac{j_\mu}{c} \tag{1.80}$$

を場の方程式として採用してもよい．ただしその場合には A_μ に関して，

$$\frac{\partial A_\mu}{\partial x_\mu} = 0 \tag{1.81}$$

という付帯条件 (ゲージ条件) をつけておく．式(1.81) は Lorentz 条件と呼ばれる．

式(1.81) の条件下であっても，ポテンシャル A_μ はまだ一意的には決まらない．次のような変換が可能である．

$$A_\mu \to A'_\mu = A_\mu + \frac{\partial \Lambda}{\partial x_\mu} \tag{1.82}$$

但し，Lorentz 条件を保持するためには，変換関数 Λ が (非斉次式(1.78)ではなく) 斉次の D'Alembertian 方程式を満たす必要がある．

$$\Box \Lambda = 0 \tag{1.83}$$

一般的な式(1.82) の変換は"第2種ゲージ変換"と呼ばれる[§]．

1.5 量子力学におけるベクトルポテンシャル

Schrödinger 理論による荷電粒子の取扱い　古典力学において，電荷 $e = -|e|$ を持つ質点の非相対論的なハミルトニアンは，次のように表される[9]．

$$H = \frac{1}{2m}\left(\mathbf{p} - \frac{e\mathbf{A}}{c}\right)^2 + eA_0 \tag{1.84}$$

$$A_\mu = (\mathbf{A}, iA_0) \tag{1.85}$$

このハミルトニアンは，質点に対する次の Lorentz 力を想定して導かれる．

$$\mathbf{F} = e\left\{\mathbf{E} + \frac{1}{c}(\dot{\mathbf{x}} \times \mathbf{B})\right\} \tag{1.86}$$

[§](訳註) この電磁ポテンシャル (4元ポテンシャル) の第2種ゲージ変換に伴って荷電粒子場の方に施される，式(1.51) を一般化した第2種ゲージ変換の例が次節に与えられている (式(1.95))．"電磁ポテンシャルの第1種ゲージ変換"にあたる操作は無変換 $A'_\mu = A_\mu$ である．
[9]本書全体にわたり，e は負である．

$\mathbf{p}$ の成分 p_k は x_k に対して共役な正準運動量であり，電磁場が存在する場合は，動的運動量の成分 $m\dot{x}_k$ と異なる．両者の関係は，

$$m\dot{\mathbf{x}} = \mathbf{p} - \frac{e\mathbf{A}}{c} \tag{1.87}$$

である．$\mathbf{A} \neq \mathbf{0}$ ならば古典的な速度として観測される量は $\mathbf{p}/m$ ではなく，式(1.86)に現れる $\dot{\mathbf{x}}$ である．$\mathbf{A}$ にゲージ変換を施す際には，観測量である $m\dot{\mathbf{x}}$ を不変に保つように $\mathbf{p}$ も同時に変更される必要がある．これがどのようにして実現されるかを明確に見るために，まずは Lorentz 力 (1.86) が次のラグランジアンから与えられることを思い起こそう．

$$L = T - eA_0 + \frac{e}{c}\mathbf{A}\cdot\dot{\mathbf{x}} \tag{1.88}$$

正準運動量 p_k は $\partial L/\partial \dot{x}_k$ と定義される (式(1.5)).

非相対論的な量子力学において，スピン磁気能率を無視して荷電粒子の問題を考えるならば，式(1.84)において $\mathbf{p}$ を演算子 $\mathbf{p}$ に置き換えたハミルトニアン演算子から議論を始めればよい．座標表示において運動量演算子は $-i\hbar\nabla$ と与えられる．時間に依存しない Schrödinger 方程式は，次のようになる．

$$\frac{1}{2m}\left(-i\hbar\nabla - \frac{e\mathbf{A}}{c}\right)^2 \psi + V\psi = E\psi \tag{1.89}$$

狭義のポテンシャルは $V = eA_0$ であり，ここでは $\mathbf{A}$ も V も時間に依存しないものと仮定する．

磁場のない領域 ($\mathbf{B} = \mathbf{0}$) では，$\mathbf{A}(\mathbf{x}) \neq \mathbf{0}$ の場合の解 ψ が次の形で与えられる．

$$\psi(\mathbf{x}) = \psi^{(0)}(\mathbf{x}) \exp\left[\frac{ie}{\hbar c}\int^{\mathbf{s}(\mathbf{x})} \mathbf{A}(\mathbf{x}')\cdot d\mathbf{s}'\right] \tag{1.90}$$

$\psi^{(0)}(\mathbf{x})$ は，V は同じで $\mathbf{A}$ をゼロに置き換えた Schrödinger 方程式の解である．線積分の径路 $\mathbf{s}(\mathbf{x})$ は，その終点が $\mathbf{x}$ であれば，$\mathbf{A}$ の回転 (すなわち磁場) がゼロになる領域内において任意に選んでよい．このことを証明するために，まず上の仮定の下で，次の関係に注意する．

$$\begin{aligned}\left(-i\hbar\nabla - \frac{e\mathbf{A}}{c}\right)\psi &= \exp\left(\frac{ie}{\hbar c}\int^{\mathbf{s}(\mathbf{x})}\mathbf{A}\cdot d\mathbf{s}'\right)\\ &\quad \times \left[\left(-i\hbar\nabla - \frac{e\mathbf{A}}{c}\right)\psi^{(0)} + \psi^{(0)}(-i\hbar)\left(\frac{ie}{\hbar c}\right)\mathbf{A}(\mathbf{x})\right]\\ &= \exp\left(\frac{ie}{\hbar c}\int^{\mathbf{s}(\mathbf{x})}\mathbf{A}\cdot d\mathbf{s}'\right)\left(-i\hbar\nabla\psi^{(0)}\right)\end{aligned} \tag{1.91}$$

1.5. 量子力学におけるベクトルポテンシャル

同様に，次式が成り立つ．

$$\left(-i\hbar\nabla - \frac{e\mathbf{A}}{c}\right)^2 \psi = \exp\left[\frac{ie}{\hbar c}\int^{\mathbf{s}(\mathbf{x})} \mathbf{A}\cdot d\mathbf{s}'\right]\left(-i\hbar^2\nabla^2 \psi^{(0)}\right) \tag{1.92}$$

したがって式(1.89)は式(1.90)を通じて $\mathbf{A}=0$ と置いた ψ^0 に関する Schrödinger 方程式に帰着するので，逆に V が同じで $\mathbf{A}=0$ と置いた Schrödinger 方程式の解 $\psi^0(\mathbf{x})$ が先に分かれば，式(1.90)によって $\mathbf{A}\neq 0$ の Schrödinger 方程式の解 $\psi(\mathbf{x})$ が与えられる．

応用として，次のゲージ変換を考えよう．

$$\mathbf{A} \to \mathbf{A}' = \mathbf{A} + \nabla\Lambda(\mathbf{x}) \tag{1.93}$$

時間に依存しない場を考えるので，式(1.65)を非共変な形に直すと，

$$\mathbf{B} = \nabla\times\mathbf{A}$$
$$\mathbf{E} = -\nabla A_0 \tag{1.94}$$

となり，もちろんゲージ変換の前後で $\mathbf{B}$ も $\mathbf{E}$ も変わらない．式(1.90)は，上のゲージ変換に伴って ψ が (時空座標に依存しない定数位相因子の違いを除き) 次のように変換しなければならないことを示している (これを最初に強調したのは F. London である).

$$\psi' = \psi\exp\left[\frac{ie}{\hbar c}\int^{\mathbf{s}(\mathbf{x})}\nabla'\Lambda(\mathbf{x}')\cdot d\mathbf{s}'\right] = \psi\exp\left[\frac{ie\Lambda(\mathbf{x})}{\hbar c}\right] \tag{1.95}$$

したがって非相対論的な波動関数は，その時に恣意的に採用されているゲージに依存して決まる．

Aharonov-Bohm効果と磁束の量子化 さらに驚くべき具体例 (Y. Aharonov（アハロノフ）と D. Bohm（ボーム）が1959年に論じた問題) を考察する．可干渉的（コヒーレント）な電子線がソレノイドの両脇を通過した後で干渉を起こす図1.2のような実験系を考える．電子線は別々の間隙（スリット）を通る2つの径路に分かれ，図中の"干渉領域"(Interference region)で再び重なり合う．干渉領域における波動関数は次のように書かれる．

$$\psi = \psi_1^{(0)}\exp\left[\frac{ie}{\hbar c}\int_{\text{Path 1}}^{\mathbf{s}(\mathbf{x})}\mathbf{A}(\mathbf{x}')\cdot d\mathbf{s}'\right] + \psi_2^{(0)}\exp\left[\frac{ie}{\hbar c}\int_{\text{Path 2}}^{\mathbf{s}(\mathbf{x})}\mathbf{A}(\mathbf{x}')\cdot d\mathbf{s}'\right] \tag{1.96}$$

この結果，干渉領域には次の量に依存する観測可能な干渉効果が現れる．

$$\begin{Bmatrix}\cos\\ \sin\end{Bmatrix}\left[\frac{e}{\hbar c}\oint\mathbf{A}\cdot d\mathbf{s}\right] = \begin{Bmatrix}\cos\\ \sin\end{Bmatrix}\left[\frac{e}{\hbar c}\int\mathbf{B}\cdot\hat{n}\,dS\right] = \begin{Bmatrix}\cos\\ \sin\end{Bmatrix}\frac{e\Phi}{\hbar c} \tag{1.97}$$

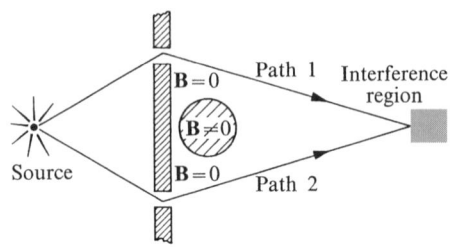

図1.2　Aharonov-Bohm効果を調べるための理想的な実験系.

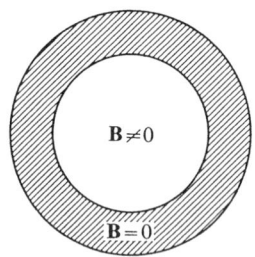

図1.3　超伝導リングが磁束を捕獲している状態.

線積分は，径路1 (Path 1) を順方向，径路2 (Path 2) を逆方向に辿ることで形成される閉曲線に沿って行い，面積分は径路1と径路2で囲まれた面において行う．Φ はその面領域内を通る全磁束の量である．磁束量を変更することにより，干渉を制御できることに注意されたい．電子が $\mathbf{B} \neq \mathbf{0}$ の領域を通らなくても，干渉に磁束の影響が及ぶのは驚くべきことである．古典論では，電子は電磁場の影響をLorentz力だけを通じて局所的に受け，電磁場がゼロの領域では影響を受けないものと見なされる．しかし量子力学では，電子が通らない領域の磁場が電子に観測可能な影響を与え得る．R. G. Chambers（チャンベル）たちはこの種の効果を検出する実験を行い，式(1.97)で表されるような干渉効果の存在を確認した．

最後に，超伝導リングにおける凝縮電子対（つい）の量子力学的な挙動を考察する．この例では図1.3に示すように，リング内部を静的な磁束が貫通しているものと仮定する．超伝導材料そのものの内部には磁束は侵入しない (Meissner（マイスナー）効果)．ここでは電子対を量子力学的な1体の"粒子"のように見立てて，これを記述する波動関数を考える．

電子対の電荷は $2e$ なので，波動関数は，

$$\psi = \psi^{(0)} \exp\left[\frac{2ie}{\hbar c} \int^{\mathbf{s}(\mathbf{x})} \mathbf{A}(\mathbf{x}')\cdot d\mathbf{s}'\right] \quad (1.98)$$

と表される[10]．ここでは径路が磁束を囲んでも，囲まなくても，波動関数 ψ は同じ位置において同じでなければならない．波動関数は多価にはなり得ないからである．このことはリングを貫通する磁束 Φ に対して強い制約条件を生じる．貫通磁束を1回周回する径路に沿った線積分は，次式を満たす必要がある．

$$\frac{2e}{\hbar c} \oint \mathbf{A}\cdot d\mathbf{s} = 2n\pi \quad (1.99)$$

すなわち，

$$\Phi = \frac{\pi n \hbar c}{e}, \quad n = 0, \pm 1, \pm 2, \ldots \quad (1.100)$$

であって，超伝導リングに捕獲され得る磁束量は，磁束量子，

$$\frac{\pi \hbar c}{e} = \frac{ch}{2e} = 2.07 \times 10^{-7} \text{ gauss-cm}^2 \quad (= 2.07 \times 10^{-15} \text{ Wb}) \quad (1.101)$$

の整数倍になる．このことを (因子2を除き) 最初に論じたのは F. London と L. Onsager (オンサーガー) である．予想された磁束量子化の現象は，1961年に B. S. Deaver and W. M. Fairbank，および R. Doll and M. Näbauer によって実験的に検証された．この実験は，超伝導体において電子対が形成されていることの直接的な証明にもなっている．電子対の形成は，現在受け入れられている超伝導理論の基礎を与えている．

本章では電磁場を一貫して"古典的に"扱ったことを強調しておく．特に，最後に論じた磁束の"量子化"も，次章において論じる電磁場の量子化とはまったく関係がない．

練習問題

1-1 (a) ϕ が Euler-Lagrange 方程式に従うものと仮定して，次のように定義されるエネルギー-運動量密度テンソル，

$$\mathcal{T}_{\mu\nu} = -\frac{\partial \phi}{\partial x_\nu} \frac{\partial \mathcal{L}}{\partial (\partial \phi/\partial x_\mu)} + \mathcal{L}\delta_{\mu\nu}$$

---

[10] 対 (つい) を形成した電子同士は，座標 ($\mathbf{x}$) 空間ではなく運動量 ($\mathbf{p}$) 空間において相関を生じるので，なぜ相関を持った電子対の凝縮系が座標空間においてあたかも電荷 $2e$ の単一の粒子のように扱えるのかという点を正当化する議論が本当は必要である．超伝導体における電子対に関する詳細な議論は，たとえば Blatt (1964) の第3章に与えられている．

が，次の連続の方程式を満たすことを示せ．

$$\frac{\partial \mathcal{T}_{\mu\nu}}{\partial x_\mu} = 0$$

(b) ϕ が無限遠においてゼロになることを仮定すると，4元ベクトル，

$$P_\mu(t) = -i \int \mathcal{T}_{4\mu} d^3x$$

の各成分が，時間に依存しないことを示せ．(積分は，時刻 t において3次元空間全域にわたって行う．)

(c) 実スカラー場に関して，ハミルトニアン密度が $\mathcal{H} = -\mathcal{T}_{44}$ となることを示せ．

1-2 $\phi(\mathbf{x}, t)$ を自由場の Klein-Gordon 方程式の解とする．ここで，

$$\phi(\mathbf{x}, t) = \psi(\mathbf{x}, t) e^{-imc^2 t/\hbar}$$

と置く．ψ はどのような条件下で非相対論的な Schrödinger 方程式を満たすか？ ϕ として平面波解を想定して，その条件を物理的に解釈せよ．

1-3 次の置換則，

$$-i\hbar \frac{\partial}{\partial x_\mu} \rightarrow -i\hbar \frac{\partial}{\partial x_\mu} - \frac{eA_\mu}{c}$$

を用いて，A_μ と相互作用をする荷電スカラー場が従う方程式を書け．$A_\mu = (0, 0, 0, iA_0)$ のときの解を ϕ とすると，ϕ^* は A_0 を $-A_0$ に置き換えた方程式の解になることを示せ．

1-4 4元ベクトルの密度 j_μ と相互作用をする，質量を持つベクトル場のラグランジアン密度は次のように与えられる．

$$\mathcal{L} = -\left[\frac{1}{4}\left(\frac{\partial \phi_\nu}{\partial x_\mu} - \frac{\partial \phi_\mu}{\partial x_\nu}\right)\left(\frac{\partial \phi_\nu}{\partial x_\mu} - \frac{\partial \phi_\mu}{\partial x_\nu}\right) + \frac{1}{2}\mu^2 \phi_\mu \phi_\mu\right] + j_\mu \phi_\mu$$

場の方程式を求めよ．Maxwell 場と異なり，場の方程式から j_μ に関する連続の方程式が保証されないことを示せ．さらに，源が保存するためには (すなわち j_μ が連続の方程式を満たすためには) 次の付帯条件が必要となることを示せ．

$$\frac{\partial \phi_\mu}{\partial x_\mu} = 0$$

註：質量を持つベクトル場を最初に考察したのは A. Proca である．

1-5 $\mathbf{x}$ と t の両方に依存する4元ポテンシャル A_μ の影響を受けている Klein-Gordon 場を考える．式(1.91)を相対論的に一般化した式を書け．4次元時空 (Minkowski 時空) において，どのような径路を考えたかを明確に述べること．

第 2 章 輻射の量子論

2.1 古典的な輻射場

横波条件 輻射場 (radiation field) を量子力学的に理解するための準備として，まずは次式を満たすようなベクトルポテンシャルを，古典電磁気学の範囲内で論じることにする．

$$\nabla \cdot \mathbf{A} = 0 \tag{2.1}$$

上式は"横波の条件" (transversality condition) と呼ばれている．これを Lorentz 条件 (1.81) と混同しないでもらいたい．式(2.1) を満たすようなベクトルポテンシャルから与えられる電場と磁場は，"横波の電磁場"もしくは"輻射場" (radiation field) と呼ばれる．これらの術語は，しばしば式(2.1) を満たすベクトルポテンシャルに対しても用いられる．

横波の条件 (2.1) は，様々な状況下において関心が持たれるものである．まずは $j_\mu = 0$ と仮定してみよう．この場合，Lorentz 条件の下で A_μ の第4成分をゼロにするような第2種ゲージ変換を考え，$\mathbf{A}$ が式(2.1) を満たすようにすることができる．すなわち，次のゲージ変換，

$$\begin{aligned}\mathbf{A} &\to \mathbf{A}' = \mathbf{A} + \nabla \Lambda \\ A_0 &\to A_0' = A_0 - \frac{1}{c}\frac{\partial \Lambda}{\partial t}\end{aligned} \tag{2.2}$$

において，変換関数 $\Lambda(\mathbf{x}, t)$ が，式(1.83) の条件下で，

$$\frac{1}{c}\frac{\partial \Lambda}{\partial t} = A_0 \tag{2.3}$$

を同時に満たすことが可能である．新たなゲージにおいて A_μ の第4成分はゼロになるので，Lorentz 条件 (1.81) から横波条件 (2.1) へ移行する．

次に，系が相互作用をしている電子系を含むような，$j_\mu \neq 0$ の状況を考察してみよう．この場合は Lorentz 条件と横波条件が両立しないので，$\mathbf{A}$ の成分を次のように分けて考える．

$$A = A_\perp + A_\|$$
$$\nabla \cdot A_\perp = 0$$
$$\nabla \times A_\| = 0 \tag{2.4}$$

このような2成分の表現は常に可能である[1]．$A_\perp$ と $A_\|$ はそれぞれ A の"横波成分" (transverse component) および"縦波成分" (longitudinal component) と呼ばれる．1930年に E. Fermi は，$A_\|$ と A_0 を"合わせると"，静的な"瞬時 (同時刻) の Coulomb 相互作用"の形になること，および $A_\perp$ は移動する荷電粒子による電磁的な輻射に関係することを示した．荷電粒子系 (非相対論的に扱う) と，それらによって生じた電磁場の全ハミルトニアンは (磁気能率の相互作用を省いて考えるならば)，

$$H = \sum_j \frac{1}{2m_j}\left[\mathbf{p}^{(j)} - e_j\frac{A_\perp(\mathbf{x}^{(j)})}{c}\right]^2 + \sum_{i>j}\frac{e_i e_j}{4\pi|\mathbf{x}^{(i)} - \mathbf{x}^{(j)}|} + H_\text{rad} \tag{2.5}$$

と表される．H_rad は $A_\perp$ だけを含む自由場のハミルトニアンである (後から論じる)．式(2.5) 自体は付録 A において導出する．式(2.5) には A_0 も $A_\|$ もあらわに現れないことに注意してもらいたい．

式(2.5) に立脚する Fermi の定式化は"輻射ゲージ" (radiation gauge) もしくは"Coulomb ゲージ"の方法と呼ばれる．式(2.5) のような表式は相対論的に共変な形ではないし，それ自体は横波条件を含まず，定式化全体としても非共変となる．Lorentz 変換を施すたびに，ゲージ変換によって新たな A と A_0 の組を見出す必要がある．しかしながらハミルトニアンを相対論的な形にして，共変性が明らかな計算技法を構築することも可能である．これについては第4章で Møller 散乱 (2電子間の弾性散乱) を扱う際に言及することにする．どの段階からでも相対論的に共変な形式に移行することは可能である．

何れにせよ，高度に洗練された定式化に取り組む前に，横波の電磁場の理論を学んでおくことは有意義である．横波の電磁場を量子化することにより，光子の放出・吸収・散乱などの様々な過程を，物理的に見通しのよい形で簡潔に記述することが可能となる．自由場を扱う場合の基本となる3本の式を示すと，

$$\mathbf{B} = \nabla \times \mathbf{A}, \quad \mathbf{E} = -\frac{1}{c}\frac{\partial \mathbf{A}}{\partial t} \tag{2.6}$$

$$\nabla^2 \mathbf{A} - \frac{1}{c^2}\frac{\partial^2 \mathbf{A}}{\partial t^2} = 0 \tag{2.7}$$

である．A は横波条件 (2.1) を満たすものとする．

---
[1] たとえば Morse and Feshbach (1953), pp.52-54 を参照．

Fourier展開と輻射振動子 決められた時刻，たとえば $t=0$ において $\mathbf{A}$ を Fourier(フーリエ)級数に展開する．辺の長さが $L=(V)^{1/3}$ の立方体領域内において $\mathbf{A}$ の場を考え，周期境界条件を適用する．$\mathbf{A}$ の成分は実数なので，

$$\mathbf{A}(\mathbf{x},t)\Big|_{t=0} = \frac{1}{\sqrt{V}}\sum_{\mathbf{k}}\sum_{\alpha=1,2}\left(c_{\mathbf{k},\alpha}(0)\mathbf{u}_{\mathbf{k},\alpha}(\mathbf{x})+c^*_{\mathbf{k},\alpha}(0)\mathbf{u}^*_{\mathbf{k},\alpha}(\mathbf{x})\right) \tag{2.8}$$

$$\mathbf{u}_{\mathbf{k},\alpha}(\mathbf{x}) = \boldsymbol{\epsilon}^{(\alpha)}e^{i\mathbf{k}\cdot\mathbf{x}} \tag{2.9}$$

のように展開される．$\boldsymbol{\epsilon}^{(\alpha)}$ は "偏極ベクトル" (polarization vector) と呼ばれる実数成分を持つ単位ベクトルである．$\boldsymbol{\epsilon}^{(\alpha)}$ の向きはそれぞれの Fourier 成分の伝播方向 $\mathbf{k}$ に依存する (このため $\boldsymbol{\epsilon}^{(\alpha)}(\mathbf{k})$ のように表記している文献も多い)．$\mathbf{k}$ が与えられると，$(\boldsymbol{\epsilon}^{(1)},\boldsymbol{\epsilon}^{(2)},\mathbf{k}/|\mathbf{k}|)$ が右手系を構成する基底ベクトルの組になるように $\boldsymbol{\epsilon}^{(1)}$ と $\boldsymbol{\epsilon}^{(2)}$ を選ぶ．$\mathbf{k}$ の方向は任意であり，一般には z 方向と一致していないので，$\boldsymbol{\epsilon}^{(1)}$ と $\boldsymbol{\epsilon}^{(2)}$ も一般には x,y とは異なる方向を向いている．$\boldsymbol{\epsilon}^{(\alpha)}$ は伝播方向 $\mathbf{k}$ と直交しているので，横波条件が既に保証されている．Fourier 展開の基本関数 $\mathbf{u}_{\mathbf{k},\alpha}$ は次式を満たす．

$$\frac{1}{V}\int d^3x\, \mathbf{u}_{\mathbf{k},\alpha}\cdot\mathbf{u}^*_{\mathbf{k}',\alpha'} = \delta_{\mathbf{k}\mathbf{k}'}\delta_{\alpha\alpha'}$$

$$\frac{1}{V}\int d^3x\left\{\begin{array}{c}\mathbf{u}_{\mathbf{k},\alpha}\cdot\mathbf{u}_{\mathbf{k}',\alpha'} \\ \mathbf{u}^*_{\mathbf{k},\alpha}\cdot\mathbf{u}^*_{\mathbf{k}',\alpha'}\end{array}\right\} = \delta_{\mathbf{k},-\mathbf{k}'}\delta_{\alpha\alpha'} \tag{2.10}$$

また，周期境界条件の下で許容される $\mathbf{k}$ の成分は，次のように与えられる．

$$k_x, k_y, k_z = \frac{2n\pi}{L}, \quad n=\pm 1,\pm 2,\ldots \tag{2.11}$$

$t\neq 0$ における $\mathbf{A}(\mathbf{x},t)$ を得るには，単に $c_{\mathbf{k},\alpha}(0)$ と $c^*_{\mathbf{k},\alpha}(0)$ をそれぞれ，

$$c_{\mathbf{k},\alpha}(t) = c_{\mathbf{k},\alpha}(0)e^{-i\omega t}$$

$$c^*_{\mathbf{k},\alpha}(t) = c^*_{\mathbf{k},\alpha}(0)e^{i\omega t} \tag{2.12}$$

に置き換えればよい．ただし，

$$\omega = c|\mathbf{k}| \tag{2.13}$$

である[†]．このようにして得られる次の Fourier 展開式は，波動方程式 (2.7) と $\mathbf{A}$ が

[†](訳註) このように場の平面波成分の角振動数 ω は一般に波数 $\mathbf{k}$ に依存して決まるので，本当はそのことを明示するために $\omega_{\mathbf{k}}$ のように記しておく方が錯誤を生じにくいのだが，本書では添字を付けない表記を採用してある．読者は本文中の ω を，光子のように質量を持たない粒子の場合には $\omega_{\mathbf{k}}=c|\mathbf{k}|$，質量を持つ粒子の場合には $\omega_{\mathbf{k}}=\sqrt{(c|\mathbf{k}|)^2+(mc^2/\hbar)^2}$ に読み換える必要がある．

実数成分を持つという条件を満足する．

$$\mathbf{A}(\mathbf{x},t) = \frac{1}{\sqrt{V}} \sum_{\mathbf{k}} \sum_{\alpha} \left(c_{\mathbf{k},\alpha}(t) \epsilon^{(\alpha)} e^{i k \cdot x} + c^*_{\mathbf{k},\alpha}(t) \epsilon^{(\alpha)} e^{-i k \cdot x} \right)$$

$$= \frac{1}{\sqrt{V}} \sum_{\mathbf{k}} \sum_{\alpha} \left(c_{\mathbf{k},\alpha}(0) \epsilon^{(\alpha)} e^{i k \cdot x} + c^*_{\mathbf{k},\alpha}(0) \epsilon^{(\alpha)} e^{-i k \cdot x} \right) \tag{2.14}$$

$k \cdot x$ は4元ベクトルのスカラー積である．

$$k \cdot x = \mathbf{k} \cdot \mathbf{x} - \omega t = \mathbf{k} \cdot \mathbf{x} - c|\mathbf{k}|t \tag{2.15}$$

場のハミルトニアンは，次のように与えられる．

$$H = \frac{1}{2} \int \left(|\mathbf{B}|^2 + |\mathbf{E}|^2 \right) d^3x = \frac{1}{2} \int \left[|\nabla \times \mathbf{A}|^2 + \left| \frac{1}{c} \frac{\partial \mathbf{A}}{\partial t} \right|^2 \right] d^3x \tag{2.16}$$

$|\mathbf{B}|^2$ の積分を計算する際に典型的に現れる項は，

$$\int (\nabla \times \mathbf{u}_{\mathbf{k},\alpha}) \cdot (\nabla \times \mathbf{u}^*_{\mathbf{k}',\alpha'}) d^3x$$

$$= \int \nabla \cdot \left[\mathbf{u}_{\mathbf{k},\alpha} \times (\nabla \times \mathbf{u}^*_{\mathbf{k}',\alpha'}) \right] d^3x + \int \mathbf{u}_{\mathbf{k},\alpha} \cdot \left[\nabla \times (\nabla \times \mathbf{u}^*_{\mathbf{k}',\alpha'}) \right] d^3x$$

$$= -\int \mathbf{u}_{\mathbf{k},\alpha} \nabla^2 \mathbf{u}^*_{\mathbf{k}',\alpha'} d^3x = \left(\frac{\omega}{c} \right)^2 V \delta_{\mathbf{k}\mathbf{k}'} \delta_{\alpha\alpha'} \tag{2.17}$$

である．上の計算では周期境界条件と，恒等式 $\nabla \times (\nabla \times \ ) = \nabla(\nabla \cdot \ ) - \nabla^2$ を用いた．同様に $|\mathbf{E}|^2$ の積分計算においては次式が有用である．

$$\int \left[\frac{1}{c} \frac{\partial}{\partial t}(c_{\mathbf{k},\alpha} \mathbf{u}_{\mathbf{k},\alpha}) \right] \cdot \left[\frac{1}{c} \frac{\partial}{\partial t}(c^*_{\mathbf{k}',\alpha'} \mathbf{u}^*_{\mathbf{k}',\alpha'}) \right] d^3x$$

$$= \left(\frac{\omega}{c} \right)^2 V \delta_{\mathbf{k}\mathbf{k}'} \delta_{\alpha\alpha'} c_{\mathbf{k},\alpha} c^*_{\mathbf{k}',\alpha'} \tag{2.18}$$

これらの関係式を用いて計算すると，ハミルトニアンは次のように書き直される．

$$H = \sum_{\mathbf{k}} \sum_{\alpha} 2 \left(\frac{\omega}{c} \right)^2 c^*_{\mathbf{k},\alpha} c_{\mathbf{k},\alpha} \tag{2.19}$$

$c_{\mathbf{k},\alpha}$ は時間に依存する Fourier 係数であり，次式を満たす (式(2.12)参照)．

$$\ddot{c}_{\mathbf{k},\alpha} = -\omega^2 c_{\mathbf{k},\alpha} \tag{2.20}$$

上式から，相互に独立な調和振動子の集団が連想される．この類似関係を明確にするために，次の新たな変数を導入する．

$$Q_{\mathbf{k},\alpha} = \frac{1}{c} \left(c_{\mathbf{k},\alpha} + c^*_{\mathbf{k},\alpha} \right)$$

$$P_{\mathbf{k},\alpha} = -\frac{i\omega}{c} \left(c_{\mathbf{k},\alpha} - c^*_{\mathbf{k},\alpha} \right) \tag{2.21}$$

そうすると，

$$H = \sum_{\mathbf{k}}\sum_{\alpha} 2\left(\frac{\omega}{c}\right)^2 \left[\frac{c(\omega Q_{\mathbf{k},\alpha} - iP_{\mathbf{k},\alpha})}{2\omega}\right]\left[\frac{c(\omega Q_{\mathbf{k},\alpha} + iP_{\mathbf{k},\alpha})}{2\omega}\right]$$
$$= \sum_{\mathbf{k}}\sum_{\alpha} \frac{1}{2}\left(P_{\mathbf{k},\alpha}^2 + \omega^2 Q_{\mathbf{k},\alpha}^2\right) \tag{2.22}$$

となる．ここで $P_{\mathbf{k},\alpha}$ と $Q_{\mathbf{k},\alpha}$ を正準変数に見立てて，正準運動方程式，

$$\frac{\partial H}{\partial Q_{\mathbf{k},\alpha}} = -\dot{P}_{\mathbf{k},\alpha}, \quad \frac{\partial H}{\partial P_{\mathbf{k},\alpha}} = +\dot{Q}_{\mathbf{k},\alpha} \tag{2.23}$$

を調べると，$c_{\mathbf{k},\alpha}$ の時間依存 (式(2.20)) と整合している．したがって輻射場は独立な調和振動子の集団と等価である．その集団を構成する仮想振動子 (輻射振動子) は $\mathbf{k}$ と α によって識別され，各振動子の正準変数を線形直交変換したものが，輻射場の各Fourier成分の時間に依存する係数に対応する．

2.2 生成演算子, 消滅演算子, 個数演算子

輻射場の量子化 19世紀の末に波動方程式 (2.7) を満たす輻射場の性質が，調和振動子の集団の力学的な性質と似ていることが認識された．Rayleigh卿と J. H. Jeans は，完全な吸収壁に閉じ込められた理想的な輻射場の系を考え，輻射振動子が平均エネルギー kT を持つという条件下で振動数 ω に対するエネルギー分布の式を導出した．彼らの式は高温において ω が小さい領域における実験結果とよく一致したが，ω が大きい高エネルギー側での実験結果を説明できなかった．この問題は M. Planck をして，科学の歴史において最も革命的なもののひとつと見なし得る重要な一歩を踏み出させることになった．Planck は次のように提案した．

> 輻射振動子は任意のエネルギー値を取ることができない．それぞれの振動子の固有振動数 ω に，"新たな"基礎物理定数 $\hbar$ を掛けて得られるエネルギー量子 $\hbar\omega$ の整数倍だけが許容される．

Planckの仮説は1901年に発表された．その4年後，A. Einstein は光電効果を説明するために，波長 $\lambda = 2\pi c/\omega$ を持つ電磁波は，質量を持たず，エネルギーが $\hbar\omega$ の粒子の集団の性質を持つことを論じた．

今，我々はこれらの問題を Planck や Einstein よりもうまく扱うことができるが，それは非相対論的な量子力学を既に知っているからである．実際，非相対論的な量子力学が成立してほとんど間もなく，P. A. M. Dirac は基本的な1次元調和振動子に

おいて x と p を非可換な演算子と見なしたことと同様に，輻射振動子の正準変数を非可換な演算子と見なすことを提案したのである．

輻射振動子の正準変数 P と Q が，単なる数ではなく，次の交換関係 (commutation relation) を満たす"演算子"であると仮定しよう．

$$[Q_{\mathbf{k},\alpha}, P_{\mathbf{k}',\alpha'}] = i\hbar \delta_{\mathbf{k}\mathbf{k}'}\delta_{\alpha\alpha'} \tag{2.24a}$$

$$[Q_{\mathbf{k},\alpha}, Q_{\mathbf{k}',\alpha'}] = 0$$

$$[P_{\mathbf{k},\alpha}, P_{\mathbf{k}',\alpha'}] = 0 \tag{2.24b}$$

そして，次のように $P_{\mathbf{k},\alpha}$ と $Q_{\mathbf{k},\alpha}$ の線形結合を考える．

$$a_{\mathbf{k},\alpha} = \frac{1}{\sqrt{2\hbar\omega}}(\omega Q_{\mathbf{k},\alpha} + i P_{\mathbf{k},\alpha}) \quad [消滅演算子]$$

$$a^{\dagger}_{\mathbf{k},\alpha} = \frac{1}{\sqrt{2\hbar\omega}}(\omega Q_{\mathbf{k},\alpha} - i P_{\mathbf{k},\alpha}) \quad [生成演算子] \tag{2.25}$$

$a_{\mathbf{k},\alpha}$ と $a^{\dagger}_{\mathbf{k},\alpha}$ は，Fourier 係数 $c_{\mathbf{k},\alpha}$ と $c^{\dagger}_{\mathbf{k},\alpha}$ に対応しているが，前者の演算子の組は無次元であり，係数因子の違いがある[‡]．

$$c_{\mathbf{k},\alpha} \to c\sqrt{\frac{\hbar}{2\omega}} a_{\mathbf{k},\alpha}$$

新たな演算子 (光子の演算子) は，次の交換関係を満たす．

$$[a_{\mathbf{k},\alpha}, a^{\dagger}_{\mathbf{k}',\alpha'}] = -\frac{i}{2\hbar}[Q_{\mathbf{k},\alpha}, P_{\mathbf{k}',\alpha'}] + \frac{i}{2\hbar}[P_{\mathbf{k},\alpha}, Q_{\mathbf{k}',\alpha'}] = \delta_{\mathbf{k}\mathbf{k}'}\delta_{\alpha\alpha'} \tag{2.26a}$$

$$[a_{\mathbf{k},\alpha}, a_{\mathbf{k}',\alpha'}] = [a^{\dagger}_{\mathbf{k},\alpha}, a^{\dagger}_{\mathbf{k}',\alpha'}] = 0 \tag{2.26b}$$

上記の交換関係は，同時刻の演算子同士に対して成立するものである．たとえば $[a_{\mathbf{k},\alpha}, a^{\dagger}_{\mathbf{k}',\alpha'}]$ は，実際には $[a_{\mathbf{k},\alpha}(t), a^{\dagger}_{\mathbf{k}',\alpha'}(t)]$ を意味する．

$a_{\mathbf{k},\alpha}$ と $a^{\dagger}_{\mathbf{k},\alpha}$ の物理的な意味を論じる前に，教育的な観点から，次のように定義される演算子の性質を見ておくことにする．

$$N_{\mathbf{k},\alpha} = a^{\dagger}_{\mathbf{k},\alpha} a_{\mathbf{k},\alpha} \quad [個数(占有数)演算子] \tag{2.27}$$

たとえば，次のような交換関係が成り立つ．

$$[a_{\mathbf{k},\alpha}, N_{\mathbf{k}',\alpha'}] = a_{\mathbf{k},\alpha} a^{\dagger}_{\mathbf{k}',\alpha'} a_{\mathbf{k}',\alpha'} - a^{\dagger}_{\mathbf{k}',\alpha'} a_{\mathbf{k}',\alpha'} a_{\mathbf{k},\alpha}$$

$$= [a_{\mathbf{k},\alpha}, a^{\dagger}_{\mathbf{k}',\alpha'}] a_{\mathbf{k}',\alpha'} - a^{\dagger}_{\mathbf{k}',\alpha'} [a_{\mathbf{k}',\alpha'}, a_{\mathbf{k},\alpha}]$$

$$= \delta_{\mathbf{k}\mathbf{k}'}\delta_{\alpha\alpha'} a_{\mathbf{k},\alpha} \tag{2.28}$$

$$[a^{\dagger}_{\mathbf{k},\alpha}, N_{\mathbf{k}',\alpha'}] = -\delta_{\mathbf{k}\mathbf{k}'}\delta_{\alpha\alpha'} a^{\dagger}_{\mathbf{k},\alpha} \tag{2.29}$$

[‡] (訳註) 新たに導入する演算子について $[a, a^{\dagger}] = (無次元定数) \to 1$ にしておくと好都合なので，変換係数に $1/\sqrt{2}$ を加えてある (これを省くと $[a, a^{\dagger}] = 2$)．この係数は $V^{1/2}\mathbf{A}$ の次元に合せて決まるので (式(2.14))，採用する単位系によってこの係数も変わる (p.15訳註参照)．

2.2. 生成演算子, 消滅演算子, 個数演算子

a と $a^\dagger$ はエルミート演算子ではないが, N はエルミート演算子である. (この段落と次の段落では添字 $\mathbf{k}, \alpha$ を省略する. 任意に指定された $\mathbf{k}$ と α の下で, すべての関係が成立する.) N がエルミート演算子であることから, 実数の固有値 n を持つ規格化された N の固有状態を想定して, これを $|n\rangle$ と書くことにする.

$$N|n\rangle = n|n\rangle \tag{2.30}$$

ここで, たとえば,

$$\begin{aligned}Na^\dagger|n\rangle &= (a^\dagger N + a^\dagger)|n\rangle \\ &= (n+1)a^\dagger|n\rangle\end{aligned} \tag{2.31}$$

という関係が得られる (式(2.29) を用いた). 上式を N に関する固有値方程式と捉えなおすと, 固有状態は $a^\dagger|n\rangle$, 固有値は $n+1$ である. また, これと同様に,

$$Na|n\rangle = (n-1)a|n\rangle \tag{2.32}$$

である. これで $a^\dagger$ と a の役割が明らかになった. $a^\dagger$ (a) を $|n\rangle$ に作用させると, N の新たな固有状態が生成され, その固有値は 1 だけ増える (減る). したがって,

$$\begin{aligned}a^\dagger|n\rangle &= c_+|n+1\rangle \\ a|n\rangle &= c_-|n-1\rangle\end{aligned} \tag{2.33}$$

と書ける. c_+ と c_- は係数である. $c_\pm$ を決めるには, 次の計算を行えばよい.

$$\begin{aligned}|c_+|^2 &= |c_+|^2 \langle n+1|n+1\rangle = \langle a^\dagger n|a^\dagger n\rangle \\ &= \langle n|aa^\dagger|n\rangle = \langle n|N + [a, a^\dagger]|n\rangle \\ &= n+1\end{aligned} \tag{2.34}$$

$$|c_-|^2 = \langle an|an\rangle = \langle n|a^\dagger a|n\rangle = n \tag{2.35}$$

$c_\pm$ の位相は不定であるが, 慣例に従い $t=0$ における位相をゼロと置く. したがって $t=0$ において,

$$\begin{aligned}a^\dagger|n\rangle &= \sqrt{n+1}|n+1\rangle \\ a|n\rangle &= \sqrt{n}|n-1\rangle\end{aligned} \tag{2.36}$$

である. 一方,

$$n = \langle n|N|n\rangle = \langle n|a^\dagger a|n\rangle \geq 0 \tag{2.37}$$

という制約がある.最後の不等関係は,ベクトル $a|n\rangle$ の自身とのスカラー積 (ノルム) が正でなければならないこと (状態ベクトル空間の正定値性) による.以上の結果から, n は整数でなければならないことが分かる.仮に整数以外の n が存在するならば,その固有ベクトルに繰り返し a を作用させ続けると,やがて不可避的に固有値が負になってしまい,式(2.37) に抵触するからである. n が正の整数であるならば,その固有ベクトルに a を繰り返して作用させてゆくと,

$$a|n\rangle = \sqrt{n}|n-1\rangle, \ldots, a|2\rangle = \sqrt{2}|1\rangle, \ a|1\rangle = |0\rangle, \ a|0\rangle = 0 \tag{2.38}$$

のように, $|0\rangle$ に a を作用させるところでベクトルは消失してしまい,もうその先にベクトルの系列は続かない.したがって N の固有値として許容される最低値は $n=0$ である.

交換関係 (2.26), (2.28), (2.29) を満たす a, $a^\dagger$ および N の行列表示の例を示すと,次のようになる.

$$a = \begin{pmatrix} 0 & 1 & 0 & 0 & \cdots \\ 0 & 0 & \sqrt{2} & 0 & \cdots \\ 0 & 0 & 0 & \sqrt{3} & \cdots \\ 0 & 0 & 0 & 0 & \cdots \\ \vdots & \vdots & \vdots & \vdots & \ddots \end{pmatrix}, \quad a^\dagger = \begin{pmatrix} 0 & 0 & 0 & 0 & \cdots \\ 1 & 0 & 0 & 0 & \cdots \\ 0 & \sqrt{2} & 0 & 0 & \cdots \\ 0 & 0 & \sqrt{3} & 0 & \cdots \\ \vdots & \vdots & \vdots & \vdots & \ddots \end{pmatrix}$$

$$N = \begin{pmatrix} 0 & 0 & 0 & 0 & \cdots \\ 0 & 1 & 0 & 0 & \cdots \\ 0 & 0 & 2 & 0 & \cdots \\ 0 & 0 & 0 & 3 & \cdots \\ \vdots & \vdots & \vdots & \vdots & \ddots \end{pmatrix} \tag{2.39}$$

これらの行列は列ベクトルに作用する. N の固有ベクトルは次のように表示される.

$$|n\rangle = \begin{pmatrix} 0 \\ \vdots \\ 0 \\ 1 \\ 0 \\ \vdots \end{pmatrix} \tag{2.40}$$

すなわち $(n+1)$ 番目の要素だけが 1 で,その他の要素はゼロである.

2.2. 生成演算子，消滅演算子，個数演算子

光子系の状態 上述の演算子代数を，指定された運動量と偏極 (偏光) を持つ光子の数を増やしたり減らしたりする状況へ適用することができる．後から波数ベクトル $\mathbf{k}$ は光子の運動量を $\hbar$ で割った量と同定されることになり，α は光子の偏極状態を表す．$N_{\mathbf{k},\alpha}$ の固有状態は，$(\mathbf{k},\alpha)$ によって指定される振動モードの光子数が確定している状態と解釈される．同時に色々な $(\mathbf{k},\alpha)$ のモードを持つ光子が存在し得る状況を扱うために，個別の固有状態の積を考える．

$$\left|n_{\mathbf{k}_1,\alpha_1}, n_{\mathbf{k}_2,\alpha_2}, \ldots, n_{\mathbf{k}_l,\alpha_l}, \ldots\right\rangle = \left|n_{\mathbf{k}_1,\alpha_1}\right\rangle \left|n_{\mathbf{k}_2,\alpha_2}\right\rangle \cdots \left|n_{\mathbf{k}_l,\alpha_l}\right\rangle \cdots \quad (2.41)$$

この状態ベクトルは，物理的にはモード $(\mathbf{k}_1,\alpha_1)$ に $n_{\mathbf{k}_1,\alpha_1}$ 個の光子があり，モード $(\mathbf{k}_2,\alpha_2)$ に $n_{\mathbf{k}_2,\alpha_2}$ 個の光子があり … という状態と対応している．$n_{\mathbf{k},\alpha}$ は，モード $(\mathbf{k},\alpha)$ における光子の"占有数"(occupation number) と呼ばれる．

例として，まず次の状態を考える．

$$|0\rangle = \left|0_{\mathbf{k}_1,\alpha_1}\right\rangle \left|0_{\mathbf{k}_2,\alpha_2}\right\rangle \cdots \left|0_{\mathbf{k}_l,\alpha_l}\right\rangle \cdots \quad (2.42)$$

この状態に対して任意の $(\mathbf{k},\alpha)$ に関する $a_{\mathbf{k},\alpha}$ を作用させると，状態は消失する．したがってすべてのモード $(\mathbf{k},\alpha)$ において $N_{\mathbf{k},\alpha} = a_{\mathbf{k},\alpha}^\dagger a_{\mathbf{k},\alpha}$ の固有値がゼロである．式(2.42)によって表される状態を"真空状態"(vacuum state) と呼ぶ．あるモード $(\mathbf{k},\alpha)$ にひとつだけ光子がある1光子状態は，

$$a_{\mathbf{k},\alpha}^\dagger |0\rangle \quad (2.43)$$

と表される．これは $N_{\mathbf{k},\alpha}$ の固有状態で，固有値は1である (式(2.31)参照)．同じモードにもうひとつの光子を加えた2光子状態を表す規格化ベクトルは，

$$\frac{1}{\sqrt{2}} a_{\mathbf{k},\alpha}^\dagger a_{\mathbf{k},\alpha}^\dagger |0\rangle \quad (2.44)$$

であり，別のモードにもうひとつの光子を加えた2光子状態は，

$$a_{\mathbf{k},\alpha}^\dagger a_{\mathbf{k}',\alpha'}^\dagger |0\rangle \quad (2.45)$$

となる．各モードの光子数が確定している一般の多光子状態は，次のように表される．

$$\left|n_{\mathbf{k}_1,\alpha_1}, n_{\mathbf{k}_2,\alpha_2}, \ldots\right\rangle = \prod_{\mathbf{k}_i,\alpha_i} \frac{\left(a_{\mathbf{k}_i,\alpha_i}^\dagger\right)^{n_{\mathbf{k}_i,\alpha_i}}}{\sqrt{n_{\mathbf{k}_i,\alpha_i}!}} |0\rangle \quad (2.46)$$

この状態へ $a_{\mathbf{k}_i,\alpha_i}^\dagger$ を作用させると，

$$a_{\mathbf{k}_i,\alpha_i}^\dagger \left|n_{\mathbf{k}_1,\alpha_1}, n_{\mathbf{k}_2,\alpha_2}, \ldots, n_{\mathbf{k}_i,\alpha_i}, \ldots\right\rangle$$
$$= \sqrt{n_{\mathbf{k}_i,\alpha_i}+1} \left|n_{\mathbf{k}_1,\alpha_1}, n_{\mathbf{k}_2,\alpha_2}, \ldots, (n_{\mathbf{k}_i,\alpha_i}+1), \ldots\right\rangle \quad (2.47)$$

となる．すなわち $a^\dagger_{\mathbf{k}_i,\alpha_i}$ はモード $(\mathbf{k}_i,\alpha_i)$ に余分にひとつの光子を生成し，他のモードの光子数には影響を与えないという性質がある．この理由から $a^\dagger_{\mathbf{k},\alpha}$ は $(\mathbf{k},\alpha)$ の光子の生成演算子 (creation operator) と呼ばれる．同様に $a_{\mathbf{k},\alpha}$ は $(\mathbf{k},\alpha)$ の光子をひとつ減らす作用を持ち，消滅演算子 (annihilation/destruction operator) と呼ばれる．$N_{\mathbf{k},\alpha}$ は対角的で，状態ベクトルを変える作用を持たない．単に固有値としてモード $(\mathbf{k},\alpha)$ にある光子の数を与えるだけである．3つの演算子 $a^\dagger_{\mathbf{k},\alpha}$ と $a_{\mathbf{k},\alpha}$ と $N_{\mathbf{k},\alpha}$ の役割は，それぞれヒンドゥー教における創造の神(ブラフマ)，破壊の神(シヴァ)，持続の神(ヴィシュヌ)になぞらえることができる．

このような占有数による定式化では，あるモードにおける光子数が決まっていない物理的な状態も記述することができる．また，我々が構築できる多光子系は，モードの指標の任意の入れ換えに関して必然的に対称である．たとえば2光子状態 (2.45) が $(\mathbf{k},\alpha) \leftrightarrow (\mathbf{k}',\alpha')$ の入れ換えに関して対称であって，

$$a^\dagger_{\mathbf{k},\alpha} a^\dagger_{\mathbf{k}',\alpha'} |0\rangle = a^\dagger_{\mathbf{k}',\alpha'} a^\dagger_{\mathbf{k},\alpha} |0\rangle \tag{2.48}$$

となることは，生成演算子同士の交換則から明らかである．したがって真空 $|0\rangle$ に対して必要な数の生成演算子を作用させて得られる状態ベクトルは，自動的にBose-Einstein統計を満足する．光子以外の同種粒子系を対象とする場合でも，その粒子がBose-Einstein統計に従うボゾン (boson) であるならば，基本的には我々がここで得た形式を適用することが可能である．

フェルミオンの演算子 自然界には Bose-Einstein 統計には従わず，"Fermi-Dirac統計"に従う粒子——電子，ミューオン (μ粒子)，陽子などのフェルミオン (fermion)——も存在する．フェルミオンから成る同種粒子系に対して，ここまで展開してきた定式化が適切でないことは明らかである．我々は何らかの方法でPauliの排他律を導入しなければならない．1928年に P. Jordan と E. P. Wigner が，この問題に対する解決策を示した．互いにエルミート共役な演算子の組 $b^\dagger_r$ と b_r を用いることはボゾン系の場合と同様であるが，ここではこれらの演算子が次の"反交換関係" (anticommutation relation) を満たすものとする．

$$\{b_r, b^\dagger_{r'}\} = \delta_{rr'}, \quad \{b_r, b_{r'}\} = \{b^\dagger_r, b^\dagger_{r'}\} = 0 \tag{2.49}$$

ここで用いた括弧は，次のように定義される．

$$\{A, B\} = AB + BA \tag{2.50}$$

演算子 $b^\dagger_r$ と b_r は，ここでも生成演算子および消滅演算子と解釈され，添字 r は，たとえば粒子の運動量，スピン，および (3.9節と3.10節で取り上げる Dirac の空孔理

2.2. 生成演算子, 消滅演算子, 個数演算子

論に基づく) エネルギーの符号など, 個々の粒子の状態 (モード) を特定する指標の組を表す. 系がひとつの粒子を含む状態は, ボゾンの場合と同様に,

$$|1_r\rangle = b_r^\dagger |0\rangle \tag{2.51}$$

と表される. しかしながら, 式 (2.49) により,

$$b_r^\dagger b_r^\dagger |0\rangle = \frac{1}{2}\{b_r^\dagger, b_r^\dagger\}|0\rangle = 0 \tag{2.52}$$

となり, 同じ 1 粒子状態に 2 個以上の粒子を生成できない. これはまさに Pauli の排他律としてフェルミオン系に必要とされる性質である. しかし異なる 1 粒子状態 $r \neq r'$ それぞれにひとつずつ粒子を生成すれば 2 粒子状態を構築できて, そのような状態は,

$$b_r^\dagger b_{r'}^\dagger |0\rangle = -b_{r'}^\dagger b_r^\dagger |0\rangle = 0 \tag{2.53}$$

を満たす. つまり状態ベクトルは置換 $r \leftrightarrow r'$ の下で反対称な性質を備えており, Fermi-Dirac 統計に整合する. ボゾンと同様に, エルミート演算子 N_r を,

$$N_r = b_r^\dagger b_r \tag{2.54}$$

のように定義する. $b_r^\dagger$ と b_r をそれぞれ生成演算子, 消滅演算子と解釈するならば, N_r は個数演算子 (占有数演算子) と見なされる.

$$\begin{aligned} N_r |0\rangle &= b_r^\dagger b_r |0\rangle = 0 \\ N_r b_r^\dagger |0\rangle &= b_r^\dagger (1 - b_r^\dagger b_r)|0\rangle = b_r^\dagger |0\rangle \end{aligned} \tag{2.55}$$

一般に, N_r は次の性質を持つ.

$$N_r^2 = b_r^\dagger b_r b_r^\dagger b_r = b_r^\dagger (-b_r^\dagger b_r + 1) b_r = N_r \tag{2.56}$$

したがって,

$$N_r(N_r - 1) = 0 \tag{2.57}$$

であり, N_r の固有値は 0 か 1 以外ではありえない. 物理的に言えば, 任意の 1 粒子状態 r に着目すると, 1 個の粒子によって占有されている状態と, 粒子がない状態以外の基本状態はない. 反交換関係を満たす b_r, $b_r^\dagger$ および N_r の行列表示を見出すことは難しくない.

$$b_r = \begin{pmatrix} 0 & 1 \\ 0 & 0 \end{pmatrix}, \quad b_r^\dagger = \begin{pmatrix} 0 & 0 \\ 1 & 0 \end{pmatrix}, \quad N_r = \begin{pmatrix} 0 & 0 \\ 0 & 1 \end{pmatrix} \tag{2.58}$$

これらの行列は，次のような列ベクトルに作用する．

$$|0\rangle = \begin{pmatrix} 1 \\ 0 \end{pmatrix}, \quad |1\rangle = \begin{pmatrix} 0 \\ 1 \end{pmatrix} \tag{2.59}$$

b と $b^\dagger$ の代数は，a と $a^\dagger$ の代数と似ているが，これらを交換関係 (2.24) を満たす P と Q の線形結合の形で表すことはできないことは重要である．このことは，量子化されたフェルミオン場に対応するような，古典的に観測可能な場が存在しないことと関係する．本章ではこれ以上フェルミオンの演算子について言及しないが，3.10節で再び論じることにする．

2.3 量子化された輻射場

輻射場の量子力学的な励起としての光子 輻射振動子の正準変数を非可換な量子力学的演算子と見なすならば，古典的な輻射場の Fourier 係数は消滅演算子と生成演算子へと移行する．後者を無次元化することを念頭に置いて，次のような置き換えを施す．

$$c_{\mathbf{k},\alpha}(t) \to c\sqrt{\frac{\hbar}{2\omega}} a_{\mathbf{k},\alpha}(t), \quad c^*_{\mathbf{k},\alpha}(t) \to c\sqrt{\frac{\hbar}{2\omega}} a^\dagger_{\mathbf{k},\alpha}(t)$$

これに伴い，$\mathbf{A}$ は次のようになる[2]．

$$\mathbf{A}(\mathbf{x},t) = \frac{1}{\sqrt{V}} \sum_{\mathbf{k}} \sum_{\alpha} c\sqrt{\frac{\hbar}{2\omega}} \left[a_{\mathbf{k},\alpha}(t) \boldsymbol{\epsilon}^{(\alpha)} e^{i\mathbf{k}\cdot\mathbf{x}} + a^\dagger_{\mathbf{k},\alpha}(t) \boldsymbol{\epsilon}^{(\alpha)} e^{-i\mathbf{k}\cdot\mathbf{x}} \right] \tag{2.60}$$

この式は，見かけは式(2.14) と似ているが，$\mathbf{A}$ の意味は全く異なる．式(2.14) の $\mathbf{A}$ は各時空点において定義されている古典的な3成分場である．これに対して式(2.60) の $\mathbf{A}$ は，前節で扱ったような占有数空間における状態ベクトルへ作用を及ぼす演算子である．しかしながら引数として $\mathbf{x}$ と t を持つという点は，古典場と同様である．このような演算子を"場の演算子"(field operator) もしくは"量子化された場" (quantized field) と称する．

量子化された輻射場の"ハミルトニアン演算子"を，次のように置くことができる．

$$H = \frac{1}{2} \int (\mathbf{B}\cdot\mathbf{B} + \mathbf{E}\cdot\mathbf{E}) d^3x \tag{2.61}$$

---

[2] 因子 $c\sqrt{\hbar/2\omega}$ は，Gauss非有理化単位系では $c\sqrt{2\pi\hbar/\omega}$ に置き換わる．全エネルギーにおいて $1/2$ が $1/8\pi$ になるからである (式(2.16) 参照)．(以下訳註) この量子化から逆に場 $\mathbf{A}$ の含意を考えると $\langle \mathbf{A}^2 \rangle \propto [光子密度]/\omega$ であり，粒子密度 (確率密度) の振幅にそのまま対応する de Broglie-Schrödinger場のような量ではないことが分かる．電場・磁場を考えると更に理解しやすい．$\langle \mathbf{E}^2 \rangle, \langle \mathbf{B}^2 \rangle \propto [光子密度] \times \hbar\omega$ なので，同じ"1個"の光子でも，大きなエネルギーを持つ光子の方が，電磁場に対する寄与も大きい．

2.3. 量子化された輻射場

この式は，前と同様に式(2.16)や式(2.17)を用いて導かれる．しかし今度は$a_{\mathbf{k},\alpha}$と$a_{\mathbf{k},\alpha}^{\dagger}$が単なる数ではないので，これらを用いて式を書き換える際には，積の順序にも注意を払う必要がある．ハミルトニアンは次のように表される．

$$H = \frac{1}{2}\sum_{\mathbf{k}}\sum_{\alpha}\hbar\omega\left(a_{\mathbf{k},\alpha}^{\dagger}a_{\mathbf{k},\alpha} + a_{\mathbf{k},\alpha}a_{\mathbf{k},\alpha}^{\dagger}\right)$$
$$= \sum_{\mathbf{k}}\sum_{\alpha}\left(N_{\mathbf{k},\alpha} + \frac{1}{2}\right)\hbar\omega \tag{2.62}$$

但し，ωはモード毎に異なる($\mathbf{k}$に依存する)角振動数で，$\omega = \omega_{\mathbf{k}} = c|\mathbf{k}|$を意味する．エネルギー値の基準は任意に設定してよいので，これを変更して，真空状態のエネルギーをゼロと置くことにする．

$$H|0\rangle = 0 \tag{2.63}$$

このためには，式(2.62)から$\Sigma\Sigma\hbar\omega/2$を差し引けばよい．そうすると，

$$H = \sum_{\mathbf{k}}\sum_{\alpha}\hbar\omega N_{\mathbf{k},\alpha} \tag{2.64}$$

と変更される．このハミルトニアン演算子を，各モードの光子数が確定している多光子状態へ作用させると，

$$H\big|n_{\mathbf{k}_1,\alpha_1}, n_{\mathbf{k}_2,\alpha_2}, \ldots\big\rangle = \sum_{i}n_{\mathbf{k}_i,\alpha_i}\hbar\omega_i\big|n_{\mathbf{k}_1,\alpha_1}, n_{\mathbf{k}_2,\alpha_2}, \ldots\big\rangle \tag{2.65}$$

となる．古典論において輻射場の運動量はPoyntingベクトル$(\mathbf{E}\times\mathbf{B})/c$によって与えられる[3]．古典電磁気学における電磁場の全運動量に相当する式を演算子化すると，系の運動量演算子が得られる．

$$\mathbf{P} = \frac{1}{c}\int(\mathbf{E}\times\mathbf{B})d^3x = \sum_{\mathbf{k}}\sum_{\alpha}\frac{1}{2}\hbar\mathbf{k}\left(a_{\mathbf{k},\alpha}^{\dagger}a_{\mathbf{k},\alpha} + a_{\mathbf{k},\alpha}a_{\mathbf{k},\alpha}^{\dagger}\right)$$
$$= \sum_{\mathbf{k}}\sum_{\alpha}\hbar\mathbf{k}\left(N_{\mathbf{k},\alpha} + \frac{1}{2}\right) \tag{2.66}$$

上式を得るために，次の関係を用いた．

$$\frac{c^2\hbar}{2\sqrt{\omega\omega'}}\left(\frac{1}{c}\right)a_{\mathbf{k},\alpha}\left(\frac{\omega'}{c}\right)a_{\mathbf{k}',\alpha'}^{\dagger}\boldsymbol{\epsilon}^{(\alpha)}\times\left(\mathbf{k}'\times\boldsymbol{\epsilon}^{(\alpha')}\right)\frac{1}{V}\int e^{i(\mathbf{k}-\mathbf{k}')\cdot\mathbf{x}}d^3x$$
$$= \frac{\hbar}{2}a_{\mathbf{k},\alpha}a_{\mathbf{k},\alpha}^{\dagger}\mathbf{k}\delta_{\mathbf{kk}'}\delta_{\alpha\alpha'} \tag{2.67}$$

---
[3] この式は，横波の電磁場のエネルギー-運動量テンソルの 4-k 成分から得ることもできる (p.23, 問題1-1参照)．

(注意：$\epsilon^{(1)} \times (\mathbf{k} \times \epsilon^{(2)}) = 0$, $\epsilon^{(1)} \times (\mathbf{k} \times \epsilon^{(1)}) = \mathbf{k}$ などを利用する．) 式(2.66)における $\frac{1}{2}$ は，許容されるすべての $\mathbf{k}$ に関する和を取る際に $\hbar \mathbf{k}$ と $-\hbar \mathbf{k}$ が相殺し合うので，省いてもよい．

$$\mathbf{P} = \sum_{\mathbf{k}} \sum_{\alpha} \hbar \mathbf{k} N_{\mathbf{k},\alpha} \tag{2.68}$$

H と $\mathbf{P}$ を，1光子状態 $a_{\mathbf{k},\alpha}^{\dagger}|0\rangle$ に作用させてみよう．

$$H a_{\mathbf{k},\alpha}^{\dagger}|0\rangle = \hbar \omega a_{\mathbf{k},\alpha}^{\dagger}|0\rangle$$
$$\mathbf{P} a_{\mathbf{k},\alpha}^{\dagger}|0\rangle = \hbar \mathbf{k} a_{\mathbf{k},\alpha}^{\dagger}|0\rangle \tag{2.69}$$

$\hbar\omega = \hbar c |\mathbf{k}|$ は光子のエネルギー，$\hbar \mathbf{k}$ は光子の運動量である．光子の質量は，次のように決まる．

$$(光子質量)^2 = \frac{1}{c^4}\left(E^2 - c^2|\mathbf{p}|^2\right)$$
$$= \frac{1}{c^4}\left[(\hbar\omega)^2 - (\hbar c|\mathbf{k}|)^2\right] = 0 \tag{2.70}$$

光子の状態 (モード) は運動量と偏極ベクトル $\epsilon^{(\alpha)}$ によって指定される．$\epsilon^{(\alpha)}$ はベクトルとして変換するので，角運動量の一般論によれば，これを1単位の固有角運動量に関係づけることができる．このような輻射場自体の性質から，光子の"スピン角運動量"は1であると言われる[4]．スピン成分を見出すために，まずは，

$$\epsilon^{(\pm)} = \mp\frac{1}{\sqrt{2}}\left(\epsilon^{(1)} \pm i\epsilon^{(2)}\right) \tag{2.71}$$

を考える．この $\epsilon^{(+)}$ と $\epsilon^{(-)}$ は"円偏光ベクトル"(circular polarization vector) と呼ばれる．伝播方向 $\mathbf{k}$ を軸とした無限小の回転 $\delta\phi$ の下で，それぞれの円偏光ベクトルの変化は次のように与えられる．

$$\delta\epsilon^{(\pm)} = \mp\frac{\delta\phi}{\sqrt{2}}\left(\epsilon^{(2)} \mp i\epsilon^{(1)}\right) = \mp i\delta\phi\epsilon^{(\pm)} \tag{2.72}$$

ここではスピンの軸を伝播方向に一致させて，$\epsilon^{(\pm)}$ をスピン成分 $m = \pm 1$ に関係づけてある．もし $\mathbf{k}$ と同じ方向にも $\epsilon^{(\alpha)}$ があれば，それは $m = 0$ に対応することに

---

[4] この点に関しては，問題2-2 (p.89) を参照されたい．輻射場のスピン角運動量は，全角運動量演算子 $(1/c)\int [\mathbf{x} \times (\mathbf{E} \times \mathbf{B})]d^3x$ を軌道角運動量とスピン角運動量の成分に分けるという観点から論じることもできる．たとえば Wentzel (1949), p.123 や，Messiah (1962), pp.1022-1024, pp.1032-1034 を参照．(以下訳註) 光子を表す場がベクトル場であり，ベクトル量が空間的に"1回転させると元に戻る量"であることが，スピン1に対応している．これに対して電子などのフェルミオンを表すスピノル場 (第3章) は"2回転させると初めて元に戻る量"であり，スピン 1/2 ということになる．

2.3. 量子化された輻射場

なる ($\mathbf{k}$ の周りの無限小回転によって $\mathbf{k}$ は変わらない). しかしながら, ここでは横波条件 $\mathbf{k}\cdot\boldsymbol{\epsilon}^{(\alpha)}=0$ が課されているために $m=0$ の状態は存在しない. 言い換えると, 光子スピンの基本状態は, 伝播方向に平行方向のものと, 反平行のものに限られる. $m=0$ の状態が欠如していて, スピンが伝播方向に対して任意方向を向くことができないという状況は, 粒子の固有質量が厳密にゼロであることと関係している. 仮に光子の質量が"ゼロではない"と想定するならば, Lorentz変換によって, その光子が静止している慣性系に移ることが可能のはずである. そのような座標系において"伝播方向に平行"は"無方向(任意方向)に平行"という, あり得ない条件となるので, 有限質量の粒子場に関しては, このような制約は必然的に解除されねばならない.

$\boldsymbol{\epsilon}^{(\pm)}$ を基本状態とする偏極状態の記述を"円偏光表示"と呼び, $\boldsymbol{\epsilon}^{(1)}$ と $\boldsymbol{\epsilon}^{(2)}$ を基本状態とする線形偏極表示と区別する. $\boldsymbol{\epsilon}^{(\pm)}$ の直交関係は, 次のようになる.

$$\begin{aligned}\boldsymbol{\epsilon}^{(\pm)}\cdot\boldsymbol{\epsilon}^{(\pm)*}&=-\boldsymbol{\epsilon}^{(\pm)}\cdot\boldsymbol{\epsilon}^{(\mp)}=1\\ \boldsymbol{\epsilon}^{(\pm)}\cdot\boldsymbol{\epsilon}^{(\mp)*}&=-\boldsymbol{\epsilon}^{(\pm)}\cdot\boldsymbol{\epsilon}^{(\pm)}=0\end{aligned} \quad (2.73a)$$

$$\mathbf{k}\cdot\boldsymbol{\epsilon}^{(\pm)}=0 \quad (2.73b)$$

我々は, 最初から $\mathbf{A}$ の展開を $\boldsymbol{\epsilon}^{(1)}$ と $\boldsymbol{\epsilon}^{(2)}$ ではなく $\boldsymbol{\epsilon}^{(\pm)}$ を用いて行うことも可能であった. 円偏光状態が確定している光子がひとつある状態を構築するには, 真空状態に対して, 次の生成演算子,

$$a_{\mathbf{k},\pm}^{\dagger}=\mp\frac{1}{\sqrt{2}}\left(a_{\mathbf{k},1}^{\dagger}\mp ia_{\mathbf{k},2}^{\dagger}\right) \quad (2.74)$$

を作用させればよい. 逆に $\alpha=1$ または $\alpha=2$ の光子をひとつ含んだ系 $a_{\mathbf{k},\alpha}^{\dagger}|0\rangle$ を, 円偏光の確定している状態から捉えなおすと, それは $m=1$ 状態と $m=-1$ 状態が 50%ずつ混合している状態と見なされる.

以上をまとめると, 輻射振動子に対して量子化の仮定を適用するならば, 輻射場の量子力学的な励起が"質量ゼロ"で"スピン1"の粒子と見なされるという概念が自然に導かれる. 「どのような種類の場においても, それぞれに固有の質量とスピン値が決まる」ということが場の量子論の一般的な特徴である. 我々が輻射場に対して行ってきた量子化の議論は, 他の場に関しても基本的には同じ方法によって繰り返すことができる.

量子化された輻射場の時間発展を学ぶために, まず $a_{\mathbf{k},\alpha}$ と $a_{\mathbf{k},\alpha}^{\dagger}$ が"時間に依存する"演算子であることを注意しておく. これらはHeisenbergの運動方程式を満たす.

$$\dot{a}_{\mathbf{k},\alpha}=\frac{i}{\hbar}[H,a_{\mathbf{k},\alpha}]=\frac{i}{\hbar}\sum_{\mathbf{k}',\alpha'}[\hbar\omega' N_{\mathbf{k}',\alpha'},a_{\mathbf{k},\alpha}]=-i\omega a_{\mathbf{k},\alpha} \quad (2.75)$$

$$\ddot{a}_{\mathbf{k},\alpha}=\frac{i}{\hbar}[H,\dot{a}_{\mathbf{k},\alpha}]=\frac{i}{\hbar}[H,-i\omega a_{\mathbf{k},\alpha}]=-\omega^{2}a_{\mathbf{k},\alpha} \quad (2.76)$$

これらの式は，古典場の Fourier 係数 $c_{\mathbf{k},\alpha}(t)$ が満たすべき微分方程式と同じ形をしている．同様に，

$$\dot{a}^\dagger_{\mathbf{k},\alpha} = i\omega a^\dagger_{\mathbf{k},\alpha}, \quad \ddot{a}^\dagger_{\mathbf{k},\alpha} = -\omega^2 a^\dagger_{\mathbf{k},\alpha} \tag{2.77}$$

となる．式 (2.76) と式 (2.77) により，量子化された場 $\mathbf{A}$ が，古典的な場と同様に式 (2.7) に従うことも明らかである．式 (2.75) を積分して，消滅演算子と生成演算子の時間依存性を明示することができる．

$$a_{\mathbf{k},\alpha} = a_{\mathbf{k},\alpha}(0)e^{-i\omega t}, \quad a^\dagger_{\mathbf{k},\alpha} = a^\dagger_{\mathbf{k},\alpha}(0)e^{i\omega t} \tag{2.78}$$

最終的に，次式を得る．

$$\mathbf{A}(\mathbf{x},t) = \frac{1}{\sqrt{V}} \sum_{\mathbf{k}} \sum_{\alpha} c\sqrt{\frac{\hbar}{2\omega}} \left[a_{\mathbf{k},\alpha}(0)\boldsymbol{\epsilon}^{(\alpha)} e^{i\mathbf{k}\cdot\mathbf{x}-i\omega t} + a^\dagger_{\mathbf{k},\alpha}(0)\boldsymbol{\epsilon}^{(\alpha)} e^{-i\mathbf{k}\cdot\mathbf{x}+i\omega t} \right] \tag{2.79}$$

古典論の $\mathbf{A}$ は実数であるが，ここで得た量子化された場はエルミート演算子であることに注意されたい．量子場 $\mathbf{A}(\mathbf{x},t)$ に現れる $\mathbf{x}$ と t は量子力学的な変数ではなく，場の演算子に付随する単なるパラメーターに過ぎない．$\mathbf{x}$ と t を時空内における光子の座標のように見てはいけない．

輻射場のゆらぎと不確定性関係 輻射場の量子力学的な性質から生じるいくつかの特徴を論じることにする．第 1 に，式 (2.28) と式 (2.29) により，各モードの個数 (占有数) 演算子 $N_{\mathbf{k},\alpha}$ も，

$$N = \sum_{\mathbf{k}} \sum_{\alpha} N_{\mathbf{k},\alpha} = \sum_{\mathbf{k}} \sum_{\alpha} a^\dagger_{\mathbf{k},\alpha} a_{\mathbf{k},\alpha} \tag{2.80}$$

のように定義される全光子数演算子 N も，$\mathbf{A}$ や $\mathbf{E}$ や $\mathbf{B}$ と非可換である．よく知られているように，量子力学において，非可換な演算子同士に対応する観測量の組合せは，任意の正確さで両方を同時に決定することができない．ここでは光子数を近似的に確定させると，場の強度が必然的に不確かになる[5]．このようなゆらぎは，真空状態においても予想される．この点を確認するために，電場の演算子 $\mathbf{E} = -(1/c)\partial\mathbf{A}/\partial t$ を考えよう．対称性から予想されるように，電場の真空期待値 $\langle 0|\mathbf{E}|0 \rangle$ はゼロである

---

[5] 一般に"不確かさ" (uncertainty) とは，自乗平均と平均の自乗の差の平方根，すなわち $\Delta q = \sqrt{\langle q^2 \rangle - \langle q \rangle^2}$ を意味する．(以下訳註) 同じ内容を，平均からの偏差の自乗平均平方根，$\Delta q = \sqrt{\langle (q - \langle q \rangle)^2 \rangle}$ とも表現できる．

2.3. 量子化された輻射場

が $(a_{\mathbf{k},\alpha}|0\rangle = 0)$,電場の自乗平均ゆらぎは,許容される $|\mathbf{k}|$ の総和の形で発散することが容易に示される.

$$\langle 0|\mathbf{E}\cdot\mathbf{E}|0\rangle - |\langle 0|\mathbf{E}|0\rangle|^2 = \langle 0|\mathbf{E}\cdot\mathbf{E}|0\rangle = \infty \tag{2.81}$$

これは占有数が確定すると (ここではゼロ),場の強度がまったく不確かになるという実例となっている.他方,実際に我々が測定できるのは,空間内のある領域にわたって平均化した場の強度なので,ある点 (たとえば原点) を含む小さな体積範囲 ΔV で平均化した場の演算子,

$$\bar{\mathbf{E}} = \frac{1}{\Delta V} \int_{\Delta V} \mathbf{E} d^3 x \tag{2.82}$$

を考えるほうが現実的であろう.この場合には,次の関係を証明できる.

$$\langle 0|\bar{\mathbf{E}}\cdot\bar{\mathbf{E}}|0\rangle \sim \frac{\hbar c}{(\Delta l)^4} \tag{2.83}$$

Δl は体積 ΔV の領域の一辺の長さである[6].式(2.83) は光子がない場合の電場のゆらぎを特徴づけている.一般に一連の占有数が近似的に確定しているならば,電場や磁場は確定した値を持たず,平均値からのゆらぎを持つ.

量子化された輻射場の,もうひとつの特別な特徴は,$\mathbf{E}$ と $\mathbf{B}$ が必ずしも可換でないことである.たとえば,

$$[E_x(\mathbf{x},t), B_y(\mathbf{x}',t)] = i\hbar c \frac{\partial}{\partial z} \delta^3(\mathbf{x}-\mathbf{x}') \tag{2.84}$$

である.したがって空間内の同一点において,$\mathbf{E}$ と $\mathbf{B}$ を両方とも同時に任意の正確さで決定することは不可能である.しかしながら次のような交換関係も証明される.

$$[E_x(\mathbf{x},t), B_y(\mathbf{x}',t')] = 0 \quad \text{for} \quad (\mathbf{x}-\mathbf{x}')^2 - \frac{1}{c^2}(t-t')^2 \neq 0 \tag{2.85}$$

したがって,光の信号によって結ぶことが不可能な2つの時空点の間では,場の強度の干渉は起こらない.このことは特殊相対論的な因果律と整合する.交換関係 (2.84), (2.85) は,他の類似の関係とともに P. Jordan, W. Heisenberg, W. Pauli によって与えられた.

式(2.84) を用いて,$\Delta\mathbf{E}$ と $\Delta\mathbf{B}$ を含む不確定性関係を書くこともできる.しかしながら,そのような関係を物理的に解釈する前に,量子論において,場の強さの測定とは何かという定義付けの問題がある.本当は N. Bohr と L. Rosenfeld(ローゼンフェルト)による 1933

---

[6] 式(2.83) の証明は与えない.読者には問題2-3 (p.89) において,スカラー場に関する同様の関係を証明してもらうことになる.

年の論文の内容に基づく注意深い考察が必要だが，ここではこの問題に深入りしない．Heitler(ハイトラー)の本において，この問題に関する優れた解説を見出すことができる[7]．

我々は古典光学において，局在している光のビームや，集束する光のビームを，適当な位相関係を持つ多くの平面波の重ね合わせによって構築できることを知っている．この理由から古典光学と同様に，$(\mathbf{k}, \alpha)$ を指定したときに，その平面波が持つ位相に対応する位相演算子 $\phi_{\mathbf{k},\alpha}$ を考えてみる．次のように置けばよい．

$$a_{\mathbf{k},\alpha} = e^{i(\phi_{\mathbf{k},\alpha} - \omega t)}\sqrt{N_{\mathbf{k},\alpha}}$$
$$a_{\mathbf{k},\alpha}^\dagger = \sqrt{N_{\mathbf{k},\alpha}} e^{-i(\phi_{\mathbf{k},\alpha} - \omega t)} \tag{2.86}$$

演算子 $\sqrt{N_{\mathbf{k},\alpha}}$ は $\left(\sqrt{N_{\mathbf{k},\alpha}}\right)^2 = N_{\mathbf{k},\alpha}$ を満たす．量子化された輻射場を，演算子 $\sqrt{N_{\mathbf{k},\alpha}}$ と $\phi_{\mathbf{k},\alpha}$ の組合せによって書き直すことができる．

$$\mathbf{A}(\mathbf{x},t) = \frac{1}{\sqrt{V}} \sum_{\mathbf{k}} \sum_{\alpha} c\sqrt{\frac{\hbar}{2\omega}}$$
$$\times \left(\boldsymbol{\epsilon}^{(\alpha)} e^{i(\mathbf{k}\cdot\mathbf{x} - \omega t + \phi_{\mathbf{k},\alpha})} \sqrt{N_{\mathbf{k},\alpha}} + \boldsymbol{\epsilon}^{(\alpha)} \sqrt{N_{\mathbf{k},\alpha}} e^{-i(\mathbf{k}\cdot\mathbf{x} - \omega t + \phi_{\mathbf{k},\alpha})} \right) \tag{2.87}$$

この式は，古典的な記述との関係を論じるために都合のよい形をしている．元の a と $a^\dagger$ の交換関係は，次のように書き直される．

$$e^{i\phi} N e^{-i\phi} - N = 1$$
$$e^{i\phi} N - N e^{i\phi} = e^{i\phi} \tag{2.88}$$

ここでは共通の添字 $\mathbf{k}, \alpha$ を省いた．指数関数を展開することによって，$N\phi - \phi N = i$ であれば式(2.88)を満足することが示される．この交換関係から，演算子に対応する観測量の間の不確定性関係として，

$$\Delta N \Delta \phi \gtrsim 1 \tag{2.89}$$

が与えられる．たとえば2つの平面波成分の位相差が正確に与えられれば，各々の波の成分における占有数については全く何も言えなくなる．

上の不確定性関係から，光のビームにおける不確定性関係を導くことができる．運動量演算子は各個数演算子に $\hbar\mathbf{k}$ で重みを付けた総和として与えられるので(式(2.68))，個別の平面波成分の位相関係が確定していれば，ビームの運動量は必ず不確かである．一方，局在しているビームは確定した位相関係を持つ多くの異なる平面波成分の重ね

---

[7] Heitler (1954), pp.76-86.

合わせによって構築される．したがって局在したビームにおいて，確定した運動量を決めることはできない．議論を簡単にするために，1 次元系の波を $\sim \Delta x$ の範囲に閉じ込めることを考える．そのような局在波を表す適切な式はさほど簡単ではないが，そこに含まれる平面波の位相は，定性的には $\Delta \phi \sim k_x \Delta x$ 程度の精度まで決まるものと予想される．運動量の不確かさは $(\Delta N)\hbar k_x$ 程度なので，式(2.89) は，

$$\Delta p_x \Delta x \gtrsim \hbar \tag{2.90}$$

を意味することになる．この関係は"粒子"に関する Heisenberg の不確定性関係と同じ形をしている．しかし一般に光子の数を確定させることはできないので (式(2.89))，非相対論的な粒子と同じ意味合いで単一の光子を局在させることはできない．したがって式(2.90) は，光の"ビーム"に関する式と見なすべきものである．

物質粒子，たとえば電子に関する Heisenberg の不確定性関係が式(2.90) と同じ形で与えられていることは興味深い．仮に光のビームに関して Δx と Δp_x の間に制約がないならば，非常によく局在させたビームを電子にあてて，電子の運動量への不確かな影響を避けつつ，いくらでも精度の高い電子の位置検出ができることになる．この種の測定を 2 回つづけて行うことができるならば，電子の運動量と位置を両方とも正確に知ることができ，粒子に関する Heisenberg の不確定性関係を破ることになってしまう．

古典的な記述の正当性 古典的な電磁気学が修正されなければならないことは既に見た通りだが，我々の文明が，その多くを古典電磁気学の正当性に依拠していることを思い起こすならば，上述のような量子化された輻射場の特異な性質は奇妙な感じがする．たとえば輻射場の量子ゆらぎを認めるとするならば，なぜ我々は FM 放送を通じて快適に音楽を聴くことができるのだろうか？ 非相対論的量子力学では，力学変数の非可換性が重要でなければ，古典的な記述が信頼できることが示される．これと同様に，もし $[a, a^\dagger] = 1$ の右辺が無視できるならば，我々は古典的な記述に戻ることができる．a と $a^\dagger$ のゼロでない行列要素は $\sqrt{n}$ 程度なので (式(2.36))，古典的な記述が妥当性を持つためには，a や $a^\dagger$ に比べて相対的に 1 が無視できるように，占有数が充分に大きくなければならない．

具体的な例として，場の演算子の自乗の真空ゆらぎと，波長 $2\pi \lambdabar$ を持つ古典電磁波の強度の自乗を比べてみよう．光子がまったくない場合，平均電場の自乗は次の期待値を持つ (式(2.83)参照)．

$$\langle 0 | \bar{\mathbf{E}} \cdot \bar{\mathbf{E}} | 0 \rangle \sim \frac{\hbar c}{\lambdabar^4} \tag{2.91}$$

上式では，体積 $\lambdabar^3$ の領域において場の平均化を行った．一方，古典電磁気学によれ

ば $\mathbf{E}^2$ の時間平均は電磁波のエネルギー密度と一致する.したがって,

$$\left(\mathbf{E}^2\right)_{\text{average}} = \bar{n}\hbar(c/\lambdabar) \tag{2.92}$$

と書くことができる.$\bar{n}$ は単位体積あたりの光子数である.古典的な記述の正当性のためには,純粋に量子力学的な式(2.91)のような効果は,式(2.92)に比べて無視できるほど充分に小さくなければならない.このための条件は,

$$\bar{n} \gg \frac{1}{\lambdabar^3} \tag{2.93}$$

である.言い換えると,体積 $\lambdabar^3$ あたりの光子数が1より"はるかに多い"場合には,古典電磁気学を信用できる.例として,シカゴにある FM 放送局 (WFMT) は周波数 98.7 MHz ($\lambdabar \approx 48$ cm),135,000 ワットで放送を行っている.放送アンテナから5マイル離れた地点における体積 $\lambdabar^3$ あたりの光子数は約 10^{17} 個である.したがって古典的な近似は極めて良好に成り立つ.

電子と光子の類似性は量子力学の歴史的な展開の指針になった.電子も光子も波動-粒子の二重性を示す.しかし Heitler が彼の論文において強調しているように,この類似性の認識は誤解を招く恐れがある.輻射の量子論においては,光子数が非常に多く占有数を連続変数のように見なせる場合が古典的な極限にあたる.古典的な電磁波は何兆個もの光子の挙動を近似的に表すのである.これに対して Schrödinger による波動力学の古典的な極限は,Newton の運動方程式に従う"単一の"質点の力学である.歴史的に,光には波動性が,電子には粒子性が先に認められたという違いには,相応の必然性がある.

2.4 原子による光子の放射と吸収

光子の放射と吸収を表す行列要素 原子による光子の放射と吸収を非相対論的に扱うために必要な道具立ては揃った.原子内電子と輻射場の相互作用ハミルトニアンは,動的運動量の標準的な置き換え $\mathbf{p} \to \mathbf{p} - e\mathbf{A}/c$ によって得られるものと仮定する[§].

$$H_{\text{int}} = \sum_i \left[-\frac{e}{2mc}\left(\mathbf{p}_i\cdot\mathbf{A}(\mathbf{x}_i,t) + \mathbf{A}(\mathbf{x}_i,t)\cdot\mathbf{p}_i\right) + \frac{e^2}{2mc^2}\mathbf{A}(\mathbf{x}_i,t)\cdot\mathbf{A}(\mathbf{x}_i,t)\right] \tag{2.94}$$

但しここで $\mathbf{A}$ は量子化された輻射場を表す.和は,光との相互作用に関わるいろいろな状態の原子内電子について行う.$\mathbf{A}(\mathbf{x}_i,t)$ は場の演算子であり,位置 $\mathbf{x}_i$ におい

[§](訳註)つまり $H_{\text{int}} = \Sigma_i(1/2m)(\mathbf{p}_i - e\mathbf{A}/c)^2 - \Sigma_i(1/2m)\mathbf{p}_i^2$ とする.

2.4. 原子による光子の放射と吸収

て1光子状態や多光子状態に作用する．$\mathbf{x}_i$ は i 番目の電子の座標である．$\mathbf{p}_i \cdot \mathbf{A}$ のような形で現れる演算子 $\mathbf{p}_i$ は，その右側のすべてに作用する微分演算子である．しかしながら横波条件 $\nabla \cdot \mathbf{A} = 0$ を想定するので $\mathbf{p}_i \cdot \mathbf{A}$ を $\mathbf{A} \cdot \mathbf{p}_i$ に置き換えることが許される．スピン磁気能率の磁場との相互作用までを考慮する場合には，次の相互作用項が加わる．

$$H_{\text{int}}^{(\text{spin})} = -\sum_i \frac{e\hbar}{2mc} \boldsymbol{\sigma}_i \cdot \left[\nabla \times \mathbf{A}(\mathbf{x},t)\right]_{\mathbf{x}=\mathbf{x}_i} \tag{2.95}$$

前節で見たように $\mathbf{A}(\mathbf{x},t)$ はいろいろなモードの光子に関する生成演算子と消滅演算子の1次結合で表される．どの生成演算子や消滅演算子がゼロでない行列要素を生じるかは，問題に応じて想定する始状態と終状態によって変わる．

時間に依存する摂動論によると (後から簡単に復習するが)，相互作用ハミルトニアン H_I の A と B の間の行列要素によって，$A \to B$ の1次の遷移頻度が計算される (A と B はたとえば原子の異なる状態を表す)．しかし式(2.94) と式(2.95) のような H_{int} は原子の状態だけでなく光子系の状態にも作用を及ぼす．輻射の量子論に現れる典型的な過程において，始状態や終状態は，原子の状態ベクトル (A, B などの記号で状態を表す) と，1光子状態や多光子状態 ($n_{\mathbf{k},\alpha}$ によって指定される) との"直積"によって表される．この点を念頭において，式(2.94) と式(2.95) の始状態と終状態の間の行列要素を取ることによって，最低次の遷移頻度を評価できる．

まず，モード $(\mathbf{k},\alpha)$ の光子の吸収過程を考察しよう．原子は光子を吸収して始状態 A から終状態 B へ励起する．議論を簡単にするために，モード $(\mathbf{k},\alpha)$ 以外の光子はないものと仮定する．始状態において $n_{\mathbf{k},\alpha}$ 個の光子があったとするならば，終状態では $n_{\mathbf{k},\alpha} - 1$ 個の光子が残る．$\mathbf{A}$ は $a_{\mathbf{k},\alpha}$ も $a_{\mathbf{k},\alpha}^\dagger$ も含んでいるが，光子1個の吸収過程を最低次で評価するならば，$a_{\mathbf{k},\alpha}$ だけがゼロでない行列要素を生じる．2次の項 $\mathbf{A} \cdot \mathbf{A}$ によって生じる全光子数の変化は 0 もしくは ± 2 なので，この項は最低次の計算において，光子1個の吸収過程への寄与を持たない．スピン磁気能率の相互作用を無視するならば，行列要素は次のように与えられる．

$$\begin{aligned}
& \langle B; n_{\mathbf{k},\alpha}-1 | H_{\text{int}} | A; n_{\mathbf{k},\alpha} \rangle \\
&= -\frac{e}{mc} \langle B; n_{\mathbf{k},\alpha}-1 | \sum_i c\sqrt{\frac{\hbar}{2\omega V}} a_{\mathbf{k},\alpha}(0) e^{i\mathbf{k}\cdot\mathbf{x}_i - i\omega t} \mathbf{p}_i \cdot \boldsymbol{\epsilon}^{(\alpha)} | A; n_{\mathbf{k},\alpha} \rangle \\
&= -\frac{e}{m} \sqrt{\frac{n_{\mathbf{k},\alpha} \hbar}{2\omega V}} \sum_i \langle B | e^{i\mathbf{k}\cdot\mathbf{x}_i} \mathbf{p}_i \cdot \boldsymbol{\epsilon}^{(\alpha)} | A \rangle e^{-i\omega t} \tag{2.96}
\end{aligned}$$

上の計算には式(2.36) と式(2.79) を用いた．運動量 $\hbar\mathbf{k}$ と偏極 $\boldsymbol{\epsilon}^{(\alpha)}$ の異なる光子に関する消滅演算子は，ゼロ以外の行列要素を生じないことに注意してもらいたい．

上記の輻射の量子力学に基づく結果と，ベクトルポテンシャル $\mathbf{A}$ を古典的に扱う半古典的な輻射理論との対応関係を考察しておくことは教育的である．半古典的な理論の枠内では，古典的なベクトルポテンシャルにおいて光吸収に関与する成分 $\mathbf{A}^{(\mathrm{abs})}$ を導入する．このポテンシャルは，光の吸収過程に関して式(2.96)と同じ形の行列要素を与えるべきものとなり，

$$\mathbf{A}^{(\mathrm{abs})} = \mathbf{A}_0^{(\mathrm{abs})} e^{i\mathbf{k}\cdot\mathbf{x}-i\omega t} \tag{2.97}$$

$$\mathbf{A}_0^{(\mathrm{abs})} = c\sqrt{\frac{n_{\mathbf{k},\alpha}\hbar}{2\omega V}}\,\boldsymbol{\epsilon}^{(\alpha)} \tag{2.98}$$

と表される．光吸収の確率は，半古典的な光吸収の理論によると強度 $|\mathbf{A}_0|^2$ に比例し，量子論では $n_{\mathbf{k},\alpha}$ に比例する．一般的に半古典論は $n_{\mathbf{k},\alpha}$ が 1 に比べて非常に多い場合だけ近似的に正しいものにすぎないが，式(2.96)は $\sqrt{n_{\mathbf{k},\alpha}}$ に比例するので（$\sqrt{n_{\mathbf{k},\alpha}+1}$ のような因子が現れないので），半古典的な理論は $n_{\mathbf{k},\alpha}$ が小さくても，すなわち弱い輻射場であっても，光吸収に関しては正確な結果を与える[†]．

次に論じる光子の放射過程においては，上のような僥倖は起こらない．この場合には過程の前後で光子数がひとつ増えるので，ゼロでない寄与を生じるのは生成演算子 $a_{\mathbf{k},\alpha}^{\dagger}$ の項である．遷移行列要素は次のようになる (式(2.36)および式(2.79)参照)．

$$\langle B; n_{\mathbf{k},\alpha}+1 | H_{\mathrm{int}} | A; n_{\mathbf{k},\alpha}\rangle = -\frac{e}{m}\sqrt{\frac{(n_{\mathbf{k},\alpha}+1)\hbar}{2\omega V}}\sum_{i}\langle B|e^{-i\mathbf{k}\cdot\mathbf{x}_i}\mathbf{p}_i\cdot\boldsymbol{\epsilon}^{(\alpha)}|A\rangle e^{i\omega t} \tag{2.99}$$

$n_{\mathbf{k},\alpha}$ が非常に大きな数であれば，$\sqrt{n_{\mathbf{k},\alpha}+1}$ と $\sqrt{n_{\mathbf{k},\alpha}}$ の相対的な違いはほとんどなくなるので，上式の結果は，式(2.97)と式(2.98)で与えられている場の成分の複素共役量を用いて半古典的に得られる結果と事実上同じものと見なせる[8]．したがって強い放射に関しては，半古典論から正しい結果が与えられる．しかしながら $n_{\mathbf{k},\alpha}$ が少なくなると，半古典論と量子論の結果はまったく合わなくなる．特に，始状態において光子が存在しない場合 ($n_{\mathbf{k},\alpha}=0$) には，半古典的な放射はなくなるが，実際の遷移行列要素はゼロではない．孤立した励起原子は，外部から電磁波を照射しなくても光子を放射することが可能であり，この過程は"自発放射" (spontaneous emission) と呼ばれる．これに対して $n_{\mathbf{k},\alpha} \neq 0$ の始状態に誘発されて起こる光子の放射は"誘

[†] (訳註) 半古典論には"光子数" $n_{\mathbf{k},\alpha}$ の概念がないが，これに相当する因子 $(2\omega/\hbar c^2)|c_{\mathbf{k},\alpha}|^2 \sim (\omega V/\hbar c^2)\langle\mathbf{A}^2\rangle$ が現れている部分を便宜的に $n_{\mathbf{k},\alpha}$ に読み替える．式(2.14)および p.36 を参照されたい．

[8] 非相対論的な量子力学に現れる時間に依存するポテンシャルは，総体としてはエルミートでなければならないことを思い出すこと．ここで扱う古典的なベクトルポテンシャル $\mathbf{A}$ は実数なので，複素成分である $\mathbf{A}^{(\mathrm{abs})}$ に対して，逆の放射過程ではその複素共役成分が想定される．

2.4. 原子による光子の放射と吸収

導放射"(induced/stimulated emission) と呼ばれる. しかし場の量子論では, 自発放射と誘導放射を同時に扱うことになり, 式(2.99) は両者の寄与を統合した式になっている. 誘導放射を起こす状況下でも, 自発放射の寄与は常に存在する.

上述のように, 自発放射は半古典的な輻射の理論からは説明できないものであり, これに自然な説明を与え得たことは輻射の量子論の勝利であった. 電磁場を古典的に記述するならば, 原子に電磁波を入射させない限り放射の遷移行列は必ずゼロである ($\mathbf{A} = \mathbf{0}$ ならば $\mathbf{A}\cdot\mathbf{p} = 0$). しかし輻射の量子論に移行すると, 場の演算子 $\mathbf{A}(\mathbf{x},t)$ の真空状態と 1 光子状態の間の行列要素がゼロ以外になり得る.

一般的に半古典的な手続きにおいて, $\mathbf{A}$ は外部から設定されて荷電粒子に影響を及ぼすけれども, そのとき同時に荷電粒子から $\mathbf{A}$ が影響を受けるという扱い方ができない. 原子が光を放射するような遷移を起こしても, $\mathbf{A}$ 自体は変わらないものと見なすことになる. このような記述の方法は, 常に非常に多くの光子数が存在し, 輻射場を枯渇することのない光子の源, あるいは際限のない光子の吸収先のように見なせる場合には, 量子論的に見ても妥当である. 強い輻射場の下では, 輻射場から光子をひとつ取り去っても, 輻射場に光子をひとつ加えても, 輻射場の方に実際上の違いはないものと見てよい. これに対して始状態において輻射場がない場合や, 入射する輻射場が弱い場合には, 原子による光子の放射や吸収に起因する輻射場の光子数の変化が, 相対的に顕著な影響を持つことになり, 古典的な場の描像は成立しなくなる.

上述の制約を念頭におくならば, 光子の放射過程の方に関わる古典的ポテンシャルを, 等価的に次のように想定してよい.

$$\mathbf{A}^{(\mathrm{emis})} = \mathbf{A}_0^{(\mathrm{emis})} e^{-i\mathbf{k}\cdot\mathbf{x}+i\omega t} \tag{2.100}$$

$$\mathbf{A}_0^{(\mathrm{emis})} = c\sqrt{\frac{(n_{\mathbf{k},\alpha}+1)\hbar}{2\omega V}}\,\boldsymbol{\epsilon}^{(\alpha)} \tag{2.101}$$

式(2.100) を時間に依存するベクトルポテンシャルとして Schrödinger 方程式に適用すると, 光子放射について正しい (自発放射の寄与も含んだ) 行列要素 (2.99) が得られる. $\mathbf{A}^{(\mathrm{emis})}$ がもはや $\sqrt{n_{\mathbf{k},\alpha}}$ に比例せず, 式(2.97) と式(2.98) に与えられている $\mathbf{A}^{(\mathrm{abs})}$ の複素共役ではないという事実は, 古典的な場の概念の不適切さを反映している.

まとめると, 我々は輻射の量子論に基づいて, 以下に示す極めて有用な規則を厳密に導いたことになる.

> 荷電粒子による光子の吸収と放射は, それぞれの過程に関して次のように別々に定義される古典的ベクトルポテンシャルとの相互作用の結果として, 等価的に表現できる.

吸収 :
$$c\sqrt{\frac{n_{\mathbf{k},\alpha}\hbar}{2\omega V}}\,\boldsymbol{\epsilon}^{(\alpha)}e^{i\mathbf{k}\cdot\mathbf{x}-i\omega t}$$

放射 :
$$c\sqrt{\frac{(n_{\mathbf{k},\alpha}+1)\hbar}{2\omega V}}\,\boldsymbol{\epsilon}^{(\alpha)}e^{-i\mathbf{k}\cdot\mathbf{x}+i\omega t} \tag{2.102}$$

$n_{\mathbf{k},\alpha}$ は始状態における光子の占有数である．

この簡潔な規則は，本書における最も重要な結果のひとつである[9]．

時間に依存する摂動論 各種の過程の遷移確率(遷移頻度)を計算する前に，Dirac によって与えられた時間に依存する摂動論を簡単に復習しておく．時間に依存する原子の波動関数 ψ を，次のように展開する．

$$\psi = \sum_k c_k(t) u_k(\mathbf{x}) e^{-iE_k t/\hbar} \tag{2.103}$$

$u_k(\mathbf{x})$ は，時間に依存する摂動項を省いたハミルトニアン H_0 の下で，エネルギー固有値 E_k を持つ固有関数である．

$$H_0 u_k(\mathbf{x}) = E_k u_k(\mathbf{x}) \tag{2.104}$$

時間に依存する摂動ハミルトニアン $H_\mathrm{I}(t)$ を加えた系の，時間に依存する Schrödinger 方程式は，

$$(H_0+H_\mathrm{I})\psi = i\hbar\frac{\partial\psi}{\partial t} = i\hbar\sum_k\left(\dot{c}_k u_k e^{-iE_k t/\hbar} - i\frac{E_k}{\hbar}c_k u_k e^{-iE_k t/\hbar}\right) \tag{2.105}$$

となる．ここでは非摂動ハミルトニアン H_0 が電子の運動エネルギーだけでなく，電子と原子核の Coulomb 相互作用も含んでおり，$H_\mathrm{I}(t)$ は原子内電子と式(2.102)に与えてある等価的ベクトルポテンシャルとの相互作用だけを表すものとする．式(2.104)を用いると，次式を得る．

$$\sum_k H_\mathrm{I} c_k u_k e^{-iE_k t/\hbar} = i\hbar \sum_l \dot{c}_l u_l e^{-iE_l t/\hbar} \tag{2.106}$$

$u_m^* e^{iE_m t/\hbar}$ を掛けて空間座標に関する積分を施すと，$c_m(t)$ に関する連立微分方程式が得られる．

$$\dot{c}_m(t) = \sum_k \frac{1}{i\hbar}\langle m|H_\mathrm{I}(t)|k\rangle e^{i(E_m-E_k)t/\hbar} c_k(t) \tag{2.107}$$

---

[9] 再度強調しておくが，因子 $c\sqrt{\hbar/2\omega}$ は，Gauss 非有理化系では $c\sqrt{2\pi\hbar/\omega}$ に置き換わる．

2.4. 原子による光子の放射と吸収

$t<0$ では摂動がなく,系の始状態は l に確定している.そして $t=0$ において時間に依存する摂動が加わり始めるものとする.初期条件は,

$$c_k(0) = \delta_{kl} \tag{2.108}$$

と与えられる.c_m の近似として,次式を考える.

$$c_m^{(1)}(t) = \frac{1}{i\hbar}\int_0^t dt' \langle m|H_I(t')|l\rangle e^{i(E_m-E_l)t'/\hbar} \tag{2.109}$$

もし何らかの理由で $c_m^{(1)}$ がゼロになったり,より良好な近似が必要となる場合には,次のように修正すればよい.

$$c_m \simeq c_m^{(1)} + c_m^{(2)} \tag{2.110}$$

$$\begin{aligned}c_m^{(2)}(t) &= \frac{1}{i\hbar}\sum_n \int_0^t dt'' \langle m|H_I(t'')|n\rangle e^{i(E_m-E_n)t''/\hbar} c_n^{(1)}(t'')\\ &= \frac{1}{(i\hbar)^2}\sum_n \int_0^t dt'' \int_0^{t''} dt' \langle m|H_I(t'')|n\rangle e^{i(E_m-E_n)t''/\hbar}\\ &\quad \times \langle n|H_I(t')|l\rangle e^{i(E_n-E_l)t'/\hbar}\end{aligned} \tag{2.111}$$

同様にして,さらに項を増やして近似精度を上げてゆくこともできる.

ここでは原子による光子の放射と吸収に関して,$c_m^{(1)}$ だけを考えることにする.時間に依存するポテンシャル H_I は,次のように書かれる.

$$H_I(t) = H_I' e^{\mp i\omega t} \quad \text{for} \quad \begin{Bmatrix} \text{absorption（吸収）} \\ \text{emission（放射）} \end{Bmatrix} \tag{2.112}$$

H_I' は時間に依存しない演算子である.よって,

$$c_m^{(1)} = \frac{1}{i\hbar}\langle m|H_I'|l\rangle \int_0^t dt' e^{i(E_m-E_l\mp\hbar\omega)t'/\hbar} \tag{2.113}$$

となる.時間積分は計算できて,次式が得られる[‡].

$$\left|c_m^{(1)}(t)\right|^2 = \frac{2\pi}{\hbar}|\langle m|H_I'|l\rangle|^2 t\, \delta(E_m-E_l\mp\hbar\omega) \tag{2.114}$$

[‡](訳註) 次の式を公式のように覚えておくとよい.

$$\left|\int_0^{t'} e^{iEt/\hbar} dt\right|^2 \approx 2\pi\hbar t' \delta(E) \quad \left(\text{同様に,} \left|\int_V e^{i\mathbf{p}\cdot\mathbf{x}/\hbar} d^3x\right|^2 \approx (2\pi\hbar)^3 V \delta^{(3)}(\mathbf{p})\right)$$

左辺の積分と絶対値の計算をすると $t'^2 \sin^2(Et'/2\hbar)/(Et'/2\hbar)^2$ になる.ここに式(2.115)を適用して $t'/2\hbar \to \infty$ とすればよい.(式(4.67)-(4.68)およびその脚注も参照.)

ここでは，次の関係を利用した．

$$\lim_{\alpha \to \infty} \frac{1}{\pi} \frac{\sin^2 \alpha x}{\alpha x^2} = \delta(x) \quad \left(\Leftrightarrow \lim_{\alpha \to \infty} \frac{\sin^2(\alpha x)}{(\alpha x)^2} = \frac{\pi \delta(x)}{\alpha} \right) \tag{2.115}$$

単位時間あたりの遷移確率 (遷移頻度) は $|c_m^{(1)}(t)|^2/t$ なので，これは時間 t に依存しない．

上記の結果を光子の放射過程へ適用してみよう．周期境界条件の下で許容される状態のエネルギースペクトルは，規格化体積が無限大の極限を考えると，連続スペクトルになる (式(2.11)参照)．立体角要素 $d\Omega$ への光子の放射を考え，エネルギー区間 $[\hbar\omega, \hbar(\omega + d\omega)]$ における許容状態数を $\rho_{\hbar\omega, d\Omega} d(\hbar\omega)$ と書く．状態密度は，

$$\rho_{\hbar\omega, d\Omega} = \frac{V|\mathbf{k}|^2}{(2\pi)^3} \frac{d|\mathbf{k}| d\Omega}{d(\hbar\omega)} = \frac{V\omega^2}{(2\pi)^3} \frac{d\Omega}{\hbar c^3} \tag{2.116}$$

である§．以上により，単位時間に原子が状態 l から状態 m へ緩和し，立体角要素 $d\Omega$ へ光子が放射される遷移確率 (遷移頻度) として，有名な "黄金律" (Golden Rule) が得られる．

$$\begin{aligned} w_{d\Omega} &= \int (|c_m^{(1)}|^2/t) \rho_{\hbar\omega, d\Omega} d(\hbar\omega) \\ &= \frac{2\pi}{\hbar} |\langle m|H_I'|l\rangle|^2 \rho_{\hbar\omega, d\Omega} \end{aligned} \tag{2.117}$$

ここで放射される光子のエネルギー $\hbar\omega$ は，遷移前後の原子のエネルギー準位差によって決まる．

$$E_m - E_l + \hbar\omega = 0 \tag{2.118}$$

原子による光子の自発放射 純粋な自発放射では，原子に対して電磁波を一切入射させない状況において，原子が励起状態 A から低エネルギー状態 B へ遷移する．この過程の行列要素 $\langle B|H_I'|A\rangle$ は，式(2.99) において輻射場起因の因子 $e^{i\omega t}$ を省き，$n_{\mathbf{k},\alpha}$ をゼロと置いた式になる†．したがって遷移頻度は次のように求まる．

---

§(訳註) 周期境界条件下で，3 次元波数空間内の状態密度は $V/(2\pi)^3$ であり，波数の絶対値範囲 $d|\mathbf{k}|$，立体角範囲 $d\Omega$ で区分される波数空間内の球殻片の体積は $(|\mathbf{k}|^2 d\Omega)(d|\mathbf{k}|)$ である．$|\mathbf{k}| = \omega/c$ (式(2.13)) によって $|\mathbf{k}|$ を消去すると式(2.116) の最後の式が得られる．

†(訳註) 原子状態の遷移を簡単に $A \to B$ と表し，光子の終状態を明確には示していないが，終状態の扱い方には微妙な問題が伏在する．放射される光子の運動量がゼロに確定していることは有り得ないので (いろいろな方向の運動量 [E1近似では $\mathbf{x}_{BA}$ 方向に対して回転対称に分布する．式(2.121)-(2.135)参照] を持つ状態の重ね合わせを考えて総体的に 1 光子状態の運動量の期待値をゼロと想定することは可能だが)，終状態の原子の運動量も反跳のために正確にゼロに確定することはない．ここでは原子の質量が充分に大きいと仮定して反跳を無視する近似が妥当であるにしても，光子の検出方向を恣意的に限定しない等方空間における最も自然な励起原子の "自発" 放射の描像を考えるならば，原子の終状態も放射される光子の運動量と相関を持つ (もつれた) 形でいろいろな方向の運動量成分を含むものと見るべきであろう．

2.4. 原子による光子の放射と吸収

$$w_{d\Omega} = \frac{2\pi}{\hbar} \frac{e^2 \hbar}{2m^2 \omega V} \left| \sum_i \langle B | e^{-i\mathbf{k}\cdot\mathbf{x}_i} \boldsymbol{\epsilon}^{(\alpha)} \cdot \mathbf{p}_i | A \rangle \right|^2 \frac{V \omega^2 d\Omega}{(2\pi)^3 \hbar c^3} \tag{2.119}$$

ω はエネルギー保存条件 $E_A = E_B + \hbar\omega$ を満たす．当然，規格化体積 V は約分によって消える．

典型的な励起原子の緩和によって放射される光学領域の光子が持つ波長は，原子の寸法に比べて充分に長い．

$$\lambdabar_{\text{photon}} = \frac{1}{|\mathbf{k}|} \gg r_{\text{atom}} \tag{2.120}$$

典型的に $\lambdabar_{\text{photon}}$ は数千Å程度だが，原子半径は1Å程度にすぎない．したがって近似として，

$$e^{-i\mathbf{k}\cdot\mathbf{x}_i} = 1 - i\mathbf{k}\cdot\mathbf{x}_i - \frac{(\mathbf{k}\cdot\mathbf{x}_i)^2}{2} + \cdots \tag{2.121}$$

を第1項の1に置き換えてよい．スピン磁気能率による相互作用も無視できるが，このことは軌道運動の行列要素 $(e/mc)\boldsymbol{\epsilon}^{(\alpha)}\cdot\mathbf{p}_i$ における $\mathbf{p}_i$ が $\hbar/r_{\text{atom}}$ のオーダーであり，スピンの行列要素 $(e\hbar/2mc)\boldsymbol{\sigma}_i\cdot(\mathbf{k}\times\boldsymbol{\epsilon}^{(\alpha)})$ では $\mathbf{k}$ が $1/\lambdabar_{\text{photon}}$ 程度であることから，やはり式 (2.120) の条件の下で保証される．このようにして $\boldsymbol{\epsilon}^{(\alpha)}\cdot\mathbf{p}_i$ の項だけを残す近似を電気双極近似 (electric dipole approximation) もしくは E1 近似と呼ぶ．

さらに問題を単純化するために，水素様原子 (価電子をひとつだけ持つ原子) を想定して，原子内電子のひとつだけが自発放射に関与するものと仮定する[10]．i に関する和を省くと，次式を得る．

$$w_{d\Omega} = \frac{e^2 \omega}{8\pi^2 m^2 \hbar c^3} \left| \langle B | \mathbf{p} | A \rangle \cdot \boldsymbol{\epsilon}^{(\alpha)} \right|^2 d\Omega \tag{2.122}$$

一方，$\mathbf{p}^2$ と $\mathbf{x}$ の交換関係は，

$$[\mathbf{p}^2, \mathbf{x}] = -2i\hbar \mathbf{p} \tag{2.123}$$

となっており，これを利用して，行列要素 $\langle B|\mathbf{p}|A\rangle$ を書き直すことができる．

$$\begin{aligned}
\langle B|\mathbf{p}|A\rangle &= \langle B|\frac{im}{\hbar}[H_0, \mathbf{x}]|A\rangle \\
&= \frac{im(E_B - E_A)}{\hbar}\langle B|\mathbf{x}|A\rangle \\
&= -im\omega \mathbf{x}_{BA}
\end{aligned} \tag{2.124}$$

上式は，次のような相互作用の書き換えが可能と仮定した場合に，$\mathbf{p}$ の行列要素に相当する量と一致している．

---
[10] 1電子原子において導出される多くの結果が，そのまま多電子原子へ一般化される．

$$-\frac{e\mathbf{A}\cdot\mathbf{p}}{mc} \rightarrow \frac{e}{c}\mathbf{x}\cdot\frac{\partial \mathbf{A}}{\partial t} = -e\mathbf{x}\cdot\mathbf{E} \tag{2.125}$$

$\mathbf{E}$ の平面波展開においても最初の項だけを残すことを想定した．"電気双極遷移"という術語の由来が，これで明らかになった．

E1遷移における角運動量の選択則は，

$$|J_B - J_A| = 1, 0; \quad \text{no} \quad 0 \rightarrow 0 \tag{2.126}$$

である．これを導出するために，まず $\mathbf{x}$ の成分を1階の球面テンソル V^q によって表現し直す．

$$V^{\pm 1} = \mp\frac{1}{\sqrt{2}}(x \pm iy) = r\sqrt{\frac{4\pi}{3}}Y_1^{\pm 1}$$
$$V^0 = z = r\sqrt{\frac{4\pi}{3}}Y_1^0 \tag{2.127}$$

V^q に関する Wigner-Eckart(エッカルト) の定理は，次のように表される．

$$\langle J_B, m_B|V^q|J_A, m_A\rangle = \frac{1}{\sqrt{2J_A+1}}\langle J_A 1 m_A q|J_B m_B\rangle\langle B||V^q||A\rangle \tag{2.128}$$

$\langle J_A 1 m_A q|J_B m_B\rangle$ は Clebsch-Gordan(クレブシュ ゴルダン) 係数である[11]．Clebsch-Gordan係数がゼロにならない条件から，直ちに角運動量の選択則 (2.126) が与えられる．この選択則は E1遷移において放射される光子が，そのスピンに対応する1単位の角運動量を運び去ることの結果として，物理的に解釈される．

パリティの選択則も考えておく必要がある．遷移前後でパリティ(空間的偶奇性)は"変わる"のだが，これを証明するには，次のように考えればよい．

$$\langle B|\mathbf{x}|A\rangle = -\langle B|\Pi^{-1}\mathbf{x}\Pi|A\rangle$$
$$= -\Pi_B\Pi_A\langle B|\mathbf{x}|A\rangle \tag{2.129}$$

Π と $\Pi_{A,B}$ はパリティ変換の演算子とその固有値を表し，$\Pi_A = \Pi_B$ であれば必然的に $\langle B|\mathbf{x}|A\rangle = 0$ でなければならない．

---

[11] Wigner-Eckartの定理と Clebsch-Gordan係数に馴染みのない読者には，Merzbacher (1961), 第22章や，Messiah (1962), 第13章を薦める．(以下訳註) Clebsch-Gordan係数 $\langle j_1 j_2 m_1 m_2|jm\rangle$ を定義する式は $\psi(jm) = \Sigma_{m_1 m_2}\langle j_1 j_2 m_1 m_2|jm\rangle\psi_1(j_1 m_1)\psi_2(j_2 m_2)$ である．表記法が幾通りもあり，たとえば $\langle j_1 m_1 j_2 m_2|jm\rangle$ と書かれる場合も多い．式 (2.128) 右辺の $\langle B||V^q||A\rangle$ は換算行列要素と呼ばれ，m_A, m_B, q に依らない．この式の含意は，始状態 A と $\psi(j=1, m=q)$ から終状態 B の角運動量を合成する Clebsch-Gordan係数が，V^q (1階の球面テンソル) の各行列要素 (左辺) の違いを決める主要な因子になるということである．

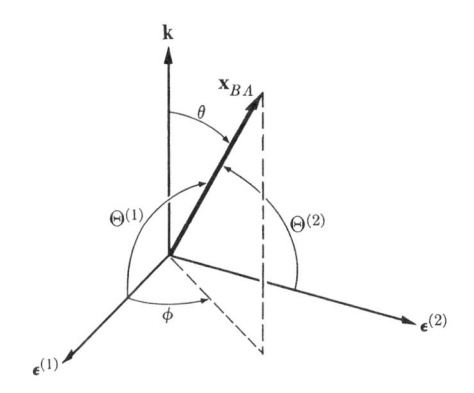

2.4. 原子による光子の放射と吸収

図2.1 $\mathbf{x}_{BA}$ の方向.

式(2.122)を,次のように書き直すことができる.

$$w_{d\Omega} = \frac{e^2\omega^3}{8\pi^2\hbar c^3}|\mathbf{x}_{BA}|^2\cos^2\Theta^{(\alpha)}d\Omega \tag{2.130}$$

ここで角度 $\Theta^{(\alpha)}$ は $\mathbf{x}_{BA}$ と $\boldsymbol{\epsilon}^{(\alpha)}$ の成す角, すなわち,

$$\cos\Theta^{(\alpha)} = \frac{|\mathbf{x}_{BA}\cdot\boldsymbol{\epsilon}^{(\alpha)}|}{|\mathbf{x}_{BA}|} \tag{2.131}$$

である.次の関係に注意してもらいたい.

$$\begin{aligned}|\mathbf{x}_{BA}|^2 &= |x_{BA}|^2 + |y_{BA}|^2 + |z_{BA}|^2 \\ &= \left|-\frac{x_{BA}+iy_{BA}}{\sqrt{2}}\right|^2 + \left|\frac{x_{BA}-iy_{BA}}{\sqrt{2}}\right|^2 + |z_{BA}|^2\end{aligned} \tag{2.132}$$

ここまで $\mathbf{k}$ と α の確定した光子が放射される遷移を扱ってきた.放射される光子のモードに制限がない一般の遷移を調べるには,それぞれの $\mathbf{k}$ に関する2つの独立な偏極状態からの寄与について和をとり,すべての可能な放射方向に関して積分を実行しなければならない.図2.1 に示す通り,角度の関係は次のように表される.

$$\cos\Theta^{(1)} = \sin\theta\cos\phi, \quad \cos\Theta^{(2)} = \sin\theta\sin\phi \tag{2.133}$$

2つの偏極状態に関する和は,単に $\sin^2\theta$ という因子を与える.空間内で $\mathbf{x}_{BA}$ の方向を固定して考え,すべての可能な放射方向に関する積分を考えると,

$$2\pi\int_{-1}^{1}\sin^2\theta\, d(\cos\theta) = \frac{8\pi}{3} \tag{2.134}$$

という因子が生じる．したがって自発放射の遷移頻度は，

$$w = \frac{e^2\omega^3}{3\pi\hbar c^3}|\mathbf{x}_{BA}|^2 = \left(\frac{e^2}{4\pi\hbar c}\right)\frac{4}{3}\frac{\omega^3}{c^2}|\mathbf{x}_{BA}|^2 \tag{2.135}$$

と与えられる．$(e^2/4\pi\hbar c) \simeq 1/137$ である．w の次元が想定どおりに (時間)$^{-1}$ となっていることに注意されたい．この式は場の量子論の展開に先立ち，対応原理を指針として Heisenberg によって導かれた．

状態 A の平均寿命 τ を計算するには，選択則とエネルギー保存則の下で可能なすべての終状態への遷移頻度の総和を求めなければならない．

$$\frac{1}{\tau_A} = \sum_i w_{A \to B_i} \tag{2.136}$$

特に，終状態の全磁気量子数について和をとることが重要である．

具体的な例として，量子数 (n, l, m) を持つ原子が (n', l', m') へ E1 遷移を起こして光子を放射する過程を考える．$m' = m, m \pm 1$ である．遷移を起こすまでの平均寿命は，次式の逆数として与えられる[12]．

$$\sum_{m'} w[(nlm) \to (n'l'm')]$$
$$= \frac{e^2\omega^3}{3\pi\hbar c^3}\begin{Bmatrix}(l+1)/(2l+1) \\ l/(2l+1)\end{Bmatrix}\left|\int_0^\infty R_{n'l'}(r)R_{nl}(r)r^3 dr\right|^2 \quad \text{for } l' = \begin{cases}l+1 \\ l-1\end{cases} \tag{2.137}$$

$R_{nl}(r)$ は水素様原子の動径方向の波動関数を規格化したもので，量子数 n と l を持つ．寿命が m に依存しないことに注意してもらいたい．この結果は Clebsch-Gordan 係数 (式(2.128)参照) の直交性を用いて証明されるが，系が持つ回転不変性の観点から見ても理に適っている．励起状態の寿命は，外場がない場合に空間的な向きに依存するはずがない．一般に孤立状態の寿命は m の値に依存しないので，寿命を計算する際には，始状態の磁気量子数を固定しておいて終状態の磁気量子数に関して"だけ"和をとっても，始状態と終状態の"両方"に関して和を計算してから，始状態の重複数で割って結果を得てもよい．たとえば式(2.137) に，次のような置き換えを施してもよい．

$$\sum_{m'} \to \frac{1}{2J+1}\sum_{m'}\sum_m \tag{2.138}$$

上式の J は (ここでは l である)，崩壊する前の状態の角運動量である．

---
[12] この公式の導出の詳細については Merzbacher (1961), p.481 を参照．

2.4. 原子による光子の放射と吸収

式 (2.137) の応用例として，水素原子の $2p$ 状態から基底状態 $1s$ への緩和の寿命を計算しよう．遷移前後の動径方向の波動関数は，次のように与えられる．

$$R_{nl}(r) = \frac{1}{\sqrt{24a_0^3}} \frac{r}{a_0} e^{-r/2a_0} \quad \text{and} \quad R_{n'l'}(r) = \frac{2}{\sqrt{a_0^3}} e^{-r/a_0} \qquad (2.139)$$

a_0 は Bohr（ボーア）半径である．計算の結果，

$$\tau(2p \to 1s) = 1.6 \times 10^{-9} \text{ sec} \qquad (2.140)$$

が得られる．文献を調べれば，水素原子の各励起状態の寿命をまとめた表がある[13]．一般に水素様原子の励起状態の寿命は n が大きいほど長い．同じ l の値に関して，おおよそ n^3 に依存する．l に関して平均を取ると次のようになる．

$$\tau_n \propto \left(\sum_l \frac{(2l+1)}{n^5} \right)^{-1} \sim n^{4.5} \qquad (2.141)$$

原子状態の対称性から電気双極放射が禁じられる場合もある．始状態 A よりもエネルギーの低いすべての状態 B について $\mathbf{x}_{BA} = 0$ となる場合が，これに該当する．そのときは平面波の展開 (2.121) に戻って，電気双極近似では無視した $\mathbf{k}\cdot\mathbf{x}$ の項を取り込む必要がある．評価すべき行列要素を，次のように分解して表してみる．

$$\langle B | (\mathbf{k}\cdot\mathbf{x})(\boldsymbol{\epsilon}^{(\alpha)}\cdot\mathbf{p}) | A \rangle = \frac{1}{2} \langle B | (\mathbf{k}\cdot\mathbf{x})(\boldsymbol{\epsilon}^{(\alpha)}\cdot\mathbf{p}) + (\mathbf{k}\cdot\mathbf{p})(\boldsymbol{\epsilon}^{(\alpha)}\cdot\mathbf{x}) | A \rangle$$
$$+ \frac{1}{2} \langle B | (\mathbf{k}\cdot\mathbf{x})(\boldsymbol{\epsilon}^{(\alpha)}\cdot\mathbf{p}) - (\mathbf{k}\cdot\mathbf{p})(\boldsymbol{\epsilon}^{(\alpha)}\cdot\mathbf{x}) | A \rangle \qquad (2.142)$$

第1項を，次のように書き直すことができる．

$$\frac{1}{2} \left[(\mathbf{k}\cdot\mathbf{x})(\boldsymbol{\epsilon}^{(\alpha)}\cdot\mathbf{p}) + (\mathbf{k}\cdot\mathbf{p})(\boldsymbol{\epsilon}^{(\alpha)}\cdot\mathbf{x}) \right] = \frac{1}{2} \mathbf{k} \cdot (\mathbf{xp} + \mathbf{px}) \cdot \boldsymbol{\epsilon}^{(\alpha)} \qquad (2.143)$$

$\mathbf{xp} + \mathbf{px}$ は対称な二（ダイアディック）数である[‡]．この項による放射遷移は"電気四重極遷移"（E2 遷移）と呼ばれるが，これは次の関係から理解される．

$$\mathbf{xp} + \mathbf{px} = \frac{im}{\hbar} [H_0, \mathbf{xx}] \qquad (2.144)$$

$$\frac{\mathbf{k}}{2} \cdot \langle B | \mathbf{xp} + \mathbf{px} | A \rangle \cdot \boldsymbol{\epsilon}^{(\alpha)} = -\frac{im\omega}{2} \mathbf{k} \cdot \langle B | \mathbf{xx} | A \rangle \cdot \boldsymbol{\epsilon}^{(\alpha)} \qquad (2.145)$$

横波条件 $\mathbf{k}\cdot\boldsymbol{\epsilon}^{(\alpha)} = 0$ により，$\mathbf{xx}$ を対角和（トレース）のない部分に置き換えることが許される．その成分は次のように与えられる．

---

[13] Bethe and Salpeter (1957), p.266.

[‡]（訳註）すなわち $x_i p_j + p_i x_j$ という2階のテンソル量を表す．この後に出てくる電気四重極能率は $e\mathbf{xx}$，つまり $Q_{ij} = e x_i x_j$ というテンソルによって表される．

$$T_{ij} = x_i x_j - \frac{\delta_{ij}}{3}|\mathbf{x}|^2 \tag{2.146}$$

この2階のテンソルを表すために Y_2^m の1次結合で表される独立な成分が5つあることに注意しよう．2階の球面テンソル $V_2^{(q)}$ に関する Wigner-Eckhart の定理から，E2遷移に関する角運動量の選択則が，次のように与えられる．

$$|J_B - J_A| \le 2 \le J_B + J_A \tag{2.147}$$

式(2.142)の第2項は，次のように書き直される．

$$(\mathbf{k}\cdot\mathbf{x})(\boldsymbol{\epsilon}^{(\alpha)}\cdot\mathbf{p}) - (\mathbf{k}\cdot\mathbf{p})(\boldsymbol{\epsilon}^{(\alpha)}\cdot\mathbf{x}) = (\mathbf{k}\times\boldsymbol{\epsilon}^{(\alpha)})\cdot(\mathbf{x}\times\mathbf{p}) \tag{2.148}$$

$\mathbf{k}\times\boldsymbol{\epsilon}^{(\alpha)}$ は磁場 $\mathbf{B}$ を平面波展開するときの最初の項である．$\mathbf{x}\times\mathbf{p}$ は原子内電子の軌道角運動量であり，係数 $e/(2mc)$ を付ければ軌道磁気能率を表す．この項による放射遷移は"磁気双極遷移"もしくはM1遷移と呼ばれる．この項とともに，スピン磁気能率との相互作用(式(2.95))における最初の項 $(e\hbar/2mc)\boldsymbol{\sigma}\cdot(\mathbf{k}\times\boldsymbol{\epsilon}^{(\alpha)})$ も，同次の項として考えておく必要がある．M1遷移の角運動量選択則はE1と同様に $|J_B - J_A| \le 1$, no $0 \to 0$ である．E1遷移とは異なりM1遷移もE2遷移も原子状態のパリティを変えない．

式(2.121)において，続けて $\mathbf{k}\cdot\mathbf{x}$ の高次の項を考察し，さらに多極の遷移を扱うことも可能である．しかしながら"ベクトル球面調和関数"を導入した形式の方が実際的には有用である．これは $\boldsymbol{\epsilon}^{(\alpha)}e^{i\mathbf{k}\cdot\mathbf{x}}$ を輻射場の角運動量演算子の固有関数で展開する方法だが，本書ではこれを論じない．標準的な核物理の教科書において，この技法が扱われている[14]．

電気双極遷移を禁じられている原子状態は長い寿命を持つ．E1遷移に関する典型的な寿命が 10^{-8} sec のオーダーであるのに対し，M1遷移やE2遷移に関する寿命は 10^{-3} sec のオーダーであり，これは予想される通りE1遷移の寿命のおおよそ $(\lambdabar/r_{\text{atom}})^2$ 倍にあたる．E1, M1, E2 などがすべて禁じられている具体例としては，水素原子の準安定な $2s$ 状態から基底状態 $1s$ への放射遷移がある．この遷移に関しては，E1はパリティによって禁じられ，非相対論的な波動関数を用いる限りM1行列要素はゼロになり，E2やさらに多極の遷移もすべて角運動量保存によって禁じられる．この状態は2光子の同時放射によって緩和するが，その寿命は $\frac{1}{7}$ sec である (p.90, 問題2-6)．この寿命は $2p$ 状態の寿命 1.6×10^{-9} sec に比べてはるかに長い．

Planckの輻射則　場の量子論の観点から Planck の輻射則を導いて，本節を締めくくることにする．状態 A と B をとり得る原子と輻射場が，可逆過程，

---

[14] たとえば Blatt and Weisskopf (1952), 第12章.

2.4. 原子による光子の放射と吸収

$$A \rightleftharpoons \gamma + B \tag{2.149}$$

を通じて自由にエネルギーを交換し合うことにより，熱平衡状態が達成されているものと考える (γ は光子を表す)．高い方の準位にある原子の数を $N(A)$，低い方の準位にある原子の数を $N(B)$ とすると，平衡条件は次のように表される．

$$N(B)w_{\mathrm{abs}} = N(A)w_{\mathrm{emis}} \tag{2.150}$$

$$\frac{N(B)}{N(A)} = \frac{e^{-E_B/kT}}{e^{-E_A/kT}} = e^{\hbar\omega/kT} \tag{2.151}$$

w_{abs} は $B + \gamma \to A$ が起こる頻度，w_{emis} は $A \to B + \gamma$ が起こる頻度である．式(2.96)，式(2.99)，式(2.114) により，次式が得られる．

$$\frac{w_{\mathrm{emis}}}{w_{\mathrm{abs}}} = \frac{(n_{\mathbf{k},\alpha}+1)\left|\sum_i \langle B|e^{-i\mathbf{k}\cdot\mathbf{x}_i}\boldsymbol{\epsilon}^{(\alpha)}\cdot\mathbf{p}_i|A\rangle\right|^2}{n_{\mathbf{k},\alpha}\left|\sum_i \langle A|e^{i\mathbf{k}\cdot\mathbf{x}_i}\boldsymbol{\epsilon}^{(\alpha)}\cdot\mathbf{p}_i|B\rangle\right|^2} \tag{2.152}$$

しかしここで，

$$\langle B|e^{-i\mathbf{k}\cdot\mathbf{x}_i}\boldsymbol{\epsilon}^{(\alpha)}\cdot\mathbf{p}_i|A\rangle = \langle A|\mathbf{p}_i\cdot\boldsymbol{\epsilon}^{(\alpha)}e^{i\mathbf{k}\cdot\mathbf{x}_i}|B\rangle^* = \langle A|e^{i\mathbf{k}\cdot\mathbf{x}_i}\boldsymbol{\epsilon}^{(\alpha)}\cdot\mathbf{p}_i|B\rangle^* \tag{2.153}$$

なので，

$$\frac{N(B)}{N(A)} = \frac{w_{\mathrm{emis}}}{w_{\mathrm{abs}}} = \frac{n_{\mathbf{k},\alpha}+1}{n_{\mathbf{k},\alpha}} \tag{2.154}$$

となり，式(2.151) と式(2.154) から，ここで関係する光子モードの占有数が与えられる．

$$n_{\mathbf{k},\alpha} = \frac{1}{e^{\hbar\omega/kT}-1} \tag{2.155}$$

上式は $\hbar\omega = E_A - E_B$ を満たす光子に適用される．次に，輻射場を理想的な"黒い壁"で囲むことを考えよう．壁は種々の原子を含んでおり，任意のエネルギーを持つ光子を吸収・放射できるものとする．単位体積あたりの，角振動数区間 $(\omega, \omega + d\omega)$ における輻射場のエネルギーは，次のように与えられる (式(2.116))．

$$U(\omega)d\omega = \frac{1}{L^3}\left(\frac{\hbar\omega}{e^{\hbar\omega/kT}-1}\right)2\left(\frac{L}{2\pi}\right)^3 4\pi k^2 dk$$

$$= \frac{8\pi\hbar}{c^3}\left(\frac{\omega}{2\pi}\right)^3\left(\frac{1}{e^{\hbar\omega/kT}-1}\right)d\omega \tag{2.156}$$

単位体積における輻射場の振動数に対するエネルギー分布は，次式で表される．

$$U(\nu) = U(\omega)\frac{d\omega}{d\nu} = \frac{8\pi h\nu^3}{c^3}\frac{1}{e^{h\nu/kT}-1} \tag{2.157}$$

これが20世紀の量子物理学を拓いた有名なPlanckの輻射則である.

上述のPlanck則の導出を，Einsteinが1917年に行った導出方法と比較してみることは教育的である[15].原子と輻射場の熱平衡に立脚している点で両者は同じ内容を含む．Einsteinの導出においては，詳細つり合いの原理が"あらわに"利用されていたが，我々の導出では，式(2.153)が詳細つり合いを含意しており，この性質は場の量子論において用いられるハミルトニアンのエルミート性からの自動的な帰結として発現している．我々の導出において，自発放射と誘導放射を区別していない点にも注意してもらいたい．

本節における関心は，原子の2つの状態間の遷移だけに向けられていたが，ここで得た技法は他の現象にも容易に応用することが可能である．たとえば読者は，光電効果の断面積を計算したり (p.90, 問題2-4)，Σ^0 ハイペロンの寿命を見積もったり (p.90, 問題2-5) することができる．

2.5 Rayleigh散乱, Thomson散乱, Raman効果

Kramers-Heisenberg公式 ここからは原子内電子による光子の"散乱"を，場の量子論的に扱うことを考えよう．散乱が起こる前に原子は状態 A にあり，原子に入射する光子のモードを $(\mathbf{k}, \boldsymbol{\epsilon}^{(\alpha)})$ とする．散乱後の原子の状態は B に，散乱を受けた光子のモードは $(\mathbf{k}', \boldsymbol{\epsilon}^{(\alpha')})$ になる．議論を簡単にするために，ここでも1電子原子を想定し，スピン磁気能率による相互作用を無視する．

相互作用ハミルトニアン (2.94) は1次の項 $(\mathbf{A} \cdot \mathbf{p})$ と2次の項 $(\mathbf{A} \cdot \mathbf{A})$ から成る．$\mathbf{A}$ は光子数をひとつ変えるので，"正味の"光子数が変わらない散乱過程に対して，$\mathbf{A} \cdot \mathbf{p}$ は1次の寄与を持たない．他方 $\mathbf{A} \cdot \mathbf{A}$ は $aa^\dagger$, $a^\dagger a$, aa, $a^\dagger a^\dagger$ を含むが，前者2つはゼロでない寄与を持ち得る．たとえば $a^\dagger$ によって $(\mathbf{k}', \alpha')$ の光子をひとつ生成し，a によって $(\mathbf{k}, \alpha)$ の光子をひとつ消滅させれば前後の散乱前後の辻褄が合い，$\langle \mathbf{k}', \alpha' | a_{\mathbf{k},\alpha} a^\dagger_{\mathbf{k}',\alpha'} | \mathbf{k}, \alpha \rangle = 1$ となる．したがって，

$$\langle B; \mathbf{k}', \boldsymbol{\epsilon}^{(\alpha')} | H_{\text{int}} | A; \mathbf{k}, \boldsymbol{\epsilon}^{(\alpha)} \rangle$$
$$= \langle B; \mathbf{k}', \boldsymbol{\epsilon}^{(\alpha')} | \frac{e^2}{2mc^2} \mathbf{A}(\mathbf{x}, t) \cdot \mathbf{A}(\mathbf{x}, t) | A; \mathbf{k}, \boldsymbol{\epsilon}^{(\alpha)} \rangle$$
$$= \langle B; \mathbf{k}', \boldsymbol{\epsilon}^{(\alpha')} | \frac{e^2}{2mc^2} \left(a_{\mathbf{k},\alpha} a^\dagger_{\mathbf{k}',\alpha'} + a^\dagger_{\mathbf{k}',\alpha'} a_{\mathbf{k},\alpha} \right) \frac{c^2 \hbar}{2V\sqrt{\omega \omega'}} \boldsymbol{\epsilon}^{(\alpha)} \cdot \boldsymbol{\epsilon}^{(\alpha')}$$
$$\times \exp\left[i(\mathbf{k} - \mathbf{k}') \cdot \mathbf{x} - i(\omega - \omega')t \right] | A; \mathbf{k}, \boldsymbol{\epsilon}^{(\alpha)} \rangle$$

---

[15] たとえば Kittel (1958), pp.175-176参照．

2.5. Rayleigh散乱, Thomson散乱, Raman効果

$$= \frac{e^2}{2mc^2} \frac{c^2\hbar^2}{2V\sqrt{\omega\omega'}} 2\epsilon^{(\alpha)} \cdot \epsilon^{(\alpha')} \exp\bigl[-i(\omega-\omega')t\bigr]\langle B|A\rangle \tag{2.158}$$

となる. 長波長近似では原子内電子が原点にあるものと見なせるので, $e^{i\mathbf{k}\cdot\mathbf{x}}$ と $e^{-i\mathbf{k'}\cdot\mathbf{x}}$ を1に置き換えた. 1次の遷移振幅 $c^{(1)}(t)$ として, 次式が得られる.

$$c^{(1)}(t) = \frac{1}{i\hbar} \frac{e^2}{2mc^2} \frac{c^2\hbar}{2V\sqrt{\omega\omega'}} 2\delta_{AB}\epsilon^{(\alpha)} \cdot \epsilon^{(\alpha')}$$
$$\times \int_0^t \exp\bigl[i(\hbar\omega' + E_B - \hbar\omega - E_A)t_1/\hbar\bigr] dt_1 \tag{2.159}$$

慣例の通りに $\omega = c|\mathbf{k}|$, $\omega' = c|\mathbf{k'}|$ とする.

$\mathbf{A}\cdot\mathbf{p}$ の項は散乱に対して1次の寄与を持たないが, $\mathbf{A}\cdot\mathbf{p}$ 過程を"2回"考えるならば, e の次数から見て $\mathbf{A}\cdot\mathbf{A}$ と同じオーダーになる. したがって $\mathbf{A}\cdot\mathbf{p}$ の2回の相互作用と $\mathbf{A}\cdot\mathbf{A}$ の1回の相互作用を同等に考えておく必要がある. 時刻 t_1 において作用する $\mathbf{A}\cdot\mathbf{p}$ 相互作用は, 入射光子 $(\mathbf{k},\alpha)$ を消滅させるか, または放射光子 $(\mathbf{k'},\alpha')$ を生成する. それから t_1 より後の時刻 t_2 において再び $\mathbf{A}\cdot\mathbf{p}$ 相互作用が起こるとき, もし t_1 において放射光子がまだ生成されていないならば, 必ず $(\mathbf{k'},\alpha')$ 光子を生成しなければならない. そうでなければ行列要素はゼロになる. 他方 t_1 において既に放射光子が生成されているけれども, 入射光子がまだ消滅していなければ, $t_2 (> t_1)$ における $\mathbf{A}\cdot\mathbf{p}$ は入射してきた $(\mathbf{k},\alpha)$ を消滅させなければならない. 時刻 t_1 から時刻 t_2 までの間, 原子は一般に始状態 A とも終状態 B とも異なる中間状態 I になっている. まとめると $\mathbf{A}\cdot\mathbf{p}$ が2回続けて作用する際に, 2種類の中間状態が生じ得る. 第1種の中間状態では原子だけがあって光子が存在しない. 第2種の中間状態では原子と入射光子と放射光子が共存する[16].

これらの中間状態の様子を, 時空におけるダイヤグラム (Feynmanファインマンダイヤグラム) によって可視化することができる (図2.2). ここでは直線が原子を表し, 波線が光子を表す. 時間軸を上向きに取ってある. 第1種の過程は図2.2(a) のように表される. 原子はまず t_1 において光子を吸収して A から I へ状態を変え, それから t_2 において I 状態の原子が光子を放射して B 状態に移行する. 第2種の過程では図2.2(b) に示すように, 状態 A の原子がまず t_1 において光子を放射して状態 I へ移行し, それから t_2 において I が (まだ消滅していなかった) 入射光子を吸収して状態 B に移行する. 前に論じた $\mathbf{A}\cdot\mathbf{A}$ による最低次の相互作用は, 図2.2(c) のように表され, "鴎かもめグラフ" (seagull graph) と呼ばれる.

---

[16] 厳密に言うと, I がエネルギー的に連続な非束縛状態に入ってしまう場合も別に考慮しなければならない. これに関係する行列要素は, 光電効果の行列要素である (p.90, 問題2-4参照). そのような "エネルギー的に離れた" 中間状態からの寄与は, エネルギー分母 (energy denominator) が大きくなるので, 実際には重要ではない (式(2.160)).

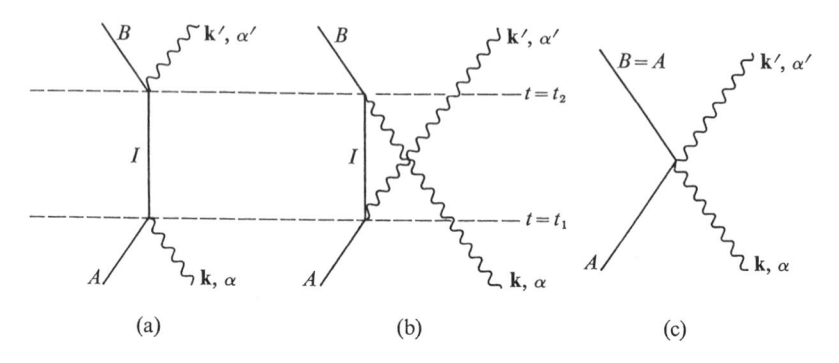

図2.2 原子による光の散乱過程を表す時空ダイヤグラム.

前節で強調したように，原子内電子による光子の放射と吸収は，時間に依存する古典的ポテンシャル (2.102) との相互作用と等価である．この規則を用いて，2次の遷移振幅 $c^{(2)}(t)$ (式(2.111)参照) を直接的に次のように書くことができる．

$$c^{(2)}(t) = \frac{1}{(i\hbar)^2} \frac{c^2\hbar}{2V\sqrt{\omega\omega'}} \left(-\frac{e}{mc}\right)^2 \int_0^t dt_2 \int_0^{t_2} dt_1$$

$$\times \Bigg[\sum_I \langle B|\mathbf{p}\cdot\boldsymbol{\epsilon}^{(\alpha')}|I\rangle \exp\left[i(E_B - E_I + \hbar\omega')t_2/\hbar\right]$$

$$\times \langle I|\mathbf{p}\cdot\boldsymbol{\epsilon}^{(\alpha)}|A\rangle \exp\left[i(E_I - E_A - \hbar\omega)t_1/\hbar\right]$$

$$+ \sum_I \langle B|\mathbf{p}\cdot\boldsymbol{\epsilon}^{(\alpha)}|I\rangle \exp\left[i(E_B - E_I - \hbar\omega)t_2/\hbar\right]$$

$$\times \langle I|\mathbf{p}\cdot\boldsymbol{\epsilon}^{(\alpha')}|A\rangle \exp\left[i(E_I - E_A + \hbar\omega')t_1/\hbar\right] \Bigg]$$

$$= -\frac{c^2\hbar}{i\hbar 2V\sqrt{\omega\omega'}} \left(\frac{e}{mc}\right)^2$$

$$\times \sum_i \left(\frac{(\mathbf{p}\cdot\boldsymbol{\epsilon}^{(\alpha')})_{BI}(\mathbf{p}\cdot\boldsymbol{\epsilon}^{(\alpha)})_{IA}}{E_I - E_A - \hbar\omega} + \frac{(\mathbf{p}\cdot\boldsymbol{\epsilon}^{(\alpha)})_{BI}(\mathbf{p}\cdot\boldsymbol{\epsilon}^{(\alpha')})_{IA}}{E_I - E_A + \hbar\omega'} \right)$$

$$\times \int_0^t dt_2 \exp\left[i(E_B - E_A + \hbar\omega' - \hbar\omega)t_2/\hbar\right] \quad (2.160)$$

ここでは双極近似を行い，摂動の唐突な人為的導入に依存する項を無視した (エネルギー保存 $E_B - E_A + \hbar\omega' - \hbar\omega = 0$ がほとんど満たされるならば無視してよい). $c^{(1)}(t)$ と $c^{(2)}(t)$ を組み合わせると，遷移頻度は次のように与えられる．

2.5. Rayleigh散乱, Thomson散乱, Raman効果

$$w_{d\Omega} = \int \bigl(|c^{(1)} + c^{(2)}|^2/t\bigr) \rho_{E,d\Omega}\, dE$$

$$= \frac{2\pi}{\hbar} \left(\frac{c^2\hbar}{2V\sqrt{\omega\omega'}}\right)^2 \left(\frac{e^2}{mc^2}\right)^2 \frac{V}{(2\pi)^3} \frac{\omega'^2}{\hbar c^3}\, d\Omega$$

$$\times \left| \delta_{AB}\, \boldsymbol{\epsilon}^{(\alpha)}\cdot\boldsymbol{\epsilon}^{(\alpha')} - \frac{1}{m}\sum_I \left(\frac{(\mathbf{p}\cdot\boldsymbol{\epsilon}^{(\alpha')})_{BI}(\mathbf{p}\cdot\boldsymbol{\epsilon}^{(\alpha)})_{IA}}{E_I - E_A - \hbar\omega} + \frac{(\mathbf{p}\cdot\boldsymbol{\epsilon}^{(\alpha)})_{BI}(\mathbf{p}\cdot\boldsymbol{\epsilon}^{(\alpha')})_{IA}}{E_I - E_A + \hbar\omega'}\right)\right|^2$$

(2.161)

微分断面積を求めるために, この遷移頻度を放射の立体角要素 $d\Omega$ と入射光子の流束密度で割らなければならない§. 始状態において規格化体積 V にひとつの光子を想定するので, 入射流束密度は c/V である. よって最終的な微分断面積として, 次式が得られる.

$$\frac{d\sigma}{d\Omega} = r_0^2 \left(\frac{\omega'}{\omega}\right)$$

$$\times \left| \delta_{AB}\, \boldsymbol{\epsilon}^{(\alpha)}\cdot\boldsymbol{\epsilon}^{(\alpha')} - \frac{1}{m}\sum_I \left(\frac{(\mathbf{p}\cdot\boldsymbol{\epsilon}^{(\alpha')})_{BI}(\mathbf{p}\cdot\boldsymbol{\epsilon}^{(\alpha)})_{IA}}{E_I - E_A - \hbar\omega} + \frac{(\mathbf{p}\cdot\boldsymbol{\epsilon}^{(\alpha)})_{BI}(\mathbf{p}\cdot\boldsymbol{\epsilon}^{(\alpha')})_{IA}}{E_I - E_A + \hbar\omega'}\right)\right|^2$$

(2.162)

r_0 は古典電子半径で, 次のように定義される.

$$r_0 = \frac{e^2}{4\pi mc^2} \simeq \frac{1}{137}\frac{h}{mc} \simeq 2.82\times 10^{-13}\,\text{cm} = 2.82\times 10^{-15}\,\text{m} \qquad (2.163)$$

H. A. Kramers と W. Heisenberg は 1925 年に式(2.162) と等価な式を対応原理を用いて導出したので, この式は Kramers-Heisenberg公式と呼ばれる.

Rayleigh散乱 (光子-原子弾性散乱) 式(2.162) が適用できる特別な例として, 詳しく検討しておくべきものがいくつかある. まず $A=B$, $\hbar\omega = \hbar\omega'$ の場合を論じてみよう. これは原子による光の弾性散乱であるが, Rayleigh卿が最初に (古典的に) 扱った問題なので, Rayleigh散乱と呼ばれる. 式(2.162) を簡単にするために, $\boldsymbol{\epsilon}^{(\alpha)}\cdot\boldsymbol{\epsilon}^{(\alpha')}$ を, $\mathbf{x}$ と $\mathbf{p}$ の交換関係と, 中間状態 I の完全性と, 式(2.124) を用いて書き直す[17].

---

§(訳註) 1 個の標的を一様な入射ビームにさらした際に, [散乱断面積 (m^2)] $\equiv$ [散乱頻度 (個/s)] / [入射ビーム流束密度 (個/m^2s)] である. すなわち断面積 σ は, 一様な流束に対して垂直方向に面積 σ の受け皿を設置すると, そこに散乱粒子の検出頻度と同じだけの頻度で粒子を確保できるという仮想面積を意味する. 散乱後の粒子を全方向 (4π sr) で検出する場合の断面積が全断面積, 散乱後の方向を限定して立体角要素 $d\Omega$ あたりの断面積を算出したものが微分断面積 $d\sigma/d\Omega$ である. ('sr' は立体角の単位 steradian.)

[17] 中間状態によって完全系を構成するには, エネルギー的に離散した状態 (束縛状態) だけでなく, エネルギーの連続した状態もすべて含めなければならない.

$$\epsilon^{(\alpha)}\cdot\epsilon^{(\alpha')} = \frac{1}{i\hbar}\sum_I\left[(\mathbf{x}\cdot\epsilon^{(\alpha)})_{AI}(\mathbf{p}\cdot\epsilon^{(\alpha')})_{IA} - (\mathbf{p}\cdot\epsilon^{(\alpha')})_{AI}(\mathbf{x}\cdot\epsilon^{(\alpha)})_{IA}\right]$$

$$= \frac{1}{m\hbar}\sum_I\frac{1}{\omega_{IA}}\left[(\mathbf{p}\cdot\epsilon^{(\alpha)})_{AI}(\mathbf{p}\cdot\epsilon^{(\alpha')})_{IA} + (\mathbf{p}\cdot\epsilon^{(\alpha')})_{AI}(\mathbf{p}\cdot\epsilon^{(\alpha)})_{IA}\right]$$
(2.164)

ここで $\omega_{IA} = (E_I - E_A)/\hbar$ である．式(2.162) の 3 つの項は結合して，

$$\delta_{AA}\epsilon^{(\alpha)}\epsilon^{(\alpha')} - \frac{1}{m\hbar}\sum_I\left[\frac{(\mathbf{p}\cdot\epsilon^{(\alpha')})_{AI}(\mathbf{p}\cdot\epsilon^{(\alpha)})_{IA}}{\omega_{IA}-\omega} + \frac{(\mathbf{p}\cdot\epsilon^{(\alpha)})_{AI}(\mathbf{p}\cdot\epsilon^{(\alpha')})_{IA}}{\omega_{IA}+\omega}\right]$$

$$= -\frac{1}{m\hbar}\sum_I\left[\frac{\omega(\mathbf{p}\cdot\epsilon^{(\alpha')})_{AI}(\mathbf{p}\cdot\epsilon^{(\alpha)})_{IA}}{\omega_{IA}(\omega_{IA}-\omega)} - \frac{\omega(\mathbf{p}\cdot\epsilon^{(\alpha)})_{AI}(\mathbf{p}\cdot\epsilon^{(\alpha')})_{IA}}{\omega_{IA}(\omega_{IA}+\omega)}\right] \quad (2.165)$$

となる．ω が小さい場合の近似 $1/(\omega_{IA}\mp\omega) \approx [1\pm(\omega/\omega_{IA})]/\omega_{IA}$ と，

$$\sum_I\frac{1}{\omega_{IA}^2}\left[(\mathbf{p}\cdot\epsilon^{(\alpha')})_{AI}(\mathbf{p}\cdot\epsilon^{(\alpha)})_{IA} - (\mathbf{p}\cdot\epsilon^{(\alpha)})_{AI}(\mathbf{p}\cdot\epsilon^{(\alpha')})_{IA}\right]$$

$$= m^2\sum_I\left[(\mathbf{x}\cdot\epsilon^{(\alpha')})_{AI}(\mathbf{x}\cdot\epsilon^{(\alpha)})_{IA} - (\mathbf{x}\cdot\epsilon^{(\alpha)})_{AI}(\mathbf{x}\cdot\epsilon^{(\alpha')})_{IA}\right]$$

$$= m^2\left([\mathbf{x}\cdot\epsilon^{(\alpha')}, \mathbf{x}\cdot\epsilon^{(\alpha)}]\right)_{AA} = 0 \quad (2.166)$$

という関係を利用すると，$\omega \ll \omega_{IA}$ における Rayleigh の微分断面積が得られる．

$$\frac{d\sigma}{d\Omega} = \left(\frac{r_0}{m\hbar}\right)^2\omega^4\left|\sum_I\left(\frac{1}{\omega_{IA}}\right)^3\left[(\mathbf{p}\cdot\epsilon^{(\alpha')})_{AI}(\mathbf{p}\cdot\epsilon^{(\alpha)})_{IA} + (\mathbf{p}\cdot\epsilon^{(\alpha)})_{AI}(\mathbf{p}\cdot\epsilon^{(\alpha')})_{IA}\right]\right|^2$$

$$= \left(\frac{r_0 m}{\hbar}\right)^2\omega^4\left|\sum_I\left(\frac{1}{\omega_{IA}}\right)\left[(\mathbf{x}\cdot\epsilon^{(\alpha')})_{AI}(\mathbf{x}\cdot\epsilon^{(\alpha)})_{IA} + (\mathbf{x}\cdot\epsilon^{(\alpha)})_{AI}(\mathbf{x}\cdot\epsilon^{(\alpha')})_{IA}\right]\right|^2$$
(2.167)

この式から「原子による長波長の光の散乱断面積は波長の 4 乗に反比例する」ことが分かる[†](Rayleigh則)．通常の無色の気体が含む原子において，典型的な ω_{IA} に対応する光の波長は紫外領域にあり，入射する可視光の散乱に関しては $\omega \ll \omega_{IA}$ が良好な近似となる．この理論によって，空が青い理由や夕日が赤い理由が説明される．

[†](訳註) つまり $d\sigma/d\Omega \propto \omega^4$ であるが，ここでの導出を大局的に捉え直すと，この特性は遷移確率 $\propto \omega^2$ と，終状態の光子状態密度 $\rho \propto \omega^2$ (式(2.116)) に因っている．これは内部励起状態を持つ (分極を起こす) 粒子による長波長電磁波の弾性散乱において普遍的な性質である．

2.5. Rayleigh散乱, Thomson散乱, Raman効果

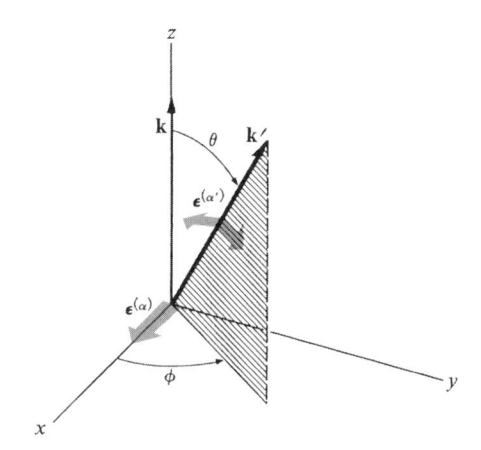

図2.3 Thomson散乱における偏極方向の取扱い.

Thomson散乱(光子-電子散乱) 上の例とは対照的に,入射する光子のエネルギーが原子の束縛エネルギーよりもはるかに高い場合について考察しよう.このとき $\hbar\omega$ ($=\hbar\omega'$) は $(\mathbf{p}\cdot\boldsymbol{\epsilon}^{(\alpha')})_{AI}(\mathbf{p}\cdot\boldsymbol{\epsilon}^{(\alpha)})_{IA}/m$ よりはるかに大きいので,式(2.162)において第2項と第3項を無視してよい.散乱には"鴎グラフ"(図2.2(c))に対応する行列要素だけが関わる.この $\delta_{AB}\boldsymbol{\epsilon}^{(\alpha)}\cdot\boldsymbol{\epsilon}^{(\alpha')}$ の項は原子内電子の束縛の性質からほとんど影響を受けないので,この場合に計算すべき断面積は,自由電子(非束縛電子)による光の散乱と同じものになる.この断面積の式は,最初は古典的な手続きに基づいて J. J. Thomsonによって与えられた.

$$\frac{d\sigma}{d\Omega} = r_0^2 \left|\boldsymbol{\epsilon}^{(\alpha)}\cdot\boldsymbol{\epsilon}^{(\alpha')}\right|^2 \tag{2.168}$$

微分断面積が ω に依存しないことに注意してもらいたい[‡].

Thomson散乱の偏極依存性を調べるために,図2.3に示すように入射光子の偏極 $\boldsymbol{\epsilon}^{(\alpha)}$ を x 方向,伝播 $\mathbf{k}$ を z 方向とする直交座標系を考える.散乱光が伝播する $\mathbf{k}'$ の方向を球座標の角度 θ と ϕ によって表す.散乱光の偏極ベクトル $\boldsymbol{\epsilon}^{(\alpha')}$ は, $\alpha'=1$ の場合には影を付けた平面($\mathbf{k}$ と $\mathbf{k}'$ を含む面)に対して垂直な方向, $\alpha'=2$ の場合

[‡](訳註) ここでは遷移確率 $\propto 1/\omega^2$ で,光子の状態密度 $\propto \omega^2$ (式(2.116))との間で振動数依存が相殺される."Thomson散乱"は自由電子による長波長電磁波(低エネルギー光子)の散乱を意味する術語で,原子内電子を対象としたものではない. Compton散乱の低エネルギー極限に相当する.

には影を付けた"面内"の方向を向いているものと見なす．ベクトル $\epsilon^{(\alpha')}$ の座標方向成分は，次のように表される．

$$\epsilon^{(\alpha')} = \begin{cases} (\sin\phi, -\cos\phi, 0) & \text{for} \quad \alpha' = 1 \\ (\cos\theta\cos\phi, \cos\theta\sin\phi, -\sin\theta) & \text{for} \quad \alpha' = 2 \end{cases} \quad (2.169)$$

したがって微分断面積の式は，この球座標の下で次のように表される．

$$\frac{d\sigma}{d\Omega} = r_0^2 \begin{cases} \sin^2\phi & \text{for} \quad \alpha' = 1 \\ \cos^2\theta\cos^2\phi & \text{for} \quad \alpha' = 2 \end{cases} \quad (2.170)$$

入射する光子が非偏極の場合，式(2.170)を ϕ に関して積分してから 2π で割って断面積を得てもよいし，次のように評価してもよい．

$$\left(\frac{d\sigma}{d\Omega}\right)_{\text{unpolarized}} = \frac{1}{2}\left[\frac{d\sigma}{d\Omega}(\phi=0) + \frac{d\sigma}{d\Omega}\left(\phi=\frac{\pi}{2}\right)\right] \quad (2.171)$$

これらの2通りの方法は完全に等価である．始状態において偏極ベクトルの方向が乱雑であっても，$\cos\theta \neq \pm 1$ ($\theta \neq 0°, 180°$) の角度へ散乱された終状態の光子は偏極(偏光)を持つ．$\epsilon^{(\alpha')}$ が $\mathbf{k}$ と $\mathbf{k}'$ から決まる面に対して垂直であれば微分断面積は $r_0^2/2$，面内方向であれば微分断面積は $(r_0^2/2)\cos^2\theta$ で，両者が異なるからである．$\theta = \pi/2$ の方向への散乱光が完全に $\alpha' = 1$ に偏極してしまうことは興味深い．非偏極の光の入射に対して 90° の方向に散乱が起こると，それは必ず $\mathbf{k}$ に対しても $\mathbf{k}'$ に対しても垂直な方向に 100% の線形偏極を持つ光になっている．

偏極光を入射させ，散乱光を偏極を区別せずに検出する場合には，散乱光において可能な2つの偏極状態に関する和をとる必要がある．

$$\left.\frac{d\sigma}{d\Omega}\right|_{\substack{\text{final}\\\text{polarization}\\\text{summed}}} = r_0^2\left(\sin^2\phi + \cos^2\theta\cos^2\phi\right) \quad (2.172)$$

非偏極光を入射させ，散乱光の検出も偏極を区別しない場合の微分断面積は，次のようになる．

$$\left.\frac{d\sigma}{d\Omega}\right|_{\substack{\text{unpolarized;}\\\text{final}\\\text{polarization}\\\text{summed}}} = \frac{r_0^2}{2}(1 + \cos^2\theta) \quad (2.173)$$

そして，Thomson 散乱の全断面積は，次のように与えられる．

$$\sigma_{\text{tot}} = \frac{8\pi r_0^2}{3} = 6.65 \times 10^{-25}\ \text{cm}^2 = 6.65 \times 10^{-29}\ \text{m}^2 \quad (2.174)$$

すでに強調したように，この断面積の式は，光子のエネルギーが原子内電子の束縛エネルギーよりもはるかに高い場合だけに適用できる．しかし更に，光子のエネルギー

2.5. Rayleigh散乱, Thomson散乱, Raman効果

が電子質量のエネルギー換算値 (0.511 MeV) と同等の水準まで高くなると，この式の正当性は破綻する．その場合には電子の相対論的な性質を考慮する必要があるが，この問題は 4.4 節でCompton散乱を扱う際に取り上げる予定である．

量子力学的に得た Rayleigh 散乱と Thomson 散乱の断面積を，古典的なそれと比較してみよう．古典力学における電磁波の散乱は，次の2段階の過程へと分けて考えることができる．

a) 束縛されている電子が，時間に依存する電場から力を受けて振動する．

b) 振動する電荷が，その振動の結果として電磁波を放射する．

電子がHookeの法則に従う力によって束縛されているモデルを考えると，電場 $\mathbf{E}_0 e^{-i\omega t}$ を印加された電子の変位 $\mathbf{x}$ は，次の微分方程式を満たす．

$$\ddot{\mathbf{x}} + \omega_0^2 \mathbf{x} = \frac{e}{m} \mathbf{E}_0 e^{-i\omega t} \tag{2.175}$$

ω_0 は振動子の固有角振動数である．電子の加速度が古典的に，

$$\ddot{\mathbf{x}} = -\left(\frac{e}{m}\right)\left(\frac{\omega^2}{\omega_0^2 - \omega^2}\right) \mathbf{E}_0 e^{-i\omega t} \tag{2.176}$$

と与えられることを利用すれば，全断面積を直接計算できる[18]．その結果は，

$$\sigma_{\text{tot}} = \frac{8\pi r_0^2}{3} \frac{\omega^4}{(\omega_0^2 - \omega^2)^2} \tag{2.177}$$

となるが，これは $\omega \ll \omega_0$ において式 (2.167) の ω^4 依存性を再現し，$\omega \gg \omega_0$ とすれば振動数に依存しない断面積 (2.174) に一致する．

Raman効果(光子の非弾性散乱)　Kramers-Heisenberg公式 (2.162) を $\omega \neq \omega'$, $A \neq B$ の非弾性散乱に応用することもできる．原子物理の分野では，この現象を C. V. Raman に因んで "Raman散乱" と呼んでいる．Raman は A. Smekal の予言に基づき，物質中 (媒質中) で散乱された光に，振動数 (波長) のずれた成分が生じるという現象 (Raman効果) を見出した．原子の始状態 A が基底状態であるとすると，終状態の光子エネルギー $\hbar\omega'$ が入射光子のエネルギー $\hbar\omega$ を上回ることはなく，$\hbar\omega + E_A = \hbar\omega' + E_B$ である (図2.4(a))．これは原子スペクトルにおける "Stokes線"，すなわち入射光よりも赤方にずれたスペクトル線に対する説明となる．他方，原子が初めに励起状態にあれば，ω' が ω よりも大きくなることが可能である (図2.4(b))．これは "反Stokes線"，すなわち入射光よりも紫側にずれたスペクトル線に説明を与える．

---

[18] Panofsky and Phillips (1955), p.326 ; Jackson (1962), pp.602-604.

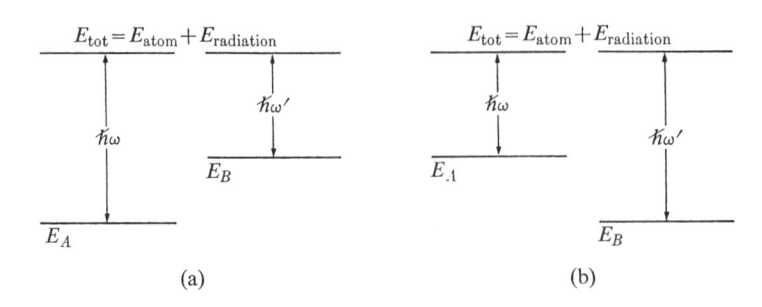

図2.4 (a) Stokes線. (b) 反Stokes線.

2.6 共鳴散乱と輻射減衰

前節において導出した Kramers-Heisenberg 公式は, $\hbar\omega$ がちょうど $E_I - E_A$ に等しくなる場合には明らかに不適切である. 式(2.162)に基づく断面積は無限大になってしまうが, もちろん自然界においてそのような現象が観測されることはあり得ない. しかしながら $E_I - E_A = \hbar\omega$ の近傍において散乱断面積に大きく鋭いピークが見られることは事実である. この現象は共鳴散乱もしくは "共鳴蛍光" (resonance fluorescence) として知られている.

前節の断面積の導出方法の何処に問題があるのだろう？ 時間に依存する2次の摂動論を用いたときに, 我々は中間状態 I が定常状態として無限に長い寿命を持ち得ることを仮定した. 言い換えると状態 I が自発放射を起こし得ることによる I の不安定性を考慮していなかったのである. このこととの関連で, 古典的な Rayleigh の散乱断面積の式(2.177)も $\omega \approx \omega_0$ において発散していることは興味深い. 運動方程式(2.175)において, 次のように減衰力の項を導入すると, このような発散を回避できる.

$$\ddot{\mathbf{x}} + \gamma\dot{\mathbf{x}} + \omega_0^2 \mathbf{x} = \frac{e}{m}\mathbf{E}_0 e^{-i\omega t} \tag{2.178}$$

古典的な全断面積の式は, 次のように変更される.

$$\sigma_{\text{tot}} = \frac{8\pi r_0^2}{3}\frac{\omega^4}{(\omega_0^2 - \omega^2)^2 + \gamma^2/4} \tag{2.179}$$

この式でも $\omega = \omega_0$ において断面積は大きくなるけれども, ピーク値は有限にとどまる. この後で見るように, 量子力学的な取扱いでは, 中間状態からの自発放射による励起の緩和の効果が, 古典的な減衰力と似たような役割を果たす. このようにして断面

2.6. 共鳴散乱と輻射減衰

積の発散が抑制される現象を，共鳴における"輻射減衰"(radiation damping)と呼ぶ[§]．不安定な状態に関する量子論は，この問題との関連において，V. F. Weisskopf と E. P. Wigner によって最初に考察された．

議論を簡単にするために，原子の始状態 A を安定な状態(基底状態)とする[†]．光のビームを原子にあてると，原子が入射した光子を吸収して状態 A から状態 I へ遷移する確率振幅 $c_I(t)$ が生じる．この吸収過程において $c_I(t)$ が従うべき微分方程式は，

$$\dot{c}_I = \frac{1}{i\hbar} H_{IA}^{(abs)}(t) c_A e^{i(E_I - E_A)t/\hbar} \tag{2.180}$$

である(式(2.107)参照)．$H_{IA}^{(abs)}(t)$ は光子の吸収過程に対応する，時間に依存する行列要素である．しかしこれが話のすべてではない．光子の入射がなくても，状態 I は自発放射を起こすので，振幅 $c_I(t)$ は変化する．励起状態 I を見出す確率は，時間の経過に対して $e^{-\Gamma_I t/\hbar}$ のように減衰する．ここで $\Gamma_I = \hbar/\tau_I$ で，τ_I は式(2.135)と式(2.136)から与えられる状態 I の平均寿命である．光子の入射がない場合に，状態 I の振幅 ($\propto [\text{確率}]^{1/2}$) は $e^{-\Gamma_I t/2\hbar}$ のように減衰しなければならないので，この中間状態 I の自然減衰を表す項を式(2.180)の右辺に加えて，次式を得る．

$$\dot{c}_I = \frac{1}{i\hbar} H_{IA}^{(abs)}(t) c_A e^{i(E_I - E_A)t/\hbar} - \frac{\Gamma_I}{2\hbar} c_I \tag{2.181}$$

式(2.181)の第1項は光の吸収による状態 I の振幅の増加を表し，第2項は自発放射による状態 I の振幅減衰を表す．もちろん，この扱い方は現象論的なものである．第2項の正当性に関するより厳密な説明は，2.8節において仮想光子の放射と吸収による2次の準位ずれ(シフト)を論じる際に与える予定である．

式(2.181)を初期条件 $c_I(0) = 0$，$c_A(0) = 1$ の下で解いてみよう．直接の代入により，上記の初期条件を満たす微分方程式の解は，

$$c_I^{(1)}(t) = \frac{H'_{IA} \left(\exp[-\Gamma_I t/2\hbar] - \exp[i(E_I - E_A - \hbar\omega)t/\hbar] \right)}{E_I - E_A - \hbar\omega - i\Gamma_I/2} \tag{2.182}$$

となることが分かる．H'_{IA} は時間に依存する行列要素で，次のように与えられる．

$$H_{IA}^{(abs)} = H'_{AI} e^{-i\omega t} = -\frac{e}{mc} \langle I | c \sqrt{\frac{\hbar}{2\omega V}} \mathbf{p} \cdot \boldsymbol{\epsilon}^{(\alpha)} | A \rangle e^{-i\omega t} \tag{2.183}$$

[§](訳註) 古典的に捉えると，式(2.178)の減衰項は荷電振動子の加速度運動に伴って電磁輻射が生じ，振動子の運動エネルギーを減衰させることの効果と解釈できるので"radiation damping"の呼称が与えられている．慣用的に定着している術語なので，この術語の使用は已むを得ないが，量子力学的に捉えた離散的な準位間の遷移(緩和)の描像に対しても"damping"の呼称を与えるのは，語感的にいささか齟齬が無いとは言えない．

[†](訳註) ここでは図2.2 (p.60) の (b) のような第2種の過程は考えなくてよい．

状態 I を見出す最低次の確率は $\left|c_I^{(1)}(t)\right|^2$ である．2.4節の式(2.114) とは異なり，これは $t \to \infty$ において $t\delta(E_I - E_a - \hbar\omega)$ に"比例しない"．式(2.182) と式(2.113) のどちらがより現実的な吸収過程の記述となるかは，状態 I の寿命が観測時間に比べて短いか長いかによって決まる．式(2.182) からは次式が得られる．

$$\left|c_I^{(1)}(\infty)\right|^2 = \frac{|H'_{IA}|^2}{(E_I - E_A - \hbar\omega)^2 + \Gamma_I^2/4} \tag{2.184}$$

$E_I - E_A \approx \hbar\omega$ の条件下では，原子が状態 I をとる確率が大きくなる．式(2.184) を入射する光子のエネルギー $\hbar\omega$ の関数と見るならば，これはよく知られている Lorentz 型の吸収分布であり，ピークの半値全幅は $\Gamma_I = \hbar/\tau_I$ である．原子に対して連続的なスペクトルを持つ光を照射するとき，エネルギー幅が Γ_I 程度の吸収線が観測されるものと予想される．これを"自然幅"(natural width) と呼ぶことが多い．同様の議論により，励起状態 I が基底状態 A に緩和するときの放射の振動数スペクトルも同じ形で表される．このことは平衡過程の考察からも予想される（Kirchhoffの法則）[19]．

散乱の問題に戻って，原子のある中間状態 I に関して $\hbar\omega \approx E_I - E_A$ の条件を仮定し，$\gamma + A \to \gamma + B$ の散乱断面積を計算してみよう．そのために修正を施した $c_I^{(1)}$ を用いて再び $c_B^{(2)}$ を評価する必要がある（式(2.111)参照）．

$$c_B^{(2)}(t) = \frac{1}{i\hbar} \sum_I \int_0^t dt'' \langle B|H_I(t'')|I\rangle e^{i(E_B-E_I)t''/\hbar} c_I^{(1)}(t'') \tag{2.185}$$

t の値が充分に大きいものとして，式(2.182) において $e^{-\Gamma_I t/2\hbar}$ を省く．共鳴条件 $\hbar\omega \approx E_I - E_A$ を満たす中間状態 I を特に R と表すことにする．2次の振幅 $c_B^{(2)}$ は次のように与えられる．

$$c_B^{(2)}(t) = -\frac{1}{i\hbar}\left(-\frac{e}{mc}\right)^2 \sum_R \frac{\langle B|c\sqrt{\frac{\hbar}{2\omega'V}}\mathbf{p}\cdot\boldsymbol{\epsilon}^{(\alpha')}|R\rangle\langle R|c\sqrt{\frac{\hbar}{2\omega V}}\mathbf{p}\cdot\boldsymbol{\epsilon}^{(\alpha)}|A\rangle}{E_R - E_A - \hbar\omega - i\Gamma_R/2}$$
$$\times \int_0^t dt'' \exp\left[i(E_B - E_A + \hbar\omega' - \hbar\omega)t''/\hbar\right] + [\text{非共鳴項}] \tag{2.186}$$

---

[19] ここでのスペクトル線幅の議論では，Doppler効果と原子衝突によるエネルギー幅の拡がりの影響を無視しているが，これらは多くの事例において自発放射によるエネルギー幅の拡がりよりも重要になり得る．しかしこの現象論的な扱い方は，状態 I の減衰が非弾性衝突による場合へも容易に一般化できる．我々の扱い方を Dicke and Wittke (1960), pp.273-275 における吸収・放射の議論と比較してみよ．そこでは自発放射よりも主として原子衝突が中間状態の減衰を起こすものと仮定してある．(以下訳註) 吸収スペクトルにおけるエネルギー幅を単に"幅" (width) と呼ぶ場合も多い．励起準位の減衰（崩壊）の速さに対応するということで，"崩壊幅" (decay width) という術語も用いられる．

2.6. 共鳴散乱と輻射減衰

"非共鳴項"は式(2.160)において第1種の中間状態に関する和の中から共鳴条件を満たす状態 (R) を除いた式を表す．上式を見ると，輻射減衰を考慮するために必要とされる変更は，共鳴条件を満たす第1種の中間状態に関する，

$$E_I \rightarrow E_I - i\frac{\Gamma_I}{2} \tag{2.187}$$

という置き換えであることが分かる．修正を施した，任意の ω に関する Kramers-Heisenberg 公式は，次のように与えられる．

$$\frac{d\sigma}{d\Omega} = r_0^2 \left(\frac{\omega'}{\omega}\right)$$
$$\times \left| \delta_{AB}\boldsymbol{\epsilon}^{(\alpha)} \cdot \boldsymbol{\epsilon}^{(\alpha')} - \frac{1}{m}\sum_I \left(\frac{(\mathbf{p}\cdot\boldsymbol{\epsilon}^{(\alpha')})_{BI}(\mathbf{p}\cdot\boldsymbol{\epsilon}^{(\alpha)})_{IA}}{E_I - E_A - \hbar\omega - i\Gamma_I/2} + \frac{(\mathbf{p}\cdot\boldsymbol{\epsilon}^{(\alpha)})_{BI}(\mathbf{p}\cdot\boldsymbol{\epsilon}^{(\alpha')})_{IA}}{E_I - E_A + \hbar\omega'} \right) \right|^2$$
$$\tag{2.188}$$

実際には，$E_I - E_A \approx \hbar\omega$ 以外のところでは Γ_I を無視してよい．

一般に共鳴振幅は，非共鳴振幅の和よりもはるかに大きい．これは共鳴による散乱の空間尺度 ($\propto$ [断面積]$^{1/2}$) が $\lambdabar = c/\omega$ 程度であるのに対して (p.91, 問題2-8)，非共鳴散乱の空間尺度が r_0 程度にすぎないからである．非共鳴振幅を無視すると，非縮退共鳴準位の近傍における単一準位共鳴による断面積の式が得られる．

$$\frac{d\sigma}{d\Omega} = r_0^2 \left(\frac{\omega'}{\omega}\right)\left(\frac{1}{m^2}\right) \frac{|(\mathbf{p}\cdot\boldsymbol{\epsilon}^{(\alpha')})_{BR}|^2 |(\mathbf{p}\cdot\boldsymbol{\epsilon}^{(\alpha)})_{RA}|^2}{(E_R - E_A - \hbar\omega)^2 + \Gamma_R^2/4} \tag{2.189}$$

この式は興味深いことに $(\mathbf{k},\alpha)$ の光子の吸収によって状態 R が形成される確率と，単位立体角範囲へ $(\mathbf{k}',\alpha')$ の光子を自発放射して $R \rightarrow B$ 遷移を起こす確率を掛けて，入射流束密度で割った形をしている．このことを証明するには，単に式(2.184)と式(2.119)から次式が得られることに注意すればよい．

$$\frac{(吸収確率) \times (単位立体角あたりの放射確率)}{(流束密度)}$$
$$= \frac{\dfrac{e^2\hbar}{2\omega m^2 V}\left[\dfrac{|(\mathbf{p}\cdot\boldsymbol{\epsilon}^{(\alpha)})_{RA}|^2}{(E_R - E_A - \hbar\omega)^2 + \Gamma_R^2/4}\right]\left[\dfrac{2\pi}{\hbar}\dfrac{e^2\hbar}{2m^2\omega' V}|(\mathbf{p}\cdot\boldsymbol{\epsilon}^{(\alpha')})_{BR}|^2 \dfrac{V\omega'^2}{(2\pi)^3\hbar c^3}\right]}{c/V}$$
$$\tag{2.190}$$

この式は，式(2.189)と同じである．このように共鳴散乱は，まず入射光子の吸収によって共鳴状態 R が形成され，それから光子の自発放射が起こる過程として捉えることができる．

上述のような共鳴状態の形成とその緩和という共鳴蛍光現象の単純な解釈は，もちろん量子力学特有の側面から見て十全なものではない．第1に，もし非共鳴振幅が無視できなければ，式(2.188)はそれが共鳴振幅と干渉しうることを意味する．核共鳴実験では非共鳴振幅も共鳴振幅もしばしば見られる．更に，もし共鳴状態がスピンを持つならば，あるいは一般的に同じ準位もしくは近い準位に複数の共鳴状態があるならば，式(2.186)に示したように，絶対値の自乗を計算する前に，いろいろな共鳴状態に対応する振幅からの和を計算することが重要となる．この点は問題2-8 (p.91)において取り上げる．

ここで示した考察から，自然に次の疑問が生じる．ある共鳴散乱現象を記述するときに，量子力学的に単一の共鳴散乱過程と見なす記述と，独立な2段階の量子力学的な過程 (吸収と放射) が連続したものと見なす記述のどちらが相応しいかを，どのようにして選べばよいのだろう？ その答えは準安定な状態の寿命と，衝突時間すなわち原子が入射ビームに曝される時間との比較によって決まる，というものである．この点を考察するために，入射する光子ビームの持続時間を極めて短くできるような実験設備を想定し，それが共鳴の寿命と比較しても充分に短いものとしよう．そのような光子は不確定性原理から必然的にエネルギー分解能が劣化して $\Delta(\hbar\omega) \gg \Gamma_R$ となり，スペクトル構造の評価が不可能である．光の照射が途切れてから相対的に長い時間が経過した後に，共鳴状態の指数関数的な減衰を観測することによって，関与した励起状態を知ることができる．この場合には準安定な状態の形成とその緩和を"2つの独立な"量子力学的過程と見ることが妥当である．

他方，入射する光子のエネルギーがよく確定している場合には，状況はまったく異なったものになる．入射光のエネルギー分解能が高く (あるいは共鳴状態の寿命が相対的に極めて短く) $\Delta(\hbar\omega) \ll \Gamma_R$ であれば，散乱後の寿命測定や，その他どのような測定を考えても，系に余計な擾乱を与えずに共鳴に関わった励起状態を知ることはできない．不確定性原理からの要請で，単色の光子は共鳴寿命よりも"はるかに長いあいだ"持続しなければならないからである．しかしながら利用する"単色光"のエネルギーの設定が"可変"であれば，散乱断面積の ω 依存性から崩壊幅 Γ_R を求めて共鳴の寿命を決めることができる．単色光を入射させる状況下では，前に言及した非共鳴振幅と共鳴振幅の干渉効果が重要となる．この場合，ある特定の光子が共鳴状態から放射されたものかどうかを問うことに意味はなくなる．もし永遠に持続する完全に理想的な単色入射ビームを想定するならば，原子に余計な擾乱を与えず，中間状態の性質を決めるような施策を設けない限りにおいて，そこで起こる共鳴蛍光は単一の量子力学的過程である．

核物理の実験において，寿命が $\lesssim 10^{-10}$ sec の幅の広い共鳴準位の近傍で，断面積

の Lorentz 型エネルギー依存性を調べられるほど充分に単色化された光子ビームが断面積のスペクトル解析に用いられる場合がある．寿命が $\gtrsim 10^{-10}$ sec の幅の狭い共鳴に関しては，指数関数的な減衰の観測による寿命の決定の方が容易である．寿命が $\sim 10^{-10}$ sec 程度の核準位 (崩壊幅 $\sim 10^{-7}$ eV に相当) に関しては，時間減衰の測定による寿命の決定と，断面積のエネルギー依存性の測定による寿命の決定を両方とも行うことができる．両方を実施できる範囲において，これらの全く異なる方法で推定した寿命は，充分に満足のゆく精度で互いに一致する．

2.7 分散関係と因果律

前方散乱振幅の実部と虚部　本節では光子が原子に入射してから，そのまま真っ直ぐ前方に散乱される振幅の解析的な性質を論じる．散乱の前後で偏極は変わらないものとする．可干渉的（コヒーレント）な前方散乱振幅 $f(\omega)$ は次式を満たす．

$$\left(\frac{d\sigma}{d\Omega}\right)_{\theta=0,\,\epsilon^{(\alpha)}=\epsilon^{(\alpha')}} = |f(\omega)|^2 \tag{2.191}$$

$f(\omega)$ の符号については，式 (2.188) の絶対値記号内の表式に負号を付けておく．これは Born（ボルン）近似によって計算される振幅が，引力散乱の場合は正に，斥力散乱の場合は負になることに合わせるための措置である[20]．

式 (2.188) において，基底状態にある 1 電子原子による散乱を想定すると，$f(\omega)$ の具体的な形は次のように与えられる．

$$f(\omega) = -r_0 \left[1 - \frac{1}{m}\sum_I \left(\frac{|(\mathbf{p}\cdot\boldsymbol{\epsilon}^{(\alpha)})_{IA}|^2}{E_I - E_A - \hbar\omega - i\Gamma_I/2} + \frac{|(\mathbf{p}\cdot\boldsymbol{\epsilon}^{(\alpha)})_{IA}|^2}{E_I - E_A + \hbar\omega}\right)\right] \tag{2.192}$$

$f(\omega)$ の実部と虚部を評価してみよう．原子物理において一般に準位幅 Γ_I は $\sim 10^{-7}$ eV，隣接準位の間隔は ~ 1 eV のオーダーである．したがって実部の計算では Γ_I を無視してもよい．この近似が破綻するのは $\hbar\omega = E_I - E_A$ 近傍の非常に狭いエネルギー区間だけである．式 (2.165) を導いた際の技法を用いて，次式を得る．

$$\mathrm{Re}[f(\omega)] = \sum_I \frac{2r_0\omega^2 |(\mathbf{p}\cdot\boldsymbol{\epsilon}^{(\alpha)})_{IA}|^2}{m\hbar\omega_{IA}(\omega_{IA}^2 - \omega^2)} \tag{2.193}$$

$\hbar\omega_{IA} = E_I - E_A$ である．虚部を計算するには，狭いエネルギー幅の近似を採用する．すなわち $\hbar\omega \approx E_I - E_A$ における鋭いピークをデルタ関数に置き換える．

$$\mathrm{Im}[f(\omega)] = \frac{r_0}{m}\sum_I \frac{|(\mathbf{p}\cdot\boldsymbol{\epsilon}^{(\alpha)})_{IA}|^2 (\Gamma_I/2)}{(E_I - E_A - \hbar\omega)^2 + \Gamma_I^2/4}$$

---

[20] Merzbacher (1961), pp.491-493 参照．

$$= \sum_I \frac{\pi r_0}{m\hbar} |(\mathbf{p}\cdot\boldsymbol{\epsilon}^{(\alpha)})_{IA}|^2 \delta(\omega_{IA} - \omega) \tag{2.194}$$

ここでは次式を用いた.

$$\lim_{\epsilon \to 0} \frac{\epsilon}{x^2 + \epsilon^2} = \pi\delta(x) \tag{2.195}$$

$f(\omega)$ が虚部を持つのは, 始状態 $\gamma + A$ が"エネルギー保存を破らずに"遷移できる中間状態が存在する場合に限られる.

式(2.193)と式(2.194)から, $f(\omega)$ の実部と虚部は次の関係を満たす.

$$\text{Re}[f(\omega)] = \frac{2\omega^2}{\pi}\int_0^\infty \frac{\text{Im}[f(\omega')]d\omega'}{\omega'(\omega'^2 - \omega^2)} \tag{2.196}$$

この関係は"光散乱の分散関係" (dispersion relation for scattering of light) として知られている. この式は H. A. Kramers と R. Kronig が 1926-1927 年に導いた複素屈折率に関する式 (後から論じる) と等価なので"Kramers-Kronig の関係"と呼ばれることもある[21]. 式(2.196) の関係は一般的な原理からの直接的な帰結である. その原理はいささか安直に"因果律" (causality principle) と呼ばれるが, これについて論じてみよう. 因果律の正当性は, 我々が採用してきた様々な近似に従属するものではない. 状態 I に関する狭いエネルギー幅の近似や, 放射・吸収行列要素の双極近似, 摂動論的な展開の技法などとは無関係に, 一般的に成立する原理である.

因果性と解析性 因果律とは何か? 古典的な波動論では, それは単に「信号が光速を超える速さで伝わることはない」ことを意味する. これを散乱問題に適用すると, 入射波が散乱体に衝突するまでは, 外向きの擾乱は始まらないということになる. 場の量子論では"因果性" (causality) は, 空間的 (spacelike) な不変距離‡を隔てた 2 つの時空点で定義された 2 つの場の演算子の交換子がゼロであること (式(2.85)参照) と同義と見なされることが多い. 2.3 節で述べたように, この要請 (技法的に局所可換性 local commutativity として言及される) は, 空間的に隔たった 2 つの測定が互いに影響することはないという概念と直接に関係している. 歴史的に, 古典的な因果律と Kramers-Kronig の関係との内面的な関連性は R. Kronig, N. G. van Kampen,

---

[21] Kramers-Kronig の関係は, 歴史的には 1871 年の Sellmeier の論文にまで遡ることを M. L. Goldberger が示した.

‡ (訳註) 時空点 x と x' の "不変距離の自乗" は $s^2 = (x-x')\cdot(x-x') = (\mathbf{x}-\mathbf{x}')^2 - c^2(t-t')^2$ と定義され, これが正である場合に"空間的 (スペースライク)"と称する. 一方の時空点を基点として光速以下の影響の授受が及ぶ時空範囲を表した"光円錐"の外部にもう一方の時空点が位置するという関係であり, 互いに因果関係を持ち得ない. これに対して $s^2 < 0$ の場合には"時間的 (タイムライク)"と称する. (s^2 の定義は文献によって符号が異なるが, $(\mathbf{x}-\mathbf{x}')^2 - c^2(t-t')^2$ の正/負と"空間的/時間的"の対応関係は変わらない.)

2.7. 分散関係と因果律

J. S. Toll によって論じられた．1953年に M. Gell-Mann, M. L. Goldberger, and W. Thirring は，場の量子論の枠内で光の散乱における分散関係の式を証明した．

場の量子論における局所可換性の要請から Kramers-Kronig の分散関係を導出する問題は，本書が扱うことのできる範囲外の事項である．その代わりに，古典的な波動論における因果律から，如何にしてこの分散関係が得られるかを示すことにする．

光の可干渉的(コヒーレント)な前方散乱振幅の性質を調べる上で，光子のスピンは本質とは無関係な煩雑さをもたらす．そこで，ここでは質量ゼロのスカラー場 ϕ に関する古典的な場の理論の枠内で散乱問題を考察する．単色化された入射波の伝播ベクトル $\mathbf{k}$ が z 方向をむいている．r が大きい遠方領域における波の漸近形は，次のように与えられる．

$$\phi \sim e^{i\mathbf{k}\cdot\mathbf{x}-i\omega t} + f(\omega;\theta)\frac{e^{i|\mathbf{k}|r-i\omega t}}{r} = e^{i\omega[(z/c)-t]} + f(\omega;\theta)\frac{e^{i\omega[(r/c)-t]}}{r} \quad (2.197)$$

$f(\omega;\theta)$ は散乱振幅である．$f(\omega)$ は式(2.191)のように，前方散乱振幅を表す．

$$f(\omega) = f(\omega;\theta)\big|_{\theta=0} \quad (2.198)$$

入射波と散乱波の因果的な関係を調べる際に，入射波として平面波を想定するのは具合が悪い．平面波は空間的にも時間的にも無限に拡がっているからである．時間の前後を考えるためには"急峻な先頭"を持つ入射波を想定するのが好都合であり，ここでは z 方向に移動するデルタ関数のパルスを考える．つまり入射波による擾乱は $z = ct$ の位置以外ではゼロである．よく知られたデルタ関数の性質，

$$\delta\left(\frac{z}{c}-t\right) = \frac{1}{2\pi}\int_{-\infty}^{\infty} e^{i\omega[(z/c)-t]}d\omega \quad (2.199)$$

により，入射パルスは正と負の振動数成分を含んでいることが分かる．負の ω に関する散乱振幅を得るために，波動方程式の実数性を利用する．すなわち ϕ が散乱問題の解であるならば，ϕ^* も同じ散乱問題の解となる．式(2.197) は，

$$f(-\omega;\theta) = f^*(\omega;\theta) \quad (2.200)$$

と置くことで，明らかにこの条件に整合する．

重ね合わせの原理を用いると，入射波が平面波ではなくデルタ関数のパルスの場合の散乱問題に対する漸近解の形を与えることができる．すなわち式(2.197) を ω に関して積分すればよい．位置 $\mathbf{x}$ (r,θ,ϕ によって指定される) における散乱波を $F(\mathbf{x},t)$ と書くことにすると，漸近形は次のようになる．

$$\delta\left(\frac{z}{c}-t\right) + F(\mathbf{x},t) \sim \frac{1}{2\pi}\int_{-\infty}^{\infty} e^{i\omega[(z/c)-t]}d\omega + \frac{1}{r}\int_{-\infty}^{\infty} f(\omega;\theta)e^{i\omega[(r/c)-t]}d\omega \quad (2.201)$$

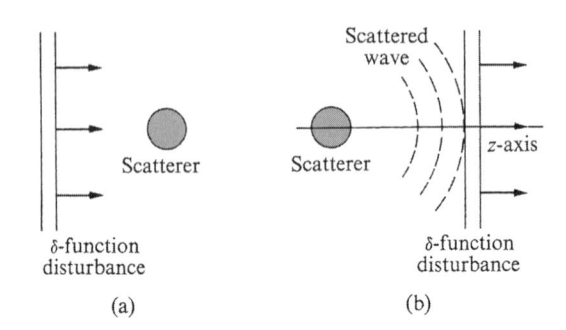

図2.5 入射パルスと散乱波の因果関係. (a) 散乱が起こる前の状況. (b) 散乱が起こった後.

初期状態としては，第1項の入射パルスだけが存在し，その"径路"は $z = ct$ である．散乱波すなわち外向きの波は，入射パルスが散乱体に衝突する前に発生してはならない．さもなくば，そこで因果律は破綻することになる (図2.5)．この要請は，ちょうど前方 $r = z$, $\cos\theta = 1$ に関しては特に簡単な形で表される．

$$F(\mathbf{x}, t)\big|_{\mathbf{x} \text{ on the z-axis}} = 0 \quad \text{for} \quad z > ct \tag{2.202}$$

これは式(2.201)によれば，前方散乱振幅の Fourier 変換に対して非常に厳しい制約を与える．

$$\tilde{f}(\tau) = \frac{1}{(2\pi)^{1/2}} \int_{-\infty}^{\infty} f(\omega) e^{-i\omega\tau} d\omega = 0 \quad \text{for} \quad \tau < 0 \tag{2.203}$$

ここで $\tilde{f}(\tau)$ が平方可積分と仮定すると，逆 Fourier 変換が得られる．

$$f(\omega) = \frac{1}{(2\pi)^{1/2}} \int_{-\infty}^{\infty} \tilde{f}(\tau) e^{i\omega\tau} d\tau = \frac{1}{(2\pi)^{1/2}} \int_{0}^{\infty} \tilde{f}(\tau) e^{i\omega\tau} d\tau \tag{2.204}$$

言い換えると $f(\omega)$ は，その Fourier 変換が $\tau < 0$ においてゼロになるような関数である．

ここまで ω を実数として扱ってきたが，この関数の解析的な性質を調べるために，$f(\omega)$ を複素 ω 平面上の関数と見立てて，式(2.204)のように"定義する"．

$$f(\omega_r + i\omega_i) = \frac{1}{(2\pi)^{1/2}} \int_{0}^{\infty} \tilde{f}(\tau) e^{i(\omega_r + i\omega_i)\tau} d\tau \quad \text{for} \quad \begin{cases} -\infty < \omega_r < +\infty \\ 0 \leq \omega_i < +\infty \end{cases} \tag{2.205}$$

2.7. 分散関係と因果律

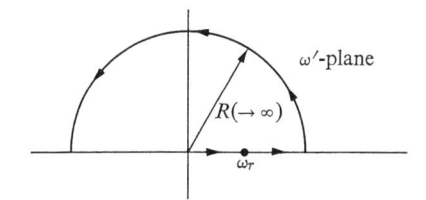

図2.6 式(2.206) の積分路.

ω_r および ω_i は，それぞれ複素角振動数 ω の実部と虚部を表す．$f(\omega)$ が，ω の実軸の直上よりも $\omega_i > 0$ の領域において，指数関数減衰因子 $e^{-\omega_i \tau}$ ($\tau > 0$) のおかげで扱いやすくなることは明らかである．$f(\omega)$ は複素 ω 平面の上半面全域において解析的な関数である．

図2.6に示すような積分路に沿った周回積分，

$$\oint \frac{f(\omega') d\omega'}{\omega' - \omega_r} \tag{2.206}$$

を考える．ω_r は実軸上の任意の点である．実軸に沿った部分の積分は，主値積分と見なす．

$$\int_{-\infty}^{\infty} = \lim_{\epsilon \to 0} \left[\int_{-\infty}^{\omega_r - \epsilon} + \int_{\omega_r + \epsilon}^{\infty} \right] \tag{2.207}$$

積分路の半径を拡げて $|\omega| \to \infty$ としたときに $|f(\omega)|$ が $1/|\omega|$ よりも速くゼロに近づくならば，上部の半円径路からの積分への寄与は消失し，実軸に沿った積分の寄与だけが残る．Cauchyの関係により，次の結果が得られる[22]．

$$f(\omega_r) = \frac{1}{\pi i} \int_{-\infty}^{\infty} \frac{f(\omega'_r) d\omega'_r}{\omega'_r - \omega_r} \tag{2.208}$$

これにより，関数の実部と虚部が満たすべき，ひと組の関係式が得られる．

$$\mathrm{Re}[f(\omega)] = \frac{1}{\pi} \int_{-\infty}^{\infty} \frac{\mathrm{Im}[f(\omega')] d\omega'}{\omega' - \omega}$$

$$\mathrm{Im}[f(\omega)] = -\frac{1}{\pi} \int_{-\infty}^{\infty} \frac{\mathrm{Re}[f(\omega')] d\omega'}{\omega' - \omega} \tag{2.209}$$

---

[22] 点 ω_r がちょうど積分路の上にあるので (閉路の内部ではないので)，係数に $1/2\pi i$ ではなく $1/\pi i$ が現れる．Morse and Feshbach (1953), p.368参照．(以下訳註) 通常の Cauchy の閉路積分公式については p.272脚註を参照されたい．

ここでは添字 r を省略したが，上式では ω も ω' も実数と見なす．関数 $f(\omega)$ が式 (2.209) を満たす場合，$f(\omega)$ の実部と虚部は互いに"Hilbert変換(ヒルベルト)"の関係にあると言う[23]．

原子による現実的な光の散乱を考えると，可干渉的(コヒーレント)な前方散乱振幅 $f(\omega)$ は無限遠においてもゼロにはならない．しかし先ほどの解析性の議論を $f(\omega)/\omega$ に関して繰り返すことができる．$f(0) = 0$ を仮定すると (これは"束縛された"電子による光の散乱にあてはまる．Rayleigh則 (2.167) を参照)，次の関係が得られる．

$$\mathrm{Re}[f(\omega)] = \frac{\omega}{\pi} \int_{-\infty}^{\infty} \frac{\mathrm{Im}[f(\omega')]d\omega'}{\omega'(\omega' - \omega)} \tag{2.210}$$

実数性の条件 (2.200) により，関係式を書き直すことができる．

$$\begin{aligned}\mathrm{Re}[f(\omega)] &= \frac{\omega}{\pi} \int_{0}^{\infty} \frac{\mathrm{Im}[f(\omega')]}{\omega'} \left[\frac{1}{\omega' - \omega} - \frac{1}{\omega' + \omega}\right] d\omega' \\ &= \frac{2\omega^2}{\pi} \int_{0}^{\infty} \frac{\mathrm{Im} f(\omega')d\omega'}{\omega'(\omega'^2 - \omega^2)}\end{aligned} \tag{2.211}$$

これは，式(2.196) と全く同じ式である[24]．

屈折率と光学定理 散乱振幅に関する上記の関係を，"複素屈折率"に関する等価な関係へ変換することができる．これを行うために，まず前方散乱振幅と屈折率の関係を導出する．平面波 $e^{i\omega z/c}$ が極めて薄い板に垂直に入射すると考える (ここでは時間依存因子 $e^{-i\omega t}$ を省略する)．板の厚さを δ ($\to 0$) とする．板は xy 面に設置してあり，単位体積あたり N 個の散乱体を含むものとする．透過した波が $z = l$ ($l \gg c/\omega$) において，

$$e^{i\omega l/c}\left[1 + \frac{2\pi i c}{\omega} N\delta f(\omega)\right] \tag{2.212}$$

と与えられることを示すのは難しくない．第1項はもちろん元々の入射波による項である．板の各部によって散乱された波を合成すると第2項になることを証明するために，次の式を考える．

$$N\delta \int_{0}^{\infty} \frac{e^{i(\omega/c)\sqrt{\rho^2 + l^2}}}{\sqrt{\rho^2 + l^2}} f(\omega, \theta) 2\pi\rho d\rho \tag{2.213}$$

---

[23] Titchmarsh (1937), pp.119-128 に (a) Fourier変換が $\tau < 0$ でゼロになること，(b) 実関数の複素平面の全上半面への解析的な拡張，(c) Hilbert変換の関係，の関連性について数学的に厳密な議論が与えられている．

[24] $f(\omega)$ が $\omega = 0$ においてゼロにならなければ，単に $\mathrm{Re}[f(\omega)]$ を $\mathrm{Re}[f(\omega) - f(0)]$ に置き換えればよい．このこととの関連で，質量 M，電荷 q を持つ任意の"自由粒子"による光散乱における $f(0)$ は，厳密に Thomson振幅 $-(q^2/4\pi Mc^2)$ になることを述べておく．

($\rho^2 = x^2 + y^2$, $\theta = \tan^{-1}(\rho/l)$ とする.) 上式を部分積分によって計算すると, 式 (2.212) の第2項と $(c/\omega l)$ に依存する項の和が得られるが, 後者は l が大きければ省くことができる[25]. 次に, 板が有限の厚さ D を持つものとしよう. 透過波の位相の変化は, 式(2.212) によって与えられる無限小の位相変更を合成する計算から与えられる.

$$\lim_{n\to\infty}\left[1 + \frac{2\pi i c N D f(\omega)}{\omega n}\right]^n = e^{(2\pi i c N/\omega)f(\omega)D} \tag{2.214}$$

上式は板の中で定義される複素屈折率 $n(\omega)$ ($\neq 1$) に起因する位相の変化分にあたる量であって, $e^{i\omega n(\omega)D/c}/e^{i\omega D/c}$ に対応する. この方法により, 微視的な量である前方散乱振幅と, 巨視的に測定可能な複素屈折率の関係が得られる.

$$n(\omega) = 1 + 2\pi\left(\frac{c}{\omega}\right)^2 N f(\omega) \tag{2.215}$$

(この関係は H. A. Lorentz によって最初に見出された.)

これで $n(\omega)$ が, 式(2.211) と類似の積分によって表されることは明らかである.

$$\text{Re}[n(\omega)] = 1 + \frac{2}{\pi}\int_0^\infty \frac{\omega'\text{Im}[n(\omega')]d\omega'}{\omega'^2 - \omega^2} = 1 + \frac{c}{\pi}\int_0^\infty \frac{\alpha(\omega')d\omega'}{\omega'^2 - \omega^2} \tag{2.216}$$

吸収係数 $\alpha(\omega)$ は, 次のように定義されている.

$$\alpha(\omega) = \frac{2\omega}{c}\text{Im}[n(\omega)] \tag{2.217}$$

式(2.216) が, Kramers と Kronig が最初に導出した分散関係の式である.

式(2.215) のもうひとつの有用な応用として, $f(\omega)$ の虚部が全断面積 σ_{tot} に関係づけられることを示す. まず単位体積あたりに N 個の散乱体を含む媒質を透過する光が, 次のように減衰することに注意しよう.

$$e^{-\sigma_{\text{tot}}Nz} = \left|e^{i(\omega n z/c)}\right|^2 = e^{-(2\omega/c)z\text{Im}(n)} \tag{2.218}$$

ここから, 式(2.215) を通じて σ_{tot} と $f(\omega)$ の関係が,

$$\text{Im}[f(\omega)] = \frac{1}{4\pi}\frac{\omega}{c}\sigma_{\text{tot}}(\omega) \tag{2.219}$$

と与えられる. この関係を,

$$\sigma_{\text{tot}}(\omega) = \frac{4\pi\text{Im}[f(\omega)]}{|\mathbf{k}|} \tag{2.220}$$

---

[25] 厳密に言えば, 積分 (2.213) はよく定義されたものではない. 被積分関数は ρ が大きいところでも有限の振幅で振動する. このような積分は $\omega \to \omega + i\epsilon$ と置くことで収束させればよい. ϵ は無限小の正数である.

と書き直すと，波動力学における"光学定理"(Bohr-Peierls-Placzekの関係)と全く同じ形になる．後者は確率保存の要請から導かれる[26]．この定理に基づき，分散関係を次のように書き直すことができる．

$$\mathrm{Re}[f(\omega)] = \frac{\omega^2}{2\pi^2 c}\int_0^\infty \frac{\sigma_{\mathrm{tot}}(\omega')\,d\omega'}{\omega'^2-\omega^2} \tag{2.221}$$

誤解を避けるために，次のことを強調しておく．光学定理 (2.219) は完全に正確なものであるが，摂動論に基づいて導いた前方散乱振幅の虚部 (2.194) は近似式である．式 (2.194) によれば，$\omega \neq \omega_{IA}$ において $f(\omega)$ の虚部はゼロになる．しかし式 (2.188) によれば，$\omega \neq \omega_{IA}$ においても散乱への有限の寄与があるはずである．総体的に考えれば，ここに矛盾はない．摂動振幅の自乗によって得た非共鳴断面積は，次数が e^4 までの近似にあたる．e^2 の次数までしか残さない近似の枠内では，σ_{tot} もしくはこれと等価的に $\mathrm{Im}[f(\omega)]$ は $\omega \approx \omega_{IA}$ 以外においてゼロになる．このことに関して考え直してみると，我々が最初に式 (2.193) と式 (2.194) から分散関係に到達した際には，単に e^2 までの項同士を合わせて，e^4 からの寄与を無視していたのである．しかし共鳴による断面積は非共鳴の断面積よりも桁違いに大きいので，実際上，式 (2.194) は大変よい近似となっている．

式 (2.209) や式 (2.211) のような関係性は，光の散乱現象だけに限られるものではない．物理学の広範な分野において，入力と出力の間に因果関係があれば同様の議論が成り立つ．より正確に言うと (a) 系への擾乱 (入力) に対して系から応答 (出力) があり，(b) 出力が入力に対して線形汎関数となっているならば，必ず同様の関係式が導かれる．たとえば交流回路理論において，電流信号を入力し，出力として電圧を読み取る場合，複素インピーダンスの実部と虚部は互いに Hilbert 変換の関係にある．強磁性体において，磁化率 (印加した磁場と，その応答として生じる磁化を関係づける) の実部と虚部は Kramers-Kronig の関係を満たす．誘電率にも導電率にも，それぞれその実部と虚部の間に同様の関係があてはまる．

M. L. Goldberger たちは，場の量子論の一般的な原理に基づいて，$\pi^\pm$ 中間子が陽子に散乱される前方散乱振幅の実部と虚部が式 (2.21) と類似の関係を満たすことを証明した[27]．これらの関係式は，前方散乱振幅の実部と全断面積のような別々に観測される物理量の間に，自明ではない一般的な関係性を与えてくれるので，力学的な性質の詳細が未知の対象を扱う際に特に有用である．

---

[26] Merzbacher (1961), p.499.
[27] π 中間子-核子散乱の分散関係の証明については，たとえば Källén (1964), 第5章を参照．

2.8 束縛された電子の自己エネルギー：Lambシフト

自己エネルギーの問題　電子のエネルギーについて考えてみよう (束縛された電子でも自由電子でもよい). 電子が存在するということは，それに伴って同時に電磁場も存在することを意味する．電子の存在によって生じる電磁場は，その電子自身と相互作用をすることが可能である．古典的には，この問題は H. Poincaré（ポアンカレ），M. Abraham，H. A. Lorentz によって入念に論じられた[28]．輻射の量子論においても類似の効果が存在し得るが，これを 2 段階の過程に分けて捉えることができる．

a) 電子が (仮想的[virtual]な) 光子を放射し，

b) その光子が同じ電子に再吸収される．

電子自体の存在によって生じる電磁場 (古典場もしくは量子場) と，その電子自体との間の相互作用エネルギーは，電子の "自己エネルギー" (self-energy) と呼ばれる．この電磁的な相互作用をなくすことは不可能なので，あらゆる実際的な目的において，電子の自己エネルギーは，電子の固有質量を構成する一部として，電子自体と不可分のもののように扱われる．本節では，この (普通は観測不可能な) 自己エネルギーを生じている力学的な機構が，原子のエネルギー準位に対して (観測可能な) 深遠な影響を与え得ることを示してみる．

自己エネルギーの問題は，いろいろな水準から論じることが可能である．最初に，この問題が古典的な静電気学に現れることから見てみよう．まずは一般的に，有限の領域に拡がりを持った荷電粒子の模型を考え，内部の電荷密度分布を ρ とする．その粒子が存在することによって生じている静電ポテンシャルを ϕ と書くと，相互作用エネルギーは次のように表される．

$$E_{\text{int}} = \frac{1}{2}\int \rho\phi d^3x \tag{2.222}$$

電子の模型を，体積を持たない点粒子としてみよう．その電荷を $e = -|e|$ とする．原点にそのような電子がひとつあるときには $\rho = e\delta^{(3)}(\mathbf{x})$, $\phi = e/4\pi r$ である．したがって E_{int} は発散する．そこで点粒子模型の代わりに球体内部に一様な電荷分布を持つ粒子の模型を考える．このような模型において，電子の固有質量の大部分が自己エネルギーに帰せられるものと仮定すると，電子の "半径" は古典電子半径 $r_0 = (e^2/4\pi mc^2)$ のオーダーと推定される．Dirac の相対論的電子論に基づいて量子力学的に電子の自己エネルギーを計算すると (電子は点粒子と見なされるので) やはり無限大になるが，その発散は古典的な点粒子模型の場合に比べて極めて弱くなる．4.7節において再びこの問題を見る予定である．

---

[28] Jackson (1962), pp.578-597.

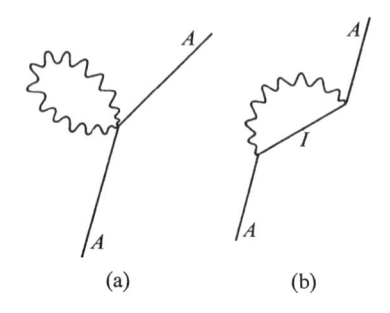

図2.7 束縛された電子の自己エネルギー

原子準位のずれ　輻射場を横波の量子場，電子を非相対論的な粒子と見なして，原子内の束縛された電子の自己エネルギーを論じてみる．状態 A の原子 (安定な基底状態でなくともよい) を考える．束縛された電子と，量子化された輻射場との相互作用によって生じる電子の自己エネルギーは，状態 A のエネルギー準位にずれを生じさせるはずである．前に強調したように，輻射の量子論によれば，状態 A の原子は，そこに入射する輻射場がなくても光子を放射できる．その直後に電子は自身が放射した光子を再び吸収して，状態 A に戻るものと仮定しよう．e^2 の次数までで図2.7に示すような2種類の過程があり得る．図2.7(a) のダイヤグラムは，相互作用ハミルトニアンの中の $\mathbf{A}\cdot\mathbf{A}$ の項に起因するが，これは準位ずれの観点から見て関心の対象とはならないことが示される (p.91, 問題2-11)．図2.7(b) のダイヤグラムに関わる相互作用の行列要素は，まず $A \to I + \gamma$ における"放射"行列要素，

$$H_{IA}^{(\text{emis})} = H'_{IA}e^{i\omega t} \tag{2.223}$$

と，それに続く $I + \gamma \to A$ における"吸収"行列要素，

$$H_{AI}^{(\text{abs})} = H'_{AI}e^{-i\omega t} \tag{2.224}$$

である．時間に依存しない行列要素 H'_{IA} と H'_{AI} は，前と同様の双極近似を仮定すると，次のように与えられる．

$$H'_{IA} = (H'_{AI})^* = -c\sqrt{\frac{\hbar}{2\omega V}}\frac{e}{mc}\langle I|\mathbf{p}\cdot\boldsymbol{\epsilon}^{(\alpha)}|A\rangle \tag{2.225}$$

2.8. 束縛された電子の自己エネルギー：Lambシフト

時間に依存する振幅 c_I と c_A を得るために，次の連立微分方程式を解かねばならない．

$$i\hbar \dot{c}_I = \sum_{\text{photon}} H_{IA}^{(\text{emis})} c_A e^{i(E_I - E_A)t/\hbar} \tag{2.226}$$

$$i\hbar \dot{c}_A = \sum_{\text{photon}} \sum_I H_{AI}^{(\text{abs})} c_I e^{i(E_A - E_I)t/\hbar} \tag{2.227}$$

量子化された場の演算子 **A** は，真空状態と"任意の"運動量や偏極のモードを持つ1光子状態との間にゼロでない行列要素を持つので，Σ_{photon} は1光子に可能なすべての運動量および偏極に関する和であり，その光子エネルギーは $E_I - E_A$ に等しいものだけには"制約されない"．

我々は状態 A の準位ずれの式を得ることに関心があるので，式(2.226) と式(2.227) を解くにあたり，次のように設定してみる．

$$c_A = \exp\left[-\frac{i\Delta E_A t}{\hbar}\right] \tag{2.228}$$

この設定の下で，完全な波動関数の時間依存性は，

$$\psi \sim u_A(\mathbf{x}) \exp\left[-\frac{i(E_A + \Delta E_A)t}{\hbar}\right] \tag{2.229}$$

と表される．つまり波動関数は，エネルギーが $E_A + \Delta E_A$ の量子力学的状態を表す波動関数の時間依存性を持たねばならない．式(2.228) を式(2.226) に代入して積分を行うと，次式を得る．

$$\begin{aligned}
c_I &= \sum_{\text{photon}} \frac{H'_{IA}}{i\hbar} \int_0^t \exp[i\omega t'] \exp\left[-\frac{i\Delta E_A t'}{\hbar}\right] \exp\left[\frac{i(E_I - E_A)t'}{\hbar}\right] dt' \\
&= \sum_{\text{photon}} \frac{H'_{IA} \left(\exp[i(E_I - E_A - \Delta E_A + \hbar\omega)t/\hbar] - 1\right)}{E_A + \Delta E_A - E_I - \hbar\omega}
\end{aligned} \tag{2.230}$$

状態 A のエネルギーずれ量を得るために，式(2.228) と式(2.230) を式(2.227) に代入し，$\exp[-i\Delta E_A t/\hbar]$ で割る．

$$\Delta E_A = \sum_{\text{photon}} \sum_I \frac{|H'_{IA}|^2 \left(1 - \exp[i(E_A + \Delta E_A - E_I - \hbar\omega)t/\hbar]\right)}{E_A + \Delta E_A - E_I - \hbar\omega} \tag{2.231}$$

ここでは ΔE_A を e の2次まで計算したいので，式(2.231) の右辺における ΔE_A を省いてよい．したがって次式が得られる．

$$\Delta E_A = \sum_{\text{photon}} \sum_I \frac{|H'_{IA}|^2 \left(1 - \exp[i(E_A - E_I - \hbar\omega)t/\hbar]\right)}{E_A - E_I - \hbar\omega} \tag{2.232}$$

摂動が作用する時間は，ここでは無限に持続すると考えねばならない．しかし上式は $t \to \infty$ において振動してしまう．これは不思議ではない．何故なら式(2.232) は，

$$\int_0^t e^{ixt'} dt' \tag{2.233}$$

のような時間積分 (式(2.230)参照) から得られているが，この積分は明らかに $t \to \infty$ において適切に定義されていないからである．しかし x に小さな正の虚数を加えれば，このような積分を収束させることができる．この方法で，非常に有用な一連の関係式が得られる．

$$\begin{aligned}
\lim_{t \to \infty} \frac{1 - e^{ixt}}{x} &= -\lim_{\epsilon \to 0+} i \int_0^\infty e^{i(x+i\epsilon)t'} dt' \\
&= \lim_{\epsilon \to 0+} \frac{1}{x + i\epsilon} \\
&= \lim_{\epsilon \to 0+} \left[\frac{x}{x^2 + \epsilon^2} - \frac{i\epsilon}{x^2 + \epsilon^2} \right] \\
&= \frac{1}{x} - i\pi\delta(x)
\end{aligned} \tag{2.234}$$

式(2.232) において $t \to \infty$ とするには，上の関係をそのまま適用すればよい．

これでエネルギーのずれ ΔE_A として，実部と虚部が得られた．

$$\text{Re}(\Delta E_A) = \sum_{\text{photon}} \sum_I \frac{|H'_{IA}|^2}{E_A - E_I - \hbar\omega} \tag{2.235}$$

$$\text{Im}(\Delta E_A) = -\pi \sum_{\text{photon}} \sum_I |H'_{IA}|^2 \delta(E_A - E_I - \hbar\omega) \tag{2.236}$$

式(2.235) において，光子モードに関する和がすべての可能な運動量と偏極に関する和であるのと同様に，原子準位に関する和 Σ_I も $E_I < E_A$ を満たすものに制限する必要はなく，すべての可能な準位に関して行わなければならない．式(2.235) における光子の放射と吸収の過程は，"実光子" (actual photon) の放射や吸収 (2.4節) とは違っており，一般にエネルギー保存を満たさない．そのような光子を "仮想光子" (virtual photon) と称する．我々は物理的な原子が，ある時間の割合で "[原子] + [仮想光子]" に分離した状態をとっているという描像を持つことができる．エネルギー保存の制約から離れて，あらゆる可能な運動量と偏極を持つ仮想光子を放射したり吸収したりすることに付随する相互作用エネルギーが，エネルギーずれの実部を生じるのである．

式(2.235) における光子モードの和とは異なり，式(2.236) の光子モードの和は，デルタ関数により，エネルギー保存 $E_A = E_I + \hbar\omega$ を満たすものに限定される．言い

2.8. 束縛された電子の自己エネルギー：Lambシフト

換えると，式(2.236)に現れる光子は"仮想光子"ではなく"実光子"である．エネルギーずれ ΔE_A に虚部を生じるのは，状態 A から状態 I へエネルギー保存を満たして自発放射する過程だけである．エネルギーずれの虚部を，より定量的に見ると，

$$-\frac{2}{\hbar}\text{Im}(\Delta E_A) = \sum_{\text{photon}}\sum_{I}\frac{2\pi}{\hbar}|H'_{IA}|^2 \delta(E_A - E_I - \hbar\omega) \tag{2.237}$$

という関係が成立しており，この式の右辺は，黄金律に従ってエネルギー的に許容される終状態すべてに関して和をとった自発放射の遷移確率の式そのものである(式(2.114)から式(2.117)を参照)．これは状態 A の平均寿命の逆数にあたる．したがって，エネルギーずれの虚部に関して重要な結果が得られた．

$$-\frac{2}{\hbar}\text{Im}[\Delta E_A] = \frac{1}{\tau_A} = \frac{\Gamma_A}{\hbar} \tag{2.238}$$

これで $\text{Im}[\Delta E_A]$ の物理的な重要性は明らかである．式(2.229)に戻ると，完全な波動関数は次のように与えられる．

$$\psi \sim u_A(\mathbf{x})\exp\left[-\frac{i(E_A + \text{Re}[\Delta E_A])t}{\hbar} - \frac{\Gamma_A t}{2\hbar}\right] \tag{2.239}$$

ここから見慣れた結論が導かれる．不安定な状態 A を見出す確率は，時間の経過とともに次のように減衰する．

$$|\psi|^2 \sim e^{-\Gamma_A t/\hbar} \tag{2.240}$$

以上をまとめると，エネルギーずれ ΔE_A の実部(仮想光子の放射と吸収から生じる)は，通常我々がエネルギーずれと呼んでいる量であるが，ΔE_A の虚部(実光子の放射と吸収から生じる)は，対象とする不安定な状態の崩壊幅，すなわち寿命の逆数に対応する．またここで，2.6節で与えた輻射減衰の現象論的な扱い方の根拠が得られたことにも注意を促しておく．式(2.181)の第2項は，ΔE_A の虚部として生じたものと解釈される．

ここからは ΔE_A の実部だけに関心を集中することにしよう(これ以降 ΔE_A はエネルギーずれの実部を表すものとする)．具体的な相互作用の行列要素(2.225)を式(2.235)に代入すると，

$$\Delta E_A = \frac{c^2\hbar}{V}\left(\frac{e}{mc}\right)^2 \sum_I \int \frac{d^3k}{(2\pi)^3}\frac{1}{2\omega}\sum_\alpha \frac{|(\mathbf{p}\cdot\boldsymbol{\epsilon}^{(\alpha)})_{IA}|^2}{E_A - E_I - \hbar\omega} \tag{2.241}$$

となる．偏極の和と角度の積分は，前に自発放射を論じたときと同様である(式(2.130)から式(2.132)まで)．

$$\int d\Omega \sum_\alpha |(\mathbf{p}\cdot\boldsymbol{\epsilon}^{(\alpha)})_{IA}|^2 = \frac{8\pi}{3}|(\mathbf{p})_{IA}|^2 \tag{2.242}$$

したがって，エネルギー積分だけが残る．

$$\Delta E_A = \frac{2}{3\pi}\left(\frac{e^2}{4\pi\hbar c}\right)\frac{1}{(mc)^2}\sum_I \int \frac{E_\gamma |(\mathbf{p})_{IA}|^2 \, dE_\gamma}{E_A - E_I - E_\gamma} \tag{2.243}$$

ただし $E_\gamma = \hbar\omega = \hbar c|\mathbf{k}|$ である．このエネルギー積分はゼロから無限大まで，すべての可能な値にわたって行わなければならないが，明らかに1次の発散をする．しかしここでは電子の非相対論近似を採用しているため $E_\gamma \gtrsim mc^2$ の光子放射において近似が破綻しており，高エネルギーの仮想光子からの寄与は信用できない．そこで，

$$\int_0^\infty dE_\gamma \;\rightarrow\; \int_0^{E_\gamma^{(\max)}} dE_\gamma \tag{2.244}$$

のように積分の上限を導入する．$E_\gamma^{(\max)}$ は"切断エネルギー"(cut-off energy) と呼ばれる．残念ながら，このようにして計算したエネルギーずれは，人為的に導入した $E_\gamma^{(\max)}$ の値に非常に敏感に依存してしまう．

質量の繰り込み　この段階において，決まった運動量 $\mathbf{p}$ を持つ自由電子が，図2.7(b) (p.80) の過程によって獲得する自己エネルギーを論じることが有意義であろう．ここでは状態 A と状態 I の波動関数がそれぞれ $e^{i\mathbf{p}\cdot\mathbf{x}/\hbar}/\sqrt{V}$, $e^{i\mathbf{p}'\cdot\mathbf{x}/\hbar}/\sqrt{V}$ と表される．式(2.235) に適用すべき，時間に依存しない摂動の行列要素 H'_{IA} は，次のように与えられる．

$$\begin{aligned}H'_{IA} &= -c\sqrt{\frac{\hbar}{2\omega}}\frac{e}{mc}\frac{1}{V^{3/2}}\int e^{-i\mathbf{p}'\cdot\mathbf{x}/\hbar}e^{-i\mathbf{k}\cdot\mathbf{x}}(\mathbf{p}\cdot\boldsymbol{\epsilon}^{(\alpha)})e^{i\mathbf{p}\cdot\mathbf{x}/\hbar}d^3x \\ &= -\sqrt{\frac{\hbar}{2\omega}}\frac{e}{m}\frac{1}{V^{1/2}}\mathbf{p}\cdot\boldsymbol{\epsilon}^{(\alpha)}\delta_{\mathbf{p}',\mathbf{p}-\hbar\mathbf{k}}\end{aligned} \tag{2.245}$$

エネルギー分母は，電子を非相対論的に扱えるエネルギー範囲において，

$$E_A - E_I - \hbar\omega = \frac{\mathbf{p}^2}{2m} - \frac{(\mathbf{p}-\hbar\mathbf{k})^2}{2m} - \hbar\omega \approx -\hbar\omega \tag{2.246}$$

となる．続く手続きは前と同様であり，自由電子の自己エネルギーとして，次式が得られる．

$$\Delta E_{\text{free}} = -\left(\frac{e^2}{4\pi\hbar c}\right)\frac{2\mathbf{p}^2}{3\pi(mc)^2}\int_0^{E_\gamma^{(\max)}} dE_\gamma = C\mathbf{p}^2 \tag{2.247}$$

$$C = -\left(\frac{e^2}{4\pi\hbar c}\right)\frac{2}{3\pi}\frac{E_\gamma^{(\max)}}{(mc)^2} \tag{2.248}$$

式(2.247) も，$E_\gamma^{(\max)} \to \infty$ とすると1次で発散してしまう．

2.8. 束縛された電子の自己エネルギー：Lambシフト

自由電子における図2.7(b)のような過程は，単に$\mathbf{p}^2$に比例するエネルギーを電子に付け加える．電磁相互作用を消すことは決してできないので，この付加的なエネルギーを運動エネルギー$\mathbf{p}^2/2m$と分離することはできない．逆に考えると，実際に観測される運動エネルギーは，図2.7(b)のような過程の影響を除いた純粋な運動エネルギーと，上で計算した$C\mathbf{p}^2$の和なのである．一方，電子を非相対論的な粒子として扱うならば，電子の質量はエネルギーと運動量の関係から定義される．

$$\frac{\partial E}{\partial \mathbf{p}^2} = \frac{1}{2m} \tag{2.249}$$

Eは自由粒子のエネルギーである．観測される電子の質量m_{obs}はCと次のように関係する．

$$\frac{\mathbf{p}^2}{2m_{\mathrm{obs}}} = \frac{\mathbf{p}^2}{2m_{\mathrm{bare}}} + C\mathbf{p}^2 \approx \frac{\mathbf{p}^2}{2m_{\mathrm{bare}}(1 - 2m_{\mathrm{bare}}C)} \tag{2.250}$$

m_{bare}は，仮に図2.7(b)のような過程がない状況を想定した場合の"裸の"電子質量を表す．まとめると，図2.7(b)の正味の効果は，形式的に電子質量の変更だけに帰着する．

$$m_{\mathrm{bare}} \to m_{\mathrm{obs}} \approx \left[1 + \left(\frac{1}{137}\right)\frac{4}{3\pi}\frac{E_\gamma^{(\mathrm{max})}}{mc^2}\right] m_{\mathrm{bare}} \tag{2.251}$$

我々が実験室において観測する電子の質量は"裸の質量"m_{bare}ではなく，仮想光子の衣をまとった質量m_{obs}である．m_{obs}のことを"繰り込まれた質量"(renormalized mass)と呼ぶ場合もある[29]．式(2.247)の$\Delta E^{(\mathrm{free})}$は負であるのに対し，$\Delta m = m_{\mathrm{obs}} - m_{\mathrm{bare}}$は正であることに注意してもらいたい．式(2.251)によれば，切断エネルギー$E_\gamma^{(\mathrm{max})}$を仮に$mc^2$程度と考えるなら，観測される電子質量の約0.3％は自己エネルギーに起因する部分である．しかしながらこの計算に，過度の信用をおくべきではない．Diracの相対論的電子論に基づいて電子の自己エネルギーを計算しなおすと，全く異なる式が得られることになる．

原子状態の準位ずれの問題に戻ろう．我々がSchrödinger方程式を解いて原子のエネルギー準位を計算するとき，我々が用いる運動エネルギーは$\mathbf{p}^2/2m_{\mathrm{obs}}$であって，すでに$C\mathbf{p}^2$の補正項が含まれている．観測可能なエネルギーずれを推定したい場合には，非摂動の準位を計算する際に$\mathbf{p}^2/2m_{\mathrm{bare}}$ではなく$\mathbf{p}^2/2m_{\mathrm{obs}}$を用いたために既に含まれている補正を差し引いて考える必要がある．このように現実に観測される質量には，裸の質量に対する電磁気的な補正効果も含まれているという考え方が，H.

---

[29] 固体物理に馴染みのある読者であれば，輻射の量子論における繰り込まれた質量の概念は，金属内の電子と結晶格子振動との相互作用の影響下で決まる有効質量と類似のものであることを理解できるであろう．

A. Kramers によって提案された"質量の繰り込み"(mass renormalization) の概念である§. "観測可能な"エネルギーずれ $\Delta E_A^{(\mathrm{obs})}$ は,定量的に次のように与えられる.

$$\begin{aligned}\Delta E_A^{(\mathrm{obs})} &= \Delta E_A - \langle A| \left(\frac{\mathbf{p}^2}{2m_{\mathrm{obs}}} - \frac{\mathbf{p}^2}{2m_{\mathrm{bare}}}\right)|A\rangle \\ &= \Delta E_A - C\langle A|\mathbf{p}^2|A\rangle\end{aligned} \quad (2.252)$$

言い換えると,観測できるのは,束縛された電子の自己エネルギーと,自由電子の自己エネルギーの差である.

BetheによるLambシフトの取扱い　第二次世界大戦中に発展したマイクロ波の技術によって可能となった正確な準位ずれの測定に刺激されて,H. A. Betheは Kramers が提唱した質量の繰り込みの概念を,水素原子における図2.7(b) のようなエネルギー準位ずれの計算に応用した.式(2.243) と式(2.247) から,次式が得られる.

$$\begin{aligned}\Delta E_A^{(\mathrm{obs})} &= \left(\frac{e^2}{4\pi\hbar c}\right)\frac{2}{3\pi(mc)^2}\int_0^{E_\gamma^{(\mathrm{max})}}\left(\sum_I \frac{E_\gamma|(\mathbf{p})_{IA}|^2}{E_A - E_I - E_\gamma} + (\mathbf{p}^2)_{AA}\right)dE_\gamma \\ &= \left(\frac{e^2}{4\pi\hbar c}\right)\frac{2}{3\pi(mc)^2}\int_0^{E_\gamma^{(\mathrm{max})}}\sum_I \frac{|(\mathbf{p})_{IA}|^2(E_A - E_I)}{E_A - E_I - E_\gamma}dE_\gamma \\ &= \left(\frac{e^2}{4\pi\hbar c}\right)\frac{2}{3\pi(mc)^2}\sum_I |(\mathbf{p})_{IA}|^2 (E_I - E_A)\log\left(\frac{E_\gamma^{(\mathrm{max})}}{|E_\gamma - E_A|}\right) \\ &= \left(\frac{e^2}{4\pi\hbar c}\right)\frac{2}{3\pi(mc)^2}\log\left(\frac{E_\gamma^{(\mathrm{max})}}{\langle E_I - E_A\rangle_{\mathrm{average}}}\right)\sum_I |(\mathbf{p})_{IA}|^2(E_\gamma - E_A)\end{aligned}$$
(2.253)

上の計算では,

$$(\mathbf{p}^2)_{AA} = \sum_I |(\mathbf{p})_{IA}|^2 \quad (2.254)$$

という関係を利用し,$E_\gamma^{(\mathrm{max})}$ は $E_I - E_A$ よりはるかに大きいものと仮定した.ここでの $\Delta E_A^{(\mathrm{obs})}$ の $E_\gamma^{(\mathrm{max})}$ への依存性はかなり弱くなっている.$E_\gamma^{(\mathrm{max})} \to \infty$ とすると発散することに変わりはないが,1次の発散ではなく対数発散になっている.

I に関する和は,次の関係に注意することで容易になる.

---

§(訳註)"renormalization"をそのまま訳せば"再規格化"だが,日本では朝永振一郎が自身で定式化した量子電磁力学における自己無撞着な質量・電荷の再規格化の手続きを"繰り込み理論"と称したために,一般に"再規格化"よりも"繰り込み"という術語が好んで使われる.

2.8. 束縛された電子の自己エネルギー：Lambシフト

$$\sum_I |(\mathbf{p})_{IA}|^2 (E_A - E_I) = -\frac{1}{2}\hbar^2 \int |\psi_A|^2 \nabla^2 V \, d^3x \tag{2.255}$$

この関係は，次の3段階の手続きによって証明される．第1に，非摂動ハミルトニアン $H_0 = (\mathbf{p}^2/2m) + V(\mathbf{x})$ に関して，

$$\mathbf{p}H_0 - H_0\mathbf{p} = -i\hbar \nabla V \tag{2.256}$$

が成り立つ．第2に，式(2.256)の I と A の間の行列要素を取ると，

$$\mathbf{p}_{IA} E_A - E_I \mathbf{p}_{IA} = -i\hbar (\nabla V)_{IA} \tag{2.257}$$

となる．第3に，左から $\mathbf{p}_{AI}$ を掛けて，I に関する和をとり，その結果が実数でなければならないことに注意する．

$$\begin{aligned}
\sum_I |(\mathbf{p})_{IA}|^2 (E_A - E_I) &= -\sum_I i\hbar \mathbf{p}_{AI} \cdot (\nabla V)_{IA} = \sum_I i\hbar (\nabla V)_{AI} \cdot \mathbf{p}_{IA} \\
&= -(i\hbar/2)[\mathbf{p}, \nabla V]_{AA} \\
&= -(\hbar^2/2)(\nabla^2 V)_{AA}
\end{aligned} \tag{2.258}$$

これで式(2.255)が得られた．水素原子内のポテンシャルが満たすPoisson方程式(ポワソン)は，

$$\nabla^2 V = e^2 \delta^{(3)}(\mathbf{x}) \tag{2.259}$$

である．原子内電子の波動関数は，s 状態以外は原点においてゼロになることを思い起こそう．式(2.255)の積分は，

$$\int |\psi_A|^2 \nabla^2 V \, d^3x = e^2 |\psi_A(0)|^2 = \begin{cases} \dfrac{e^2}{\pi n^3 a_0^3} & s\text{状態} \\ 0 & \text{その他} \end{cases} \tag{2.260}$$

となる．ここで，

$$a_0 = \frac{(\hbar/mc)}{(e^2/4\pi\hbar c)} \tag{2.261}$$

は，水素原子のBohr半径である．観測される準位ずれは，s 状態に関して，

$$\Delta E_A^{(\text{obs})} = \frac{8}{3\pi} \left(\frac{e^2}{4\pi\hbar c}\right)^3 \left(\frac{e^2}{8\pi a_0}\right) \frac{1}{n^3} \log\left(\frac{E_\gamma^{(\max)}}{\langle E_I - E_A \rangle_{\text{ave}}}\right) \tag{2.262}$$

と表される．$(e^2/8\pi a_0)$ は水素原子のイオン化エネルギーである (Rydbergエネルギー(リュードベリ) Ry と書かれることも多い)．$l \neq 0$ の状態について，観測可能な準位のずれは予想されない．

Schrödinger理論において，水素原子のエネルギー準位が主量子数 n だけに依存して決まることはよく知られている．次の第3章で見るように，相対論的な Dirac 方程式を用いて水素原子の問題を解くと，Schrödinger 解の縮退の一部はスピン-軌道結合によって解けるが，おなじ n と j を持つ状態には縮退が残る．特に $2s_{1/2}$ 状態と $2p_{1/2}$ 状態は，Dirac 理論の下でも完全に縮退している．しかし $2s_{1/2}$ 準位と $2p_{1/2}$ 準位がわずかに分離しているのではないかという推測は，1940年代よりも前から S. Pasternack などによって言われており，第二次大戦中のマイクロ波技術の発展を踏まえて，初めて正確な準位差の測定が可能になった．1947年に W. E. Lamb(ラム) と R. C. Retherford(レザフォード)は，$2s_{1/2}-2p_{1/2}$ 準位差に相当する周波数が 1060 MHz であり，$2s_{1/2}$ の方がエネルギーがわずかに高いことを実験によって示した[30]．Lamb と Retherford の測定した準位ずれは "Lamb シフト" と呼ばれているが，Bethe は Lamb シフトを説明するために式(2.262)を導出し，$2s$ 状態の $\langle E_I - E_A \rangle_{\text{ave}}$ を数値計算から Rydberg エネルギーの 17.8 倍と推定した．そして $E_\gamma^{(\max)}$ を (相対論効果による理論の破綻を見越して) mc^2 と置いたところ，$2s$ 状態のエネルギーずれとして，実験結果に極めて近い数値 (1040 MHz) が得られた．

これに続いて 4.7 節で論じるような相対論的な計算が行われ，この分離エネルギーが完全に正確に与えられた[31]．"実験値" 1057.8 ± 0.1 MHz に対して，"理論値" は 1057.7 ± 0.2 MHz であった[32]．しかしながら Bethe の半定量的な取扱いの成功は，Lamb シフトが本質的には非相対論的な低エネルギーの効果であることを示している．より重要なことは，現在の場の理論には発散の困難が内在するにも関わらず，この技法が場の理論から実験と比較できる本質的な量を引き出してくる方法を示して見せた点にある．Bethe の計算を成功に導いた質量の繰り込みの概念は，その後に進展した洗練された相対論的な Lamb シフトの取扱いにおいても，本質的に重要な役割を担うことになった．

---

[30] Lamb シフトの桁の感じをつかむために示しておくが，基底状態のイオン化エネルギーに相当する波長の逆数が $27{,}000$ cm^{-1} であるのに対し，1060 MHz に相当する波長の逆数は 0.035 cm^{-1} にすぎない．

[31] これは V. F. Weisskopf が最初に示したように，相対論的な計算において，自由電子や束縛された電子の自己エネルギーの発散が，対数的になることによっている．極言すれば，2つの1次発散の差が式(2.253)のように対数発散に抑えられるのと同様に，相対論的な計算では 2つの対数発散の差が有限に抑えられるのである．

[32] p.375 の脚註も参照．

練習問題

2-1 電子の消滅演算子 $b_{\mathbf{k}s}$ と生成演算子 $b_{\mathbf{k}s}^\dagger$ は，次の反交換関係を満たすことが想定される．
$$\{b_{\mathbf{k}s}, b_{\mathbf{k}'s'}\} = 0, \quad \{b_{\mathbf{k}s}, b_{\mathbf{k}'s'}^\dagger\} = \delta_{\mathbf{k}\mathbf{k}'}\delta_{ss'}$$

添字 s はスピン状態 ($\uparrow$ もしくは $\downarrow$) を表す．Bardeen-Cooper-Schrieffer の超伝導理論によると，相関電子対 (つい) の消滅演算子と生成演算子は，次のように定義される．
$$c_\mathbf{k} = b_{-\mathbf{k}\downarrow}b_{\mathbf{k}\uparrow}, \quad c_\mathbf{k}^\dagger = b_{\mathbf{k}\uparrow}^\dagger b_{-\mathbf{k}\downarrow}^\dagger$$

ここで $[c_\mathbf{k}, c_{\mathbf{k}'}] = 0$，$[c_\mathbf{k}^\dagger, c_{\mathbf{k}'}^\dagger] = 0$ となることを示し，$[c_\mathbf{k}, c_{\mathbf{k}'}^\dagger]$ を評価せよ．

2-2 反対称な次の二数，
$$\mathbf{S}_\mathbf{k} = -i\hbar(\boldsymbol{\epsilon}^{(i)}\boldsymbol{\epsilon}^{(j)} - \boldsymbol{\epsilon}^{(j)}\boldsymbol{\epsilon}^{(i)}) = i\hbar(\boldsymbol{\epsilon}^{(k)} \times \quad)$$

において，3つのゼロでない独立な成分が，角運動量の交換則，
$$\mathbf{S}_i \cdot \mathbf{S}_j - \mathbf{S}_j \cdot \mathbf{S}_i = i\hbar \mathbf{S}_k$$

を満たすことを示せ．(ijk) は $(1,2,3)$ の置換であり，$\boldsymbol{\epsilon}^{(3)}$ は $\mathbf{k}/|\mathbf{k}|$ と定義される．
$$\mathbf{u}_{\mathbf{k}\pm} = \mp\frac{\boldsymbol{\epsilon}^{(1)} \pm i\boldsymbol{\epsilon}^{(2)}}{\sqrt{2}}e^{i\mathbf{k}\cdot\mathbf{x}}$$

と置いて，次の関係を示せ．
$$\mathbf{S}_3 \cdot \mathbf{u}_{\mathbf{k}\pm} = \pm\hbar\mathbf{u}_{\mathbf{k}\pm}, \quad \sum_i^3 (\mathbf{S}_i \cdot \mathbf{S}_j) \cdot \mathbf{u}_{\mathbf{k}\pm} = 2\hbar^2 \mathbf{u}_{\mathbf{k}\pm}$$

2-3 量子化した中性スカラー場は，次のように展開される．
$$\phi(\mathbf{x},t) = \sum_\mathbf{k} c\sqrt{\frac{\hbar}{2\omega V}}\left(a_\mathbf{k}(t)e^{i\mathbf{k}\cdot\mathbf{x}} + a_\mathbf{k}^\dagger(t)e^{-i\mathbf{k}\cdot\mathbf{x}}\right)$$

$$\frac{\omega}{c} = \sqrt{\mathbf{k}^2 + \left(\frac{mc}{\hbar}\right)^2}, \quad a_\mathbf{k}(t) = a_\mathbf{k}(0)e^{-i\omega t}$$

$$[a_\mathbf{k}, a_{\mathbf{k}'}] = [a_\mathbf{k}^\dagger, a_{\mathbf{k}'}^\dagger] = 0, \quad [a_\mathbf{k}, a_{\mathbf{k}'}^\dagger] = \delta_{\mathbf{k}\mathbf{k}'}$$

a) $\phi(\mathbf{x},t)$ と，これに共役な正準運動量†,
$$\pi(\mathbf{x},t) = \frac{\partial \mathcal{L}}{\partial(\partial\phi/\partial t)} = \frac{1}{c^2}\frac{\partial\phi}{\partial t}$$

の間に，次の同時刻交換関係が成り立つことを示せ．
$$[\phi(\mathbf{x},t), \pi(\mathbf{x}',t)] = i\hbar\delta^{(3)}(\mathbf{x} - \mathbf{x}')$$

---

†(訳註) 中性スカラー場のラグランジアン密度 $\mathcal{L}$ は式 (1.27) に与えられている．正準運動量とハミルトニアン密度の定義については式 (1.4)-(1.5) および式 (1.14) を参照．因みにハミルトニアン密度は次のようになる．
$$\mathcal{H} = \pi\frac{\partial\phi}{\partial t} - \mathcal{L} = \frac{1}{2}\left\{(\nabla\phi)\cdot(\nabla\phi) + c^2\pi^2 + \mu^2\phi^2\right\}, \quad \mu = \frac{mc}{\hbar}$$

b) 原点近傍の"平均場演算子"$\bar{\phi}$を，次のように定義する.
$$\bar{\phi} = \frac{1}{(2\pi b^2)^{3/2}} \int d^3x\, e^{-r^2/2b^2} \phi(\mathbf{x},t)$$
$b \ll \hbar/mc$ を仮定すると，$(\bar{\phi})^2$ の真空期待値は，数値係数を除いて $\hbar c/b^2$ になることを示せ.

2-4 水素原子の基底状態に対する光電効果を考える.

a) 輻射の量子論を用いて (多くの教科書に見られるような半古典的な議論ではなく)，最低次の遷移行列を書け.

b) 入射する光子のエネルギーが充分に高く，放出した電子の終状態波動関数を平面波で近似できるものと仮定して，微分断面積が，
$$\frac{d\sigma}{d\Omega} = 32\left(\frac{e^2}{4\pi\hbar c}\right)\left(\frac{\hbar}{mc}\right)\left(\frac{c}{\omega}\right)\frac{1}{(|\mathbf{k}_f|a_0)^5}\frac{\sin^2\theta\cos^2\phi}{[1-(v/c)\cos\theta]^4}$$
となることを示せ. 球座標変数 θ と ϕ は，入射光子の運動量と偏極をそれぞれ z 方向，x 方向とするように取る. a_0 は Bohr 半径を表す.

2-5 原点 $\mathbf{x} = 0$ にある Σ^0 ハイペロンの崩壊‡ ($\Sigma^0 \to \Lambda + \gamma$) を記述する現象論的な相互作用ハミルトニアンは，
$$\left.\frac{\kappa e\hbar}{(m_\Lambda + m_\Sigma)c}\tau_{\Lambda\Sigma}\boldsymbol{\sigma}\cdot(\nabla\times\mathbf{A})\right|_{\mathbf{x}=0}$$
と与えられる. $\tau_{\Lambda\Sigma}$ は Σ^0 をスピン状態を変えずに Λ へと変換する演算子，κ は 1 程度の無次元定数である.

a) 元の Σ^0 が偏極していても (すなわちスピン方向が決まっていても)，崩壊の角度分布は等方的であることを示せ.

b) $\kappa = 1$ と置いて，寿命を (秒単位で) 求めよ.
($m_\Lambda = 1115\ \text{MeV}/c^2$, $m_\Sigma = 1192\ \text{MeV}/c^2$)

2-6 水素原子の準安定な $2s$ 状態は，2 つの光子を放射して基底状態へと緩和する. 放射される光子のモードを $(\mathbf{k}_1, \alpha_1)$ と $(\mathbf{k}_2, \alpha_2)$ とすると，黄金律は次のように書かれる.
$$dw = \frac{2\pi}{\hbar}|T_{fi}|^2 \frac{Vd^3k_1}{(2\pi)^3}\frac{Vd^3k_2}{(2\pi)^3}\delta(E_{2s} - E_{1s} - \hbar\omega_1 - \hbar\omega_2)$$
T_{fi} の式を書け. ゼロでない寄与を持つ中間状態 (n,l,m の指標を持つ) がどのような状態かを明確に述べよ. 得られる式を，できる限り簡単な形にせよ.

2-7 中性スカラー中間子を，無限に重く離散的な励起状態を持たない核子に衝突させるときの散乱振幅は，相互作用密度が次のように与えられるならば，g^2 のオーダーまでゼロとなることを示せ.
$$\mathcal{H} = g\phi(\mathbf{x},t)\delta^{(3)}(\mathbf{x}-\mathbf{x}'), \quad \mathbf{x}' = \text{核子の位置}$$

---

‡ (訳註) p.233 訳註参照.

練習問題 (第2章)

2-8 安定でスピンを持たず，パリティが偶の原子核 (基底状態 : A) が，スピン1，パリティ奇の励起状態 R を持ち，その主要な崩壊モードは $R \to A + \gamma$ だけであるとする．

a) R 以外の中間状態への励起は重要でないものと仮定し，核の Thomson 項 ($\mathbf{A}\cdot\mathbf{A}$ による) を無視して，この原子核に γ 線を照射したときの微分断面積と全断面積が，

$$\frac{d\sigma}{d\Omega} = \frac{9}{16}\left(\frac{c}{\omega}\right)^2 \left(\epsilon^{(\alpha)}\cdot\epsilon^{(\alpha')}\right)^2 \frac{\Gamma_R^2}{(E_R - E_A - \hbar\omega)^2 + (\Gamma_R^2/4)}$$

$$\sigma_{\text{tot}} = \frac{3}{2}\left(e\pi\lambdabar^2\right) \frac{(\Gamma_R^2/4)}{(E_R - E_A - \hbar\omega)^2 + (\Gamma_R^2/4)}$$

となることを示せ．$\lambdabar = c/\omega$ とする．(第2式は，因子 3/2 を $(2J_R+1)/[2(2J_A+1)]$ に置き換えると，任意の多極遷移を含んだ式へと一般化する．)

b) 上の全断面積の式が $4\pi(c/\omega)\text{Im}f(\omega)$ に等しいことを証明せよ．

c) C^{14} 原子核の基底状態は 0^+ 状態§で，基底状態から 6.1 MeV 隔てて 1^- の励起状態がある (C^{14*} と書く)．C^{14*} の崩壊モードは $C^{14} + \gamma$ だけである．正確な共鳴の全断面積を計算し，C^{14} 原子核全体による核 Thomson 散乱と比較せよ．

2-9 水素原子による高エネルギー光子散乱の $f(\omega)$ が Thomson 振幅によって与えられると仮定して，次の和則を導け．

$$2\pi^2 c r_0 = \int_0^\infty \sigma_{\text{tot}}(\omega)\,d\omega$$

本章で実施した近似計算の枠内で，上記の和則が次の有名な Thomas-Reiche-Kuhn (トーマス-ライヘ-クーン) の和則，

$$\sum_I \frac{2m\omega_{IA}}{\hbar}|\mathbf{x}_{IA}|^2 = 3$$

と等価であることを示せ[33]．

2-10 摂動論の正当性を仮定し，問題2-7のように核子を固定源と置いた中性スカラー場の理論を用いて，核子の周辺にエネルギーが $<\hbar\omega^{(\max)}$ の仮想中間子をひとつ見出す確率の式を求めよ．

2-11 Lamb シフトの見積りにおいて図 2.7(a) (p.80) の過程を無視してよいのは何故か？

---

§(訳註) J^P という表記．J は全角運動量，P はパリティ．
[33] Merzbacher (1961), p.446.

第3章 スピン1/2粒子の相対論的量子力学

3.1 相対論的量子力学における確率の保存

"スピン$\frac{1}{2}$粒子"を扱うDirac（ディラック）の理論を論じる場合，まずKlein-Gordon（クライン-ゴルドン）方程式における"難点"の説明から話を始めるのが標準的なやり方である．本節の後半で見るように，Klein-Gordon方程式は，正しい解釈を与えさえすれば何の問題もない正当な式であるが，ここでもまずはKlein-Gordon方程式において不都合に見える点に関する通常の議論を簡単に紹介しておく．歴史的に見て，そのような観点は相対論的量子力学を形成するために重要な意味を持った．

Schrödinger（シュレーディンガー）の波動力学では，複素数の波動関数 ψ によって単一の粒子の挙動が表現され，$|\psi|^2 d^3 x$ が体積要素 $d^3 x$ においてその粒子を見いだす確率と見なされる．この解釈は，Schrödinger方程式が成立する際に，

$$P = |\psi|^2 > 0 \tag{3.1}$$

$$\mathbf{S} = -\frac{i\hbar}{2m}\left(\psi^* \nabla \psi - \psi \nabla \psi^*\right) \tag{3.2}$$

のように定義される確率密度 P と確率流束密度 $\mathbf{S}$ が，次の連続の方程式を満たすことによって可能となっている．

$$\frac{\partial P}{\partial t} + \nabla \cdot \mathbf{S} = 0 \tag{3.3}$$

Gauss（ガウス）の定理を用いれば，全空間における確率の積分 $\int P d^3 x$ が時間に依存しない定数となり，ψ を適切に規格化すれば，これを1に設定できることが示される．

非相対論的な量子力学と類似の相対論的量子力学を構築するためには，理論に対して以下の要請を課することが自然であろう．第1に，相対論的な波動関数を用いた双一次形式[†]によって，連続の式(3.3)を満たすような，確率密度および確率流束密度と解釈できる量を構築することが可能でなければならない．確率密度と見なすべき量は，

[†](訳註) bilinear form. $x_\alpha y_\alpha = x_1 y_1 + x_2 y_2 + \cdots$ のようなスカラー積に類する形を一般化した概念で，x の成分に関しても y の成分に関しても1次という意味である．Dirac理論で用いられる $\bar{\psi}$ と ψ の具体的な双一次変量については表3.1 (p.132) を参照．

当然のことながら正定値となる必要がある．これに加えて，特殊相対論からの要請として P は4元ベクトルの第4成分としての変換性を持つべきである．後者の点に関しては，Lorentz変換の下では体積要素が Lorentz 収縮によって $d^3x \to d^3x\sqrt{1-(v/c)^2}$ のように変換されることを思い起こしてもらいたい．Pd^3x を不変量にするには P が4元ベクトルの第4成分として $P \to P/\sqrt{1-(v/c)^2}$ のように変換することが不可欠である．連続の方程式(3.3)は，次のような共変な形で表される．

$$\left(\frac{\partial}{\partial x_\mu}\right)s_\mu = 0 \tag{3.4}$$

$$s_\mu = (\mathbf{S}, icP) \tag{3.5}$$

Klein-Gordon方程式に立脚した相対論的量子力学が，上述の要請を満たすかどうかを調べてみよう．次のように定義される4元ベクトルを考える．

$$s_\mu = A\left(\phi^*\frac{\partial \phi}{\partial x_\mu} - \frac{\partial \phi^*}{\partial x_\mu}\phi\right) \tag{3.6}$$

ϕ は Klein-Gordon 方程式の自由粒子解 (式(1.29)の解)，A は定係数である．Klein-Gordon方程式の下で，s_μ の4元発散はゼロになる (連続の方程式).

$$\frac{\partial s_\mu}{\partial x_\mu} = A\left[\frac{\partial \phi^*}{\partial x_\mu}\frac{\partial \phi}{\partial x_\mu} - (\Box\phi^*)\phi + \phi^*\Box\phi - \frac{\partial \phi^*}{\partial x_\mu}\frac{\partial \phi}{\partial x_\mu}\right] = 0 \tag{3.7}$$

非相対論的な速度を持つ Klein-Gordon粒子 ($E \approx mc^2$) に関しては，

$$\phi \sim \psi e^{-imc^2t/\hbar} \tag{3.8}$$

と表される．ψ は対応する Schrödinger方程式の解である (p.24, 問題1-2)．このとき s_μ の成分は，次のように与えられる．

$$s_0 = -is_4 \approx \frac{2imc}{\hbar}A|\psi|^2$$
$$\mathbf{s} = A\left[\psi^*\nabla\psi - (\nabla\psi^*)\psi\right] \tag{3.9}$$

ここで $A = -i\hbar/2m$ と置くと，$\mathbf{s}$ と s_0 はそれぞれ Schrödinger理論における確率流束密度と，確率密度の c 倍に一致する．したがって我々は Klein-Gordon方程式から，次の性質を持つ4元ベクトル場を得たことになる．(i) 連続の方程式を満足する．(ii) 非相対論的な極限において各成分が確率流束密度と確率密度の c 倍に一致する．

ここまでは満足できるように見える．しかしながら，

$$P = \frac{i\hbar}{2mc^2}\left(\phi^*\frac{\partial \phi}{\partial t} - \frac{\partial \phi^*}{\partial t}\phi\right) \tag{3.10}$$

3.1. 相対論的量子力学における確率の保存

を確率密度と解釈することには難点がある．Schrödinger理論では，波動方程式の中の時間に関する偏微分項は1階のものしか現れないので，振動数の符号はハミルトニアン演算子の固有値に対応して決まる．これに対してKlein-Gordon方程式は時間について2階の偏微分方程式なので，同じ物理的情況下の解として $u(\mathbf{x})e^{-iEt/\hbar}$ と $u^*(\mathbf{x})e^{+iEt/\hbar}$ が同等に許容される (p.24, 問題1-3)．このことは式(3.10)によって定義される P が正にも負にもなり得ることを意味する．恣意的に $u(\mathbf{x})e^{-iEt/\hbar}$, $E<0$ の解を除外しようとしても，$u(\mathbf{x})e^{-iEt/\hbar}$, $E>0$ の形の解だけでは完全系を構築できないので，このような措置は正当化できない．我々は式(3.10)を確率密度とする解釈を棄てるか，もしくはKlein-Gordon方程式自体を棄てなければならない．

この難点の根源を，もう少し詳しく見てみよう．連続の方程式(3.7)が成立する様子を見ると，波動方程式が2階の時間微分を含むならば s_0 には不可避的に時間の1階微分が現れることが推測される．もし相対論的な波動方程式を時間に関して"1階"の偏微分方程式として与えることができれば，おそらくこのような困難を回避することができる．

20世紀における物理学の最重要論文のひとつと見なされる1928年の論文において，P. A. M. Diracは波動方程式が $\partial/\partial t$ の1次式 (時間に関して1階の偏微分方程式) でなければならないという要請の下で，相対論的な波動方程式を創ることに成功した．その方程式はDirac方程式と呼ばれるが，彼はその方程式の下で第ゼロ成分が正定値となる4元流束密度を構築することができた．この理由から，Dirac方程式は1928年から1934年まで，相対論的な量子力学において唯一の正しい波動方程式のように考えられた．

しかしW. Pauli(パウリ)とV. F. Weisskopf(ワイスコップ)は，1934年にKlein-Gordon方程式を復活させた．彼らは式(3.6)が4元確率流束密度ではなく，(係数を除き)電荷電流密度(4元電流密度)と解釈すべきものであると提案した．1.3節において見たように，このような解釈は複素スカラー場の古典場理論において理に適っている．$u^*(\mathbf{x})e^{-iEt/\hbar}$ を $u(\mathbf{x})e^{iEt/\hbar}$ に置き換えると s_0 の符号が変わるという事実は，"負エネルギー"の解が"反対の電荷"を持つ粒子の波動関数であると解釈すれば，正当な意味を持つ (p.24, 問題1-3参照)．

s_μ を電荷電流密度とする解釈は，場の量子論に移行してKlein-Gordon方程式の解を量子化された場の演算子と見なすと，さらに満足のいくものになる．古典的な複素スカラー場に対する手続きからの類推で，エルミートでない場の演算子 $\phi\,(\neq \phi^\dagger)$ を定義する．

$$\phi = \frac{\phi_1 + i\phi_2}{\sqrt{2}}, \quad \phi^\dagger = \frac{\phi_1 - i\phi_2}{\sqrt{2}} \tag{3.11}$$

ϕ_1 と ϕ_2 はエルミート演算子で，これらの性質は問題2-3 (p.89) で得られている．4元電流密度の"演算子"を考えよう．

$$j_\mu = e\left(\phi^\dagger \frac{\partial \phi}{\partial x_\mu} - \frac{\partial \phi^\dagger}{\partial x_\mu}\phi\right) \tag{3.12}$$

j_μ の第4成分が，次の性質を持つことを示すのは容易である (p.219, 問題3-1).

$$\int \frac{j_4}{ic} d^3x = e\sum_{\mathbf{k}} \left(N_{\mathbf{k}}^{(+)} - N_{\mathbf{k}}^{(-)}\right) \tag{3.13}$$

ここで，

$$N_{\mathbf{k}}^{(\pm)} = a_{\mathbf{k}\pm}^\dagger a_{\mathbf{k}\pm} \tag{3.14}$$

$$a_{\mathbf{k}\pm} = \frac{1}{\sqrt{2}}\left(a_{\mathbf{k}}^{(1)} \pm ia_{\mathbf{k}}^{(2)}\right)$$

$$a_{\mathbf{k}\pm}^\dagger = \frac{1}{\sqrt{2}}\left(a_{\mathbf{k}}^{(1)} \mp ia_{\mathbf{k}}^{(2)}\right) \tag{3.15}$$

である．物理的には $N^{(+)}$ は電荷 e を持つ Klein-Gordon 粒子の個数演算子，$N^{(-)}$ は電荷 $-e$ を持つ反粒子の個数演算子である．したがって式(3.13) の演算子の固有値は全電荷量を表す．通常，場の量子論において4元ベクトル j_μ は電荷電流密度の演算子と解釈し得る．

第2章で強調したように，場の量子論は粒子が生成したり消滅したりする状況を自然に表現する形式を備えている．原子核によるCoulomb場において起こる $\gamma \to \pi^+ + \pi^-$ のような過程を考える場合，保存されるべきものは，決まった粒子が全空間において見いだされる確率ではなく，式(3.13) の固有値にあたる全電荷量である．

Klein-Gordon方程式の困難に関する議論に戻ってみると，もし仮に我々が正定値の確率密度を構築できないという理由でKlein-Gordon方程式を棄てねばならないならば，同じ理由でMaxwell理論も棄てなければならない．電磁場の双一次形式から，保存する4元確率流束密度が構築できないことを，読者は容易に証明できるはずである．

3.2 Dirac方程式

Dirac方程式の導出 Klein-Gordon方程式が，適切な解釈を与えれば全く正当な式であるとしても，電子を記述する方程式としてはこれを斥けなければならない理由がある．Klein-Gordon方程式は，電子がスピン $\frac{1}{2}$ の粒子であるという性質を表わせ

3.2. Dirac方程式

ない.これに対してDirac方程式ではスピン$\frac{1}{2}$の性質を自然に扱うことができる.このことの関連において,まずは非相対論的な量子力学に,電子のスピンを取り込む方法について見てみよう.

非相対論的な量子力学では,電子のスピン磁気能率と外部磁場との相互作用を考慮する際に,通常のハミルトニアンに対して,

$$H^{(\text{spin})} = -\frac{e\hbar}{2mc}\boldsymbol{\sigma}\cdot\mathbf{B} = -\frac{e\hbar}{2mc}(\sigma_1 B_1 + \sigma_2 B_2 + \sigma_3 B_3) \tag{3.16}$$

を付け加えればよい.この手続きはW. Pauliによって導入されたが,多分に恣意的であって,電磁相互作用が$p_\mu \to p - eA_\mu/c$という置き換えによってのみ得られるという基本的な考え方に立つならば受け入れ難いものである.しかしながら,これより少し恣意的な印象の少ないスピン磁気能率の導入方法もある.通常,電子の波動力学的な取扱いでは,ベクトルポテンシャルがない場合の運動エネルギー(kinetic energy)の演算子が,次のように設定される.

$$H^{(\text{KE})} = \frac{\mathbf{p}^2}{2m} \tag{3.17}$$

しかし,スピン$\frac{1}{2}$の性質を取り入れるために,次の式から始めてみよう.

$$H^{(\text{KE})} = \frac{(\boldsymbol{\sigma}\cdot\mathbf{p})(\boldsymbol{\sigma}\cdot\mathbf{p})}{2m} \tag{3.18}$$

この運動エネルギーの形は,ベクトルポテンシャルが存在しない限り,実際上のあらゆる目的に関して通常の式(3.17)と区別がつかない[1].しかしながら$\mathbf{p} \to \mathbf{p} - e\mathbf{A}/c$の置き換えを施すと違いが現れる.式(3.18)は,

$$\frac{1}{2m}\left\{\boldsymbol{\sigma}\cdot\left(\mathbf{p}-\frac{e\mathbf{A}}{c}\right)\right\}\left\{\boldsymbol{\sigma}\cdot\left(\mathbf{p}-\frac{e\mathbf{A}}{c}\right)\right\}$$
$$= \frac{1}{2m}\left(\mathbf{p}-\frac{e\mathbf{A}}{c}\right)^2 + \frac{i}{2m}\boldsymbol{\sigma}\cdot\left[\left(\mathbf{p}-\frac{e\mathbf{A}}{c}\right)\times\left(\mathbf{p}-\frac{e\mathbf{A}}{c}\right)\right]$$
$$= \frac{1}{2m}\left(\mathbf{p}-\frac{e\mathbf{A}}{c}\right)^2 - \frac{e\hbar}{2mc}\boldsymbol{\sigma}\cdot\mathbf{B} \tag{3.19}$$

となる.ここでは次の関係を用いた.

$$\mathbf{p}\times\mathbf{A} = -i\hbar(\nabla\times\mathbf{A}) - \mathbf{A}\times\mathbf{p} \tag{3.20}$$

---

[1] 公式 $(\boldsymbol{\sigma}\cdot\mathbf{A})(\boldsymbol{\sigma}\cdot\mathbf{B}) = \mathbf{A}\cdot\mathbf{B} + i\boldsymbol{\sigma}\cdot(\mathbf{A}\times\mathbf{B})$ は,$\mathbf{A}$と$\mathbf{B}$が演算子であっても成立する.(以下訳註)σ_kは無次元(行列式-1)のPauli行列(p.100脚註)であり,スピン演算子$s_k = (\hbar/2)\sigma_k$そのものではない.演算子$(\boldsymbol{\sigma}\cdot\mathbf{p})$の意味は直観的に捉え難いが,次の性質がある.Schrödinger-Pauli波動関数において$\boldsymbol{\sigma}$と$\mathbf{p}(\neq 0)$が直交していても,$(\boldsymbol{\sigma}\cdot\mathbf{p})$を波動関数に作用させた結果がゼロになることはなく,スピン状態は$\mathbf{p}$方向との兼ね合いに依って変わり得るが,$\mathbf{p}$の値は保持される.式(3.176)-(3.178)の部分とその訳註(p.130)も参照されたい.

(**p** はその右にあるすべての対象に作用を及ぼすが，∇ は **A** だけに作用する．）このようにして導いたスピン磁気能率は，正しい磁気回転比 $g = 2$ を備えている[2]．

我々の目的は，スピン $\frac{1}{2}$ の粒子の相対論的な波動方程式を得ることにある．運動エネルギーの演算子として式(3.18) を採用することで非相対論的な理論にスピンを導入できたように，相対論的な量子力学の一般的な枠組みにスピンを導入するには，古典的な式，

$$\frac{E^2}{c^2} - \mathbf{p}^2 = (mc)^2 \tag{3.21}$$

を次のように置き換えればよい．

$$\left(\frac{E^{(\mathrm{op})}}{c} - \boldsymbol{\sigma}\cdot\mathbf{p}\right)\left(\frac{E^{(\mathrm{op})}}{c} + \boldsymbol{\sigma}\cdot\mathbf{p}\right) = (mc)^2 \tag{3.22}$$

$$E^{(\mathrm{op})} = i\hbar\frac{\partial}{\partial t} = i\hbar c\frac{\partial}{\partial x_0} \tag{3.23}$$

前章と同様に $\mathbf{p} = -i\hbar\nabla$ とする．ここから自由電子を記述するための 2 階の偏微分方程式を書くことができる (B. L. van der Waerden による)．
                                            ファン・デル・ウェルデン

$$\left(i\hbar\frac{\partial}{\partial x_0} + \boldsymbol{\sigma}\cdot i\hbar\nabla\right)\left(i\hbar\frac{\partial}{\partial x_0} - \boldsymbol{\sigma}\cdot i\hbar\nabla\right)\phi = (mc)^2\phi \tag{3.24}$$

ϕ は " 2 成分 " の波動関数である．

我々は時間に関して 1 階微分だけを含む波動方程式を得ることに関心がある．相対論的な共変性の要請からすると $\partial/\partial t$ に関して 1 次の波動方程式は，∇ に関しても 1 次でなければならない．ここで Maxwell 理論からの類推が有用となる．自由場の D'Alembertian 方程式 $\Box A_\mu = 0$ は 2 階の偏微分方程式であるが，自由場の Maxwell 方程式 $(\partial/\partial x_\mu)F_\mu = 0$ は 1 階の偏微分方程式である．A_μ の偏微分によって与えられる $F_{\mu\nu}$ は A_μ よりも成分が多い．この成分数の増加は，1 階の方程式を得るために払わねばならない代償である．
ダランベルシャン

このような類推を動機として，我々は 2 つの " 2 成分 " 波動関数 $\phi^{(R)}$ と $\phi^{(L)}$ を定義する．

$$\phi^{(R)} = \frac{1}{mc}\left(i\hbar\frac{\partial}{\partial x_0} - i\hbar\boldsymbol{\sigma}\cdot\nabla\right)\phi, \quad \phi^{(L)} = \phi \tag{3.25}$$

---

[2] 歴史的には，これらの結果は次節で見るように Dirac 理論の非相対論的な極限の近似として得られた．この理由から多くの教科書では $g = 2$ を Dirac 理論からの帰結として論じている．しかしここで見たように，式(3.18) から始めるならば，$g = 2$ は非相対論的な Schrödinger-Pauli 理論からの自然な帰結である．この点は R. P. Feynman によって強調された．（以下訳註）磁気回転比は，磁気能率 μ と角運動量 J の比の大きさを無次元化した量として定義される．$g = (\hbar/\mu_\nu)|\mu/J|$. 磁子定数 μ_ν は，電子を扱う場合には Bohr 磁子 $\mu_\mathrm{B} = |e|\hbar/2m$ を充てる．

3.2. Dirac方程式

成分数は合計4つに増えた.上付き添字 R と L は, $m \to 0$ としたときに $\phi^{(R)}$ と $\phi^{(L)}$ がそれぞれスピン $\frac{1}{2}$ 粒子の左手型の状態 (スピンの方向が運動量の方向と平行), 右手型の状態 (スピンが運動量と反平行) を表すことによるが,これについては後から見る. 2階の偏微分方程式(3.24)は,これで以下に示す1階偏微分方程式の組合せと等価になる.

$$\left[i\hbar\boldsymbol{\sigma}\cdot\nabla - i\hbar\frac{\partial}{\partial x_0}\right]\phi^{(L)} = -mc\phi^{(R)}$$

$$\left[-i\hbar\boldsymbol{\sigma}\cdot\nabla - i\hbar\frac{\partial}{\partial x_0}\right]\phi^{(R)} = -mc\phi^{(L)} \quad (3.26)$$

Maxwell方程式において $\mathbf{E}$ と $\mathbf{B}$ が互いに独立でないように,粒子が質量を持つならば, 1階の方程式において $\phi^{(R)}$ と $\phi^{(L)}$ が関係を持つことに注意してもらいたい.

式(3.26)はすでにDirac方程式と等価である (p.219, 問題3-5). これを元々Diracが書いた形に移行するために,式(3.26)の和と差をとると,次式が得られる.

$$-i\hbar(\boldsymbol{\sigma}\cdot\nabla)(\phi^{(R)} - \phi^{(L)}) - i\hbar\frac{\partial}{\partial x_0}(\phi^{(L)} + \phi^{(R)}) = -mc(\phi^{(L)} + \phi^{(R)})$$

$$i\hbar(\boldsymbol{\sigma}\cdot\nabla)(\phi^{(L)} + \phi^{(R)}) + i\hbar\frac{\partial}{\partial x_0}(\phi^{(R)} - \phi^{(L)}) = -mc(\phi^{(R)} - \phi^{(L)}) \quad (3.27)$$

$\phi^{(R)}$ と $\phi^{(L)}$ の和を ψ_A, 差を ψ_B と書くと,上式は次のように表される.

$$\begin{pmatrix} -i\hbar\frac{\partial}{\partial x_0} & -i\hbar\boldsymbol{\sigma}\cdot\nabla \\ i\hbar\boldsymbol{\sigma}\cdot\nabla & i\hbar\frac{\partial}{\partial x_0} \end{pmatrix} \begin{pmatrix} \psi_A \\ \psi_B \end{pmatrix} = -mc \begin{pmatrix} \psi_A \\ \psi_B \end{pmatrix} \quad (3.28)$$

ここで"4成分"波動関数 ψ を (規格化因子を除き),

$$\psi = \begin{pmatrix} \psi_A \\ \psi_B \end{pmatrix} = \begin{pmatrix} \phi^{(R)} + \phi^{(L)} \\ \phi^{(R)} - \phi^{(L)} \end{pmatrix} \quad (3.29)$$

と定義すると,式(3.28)を更に簡潔に,

$$\left(\boldsymbol{\gamma}\cdot\nabla + \gamma_4\frac{\partial}{\partial(ix_0)}\right)\psi + \frac{mc}{\hbar}\psi = 0, \quad \boldsymbol{\gamma} = (\gamma_1, \gamma_2, \gamma_3) \quad (3.30)$$

もしくは,

$$\left(\gamma_\mu\frac{\partial}{\partial x_\mu} + \frac{mc}{\hbar}\right)\psi = 0 \quad [\text{Dirac方程式}] \quad (3.31)$$

と書き直せる. γ_μ ($\mu = 1, 2, 3, 4$) は 4×4 行列で,

$$\gamma_k = \begin{pmatrix} 0 & -i\sigma_k \\ i\sigma_k & 0 \end{pmatrix}, \quad \gamma_4 = \begin{pmatrix} I & 0 \\ 0 & -I \end{pmatrix} \quad (3.32)$$

のように定義される[3])(標準表示). これらは実際には，次のような行列を表している.

$$\gamma_1 = \begin{pmatrix} 0 & 0 & 0 & -i \\ 0 & 0 & -i & 0 \\ 0 & i & 0 & 0 \\ i & 0 & 0 & 0 \end{pmatrix}, \quad \gamma_2 = \begin{pmatrix} 0 & 0 & 0 & -1 \\ 0 & 0 & 1 & 0 \\ 0 & 1 & 0 & 0 \\ -1 & 0 & 0 & 0 \end{pmatrix}$$

$$\gamma_3 = \begin{pmatrix} 0 & 0 & -i & 0 \\ 0 & 0 & 0 & i \\ i & 0 & 0 & 0 \\ 0 & -i & 0 & 0 \end{pmatrix}, \quad \gamma_4 = \begin{pmatrix} 1 & 0 & 0 & 0 \\ 0 & 1 & 0 & 0 \\ 0 & 0 & -1 & 0 \\ 0 & 0 & 0 & -1 \end{pmatrix} \quad (3.33)$$

式(3.31)が自由な物質粒子(電子)を記述する，有名な Dirac 方程式である[4]).

式(3.31)が実質的には4本の連立偏微分方程式であることを強調しておきたい. ψ の4つの成分は，次のように1列だけの"縦行列"によって表され，それらの成分は互いに偏微分方程式(3.31)を通じて関係を持つ.

$$\psi = \begin{pmatrix} \psi_1 \\ \psi_2 \\ \psi_3 \\ \psi_4 \end{pmatrix} \quad (3.34)$$

この種の4成分量はバイスピノル (bispinor)，もしくは"Diracスピノル"(Dirac spinor)として知られている．もし式(3.31)の本当の意味を把握しにくければ，次のように行列成分の添字を明示して，式を書き直してみればよい.

---

[3])Pauli行列 σ_k は通常のものを用いる．I は 2×2 の単位行列を表す.

$$\sigma_1 = \begin{pmatrix} 0 & 1 \\ 1 & 0 \end{pmatrix}, \quad \sigma_2 = \begin{pmatrix} 0 & -i \\ i & 0 \end{pmatrix}, \quad \sigma_3 = \begin{pmatrix} 1 & 0 \\ 0 & -1 \end{pmatrix}, \quad I = \begin{pmatrix} 1 & 0 \\ 0 & 1 \end{pmatrix}$$

(以下訳註) 4×4 構造をひとまず措いて"4元量"としての $\gamma_\mu = (\gamma_1, \gamma_2, \gamma_3, \gamma_4)$ という組合せの含意を考えると，Dirac方程式は $-i\gamma_\mu p_\mu \psi = \{(-i\gamma) \cdot p\}\psi = mc\psi$ とも書けるので，$-i\gamma_\mu$ を4元運動量空間(単純な Euclid 空間ではないことに注意せよ)において mc の値を計るための擬似的な"基本ベクトル"のように見立てることもできる．すなわち Dirac スピノルの4元運動量 p_μ に対して $-i\gamma_\mu$ とのスカラー積演算を施すことは，4元ベクトル $(\mathbf{p}, iE/c) = (\mathbf{p}, \pm i\{|\mathbf{p}|^2 + m^2c^2\}^{1/2})$ から mc を(c は普遍定数なので本質的には質量 m を)抽出する作用を持つ．$-i\gamma_\mu p_\mu$ は質量の確定した自由スピノル固有状態を与える演算子である．
計量テンソルを導入する流儀 (p.8訳註) における標準表示は次の通り (p.391, 付録B.II).

$$\gamma^0 = \begin{pmatrix} I & 0 \\ 0 & -I \end{pmatrix}, \quad \gamma^k = \begin{pmatrix} 0 & \sigma_k \\ -\sigma_k & 0 \end{pmatrix} \quad (\gamma^k \text{は式}(3.32)\text{の}\gamma_k \text{と因子} -i \text{だけ異なる.})$$

[4])ここでは Dirac の導出方法に倣っていない．この導出は B. L. van der Waerden が 1932 年に出版した群論の本において最初に与えたものである．Dirac の元々の方法は多くの本で扱われている．たとえば Rose (1961), pp.39-44 や，Bjorken and Drell (1964), pp.6-8 など.

3.2. Dirac方程式

$$\sum_{\beta=1}^{4}\left[\sum_{\mu=1}^{4}(\gamma_{\mu})_{\alpha\beta}\frac{\partial}{\partial x_{\mu}}+\left(\frac{mc}{\hbar}\right)\delta_{\alpha\beta}\right]\psi_{\beta}=0, \quad \alpha=1,2,3,4 \tag{3.35}$$

ψ が4つの成分を持つことは，時空が4次元であることと関係はない．ψ_{β} は Lorentz 変換の下で「4元ベクトルのようには変換しない」ことを3.4節で見る予定である．

ここで導入した4つの 4×4 行列 γ_{μ} は"ガンマ行列"もしくは"Dirac行列"と呼ばれる．これらの行列が次の反交換関係を満たすことを容易に証明できる．

$$\{\gamma_{\mu},\gamma_{\nu}\}=\gamma_{\mu}\gamma_{\nu}+\gamma_{\nu}\gamma_{\mu}=2\delta_{\mu\nu} \tag{3.36a}$$

たとえば，次のようになっている．

$$\gamma_{4}^{2}=\begin{pmatrix}I & 0\\ 0 & -I\end{pmatrix}^{2}=\begin{pmatrix}I & 0\\ 0 & I\end{pmatrix}$$

$$\gamma_{1}\gamma_{2}+\gamma_{2}\gamma_{1}=\begin{pmatrix}0 & -i\sigma_{1}\\ i\sigma_{1} & 0\end{pmatrix}\begin{pmatrix}0 & -i\sigma_{2}\\ i\sigma_{2} & 0\end{pmatrix}+\begin{pmatrix}0 & -i\sigma_{2}\\ i\sigma_{2} & 0\end{pmatrix}\begin{pmatrix}0 & -i\sigma_{1}\\ i\sigma_{1} & 0\end{pmatrix}$$

$$=\begin{pmatrix}\sigma_{1}\sigma_{2}+\sigma_{2}\sigma_{1} & 0\\ 0 & \sigma_{1}\sigma_{2}+\sigma_{2}\sigma_{1}\end{pmatrix}=0 \tag{3.36b}$$

各々の γ_{μ} はエルミート行列，すなわち，

$$\gamma_{\mu}^{\dagger}=\gamma_{\mu} \tag{3.37}$$

を満たし，対角和(トレース)はゼロである[5]．式(3.30) に γ_{4} を掛けるとDirac方程式をハミルトニアンを用いた形式で書くことができる[‡]．

$$H\psi=i\hbar\frac{\partial\psi}{\partial t} \tag{3.38}$$

$$H=-i\hbar c\boldsymbol{\alpha}\cdot\nabla+\beta mc^{2}=c\boldsymbol{\alpha}\cdot\mathbf{p}+\beta mc^{2}, \quad \boldsymbol{\alpha}=(\alpha_{1},\alpha_{2},\alpha_{3}) \tag{3.39}$$

$$\beta=\gamma_{4}=\begin{pmatrix}I & 0\\ 0 & -I\end{pmatrix}, \quad \alpha_{k}=i\gamma_{4}\gamma_{k}=\begin{pmatrix}0 & \sigma_{k}\\ \sigma_{k} & 0\end{pmatrix} \tag{3.40}$$

---

[5] 残念ながら式(3.36a) と式(3.37) を満たさないガンマ行列を用いる文献もある．本書の表記は Dirac の原論文と *Handbuch* における Pauli の表記に整合している．付録B参照．(以下訳註) 計量テンソルを導入する流儀では (標準表示でも) 通常 γ^{k} はエルミートでなく反エルミート ($\gamma^{k\dagger}=-\gamma^{k}$) で，かつ $\gamma^{\mu\dagger}=\gamma^{0}\gamma^{\mu}\gamma^{0}$ である．(p.391, 付録B.II参照．)

[‡] (訳註) 共変な形式(3.31) よりも，この形式の方が相対論の基本式 $E^{2}=(c|\mathbf{p}|)^{2}+(mc^{2})^{2}$ との関係や行列の形などの成因が多少はわかりやすく，Dirac が最初に見いだしたのもこの形式である．記号の使い方が紛らわしいが β ではなく α_{k} が (固有値が ± 1 しか許容されないにもかかわらず) 規格化速度 v_{k}/c に対応することが後から明らかになる (3.5～3.7節)．

4つの行列 α_1, α_2, α_3, β は,次の反交換関係を満たす[6]．

$$\{\alpha_k, \beta\} = 0, \quad \beta^2 = 1, \quad \{\alpha_k, \alpha_l\} = 2\delta_{kl} \tag{3.41}$$

3.6節では,式(3.39)に基づくハミルトニアン形式を広範に用いることになる．

保存する流れ　Dirac方程式から流れ(カレント)の保存則を導出してみよう．4成分スピノル ψ に対する随伴スピノル (adjoint spinor) $\bar{\psi}$ を,次のように定義する[§]．

$$\bar{\psi} = \psi^\dagger \gamma_4 \tag{3.42}$$

随伴スピノル $\bar{\psi}$ は,エルミート共役なスピノル $\psi^\dagger$ と明確に区別されねばならない．$\bar{\psi}$ も $\psi^\dagger$ も,1行だけの"横行列"によって表される．元のスピノルが,

$$\psi = \begin{pmatrix} \psi_1 \\ \psi_2 \\ \psi_3 \\ \psi_4 \end{pmatrix} \tag{3.43}$$

という縦行列で表されるならば,これに対するエルミート共役スピノルと随伴スピノルは,それぞれ次のような横行列になる．

$$\psi^\dagger = (\psi_1^*, \psi_2^*, \psi_3^*, \psi_4^*)$$
$$\bar{\psi} = (\psi_1^*, \psi_2^*, -\psi_3^*, -\psi_4^*) \tag{3.44}$$

$\bar{\psi}$ が満たすべき波動方程式を得るために,まずは Dirac 方程式のエルミート共役を考える．

$$\psi^\dagger \left(\gamma_k \frac{\partial}{\partial x_k} + \gamma_4 \frac{\partial}{\partial x_4} + \frac{mc}{\hbar} \right)^\dagger = \frac{\partial}{\partial x_k} \psi^\dagger \gamma_k + \frac{\partial}{\partial x_4^*} \psi^\dagger \gamma_4 + \frac{mc}{\hbar} \psi^\dagger = 0 \tag{3.45}$$

そして,式(3.45)に右から γ_4 を掛けることで"随伴方程式"が得られる．

$$-\frac{\partial}{\partial x_\mu} \bar{\psi} \gamma_\mu + \frac{mc}{\hbar} \bar{\psi} = \bar{\psi} \left(-\frac{\partial}{\partial x_\mu} \gamma_\mu + \frac{mc}{\hbar} \right) = 0 \tag{3.46}$$

ここでは,

---

[6] 文献によっては γ_μ, α_k, β の他に次の ρ 行列を用いるものもあるが,本書では扱わない．
$$\rho_1 = \begin{pmatrix} 0 & I \\ I & 0 \end{pmatrix}, \quad \rho_2 = \begin{pmatrix} 0 & -iI \\ iI & 0 \end{pmatrix}, \quad \rho_3 = \begin{pmatrix} I & 0 \\ 0 & -I \end{pmatrix}$$

[§] (訳註) 一般には,はっきりした呼称を与えずに記号 $\bar{\psi}$ だけで済ませている文献が多いので "随伴スピノル" は必ずしも慣用的な術語とは言えない．"Dirac共役なスピノル" という術語を使う文献を時々見かける．

3.2. Dirac方程式

$$\frac{\partial}{\partial x_4^*} = \frac{\partial}{\partial (ict)^*} = -\frac{\partial}{\partial x_4} \tag{3.47}$$

と，$\gamma_k \gamma_4 = -\gamma_4 \gamma_k$ の関係を用いた．元々の Dirac 方程式 (3.31) に左から $\bar{\psi}$ を掛け，随伴方程式 (3.46) に右から ψ を掛けて，辺々減算を行うと，次式が得られる．

$$\frac{\partial}{\partial x_\mu}\left(\bar{\psi}\gamma_\mu \psi\right) = 0 \tag{3.48}$$

したがって，

$$s_\mu = ic\bar{\psi}\gamma_\mu \psi = \left(c\psi^\dagger \boldsymbol{\alpha}\psi, ic\psi^\dagger \psi\right) \tag{3.49}$$

という 4 元ベクトルが，連続の方程式を満たすことが分かる[7]．Green の定理から，

$$\int \bar{\psi}\gamma_4 \psi d^3x = \int \psi^\dagger \psi d^3x = \text{const} \tag{3.50}$$

となるので，ψ を適切に規格化して，上の積分値を 1 に設定することができる[†]．今度は式(3.9) とは異なり，

$$\bar{\psi}\gamma_4 \psi = \psi^\dagger \psi = \sum_{\beta=1}^{4} \psi_\beta^* \psi_\beta = \psi_1^* \psi_1 + \psi_2^* \psi_2 + \psi_3^* \psi_3 + \psi_4^* \psi_4 \tag{3.51}$$

は確実に正定値となる．したがって Schrödinger 理論と同様に，$\bar{\psi}\gamma_4 \psi = \psi^\dagger \psi$ を保存される確率密度と同定することが可能である．この解釈に伴い，

$$s_k = ic\bar{\psi}\gamma_k \psi = c\psi^\dagger \alpha_k \psi \tag{3.52}$$

は確率流束密度と同定される．連続の方程式が共変性を持つためには，s_μ が 4 元ベクトルとして変換することが必要だが，この確認は 3.5 節において行う予定である．

当面，我々は Dirac 方程式の解を 1 粒子波動関数と仮定し，$\psi^\dagger \psi$ を確率密度とする解釈を採用する．しかし本章の末尾に向けて，この解釈の難点をいくつか指摘することになる．Dirac 理論に対して，より満足のいく解釈を与えるには，Dirac 場を量子化する必要がある．これを 3.10 節において扱う予定である．

---

[7]連続の方程式は，電磁場の存在を想定して，式(3.31) に次の置き換えを施しても成立する．

$$-i\hbar \frac{\partial}{\partial x_\mu} \rightarrow -i\hbar \frac{\partial}{\partial x_\mu} - \frac{eA_\mu}{c}$$

[†](訳註) 体積要素は Lorentz 収縮するので (p.128) 体積規格化の対象となる $\psi^\dagger \psi$ も変換量である．不変な値を保つ $\bar{\psi}\psi$ (式(3.181)) は体積規格化の対象にはならない．

表示の任意性 本節を締め括るにあたり，Dirac方程式が表示に依存しないことに簡単に言及しておく．誰かが，

$$\left(\gamma'_\mu \frac{\partial}{\partial x_\mu} + \frac{mc}{\hbar}\right)\psi' = 0 \tag{3.53}$$

と書いたとしよう．γ'_μ ($\mu = 1, 2, 3, 4$) に関しては，次の反交換関係を満たす 4×4 行列とだけ規定されているものとする．

$$\{\gamma'_\mu, \gamma'_\nu\} = 2\delta_{\mu\nu} \tag{3.54}$$

ここで我々が主張したいのは，この方程式が γ_μ 行列を式(3.32) のように具体的に規定した Dirac 方程式(3.31) と等価だということである．ただし同じ物理的状況の下で，ψ と ψ' の各成分が一致するという意味ではないので注意されたい．反交換関係(3.54) を満たすけれども，具体的に異なる成分を持つ 4×4 行列の別々の組は，ガンマ行列の異なる表示 (representation) として言及される．

Dirac 方程式自体の正当性は表示に依存しないことを，いわゆる Pauli の基本定理によって証明することができる．次のように同じ反交換関係を満たす2組の 4×4 行列 $\gamma_1, \gamma_2, \gamma_3, \gamma_4$ と $\gamma'_1, \gamma'_2, \gamma'_3, \gamma'_4$ が得られたとしよう．

$$\{\gamma_\mu, \gamma_\nu\} = 2\delta_{\mu\nu}, \quad \{\gamma'_\mu, \gamma'_\nu\} = 2\delta_{\mu\nu}, \quad \mu, \nu = 1, 2, 3, 4$$

このとき，次式を満たすような正則な 4×4 行列 S が必ず存在する．

$$S\gamma_\mu S^{-1} = \gamma'_\mu \tag{3.55}$$

S は係数の不定性を除いて一意的に決まる．この定理の証明を付録Cに与えてある．この Pauli の定理が正しいならば，式(3.53) は次のように書き直される．

$$\left(S\gamma_\mu S^{-1}\frac{\partial}{\partial x_\mu} + \frac{mc}{\hbar}\right)SS^{-1}\psi' = 0 \tag{3.56}$$

S は式(3.55) のように，ガンマ行列のひとつの組 $\{\gamma'_\mu\}$ と，もうひとつの組 $\{\gamma_\mu\}$ を関係づける．上式に左から S^{-1} を掛けると，次式を得る．

$$\left(\gamma_\mu \frac{\partial}{\partial x_\mu} + \frac{mc}{\hbar}\right)S^{-1}\psi' = 0 \tag{3.57}$$

これは $S^{-1}\psi'$ を解とする Dirac 方程式と同じ形をしている．言い換えると，式(3.53) は Dirac 方程式(3.31) と等価であって，その波動関数 ψ' は，標準表示の解 ψ と，

$$\psi' = S\psi \tag{3.58}$$

3.2. Dirac方程式

という関係を持つ． γ'_μ もエルミートである場合を考えてみよう．式(3.55)のエルミート共役をとることによって，S としてユニタリー行列 $(S^\dagger = S^{-1})$ が充てられることが分かる．S がユニタリーであれば，確率密度や確率流束密度などの式は，S による変換の前後で全く同じ形になる．

$$\bar{\psi}'\gamma'_\mu\psi' = \psi'^\dagger \gamma'_4 \gamma'_\mu \psi'$$
$$= \psi^\dagger S^\dagger S\gamma_4 S^{-1} S\gamma_\mu S^{-1} S\psi$$
$$= \bar{\psi}\gamma_\mu\psi \tag{3.59}$$

この場合，式(3.31)を使っても式(3.53)を使っても，物理的な結果がすべて互いに等しくなることは明らかである．しかし同じ物理的状況を表す波動関数は，異なる表示を採用すると"見た目には異なる"という点に注意が必要である[8]．

現実には，文献によって3種類の表示が使われている[‡]．

a) 式(3.32)に与えてある標準表示 (Dirac-Pauli表示)．
b) γ_4 も γ_k と同様に非対角行列にしたWeyl(ワイル)表示 (p.219, 問題3-5参照)．
c) γ_k が実数成分を持ち，γ_4 が純虚数成分を持つMajorana(マヨラナ)表示．
この表示では $\gamma_\mu(\partial/\partial x_\mu)$ が実数になる．

---

[8] 我々はすでにPauliの2成分スピンの理論において同様の状況を経験しているはずである．非相対論的な量子力学では，通例として σ_3 が対角行列となるような σ 行列の組合せが使われているが，反交換関係の要請だけから考えると，たとえば次のように，いわば"順応的でない人の表示"を採用しても問題はない．

$$\sigma'_1 = \begin{pmatrix} 0 & -i \\ i & 0 \end{pmatrix}, \quad \sigma'_2 = \begin{pmatrix} 1 & 0 \\ 0 & -1 \end{pmatrix}, \quad \sigma'_3 = \begin{pmatrix} 0 & 1 \\ 1 & 0 \end{pmatrix}$$

この表示の下では，スピンが上向き (z の正の方向) のスピノルは，

$$\frac{1}{\sqrt{2}}\begin{pmatrix} 1 \\ 1 \end{pmatrix} \quad \text{であって，} \quad \begin{pmatrix} 1 \\ 0 \end{pmatrix} \quad \text{ではない．}$$

[‡] (訳註) b)のWeyl表示はカイラル表示 (chiral representation) とも呼ばれる．この表示の下では $\phi^{(R)}$ と $\phi^{(L)}$ をそのまま4成分波動関数の上側成分／下側成分として扱う形になる (式(3.467))．次節で見るように標準表示では，波動関数の上側に非相対論近似において Schrödinger-Pauli理論に帰着する正エネルギーの"大きい成分" $\psi_A \propto (\phi^{(R)} + \phi^{(L)})$ が形成されており，これが標準表示を用いる際のひとつの利点となっている．しかし一般に高エネルギーの素粒子を相対論的に扱う際には，むしろカイラル表示の方が都合のよい面もある．標準表示が非相対論極限でのエネルギーの正負 → スピン成分 (x_3方向) の正負によって4成分表示を構成するのに対し，カイラル表示ではカイラリティの正負 (p.210) → スピン成分の正負によって4成分表示を構成する形になる．c)のMajorana表示は，計量テンソルを導入する流儀 (p.8 訳註) では $\gamma^0 \sim \gamma^3$ がすべて純虚数成分だけを持つ．具体的な3種類の表示の実例については，たとえば Itzykson and Zuber, *Quantum Field Theory*, McGraw-Hill, 1980 の付録A-2を参照．

本書において γ_μ や ψ を具体的に示す際には，標準表示 (Dirac-Pauli 表示) だけを用いる．

3.3　単純な解; 非相対論近似; 平面波

大きい成分と小さい成分　Lorentz 変換の下で Dirac 波動関数 ψ の性質を調べる前に，まず Dirac 方程式(3.31) に内在する馴染みやすい部分を見ておこう．

電磁場がある場合に，通常の置き換え $-i\hbar(\partial/\partial x_\mu) \to -i\hbar(\partial/\partial x_\mu) - eA_\mu/c$ が妥当であると仮定すると，電磁場中の電子に関する Dirac 方程式は，

$$\left(\frac{\partial}{\partial x_\mu} - \frac{ie}{\hbar c}A_\mu\right)\gamma_\mu\psi + \frac{mc}{\hbar}\psi = 0 \tag{3.60}$$

と与えられる§．A_μ が時間に依存しないならば，ψ の時間依存性は次のようになる．

$$\psi = \psi(\mathbf{x}, t)\big|_{t=0} e^{-iEt/\hbar} \tag{3.61}$$

(もちろん ψ は $i\hbar\partial/\partial t$ の固有関数で，その固有値は E ということである．) そうすると，ψ の上の2つの成分 ψ_A $(= \phi^{(R)} + \phi^{(L)})$ と下の2つの成分 ψ_B $(= \phi^{(R)} - \phi^{(L)})$ を相互に結合する式を，次のように書くことができる (式(3.28))．

$$\begin{aligned}\left[\boldsymbol{\sigma}\cdot\left(\mathbf{p} - \frac{e\mathbf{A}}{c}\right)\right]\psi_B &= \frac{1}{c}(E - eA_0 - mc^2)\psi_A \\ -\left[\boldsymbol{\sigma}\cdot\left(\mathbf{p} - \frac{e\mathbf{A}}{c}\right)\right]\psi_A &= -\frac{1}{c}(E - eA_0 + mc^2)\psi_B\end{aligned} \tag{3.62}$$

前と同様に $A_\mu = (\mathbf{A}, iA_0)$ である．第2式を用いて第1式の ψ_B を消去すると，次式が得られる．

$$\left[\boldsymbol{\sigma}\cdot\left(\mathbf{p} - \frac{e\mathbf{A}}{c}\right)\right]\left[\frac{c^2}{E - eA_0 - mc^2}\right]\left[\boldsymbol{\sigma}\cdot\left(\mathbf{p} - \frac{e\mathbf{A}}{c}\right)\right]\psi_A = (E - eA_0 - mc^2)\psi_A \tag{3.63}$$

ここまでは近似を用いていない．ここから次の仮定を置く．

$$E \approx mc^2, \quad |eA_0| \ll mc^2 \tag{3.64}$$

mc^2 を基準とした非相対論的エネルギーを，

$$E^{(\mathrm{NR})} = E - mc^2 \tag{3.65}$$

---

§ (訳註) 前節 (たとえば式(3.31)) と比べると，ここでは γ_μ が $(\partial/\partial x_\mu)$ の後ろに置かれていて順序が異なるが，$(\partial/\partial x_\mu)$ は γ_μ に対して演算子としての "作用" は及ぼさないので，これらの表記の順序は任意である．

3.3. 単純な解; 非相対論近似; 平面波

と定義すると，式(3.63) の分数の部分を，次のように展開できる．

$$\frac{c^2}{E - eA_0 + mc^2} = \frac{1}{2m}\left[\frac{2mc^2}{2mc^2 + E^{(\mathrm{NR})} - eA_0}\right]$$
$$= \frac{1}{2m}\left[1 - \frac{E^{(\mathrm{NR})} - eA_0}{2mc^2} + \cdots\right] \tag{3.66}$$

$(E^{(\mathrm{NR})} - eA_0)$ はおおよそ $[\mathbf{p} - (e\mathbf{A}/c)]^2/2m \approx mv^2/2$ なので，上の展開は $(v/c)^2$ に関する冪(べき)展開と見なし得る．式(3.66) の最初の項だけを残すことにすると，次式が得られる．

$$\frac{1}{2m}\left\{\boldsymbol{\sigma}\cdot\left(\mathbf{p} - \frac{e\mathbf{A}}{c}\right)\right\}\left\{\boldsymbol{\sigma}\cdot\left(\mathbf{p} - \frac{e\mathbf{A}}{c}\right)\right\}\psi_A = \left(E^{(\mathrm{NR})} - eA_0\right)\psi_A \tag{3.67}$$

これは既に見たように (式(3.19))，次式に帰着する．

$$\left[\frac{1}{2m}\left(\mathbf{p} - \frac{e\mathbf{A}}{c}\right)^2 - \frac{e\hbar}{2mc}\boldsymbol{\sigma}\cdot\mathbf{B} + eA_0\right]\psi_A = E^{(\mathrm{NR})}\psi_A \tag{3.68}$$

このように $(v/c)^2$ のゼロ次までを取ると，得られる ψ_A は非相対論的な Schrödinger-Pauli 形式の2成分波動関数に $e^{-imc^2t/\hbar}$ を掛けたもの (式(3.65) 参照) にほかならない．式(3.62) の第2式を用いると，式(3.64) の条件下では ψ_B は ψ_A に比べておおよそ $|\mathbf{p} - e(\mathbf{A}/c)|/2mc \approx v/2c$ 程度に"小さい"ことが分かる．この理由から $E \sim mc^2$ の場合に ψ_A は Dirac 波動関数 ψ の"大きい"成分，ψ_B は"小さい"成分と呼ばれる．

静電的な問題に対する近似ハミルトニアン 次に式(3.66) の第2項までを残した場合を考察しよう．議論を簡単にするために $\mathbf{A} = \mathbf{0}$ と置いて A_0 のみを残す．式(3.63) より，解くべき方程式は次のように与えられる．

$$H_A^{(\mathrm{NR})}\psi_A = E^{(\mathrm{NR})}\psi_A \tag{3.69}$$

$$H_A^{(\mathrm{NR})} = (\boldsymbol{\sigma}\cdot\mathbf{p})\frac{1}{2m}\left(1 - \frac{E^{(\mathrm{NR})} - eA_0}{2mc^2}\right)(\boldsymbol{\sigma}\cdot\mathbf{p}) + eA_0 \tag{3.70}$$

一見して，式(3.69) は ψ_A に関する時間に依存しない Schrödinger 方程式と同じ形である．しかしその解釈には3つの難点がある．第1に $(v/c)^2$ の次数までを扱うのであれば，ψ_A は規格化条件を満たさない．Dirac 理論の確率解釈に従うと，

$$\int\left(\psi_A^\dagger\psi_A + \psi_B^\dagger\psi_B\right)d^3x = 1 \tag{3.71}$$

でなければならず，ψ_B が既に v/c のオーダーになってしまうからである．第2に，式(3.70) を展開してみると，$H_A^{(\mathrm{NR})}$ が非エルミート項 $i\hbar\mathbf{E}\cdot\mathbf{p}$ を含むことが容易に分

かる．第3に，式(3.69)では $H_A^{(\mathrm{NR})}$ 自体が $E^{(\mathrm{NR})}$ を含んでしまっているので，これは固有値方程式ではない．

これらの困難を克服するために，まずは規格化の要請(3.71)が，$(v/c)^2$ までの次数で，

$$\int \psi_A^\dagger \left(1 + \frac{\mathbf{p}^2}{4m^2c^2}\right)\psi_A d^3x \approx 1 \tag{3.72}$$

となることに注意する．これは，式(3.62)の第2式に従い，

$$\psi_B \approx \frac{\boldsymbol{\sigma}\cdot\mathbf{p}}{2mc}\psi_A \tag{3.73}$$

となることによる．ここで，新たな"2成分"波動関数 Ψ を導入すると都合がよい．

$$\Psi = \Omega \psi_A \tag{3.74}$$

$$\Omega = 1 + \frac{\mathbf{p}^2}{8m^2c^2} \tag{3.75}$$

このようにすると，Ψ は $(v/c)^2$ の次数までの近似としては，規格化条件を満たす．

$$\int \Psi^\dagger \Psi d^3x \approx \int \psi_A^\dagger \left[1 + \frac{\mathbf{p}^2}{4m^2c^2}\right]\psi_A d^3x \tag{3.76}$$

上式には式(3.71)を用いた．式(3.69)に左から $\Omega^{-1} = 1 - (\mathbf{p}^2/8m^2c^2)$ を掛けると，次式を得る．

$$\Omega^{-1} H_A^{(\mathrm{NR})} \Omega^{-1} \Psi = E^{(\mathrm{NR})} \Omega^{-2} \Psi \tag{3.77}$$

上式を具体的に書くと，$(v/c)^2$ の次数までの式として，

$$\left[\frac{\mathbf{p}^2}{2m} + eA_0 - \left\{\frac{\mathbf{p}^2}{8m^2c^2}, \left(\frac{\mathbf{p}^2}{2m} + eA_0\right)\right\} - \frac{(\boldsymbol{\sigma}\cdot\mathbf{p})}{2m}\left(\frac{E^{(\mathrm{NR})} - eA_0}{2mc^2}\right)(\boldsymbol{\sigma}\cdot\mathbf{p})\right]\Psi$$
$$= E^{(\mathrm{NR})}\left(1 - \frac{\mathbf{p}^2}{4m^2c^2}\right)\Psi \tag{3.78}$$

が得られる．あるいは $E^{(\mathrm{NR})}\mathbf{p}^2$ を $\frac{1}{2}\{E^{(\mathrm{NR})}, \mathbf{p}^2\}$ と書けば，次のようになる．

$$\left[\frac{\mathbf{p}^2}{2m} + eA_0 - \frac{\mathbf{p}^4}{8m^3c^2} \right.$$
$$\left. + \frac{1}{8m^2c^2}\left(\{\mathbf{p}^2, (E^{(\mathrm{NR})} - eA_0)\} - 2(\boldsymbol{\sigma}\cdot\mathbf{p})\left(E^{(\mathrm{NR})} - eA_0\right)(\boldsymbol{\sigma}\cdot\mathbf{p})\right)\right]\Psi = E^{(\mathrm{NR})}\Psi$$
$$\tag{3.79}$$

3.3. 単純な解; 非相対論近似; 平面波

一般に，任意の演算子 A と B に関して，

$$\{A^2, B\} - 2ABA = [A, [A, B]] \tag{3.80}$$

が成り立つ．式(3.79) を簡単にするために，この有用な公式が使える．$\boldsymbol{\sigma}\cdot\mathbf{p} = A$, $E^{(\mathrm{NR})} - eA_0 = B$ と置いて，

$$[\boldsymbol{\sigma}\cdot\mathbf{p}, (E^{(\mathrm{NR})} - eA_0)] = -ie\hbar\boldsymbol{\sigma}\cdot\mathbf{E} \tag{3.81}$$

$$[\boldsymbol{\sigma}\cdot\mathbf{p}, -ie\hbar\boldsymbol{\sigma}\cdot\mathbf{E}] = -e\hbar^2 \nabla\cdot\mathbf{E} - 2e\hbar\boldsymbol{\sigma}\cdot(\mathbf{E}\times\mathbf{p}) \tag{3.82}$$

を用いればよい．これらの式は $\nabla A_0 = -\mathbf{E}$ および $\nabla\times\mathbf{E} = 0$ によって成り立つ．最終的に，次式が得られる．

$$\left[\frac{\mathbf{p}^2}{2m} + eA_0 - \frac{\mathbf{p}^4}{8m^3c^2} - \frac{e\hbar\boldsymbol{\sigma}\cdot(\mathbf{E}\times\mathbf{p})}{4m^2c^2} - \frac{e\hbar^2}{8m^2c^2}\nabla\cdot\mathbf{E}\right]\Psi = E^{(\mathrm{NR})}\Psi \tag{3.83}$$

この式では，先ほど式(3.69) に関して言及した難点が解消されており，2成分波動関数の Schrödinger 方程式と見なすことができる．

式(3.83) の各項の物理的な意味を考えてみよう．初めの2つの項に関する説明の必要はない．第3項は，運動エネルギーの相対論補正であることが，次の展開から類推される．

$$\sqrt{(mc^2)^2 + c^2|\mathbf{p}|^2} - mc^2 = \frac{|\mathbf{p}|^2}{2m} - \frac{|\mathbf{p}|^4}{8m^3c^2} + \cdots \tag{3.84}$$

第4項は，移動する電子のスピンと電場の相互作用を表す．言うなれば，動いている電子は $\mathbf{E}\times(\mathbf{v}/c)$ という"見かけの"磁場を見ているのである．単純に考えると，その相互作用項は $-(e\hbar/2mc)\boldsymbol{\sigma}\cdot[\mathbf{E}\times(\mathbf{v}/c)]$ になりそうだが，これは式(3.83) の第4項に対して2倍の違いがある．電子のスピンに関するこの素朴な概念の問題点は，Dirac 理論が現れる2年前に，古典電磁気学の枠内で L. H. Thomas（トーマス）が入念に論じた．彼の注意深い取扱いによると，電子スピンの歳差運動に関わるエネルギーを考慮することで相互作用エネルギーが因子2だけ低下し，式(3.83) の第4項と一致する正しい結果が得られるのである[9]．このことから式(3.83) の第4項は Thomas項と呼ばれている．ここで，中心力ポテンシャル，

$$eA_0 = V(r) \tag{3.85}$$

を想定すると，この Thomas項は次のようになる．

---

[9] 古典電磁気学に基づく Thomas因子の導出については，Jackson (1962), pp.364-368 を参照されたい．

$$-\frac{e\hbar}{4m^2c^2}\boldsymbol{\sigma}\cdot(\mathbf{E}\times\mathbf{p}) = -\frac{\hbar}{4m^2c^2}\left(-\frac{1}{r}\frac{dV}{dr}\right)\boldsymbol{\sigma}\cdot(\mathbf{x}\times\mathbf{p}) = -\frac{1}{2m^2c^2}\frac{1}{r}\frac{dV}{dr}\mathbf{S}\cdot\mathbf{L} \tag{3.86}$$

但し，$\mathbf{S} = (\hbar/2)\boldsymbol{\sigma}$ である．原子物理において良く知られているスピン-軌道相互作用 (3.86) は，このように Dirac 理論からの自然な帰結として得られる．

式(3.83) の最後の項を見ると，$\nabla\cdot\mathbf{E}$ は電荷密度である．水素原子の場合 $\nabla\cdot\mathbf{E} = -e\delta^{(3)}(\mathbf{x})$ であるが，これは次のようなエネルギーずれをもたらす．

$$\int \frac{e^2\hbar^2}{8m^2c^2}\delta^{(3)}(\mathbf{x})|\psi^{(\text{Schrö})}|^2 d^3x = \frac{e^2\hbar^2}{8m^2c^2}|\psi_{(\mathbf{x})}^{(\text{Schrö})}|^2\bigg|_{\mathbf{x}=0} \tag{3.87}$$

この項は s 状態以外ではゼロになる (s 状態だけでゼロになる Thomas 項 (3.86) とは対照的である)．式(3.83) の最後の項を最初に考察したのは C. G. Darwin なので，この項は Darwin 項と呼ばれる．Darwin 項の物理的な解釈に関する考察は 3.7 節まで措いておく．

式(3.83) の第3項，第4項，第5項を摂動ハミルトニアンと見なし，非摂動関数として非相対論的な量子力学における水素原子の波動関数を用いると，水素原子における最低次の相対論的エネルギー補正を計算することができる．時間に依存しない1次の摂動論に立脚した計算は直接的に行えるので，その結果のみを示す[10]．

$$\Delta E = -\left(\frac{e^2}{4\pi\hbar c}\right)^2\left(\frac{e^2}{8\pi a_0}\right)\frac{1}{n^3}\left(\frac{1}{j+1/2} - \frac{3}{4n}\right) \tag{3.88}$$

上の補正エネルギーが，非摂動エネルギー準位，

$$E^{(0)} = \frac{e^2}{8\pi a_0 n^2} \tag{3.89}$$

に対して付け加わる．$E^{(0)} + \Delta E$ は水素原子の微細構造を Rydberg エネルギー $(e^2/8\pi a_0)$ の $\left(\frac{1}{137}\right)^2$ のオーダーまで正確に記述する．n が同じでも j が異なる準位 (たとえば $2p_{1/2}$–$2p_{3/2}$) は分裂することに注意されたい．他方 n も j も同じ状態 (たとえば $2s_{1/2}$–$2p_{1/2}$) の縮退は解けていない．この縮退は Coulomb ポテンシャルを正確に扱っても依然として解けないことを 3.8 節で見る予定である[11]．

静止している自由粒子 Dirac 方程式の厳密解が得られる問題に注意を向けてみよう．自由粒子の問題が最も単純である．まず自由粒子問題において，4成分波動関数の成

---

[10] たとえば Bethe and Salpeter (1957), pp.59-61 を参照．
[11] Dirac 方程式において $V = -e^2/(4\pi r)$ と置いて式(3.88) よりも正確な展開式を得ることは，実際にはあまり関心の対象にはならない．Lamb シフト (第4章) や超微細構造 (3.8節) のほうが，より重要となるからである．

3.3. 単純な解; 非相対論近似; 平面波

分が Klein-Gordon 方程式を満足することを示そう. $\phi^{(L)}$ と $\phi^{(R)}$ に戻ればこの命題は自明であるが, Dirac 方程式 (3.31) から証明を始めることにする. 式(3.31) に左から $\gamma_\nu(\partial/\partial x_\nu)$ を掛けると,

$$\frac{\partial}{\partial x_\nu}\frac{\partial}{\partial x_\mu}\gamma_\nu\gamma_\mu\psi - \left(\frac{mc}{\hbar}\right)^2\psi = 0 \tag{3.90}$$

を得る. 式(3.90) に, 添字 μ と ν だけを入れ換えた同じ式を加えると,

$$\frac{\partial}{\partial x_\nu}\frac{\partial}{\partial x_\mu}(\gamma_\nu\gamma_\mu + \gamma_\mu\gamma_\nu)\psi - 2\left(\frac{mc}{\hbar}\right)^2\psi = 0 \tag{3.91}$$

となるが, ガンマ行列の反交換関係 (3.35) によって次式に帰着する.

$$\Box\psi - \left(\frac{mc}{\hbar}\right)^2\psi = 0 \tag{3.92}$$

式(3.92) は, ψ の 4 つの成分それぞれに関する"互いに独立な"式として理解すべきものである. 式(3.92) により, Dirac 方程式には次の形の解が許容される[†].

$$\psi \sim u(\mathbf{p})\exp\left[i\left(\frac{\mathbf{p}\cdot\mathbf{x}}{\hbar}\right) - i\left(\frac{Et}{\hbar}\right)\right] \tag{3.93}$$

$$E = \pm\sqrt{c^2|\mathbf{p}|^2 + m^2c^4} \tag{3.94}$$

ここで $u(\mathbf{p})$ は $\mathbf{x}$ と t には依存しない"4 成分"スピノルである. 式(3.93) は $-i\hbar\nabla$ と $i\hbar(\partial/\partial t)$ の同時固有関数でもあり, 固有値はそれぞれ $\mathbf{p}$ および E である.

静止状態 ($\mathbf{p}=\mathbf{0}$) の自由粒子を対象とする際に, 解くべき式は,

$$\gamma_4\frac{\partial}{\partial(ict)}\psi = -\frac{mc}{\hbar}\psi \tag{3.95}$$

である. 式(3.93) と式(3.94) に従い, 時間依存因子として $e^{-imc^2t/\hbar}$ を充ててみる. 式(3.95) は次のようになる.

$$-\frac{imc^2}{i\hbar c}\begin{pmatrix}I & 0 \\ 0 & -I\end{pmatrix}\begin{pmatrix}u_A(\mathbf{0}) \\ u_B(\mathbf{0})\end{pmatrix} = -\frac{mc}{\hbar}\begin{pmatrix}u_A(\mathbf{0}) \\ u_B(\mathbf{0})\end{pmatrix} \tag{3.96}$$

この式は下側の 2 成分スピノル $u_B(\mathbf{0})$ がゼロの場合にのみ成立する. しかし同様の議論により, 時間依存因子を $e^{+imc^2t/\hbar}$ として"上側"の 2 成分スピノル $u_A(\mathbf{0})$ をゼロと置いても式(3.95) は同じように成立する. ここで Pauli 理論のように, ゼロにならない 2 成分スピノルの基本状態を,

---

[†](訳註) ここでのエネルギー E は, 本当は $E_\mathbf{p}$ と書いておいた方が錯誤が少ないが, 本書では ω と同様に (p.27 参照) 簡略記法になっている.

$$\begin{pmatrix} 1 \\ 0 \end{pmatrix} \quad \text{and} \quad \begin{pmatrix} 0 \\ 1 \end{pmatrix}$$

と置くことができる．したがって式(3.95)の4つの独立な解が，次のように与えられる．

$$\begin{pmatrix} 1 \\ 0 \\ 0 \\ 0 \end{pmatrix} e^{-imc^2 t/\hbar}, \quad \begin{pmatrix} 0 \\ 1 \\ 0 \\ 0 \end{pmatrix} e^{-imc^2 t/\hbar},$$

$$\begin{pmatrix} 0 \\ 0 \\ 1 \\ 0 \end{pmatrix} e^{+imc^2 t/\hbar}, \quad \begin{pmatrix} 0 \\ 0 \\ 0 \\ 1 \end{pmatrix} e^{+imc^2 t/\hbar}, \tag{3.97}$$

もし $i\hbar(\partial/\partial t)$ がエネルギー演算子であるという解釈に立つならば，初めの2つは"正エネルギー解"，後の2つは"負エネルギー解"である．エネルギー演算子の固有値は $\gamma_4 = \beta$ の固有値が ± 1 のどちらであるかに依存して $\pm mc^2$ となる．この結果はハミルトニアンの式(3.39)から直接的に導くこともできる．3.9節において Dirac 理論の負エネルギー解が，陽電子と密接な関係を持つことを示す予定である．

本節の前の方で，非相対論的な極限 $E \approx mc^2$ において上側の2成分スピノル ψ_A が Schrödinger-Pauli 波動関数と因子 $e^{-imc^2 t/\hbar}$ の違いを除いて一致することを示した．したがって式(3.97)の第1解は，σ_3 を $\begin{pmatrix} 1 \\ 0 \end{pmatrix}$ に作用させると固有値が $+1$ なのでスピンが"上向き"の静止粒子解と見なせる．このことから次の 4×4 行列，

$$\Sigma_3 = \frac{\gamma_1 \gamma_2 - \gamma_2 \gamma_1}{2i} = -i\gamma_1 \gamma_2 = \begin{pmatrix} \sigma_3 & 0 \\ 0 & \sigma_3 \end{pmatrix} \tag{3.98}$$

は z の正方向のスピン成分を $\hbar/2$ 単位で表すものと解釈できる．この解釈の正当性は本章の後の方で確認するが，以下のことも追って示す予定である．

a) 演算子 $\Sigma_3/2$ は，Dirac 波動関数の時空座標に依存しない部分に作用する，z 軸のまわりの回転の無限小生成子である (式(3.158)-(3.162))．

b) 中心力問題において $\mathbf{L} = \mathbf{x} \times \mathbf{p}$ と $(\hbar/2)\boldsymbol{\Sigma}$ の和は保存量となり，全角運動量を表す (式(3.230)-(3.237))．Σ_k は式(3.98)と同様に定義される[12]．

$$\Sigma_k = \frac{\gamma_i \gamma_j - \gamma_j \gamma_i}{2i} = -i\gamma_i \gamma_j = \begin{pmatrix} \sigma_k & 0 \\ 0 & \sigma_k \end{pmatrix}, \quad (ijk) \text{ cyclic} \tag{3.99}$$

---

[12] "(ijk) cyclic(巡回)"は，$(i,j,k) = (1,2,3),(2,3,1),(3,1,2)$ を表す．

3.3. 単純な解; 非相対論近似; 平面波

4つの基本解 (3.97) が Σ_3 の固有関数であることは明らかで, 第1解と第3解の固有値は $+1$, 第2解と第4解の固有値は -1 である. このように符号までを指定した各エネルギー値に関して, 2つのスピン状態に対応する2つの独立な状態が存在する. これは Dirac 方程式が記述すべきスピン $\frac{1}{2}$ 粒子の性質に合致している.

時々, 相対論的電子論における波動関数は, 与えられた $\mathbf{p}$ の下で2つ (正負) のエネルギー状態と2つのスピン状態を考慮するために $2 \times 2 = 4$ 個の成分を必要とする, という記述を一般の文献において見かける. この説明は (誤りではないとしても) 不完全である. このことを理解するには, Klein-Gordon 理論が単一成分の波動関数を扱い, スピン0の2つのエネルギー状態を記述することを思い出せばよい. その上, 我々が議論の最初に用いた Waerden による2成分波動関数に関する2階の式(3.24)は, 電子の記述に関して完全に正当な式であって, Dirac 方程式と同様に2つのエネルギーと2つのスピン状態を表すことができる[13]. このこととの関連で, 時間に関して1階の拡散 (熱) 方程式や Schrödinger 方程式と, 時間に関して2階の波動方程式 (弦の振動などを記述する) や Klein-Gordon 方程式の重要な違いを指摘しておく. 沸騰した湯の中にジャガイモを入れた後の温度分布推移の問題を解く場合, 初期状態としてジャガイモ内部の温度分布さえ与えられていれば充分であり, ジャガイモが温まる"速さ"を知る必要はない. 他方, 振動する弦の $t > 0$ における時間発展を予言しようとする場合, $t = 0$ における変位分布だけを知るだけでは不充分であって, 弦の各部位が $t = 0$ においてどのくらいの速さで動いているかということも知る必要がある. 一般に時間に関して2階の偏微分方程式を解く際には, 初期状態の関数そのものと, その時間微分を両方とも決めなければならない. しかし時間に関して1階の偏微分方程式では, 関数自体の初期状態だけを決めればよい. したがって Dirac 理論において $t = 0$ における ψ が分かれば, それだけから $t > 0$ における ψ の時間発展を予言できる. これに対して Waerden の2成分の方程式は時間に関して2階の式なので, ϕ の時間発展を予言するには $t = 0$ における ϕ と $\partial \phi / \partial t$ を知る必要がある. エネルギー固有状態を対象として (ϕ とともに) $\partial \phi / \partial t$ を決めるということは, エネルギーの符号を特定することになる. 4成分の Dirac 方程式を用いるにしても, 2成分の Waerden 方程式を使うにしても, 決めなければならない独立な成分の数は "4つ" である.

---

[13] 式(3.24) の2成分形式が Dirac 理論のように多く用いられない理由のひとつは, 式(3.24)に電磁的相互作用を加えた場合の解が, パリティ変換の下で複雑な変換性を持ってしまう点にある (p.219, 問題3-5). しかしながら R. P. Feynman と L. M. Brown が示したように, 実際的な量子電磁力学の問題を解くために, Dirac 方程式と同様に, この2成分方程式を利用することも可能である.

平面波解 今度は $\mathbf{p} \neq \mathbf{0}$ の自由粒子を考えよう. 平面波の基本形,

$$\psi = \begin{pmatrix} \psi_A \\ \psi_B \end{pmatrix} = \begin{pmatrix} u_A(\mathbf{p}) \\ u_B(\mathbf{p}) \end{pmatrix} \exp\left(i\frac{\mathbf{p}\cdot\mathbf{x}}{\hbar} - i\frac{Et}{\hbar}\right) \tag{3.100}$$

を, 式(3.62) で $A_0 = 0$, $\mathbf{A} = \mathbf{0}$ と置いた式に代入すると, 次式を得る.

$$u_A(\mathbf{p}) = \frac{c}{E - mc^2}(\boldsymbol{\sigma}\cdot\mathbf{p})u_B(\mathbf{p}), \quad u_B(\mathbf{p}) = \frac{c}{E + mc^2}(\boldsymbol{\sigma}\cdot\mathbf{p})u_A(\mathbf{p}) \tag{3.101}$$

$E = \sqrt{c^2|\mathbf{p}|^2 + m^2c^4} > 0$ に関して, $u_A(\mathbf{p})$ を規格化係数を除いて,

$$\begin{pmatrix} 1 \\ 0 \end{pmatrix} \quad \text{and} \quad \begin{pmatrix} 0 \\ 1 \end{pmatrix}$$

と置いてみる ($\mathbf{p} = \mathbf{0}$ で式(3.97)の第1解, 第2解に帰着). 式(3.101) の第2式に次式を適用すれば, これらに対応する下側の2成分スピノル $u_B(\mathbf{p})$ が容易に求まる.

$$\boldsymbol{\sigma}\cdot\mathbf{p} = \begin{pmatrix} p_3 & p_1 - ip_2 \\ p_1 + ip_2 & -p_3 \end{pmatrix} \tag{3.102}$$

この方法で, $E > 0$ の2つの独立な解が得られる.

$$u^{(1)}(\mathbf{p}) = N \begin{pmatrix} 1 \\ 0 \\ \dfrac{cp_3}{E + mc^2} \\ \dfrac{c(p_1 + ip_2)}{E + mc^2} \end{pmatrix}, \quad u^{(2)}(\mathbf{p}) = N \begin{pmatrix} 0 \\ 1 \\ \dfrac{c(p_1 - ip_2)}{E + mc^2} \\ -\dfrac{cp_3}{E + mc^2} \end{pmatrix} \tag{3.103}$$

規格化係数 N は後から決める. $E = -\sqrt{c^2|\mathbf{p}|^2 + m^2c^4} < 0$ については, 下側の2成分スピノル $u_B(\mathbf{p})$ を,

$$\begin{pmatrix} 1 \\ 0 \end{pmatrix} \quad \text{and} \quad \begin{pmatrix} 0 \\ 1 \end{pmatrix}$$

のように置いて, $\mathbf{p} = \mathbf{0}$ のときに ψ が式(3.97) の第3解, 第4解に帰着するようにしておく. 式(3.101) の第1式を用いて $u_A(\mathbf{p})$ を求めると, 負エネルギー解は次のように与えられる.

$$u^{(3)}(\mathbf{p}) = N \begin{pmatrix} -\dfrac{cp_3}{|E| + mc^2} \\ -\dfrac{c(p_1 + ip_2)}{|E| + mc^2} \\ 1 \\ 0 \end{pmatrix}, \quad u^{(4)}(\mathbf{p}) = N \begin{pmatrix} -\dfrac{c(p_1 - ip_2)}{|E| + mc^2} \\ \dfrac{cp_3}{|E| + mc^2} \\ 0 \\ 1 \end{pmatrix} \tag{3.104}$$

3.3. 単純な解; 非相対論近似; 平面波

これらを用いた平面波解,

$$u^{(r)}(\mathbf{p}) \exp\left[i\frac{\mathbf{p}\cdot\mathbf{x}}{\hbar} - i\frac{Et}{\hbar}\right]$$

が自由場の Dirac 方程式を満たすので, 自由粒子スピノル $u^{(r)}(\mathbf{p})$ $(r=1,2,3,4)$ が,

$$(i\gamma\cdot p + mc)\,u^{(r)}(\mathbf{p}) = 0 \tag{3.105}$$

を満たすことは明らかである. ここで $E>0$, $E<0$ に関わらず $\gamma\cdot p = \gamma_\mu p_\mu$, $p = (\mathbf{p}, iE/c)$ である[‡]. このことは, 直接の代入によって確認できる.

前に示したように, 式(3.97) に与えた $\mathbf{p} = 0$ における 4 つの独立な自由粒子解は 4×4 行列 Σ_3 の固有スピノルである. しかし $\mathbf{p} \neq 0$ の自由粒子解に関してそうならないことは, 直接 Σ_3 を式(3.103) と式(3.104) に作用させれば確認できる. ここで z 軸を運動量 $\mathbf{p}$ と一致するように座標を設定し直して, $p_1 = p_2 = 0$ にしよう. そうすれば $u^{(r)}$ $(r=1,2,3,4)$ は Σ_3 の固有スピノルとなり, 固有値はそれぞれ $+1, -1, +1, -1$ である. 一般に自由粒子の平面波解を $\mathbf{\Sigma}\cdot\hat{\mathbf{p}}$ ($\hat{\mathbf{p}} = \mathbf{p}/|\mathbf{p}|$) の固有関数に選ぶことはできるが, "任意の" 単位ベクトル $\hat{\mathbf{n}}$ を用いた $\mathbf{\Sigma}\cdot\hat{\mathbf{n}}$ の固有関数にすることはできない[14]. 3.5節で見る予定だが, Dirac 理論における平面波解のこのような特異性が, $\hat{\mathbf{n}} = \pm\hat{\mathbf{p}}$ もしくは $\mathbf{p}=0$ でない限り一般に演算子 $\mathbf{\Sigma}\cdot\hat{\mathbf{n}}$ が自由粒子ハミルトニアンと交換しないことに起因している. 自由粒子ハミルトニアンと同時対角化が可能な演算子 $\mathbf{\Sigma}\cdot\hat{\mathbf{p}}$ のことを "ヘリシティ演算子" (helicity operator) と称する. ヘリシティが $+1$ の固有状態 (スピンと運動方向が一致している) を "右巻き状態", ヘリシティが -1 の固有状態 (スピンと運動方向が反対向き) を "左巻き状態"

[‡](訳註) 一般のスカラー積と同様に $\gamma\cdot p$ のナカグロを省いて γp と書く文献もある. 更に γ_μ と 4 元ベクトル b_μ との擬似的な "スカラー積" (この場合は 'スカラー積' といっても実体は 4×4 行列になる) を $\rlap{/}{b}$ と書く記法もあるので, $\gamma\cdot p$ を $\rlap{/}{p}$ と書いてもよい. このように γ_μ との "スカラー積" の意味でベクトル文字に重ねて書く "/" を Feynman スラッシュと呼ぶ.

[14] この状況は非相対論的な Pauli の理論とは著しく対照的である. Pauli 理論では時空座標に依存しない "任意の" 2 成分スピノルが, 何れかの方向の単位ベクトル $\hat{\mathbf{n}}$ を用いた $\boldsymbol{\sigma}\cdot\hat{\mathbf{n}}$ の固有スピノルに対応する. 任意に $\hat{\mathbf{n}}$ を決めれば,

$$(\boldsymbol{\sigma}\cdot\hat{\mathbf{n}})\begin{pmatrix} a \\ b \end{pmatrix} = \begin{pmatrix} a \\ b \end{pmatrix}$$

を満たすスピノルを見いだせる. 規格化スピノルとして $a = \cos(\theta_0/2)e^{-i\phi_0/2}$, $b = \sin(\theta_0/2)e^{+i\phi_0/2}$ と置けばよい. θ_0 と ϕ_0 は単位ベクトルの方向を決める角度で, スピンはその方向をむく. (以下訳註) 直観に訴える粗雑な喩え話を紹介すると, 静止していない相対論的な粒子において任意の方向にスピンを導入できない理由は, その粒子自身が Lorentz 収縮を起こして運動方向につぶれた "形" をしており, 粒子を含む空間も "異方的" になっていて, 収縮軸の方向以外に "自転軸" を設定しても, そのまわりの角運動量がよい量子数を持てないからである. 非相対論極限で収縮を考えなくてもよければ "自転軸" の設定方向は任意である.

と呼ぶ§.

$\mathbf{p}$ を決めたときに，式(3.103) と式(3.104) によって与えられる自由粒子スピノル $u^{(r)}(\mathbf{p})$ $(r=1,2,3,4)$ が互いに直交することを示すのは容易である.

$$u^{(r)\dagger}(\mathbf{p})u^{(r')}(\mathbf{p}) = 0 \quad \text{for} \quad r \neq r' \tag{3.106}$$

$u^{(r)}$ の規格化に関して，一般の文献において2通りの流儀がある.

(a) $u^{(r)\dagger}(\mathbf{p})u^{(r)}(\mathbf{p}) = 1$ \hfill (3.107)

これは，

$$\left[1 + \frac{c^2|\mathbf{p}|^2}{(|E|+mc^2)^2}\right]N^2 = 1 \tag{3.108}$$

を意味するので，規格化係数は次のようになる.

$$N = \sqrt{\frac{|E|+mc^2}{2|E|}} \tag{3.109}$$

(b) $u^{(r)\dagger}(\mathbf{p})u^{(r)}(\mathbf{p}) = \dfrac{|E|}{mc^2}$ \hfill (3.110)

規格化係数は，次のようになる.

$$N = \sqrt{\frac{|E|+mc^2}{2mc^2}} \tag{3.111}$$

後者の規格化の方法では，$u^\dagger u$ を4元ベクトルの第ゼロ成分のように変換させているが†，この段階ではかなり変則的な規格化条件に見える．しかし次節において，この方法が相対論的な観点から全く自然であることが分かる．本書では一貫して，式(3.110) の規格化条件を用いることにする.

まとめると，$\mathbf{p}$ を決めたときの規格化された平面波解は，以下のように表される.

---

§(訳註) 原書ではここで"右手型状態 (right-handed state)"および"左手型状態 (left-handed state)"の術語を用いているが，本来の語義からすると，ヘリシティ (旋性) の区別 → "右巻き／左巻き"，カイラリティ (掌性, p.210) の区別 → "右手型／左手型"と対応させるのが妥当である．相対論的な高エネルギー領域 (もしくは固有質量 $m \to 0$) では両者の区別は実質的にほとんど同じになるという事情 (式(3.462)-(3.463) 参照) と，英語では"右巻き／左巻き"にあたる適当な慣用表現がないという事情から，"右巻き／左巻き"と"右手型／左手型"を使い分けていない文献が多い．本訳稿では基本的に本来の語義と整合する術語を採用する.

†(訳註) m はここでは静止質量であることに改めて注意されたい．相対論的質量は $m_{\rm rel} = m/\{1-(v/c)^2\}^{1/2}$，相対論的エネルギーは $|E| = m_{\rm rel}c^2 = \left[m/\{1-(v/c)^2\}^{1/2}\right]c^2$ なので，$|E|/mc^2 = 1/\{1-(v/c)^2\}^{1/2}$ である.

3.3. 単純な解; 非相対論近似; 平面波

$$\psi = \sqrt{\frac{mc^2}{EV}}\, u^{(1\text{ or }2)}(\mathbf{p}) \exp\left[i\frac{\mathbf{p}\cdot\mathbf{x}}{\hbar} - i\frac{Et}{\hbar}\right], \quad E = \sqrt{c^2|\mathbf{p}|^2 + m^2c^4} > 0 \tag{3.112}$$

$$\psi = \sqrt{\frac{mc^2}{|E|V}}\, u^{(3\text{ or }4)}(\mathbf{p}) \exp\left[i\frac{\mathbf{p}\cdot\mathbf{x}}{\hbar} + i\frac{|E|t}{\hbar}\right], \quad E = -\sqrt{c^2|\mathbf{p}|^2 + m^2c^4} < 0 \tag{3.113}$$

$$u^{(1\text{ or }2)}(\mathbf{p}) = \sqrt{\frac{E+mc^2}{2mc^2}} \left[\begin{pmatrix} 1 \\ 0 \\ \dfrac{cp_3}{E+mc^2} \\ \dfrac{c(p_1+ip_2)}{E+mc^2} \end{pmatrix} \text{ or } \begin{pmatrix} 0 \\ 1 \\ \dfrac{c(p_1-ip_2)}{E+mc^2} \\ -\dfrac{cp_3}{E+mc^2} \end{pmatrix} \right] \tag{3.114}$$

$$u^{(3\text{ or }4)}(\mathbf{p}) = \sqrt{\frac{|E|+mc^2}{2mc^2}} \left[\begin{pmatrix} -\dfrac{cp_3}{|E|+mc^2} \\ -\dfrac{c(p_1+ip_2)}{|E|+mc^2} \\ 1 \\ 0 \end{pmatrix} \text{ or } \begin{pmatrix} -\dfrac{c(p_1-ip_2)}{|E|+mc^2} \\ \dfrac{cp_3}{|E|+mc^2} \\ 0 \\ 1 \end{pmatrix} \right] \tag{3.115}$$

式(3.112) と式(3.113) において $u^{(r)}(\mathbf{p})$ の前にある平方根の部分は，$u^{(r)}$ の規格化条件 (3.110) の $|E|/mc^2$ と相殺させるための因子で，これを入れておくことにより，

$$\int_V \psi^\dagger \psi\, d^3 x = 1 \tag{3.116}$$

が成り立つ[‡]．$V \to \infty$ とすると，許容される E の値は連続スペクトルを形成する．正エネルギーの自由粒子解では $mc^2 \leq E < \infty$ が許容範囲となり，負エネルギーの自由粒子解では $-\infty < E \leq -mc^2$ が許容範囲となる．この様子を図3.1に示す．

自由粒子以外で，Dirac方程式を厳密に解くことのできる問題は限られている．3.8節で Coulombポテンシャル内の電子の問題を取り上げ，厳密解を導く予定である．

[‡](訳註) 座標系を任意に選び，粒子のエネルギーとは無関係に規格化体積 V を設定して ψ に体積規格化条件を課するということは，ψ の定義式に，高エネルギーで効いてくる Lorentz 収縮効果による物理的な高密度化因子 $|E|/mc^2$ の影響を相殺するような低密度化因子 $\sqrt{mc^2/|E|V}$ をあらかじめ形式的に加えておくことを含意しており，実際に式(3.112) と式(3.113) にはこの通りの因子が付いている．物理的な議論の順序としては，後から出てくる例のように式(3.163)-(3.170)) まず粒子が静止している座標系を選び出して規格化体積を設定し，それを規準としたときの規格化体積の収縮に伴う高密度化を見るのが分かりやすいが，任意の座標系を選んで体積規格化を天下りに施すという通常の手続きは，逆に規格化体積を固定的に設定し，粒子のエネルギーに応じて ψ に低密度化を施して体積規格化の辻褄を合わせるという形になっている．

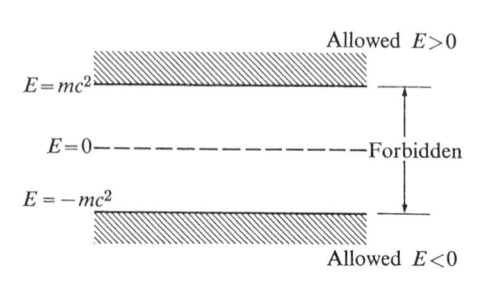

```
              Allowed E>0
E=mc² ▨▨▨▨▨▨▨▨▨▨▨▨
                          ↕
E=0 ————————————Forbidden
                          ↕
E=-mc² ▨▨▨▨▨▨▨▨▨▨▨▨
              Allowed E<0
```

図3.1　自由粒子に許容される E の値.

厳密解が得られるもうひとつの例としては, 一様な磁場内の電子の問題があるが, これは練習問題とする (p.219, 問題3-2).

3.4　相対論的共変性

Lorentz変換と回転　Dirac方程式の相対論的な共変性を調べる前に, Lorentz変換の性質を簡単に復習しておく. 通常のLorentz変換は, 形式的にMinkowski空間における4次元的な回転として表現することができる. まずは通常の3次元空間における回転を見てみる.

1-2面における座標系を, 第3軸のまわりに角度 ω だけ回転させる変換を考える. 回転角度の符号は, 右ねじが x_3 軸の正の方向に進むときの回転方向を $\omega > 0$ とする. 変換前の座標系で (x_1, x_2, x_3) と表された点が, 変換後に (x'_1, x'_2, x'_3) に移るとすると, 次の関係が成り立つ.

$$\begin{aligned} x'_1 &= x_1 \cos\omega + x_2 \sin\omega \\ x'_2 &= -x_1 \sin\omega + x_2 \cos\omega \end{aligned} \tag{3.117}$$

一方, x_1 軸の正の方向に $v = \beta c$ の速度を持つ系への等速推進(ブースト)をLorentz変換として扱うと, 変換前の点 $(\mathbf{x}, ix_0)$ と変換後の点 $(\mathbf{x}', ix'_0)$ は次のように関係する.

$$\begin{aligned} x'_1 &= \frac{x_1}{\sqrt{1-\beta^2}} - \frac{\beta x_0}{\sqrt{1-\beta^2}} \\ x'_0 &= -\frac{\beta x_1}{\sqrt{1-\beta^2}} + \frac{x_0}{\sqrt{1-\beta^2}} \end{aligned} \tag{3.118}$$

3.4. 相対論的共変性

これを，次のように表すこともできる.

$$x'_1 = x_1 \cosh\chi + ix_4 \sinh\chi$$
$$x'_4 = -ix_1 \sinh\chi + x_4 \cosh\chi \tag{3.119}$$

ここで

$$\tanh\chi = \beta \tag{3.120}$$

である．虚数角度 $i\chi$ の余弦と正弦はそれぞれ $\cosh\chi$, $i\sinh\chi$ なので，上の等速推進（ブースト）変換は形式的には 1-4 面内の角度 $i\chi$ の回転に相当しており，式(3.117) が 1-2 面内での実数角度 ω の回転を表すことと対応している．3 次元回転と等速推進（ブースト）を組み合わせた一般の変換において，変換係数に関して次の性質が得られる．

$$a_{\mu\nu} a_{\lambda\nu} = \delta_{\mu\lambda} \tag{3.121}$$

変換係数 $a_{\mu\nu}$ 自体は，次のように定義される.

$$x'_\mu = a_{\mu\nu} x_\nu \tag{3.122}$$

これ以降，当面は Lorentz 変換という術語を，式(3.117) に類する"純粋な"回転 (3次元回転) と，式(3.119) に類する"純粋な"Lorentz 変換 (等速推進（ブースト）) だけを複合した変換の意味に限定して用いることにする．すなわち今の段階では，恒等変換と無限小しか違わない変換 (生成子) の連続的な適用によって達成される変換だけを対象とする．たとえば式(3.117) は，次の無限小変換を連続して施すことによって得られる．

$$x'_1 = x_1 + \delta\omega\, x_2$$
$$x'_2 = -\delta\omega\, x_1 + x_2 \tag{3.123}$$

$\delta\omega$ は無限小の回転角度である．これは，次の条件を満たす変換だけを考えるということと等価である[§].

$$\det(a_{\mu\nu}) = 1, \quad a_{44} > 0 \tag{3.124}$$

[§] (訳註) 式(3.121) は変換行列の列同士の正規直交性を意味するだけなので，これだけであれば 4 次元的回転や座標反転や時間の逆転を含むような一般の 4 次元的"等形変換"の規定である．式(3.124) の条件は，このうち座標反転や時間の逆転を含まない変換だけを対象にするという意味になり，この条件を満たす Lorentz 変換を固有順時 Lorentz 変換 (proper orthochronous Lorentz transformation) と称する (式(3.157) 参照).

Dirac方程式の共変性 Lorentz変換の下でのDirac方程式の共変性 (covariance) とはどういう意味か？ まず第1段階として，誰かが x' 座標系において相対論的電子論を構築すると，彼が得る1階の波動方程式はDirac方程式のように"見える"ものと仮定する．第2段階として，同じ電子を x 座標系から見た波動関数 $\psi(x)$ と，x' 座標系から見た波動関数 $\psi'(x')$ を関係づける規定が存在し，その処方に基づく相互変換が可能のはずであると考えて変換則を設定する．第3段階として，x' 座標系において得られた"Dirac方程式のような"式が，単にDirac方程式に似ているだけではなく，上述の変換則を通じて x 座標系から見ても正確にDirac方程式と等価であることを示せるならば（そのような変換則が見出せるならば）Dirac方程式は $x \leftrightarrow x'$ 変換の下で共変であると言える．

我々の観点では，ガンマ行列は単に ψ の成分が相互に関係する様子を把握するための便宜的な道具として導入したものにすぎず，座標系の選択から本質的な影響を受けるべきものではない．したがってLorentz変換の下で，ガンマ行列の具体的な形が変わらないものと仮定しておいてよい[15]．すぐ後に見るように $\bar{\psi}\gamma_\mu\psi$ は4元ベクトルとして変換するけれども，ガンマ行列"自体"の成分は4元ベクトルの成分ではない．また，同じ状況下の波動関数を異なる座標系から見ると，その各成分は同じではない．

この観点から，まず仮にDirac方程式が x' 座標系においても同じ形をしているように見えるものと仮定するならば，

$$\gamma_\mu \frac{\partial}{\partial x'_\mu}\psi'(x') + \frac{mc}{\hbar}\psi'(x') = 0 \tag{3.125}$$

である．ガンマ行列にはプライム記号 (') が"付かない"ことに注意されたい．問題は「ψ と ψ' がどのように関係するか？」である．ここで電磁気学からの類推が助けとなる．ゲージの変更を伴わないLorentz変換を行うと，$A_\mu(x)$ と $A'_\mu(x')$ の関係は，

$$A'_\mu(x') = a_{\mu\nu} A_\nu(x) \tag{3.126}$$

と与えられる．式(3.122)で定義してある $a_{\mu\nu}$ は，時空全体に大域的に施す変換の性質を決めており，時空座標には依存しない．これと同様に $\psi(x)$ と $\psi'(x')$ にも大域的に一様な線形関係を仮定して，次のように書いてみよう．

$$\psi'(x') = S\psi(x) \tag{3.127}$$

S はLorentz変換自体に依存して決まる 4×4 行列で，やはり $\mathbf{x}$ と t には依存しない．式(3.125)を $\partial/\partial x'_\mu = a_{\mu\nu}(\partial/\partial x_\nu)$ を用いて書き直す（第1章，式(1.21)参照）．

---

[15] つまりLorentz変換と同時にガンマ行列の表示が変更を受けることのない変換を考える．

3.4. 相対論的共変性

$$\gamma_\mu a_{\mu\nu} \frac{\partial}{\partial x_\nu} S\psi + \frac{mc}{\hbar} S\psi = 0 \tag{3.128}$$

左から S^{-1} を掛けると,次式を得る.

$$S^{-1}\gamma_\mu S a_{\mu\nu} \frac{\partial}{\partial x_\nu} \psi + \frac{mc}{\hbar} \psi = 0 \tag{3.129}$$

ここで「式(3.129) は Dirac 方程式と等価であるか?」と問うてみよう.その答えは,もし我々が次式を満たすような S を見いだすことができるならば,その等価性を是認できる,ということになる.

$$S^{-1}\gamma_\mu S a_{\mu\nu} = \gamma_\nu \tag{3.130}$$

これに $a_{\lambda\nu}$ を掛けて,ν に関する和をとると,

$$S^{-1}\gamma_\lambda S = \gamma_\nu a_{\lambda\nu} \tag{3.131}$$

となる.ここでは式(3.121) を用いた[16].つまり Dirac 方程式の相対論的な共変性を示すという問題は,上式を満たす S を見いだすという問題に還元されたことになる.

4次元時空において一般化される回転の概念と区別して,3次元空間における通常の回転を"純粋な"回転と呼び,まずはこれを扱う.式(3.117) の回転に適合する S を探すために,静止している粒子は上側の2成分スピノル u_A が非相対論的な Pauli 理論における2成分スピノルに対応することを思い出そう.したがってこの特別な場合に関しては,非相対論的な量子力学における回転変換の知識に基づいて,u_A がどのように変換するかを知ることができる.u_A が x 座標系における Pauli スピノルであるならば,同じ物理的状況下で式(3.117) によって定義される x' 座標系から見たときの Pauli スピノルは,u_A に,

$$\left(\cos\frac{\omega}{2} + i\sigma_3 \sin\frac{\omega}{2} \right) \tag{3.132}$$

を掛けたものになる[17].S の形は "静止した粒子の" スピノルに作用するのか,より一般的な状態を表す波動関数に作用するのかという状況には無関係に決まるはずなの

---

[16] 行列 $a_{\lambda\nu}$ が $\mathbf{x}$ と x_0 の座標軸を変換するのに対し,ガンマ行列やここで現れる 4×4 行列 S は ψ の成分を再編成するものである.$a_{\mu\nu}$ と γ_μ はどちらも 4×4 行列であるが,これらは全く異なる空間において定義されていることに注意せよ.たとえば式(3.131) は次式を意味する.

$$\sum_{\beta,\gamma} (S^{-1})_{\alpha\beta} (\gamma_\lambda)_{\beta\gamma} (S)_{\gamma\delta} = \sum_\nu a_{\lambda\nu} (\gamma_\nu)_{\alpha\delta}$$

[17] たとえば Dicke and Wittke (1960), p.255 を参照.例としてスピンが x_1 の正の方向をむいた電子を考えると,この波動関数は,

$$\frac{1}{\sqrt{2}} \begin{pmatrix} 1 \\ 1 \end{pmatrix}$$

第3章 スピン1/2粒子の相対論的量子力学

で，式(3.132) に似た次の 4×4 行列を，この回転変換に対応する S として試してみるのが自然であろう．

$$S_{\rm rot} = \cos\frac{\omega}{2} + i\Sigma_3 \sin\frac{\omega}{2} = \cos\frac{\omega}{2} + \gamma_1\gamma_2 \sin\frac{\omega}{2} \tag{3.133}$$

これは4成分波動関数に対して作用する行列である．$(\gamma_1\gamma_2)^2 = \gamma_1\gamma_2\gamma_1\gamma_2 = -\gamma_1^2\gamma_2^2 = -1$ なので，$S_{\rm rot}^{-1}$ は次のように与えられる．

$$S_{\rm rot}^{-1} = \cos\frac{\omega}{2} - \gamma_1\gamma_2 \sin\frac{\omega}{2} \tag{3.134}$$

したがって，確認すべき関係式は次のようになる (式(3.131))．

$$\left(\cos\frac{\omega}{2} - \gamma_1\gamma_2 \sin\frac{\omega}{2}\right)\gamma_\lambda \left(\cos\frac{\omega}{2} + \gamma_1\gamma_2 \sin\frac{\omega}{2}\right) = \gamma_\nu a_{\lambda\nu} \tag{3.135}$$

今，考えている x_3 軸のまわりの回転では，$\lambda = 3, 4$ に関しては $a_{\lambda\nu} = \delta_{\lambda\nu}$ である．したがって $\gamma_1\gamma_2\gamma_{3,4} = \gamma_{3,4}\gamma_1\gamma_2$ および $\gamma_1\gamma_2\gamma_{3,4}\gamma_1\gamma_2 = -\gamma_{3,4}$ により，式(3.135) は自明となる．たとえば $\lambda = 1$ については，

$$\left(\cos\frac{\omega}{2} - \gamma_1\gamma_2 \sin\frac{\omega}{2}\right)\gamma_1 \left(\cos\frac{\omega}{2} + \gamma_1\gamma_2 \sin\frac{\omega}{2}\right)$$
$$= \gamma_1 \cos^2\frac{\omega}{2} + 2\gamma_2 \sin\frac{\omega}{2}\cos\frac{\omega}{2} - \gamma_1 \sin^2\frac{\omega}{2}$$
$$= \gamma_1 \cos\omega + \gamma_2 \sin\omega \tag{3.136}$$

である．式(3.117) によれば，この変換では $\cos\omega = a_{11}$, $\sin\omega = a_{12}$ なので，式(3.135) は $\lambda = 1$ の場合に実際に成立している．$\lambda = 2$ の場合も同様に確認できる．したがって x_3 のまわりの回転変換に関して，共変性の条件式(3.131) を満たす $S_{\rm rot}$ が，式(3.133) によって正しく与えられたことになる．

式(3.119) を見ると，この"純粋な"Lorentz変換は，形式的には 1-4 面内における虚数角度 $i\chi$ の回転にほかならない．したがって式(3.119) に対応する S として，式(3.133) において $\omega \to i\chi$, $\gamma_2 \to \gamma_4$ と変更した次の形を試してみる．

$$S_{\rm Lor} = \cosh\frac{\chi}{2} + i\gamma_1\gamma_4 \sinh\frac{\chi}{2} \tag{3.137}$$

今度は，共変性のために確認すべき関係式は次のようになる．

と表される．これが σ_1 の固有スピノルで，その固有値が $+1$ であることは明らかである．x_3 軸のまわりの $90°$ 回転によって移行した x' 座標系において，この電子のスピンは x'_2 の負の方向をむいている．したがって x' 座標系における波動関数は，

$$\left(\cos\frac{\pi}{4} + i\sigma_3 \sin\frac{\pi}{4}\right)\frac{1}{\sqrt{2}}\begin{pmatrix}1\\1\end{pmatrix} = \frac{1}{2}\begin{pmatrix}1+i\\1-i\end{pmatrix}$$

となる．これは σ_2 の固有値 -1 の固有スピノルになっている．

3.4. 相対論的共変性

$$\left(\cosh\frac{\chi}{2} - i\gamma_1\gamma_4\sinh\frac{\chi}{2}\right)\gamma_\lambda\left(\cosh\frac{\chi}{2} + i\gamma_1\gamma_4\sin\frac{\chi}{2}\right) = \gamma_\nu a_{\lambda\nu} \tag{3.138}$$

先程と同様の技法で，これを証明できる．たとえば $\lambda = 4$ について次の通りである．

$$\begin{aligned}
&\left(\cosh\frac{\chi}{2} - i\gamma_1\gamma_4\sinh\frac{\chi}{2}\right)\gamma_4\left(\cosh\frac{\chi}{2} + i\gamma_1\gamma_4\sinh\frac{\chi}{2}\right) \\
&= \gamma_4\cosh^2\frac{\chi}{2} - 2i\gamma_1\cosh\frac{\chi}{2}\sinh\frac{\chi}{2} + \gamma_4\sinh^2\frac{\chi}{2} \\
&= \gamma_4\cosh\chi + \gamma_1(-i\sinh\chi) \\
&= \gamma_4 a_{44} + \gamma_1 a_{41}
\end{aligned} \tag{3.139}$$

純粋な回転(3.117)と純粋なLorentz変換(3.119)の下で式(3.131)を満たす S が求まったので，これらの変換の下で Dirac方程式の共変性が確認されたことになる．それぞれを一般化すると，式(3.127)のように ψ と ψ' を関係づける行列 S は，x_k 軸のまわりの角度 ω の純粋な回転の下では，

$$S_{\text{rot}} = \cos\frac{\omega}{2} + i\sigma_{ij}\sin\frac{\omega}{2} = \cos\frac{\omega}{2} + i\Sigma_k\sin\frac{\omega}{2} \tag{3.140}$$

と与えられ $((ijk)$ cyclic)，x_k 軸方向に規格化速度 $\beta = \tanh\chi$ で等速推進させる純粋なLorentz変換（ブースト）の下では，

$$S_{\text{Lor}} = \cosh\frac{\chi}{2} - \sigma_{k4}\sinh\frac{\chi}{2} = \cosh\frac{\chi}{2} - \alpha_k\sinh\frac{\chi}{2} \tag{3.141}$$

と与えられる．但しここで用いた $\sigma_{\mu\nu}$ は(添字が2つあることに注意) Pauli行列ではなく，次のように新たに定義した 4×4 行列である．

$$\sigma_{\mu\nu} = \frac{1}{2i}[\gamma_\mu, \gamma_\nu] = -i\gamma_\mu\gamma_\nu, \quad \mu \neq \nu \tag{3.142}$$

具体的に書くと，次のようになる (σ_k はPauli行列).

$$\begin{aligned}
\sigma_{ij} &= -\sigma_{ji} = -i\gamma_i\gamma_j = \Sigma_k = \begin{pmatrix} \sigma_k & 0 \\ 0 & \sigma_k \end{pmatrix}, \quad (ijk)\text{ cyclic} \\
\sigma_{k4} &= -\sigma_{4k} = -i\gamma_k\gamma_4 = \alpha_k = \begin{pmatrix} 0 & \sigma_k \\ \sigma_k & 0 \end{pmatrix}
\end{aligned} \tag{3.143}$$

純粋な回転における変換行列について，次の関係が容易に証明される．

$$S_{\text{rot}}^\dagger = \cos\frac{\omega}{2} - i\sigma_{ij}\sin\frac{\omega}{2} = S_{\text{rot}}^{-1} \tag{3.144}$$

しかし，純粋なLorentz変換における変換行列は，

$$S_{\text{Lor}}^\dagger = \cosh\frac{\chi}{2} - \sigma_{k4}\sinh\frac{\chi}{2} = S_{\text{Lor}} \neq S_{\text{Lor}}^{-1} \tag{3.145}$$

である．つまり S_{rot} はユニタリー行列であるが，S_{Lor} はユニタリーでない．しかしこれは悲観すべきことではない．$\psi^\dagger \psi$ が4元ベクトルの第4成分のように変換するのであれば，S_{Lor} はむしろユニタリーであってはならない．純粋な回転と純粋なLorentz変換の両方に共通して，次の関係が成立することは重要である．

$$S^{-1} = \gamma_4 S^\dagger \gamma_4, \quad S^\dagger = \gamma_4 S^{-1} \gamma_4 \tag{3.146}$$

これは γ_4 が σ_{ij} と交換するのに対し，σ_{k4} とは反交換することに因っている．我々は次節において式(3.146)を大いに活用することになる．

空間反転 ここまでは，恒等変換との違いが無限に小さい変換を生成子として構築できる変換だけを扱ってきた．そのような変換の下で，右手系座標は必ず右手系座標へと変換する．これに対して空間反転(しばしば'パリティ変換'と呼ばれる)，

$$\mathbf{x}' = -\mathbf{x}, \quad t' = t \tag{3.147}$$

は右手系座標を左手系座標へと変えるので，ここまでの考察には含まれていない変換である．次に，Dirac理論が空間反転の下でも(なおかつ A_μ が存在しても)共変であることを示してみる．

Maxwell理論によれば，空間反転の下で4元ポテンシャルは次のように変換する[18]．

$$\mathbf{A}'(\mathbf{x}', t') = -\mathbf{A}(\mathbf{x}, t), \quad A_4'(\mathbf{x}', t') = A_4(\mathbf{x}, t) \tag{3.148}$$

空間反転した座標系でも，Dirac方程式が同じ形を取るものと仮定して(式(3.60))，

$$\left(\frac{\partial}{\partial x_\mu'} - \frac{ie}{\hbar c} A_\mu' \right) \gamma_\mu \psi' + \frac{mc}{\hbar} \psi' = 0 \tag{3.149}$$

と置いてみる．次のように書いても内容は等価である．

$$\left[-\left(\frac{\partial}{\partial x_k} - \frac{ie}{\hbar c} A_k \right) \gamma_k + \left(\frac{\partial}{\partial x_4} - \frac{ie}{\hbar c} A_4 \right) \gamma_4 \right] \psi' + \frac{mc}{\hbar} \psi' = 0 \tag{3.150}$$

---

[18] これは以下のように考えればよい．Lorentz力を受けている荷電粒子の運動方程式，

$$m \frac{d}{dt} \left(\frac{\mathbf{v}}{\sqrt{1 - (v/c)^2}} \right) = e \left[\mathbf{E} + (\mathbf{v}/c) \times \mathbf{B} \right]$$

が空間反転を施した座標系においても同じ形を取ることを要請すると，電場は $\mathbf{E}' = -\mathbf{E}$ のように変換し，磁場は $\mathbf{v}' = -\mathbf{v}$ なので $\mathbf{B}' = \mathbf{B}$ のように変換しなければならない．一方，$\mathbf{E}$ と $\mathbf{B}$ は，$\mathbf{A}$ および $A_4 = iA_0$ と，

$$\mathbf{E} = -\nabla A_0 - \frac{1}{c} \frac{\partial \mathbf{A}}{\partial t}, \quad \mathbf{B} = \nabla \times \mathbf{A}$$

のように関係する．したがって必然的に式(3.148)の関係が要請される．

3.4. 相対論的共変性

前と同様に，ここで，

$$\psi'(\mathbf{x}', t') = S_P \psi(\mathbf{x}, t) \tag{3.151}$$

と表される関係を仮定してみる．S_P は時空座標に依存しない 4×4 行列である．式 (3.150) に左から S_P^{-1} を掛けると，式(3.149) が x 座標系の Dirac 方程式と等価であるために S_P が満たすべき条件は，

$$S_P^{-1} \gamma_k S_P = -\gamma_k, \quad S_P^{-1} \gamma_4 S_P = \gamma_4 \tag{3.152}$$

と表される．γ_4 は γ_4 とは交換するが，γ_k とは反交換するので，適当な定数 η を用いて，

$$S_P = \eta \gamma_4, \quad S_P^{-1} = \frac{\gamma_4}{\eta} \tag{3.153}$$

と置けば，式(3.152) が満たされる．さらに確率密度 $\psi^\dagger \psi$ の不変性を要請すると $|\eta|^2 = 1$ であり，すなわち η は実数の位相 ϕ を用いて $\eta = e^{i\phi}$ と表される．この世界における実験から一意的にこのパリティ変換の位相を決めることはできないが，我々の慣例としては，位相を 0 と置いて $\eta = 1$ とする[19]．したがって電子の波動関数を空間反転させる際の変換行列として，

$$S_P = \gamma_4 \tag{3.154}$$

を採用する．

パリティ変換と関係の深い操作として "鏡映" (mirror reflection) がある．たとえば $x_1 x_2$ 面を鏡映面とすると，

$$(x_1', x_2', x_3') = (x_1, x_2, -x_3), \quad x_0' = x_0 \tag{3.155}$$

であるが，これはパリティ変換の後に x_3 軸のまわりに $180°$ の回転を施す変換にほかならず，Dirac 方程式の鏡映に関する共変性は実質的には既に確認が済んでいる．より一般的に，Dirac 方程式は次のような変換の下でも共変であると言える．

$$\det(a_{\mu\nu}) = -1, \quad a_{44} > 0 \tag{3.156}$$

上式の条件を満たす変換は "非固有順時Lorentz変換" (improper orthochronous Lorentz transformation) と呼ばれる．これは本節の前半で扱った，次の条件，

$$\det(a_{\mu\nu}) = 1, \quad a_{44} > 0 \tag{3.157}$$

---
[19] 文献によっては，波動関数が 4 回の連続反転によって元の波動関数に戻らねばならないという要請から $\eta = \pm 1, \pm i$ まで選択の自由を狭めることを論じているものもある．しかしそのような要請に物理的に深い意味が伴うとは思えない．

を満たす現実的な"固有順時Lorentz変換"と対照されるべき仮想変換である.

簡単な例 $S_{\rm rot}, S_{\rm Lor}, S_P$ の物理的な重要性を理解するために,ここでいくつかの具体例を見ておくことが教育的であろう.第1の例として,式(3.117)において回転角度を無限小に設定し,$\cos\omega$ を 1,$\sin\omega$ を $\delta\omega$ に置き換える.2つの座標系から見た波動関数は,次式によって関係づけられる(式(3.133)参照).

$$\psi'(x') = \left[1 + i\Sigma_3\left(\frac{\delta\omega}{2}\right)\right]\psi(x) \tag{3.158}$$

ここで $\mathbf{x}' = \mathbf{x} + \delta\mathbf{x}$ と書くと,

$$\delta\mathbf{x} = (x_2\delta\omega, -x_1\delta\omega, 0) \tag{3.159}$$

である.また,

$$\psi'(x) = \psi'(x') - \delta x_1 \frac{\partial \psi'}{\partial x_1} - \delta x_2 \frac{\partial \psi'}{\partial x_2} \tag{3.160}$$

なので,次式が得られる.

$$\begin{aligned}\psi'(x) &= \left[1 + i\Sigma_3\frac{\delta\omega}{2} - \left(x_2\delta\omega\frac{\partial}{\partial x_1} - x_1\delta\omega\frac{\partial}{\partial x_2}\right)\right]\psi(x) \\ &= \psi(x) + i\delta\omega\left[\frac{1}{2}\Sigma_3 + \frac{1}{\hbar}\left(-i\hbar x_1\frac{\partial}{\partial x_2} + i\hbar x_2\frac{\partial}{\partial x_1}\right)\right]\psi(x)\end{aligned} \tag{3.161}$$

上式から,この無限小回転によって生じる ψ の"関数の形"の違いは2つの部分から成ることを見て取れる.ひとつは時空座標に依存しない演算子 $i\Sigma_3\delta\omega/2$ が $\psi(x)$ の"内部"に作用する部分,もうひとつは波動関数の空間依存部分に対して作用する演算子 $iL_3\delta\omega/\hbar$ である.したがって,次の和,

$$\frac{1}{\hbar}\left(\frac{\hbar}{2}\Sigma_3 + L_3\right) \tag{3.162}$$

は x_3 軸のまわりの無限小回転の生成子であり,$\hbar$ 単位で表した全角運動量の第3成分と同定されるべきものである[20].

第2の例として,x 座標系において x_3 軸方向に運動量 $\mathbf{p}$,ヘリシティ+1 を持つ自由な正エネルギーの電子を考えよう.そして x' 座標系を,その電子が静止して見えるように選ぶ(図3.2).x' 座標系では,この電子の波動関数が次のように表される.

---

[20] "物理系"を x_3 軸のまわりに $\delta\omega$ だけ無限小回転させる演算子は $1 - i\delta\omega(J_3/\hbar)$ である.しかし我々は物理系ではなく座標系の方の回転を想定しているので,ここで現れる演算子は $1 + i\delta\omega J_3/\hbar$ となっている.

3.4. 相対論的共変性

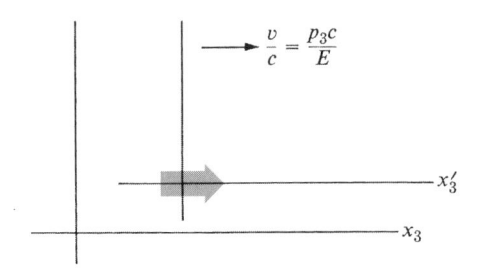

$$\frac{v}{c} = \frac{p_3 c}{E}$$

図3.2　正のヘリシティを持つ電子が x_3 軸方向に運動量 **p** を持って運動している．x' 座標系から見ると，その電子は静止している．太い灰色の矢印はスピンの向きを表す．

$$\psi'(x') = \frac{1}{\sqrt{V'}} \begin{pmatrix} 1 \\ 0 \\ 0 \\ 0 \end{pmatrix} e^{-imc^2 t/\hbar} \tag{3.163}$$

ここで問題にしたいのは「元の x 座標系において，同じ電子の波動関数がどのように表されるか？」である．それぞれの座標系における波動関数の間の関係は，

$$\psi(x) = S_{\mathrm{Lor}}^{-1} \psi'(x') \tag{3.164}$$

であり，変換行列は式(3.141)および式(3.137)により，

$$S_{\mathrm{Lor}}^{-1} = \cosh \frac{\chi}{2} - i\gamma_3 \gamma_4 \sinh \frac{\chi}{2} \tag{3.165}$$

という形になる．χ は次のように与えられる．

$$\cosh \chi = \frac{E}{mc^2}, \quad \sinh \chi = \frac{p_3}{mc} \tag{3.166}$$

したがって，

$$\cosh \frac{\chi}{2} = \sqrt{\frac{1 + \cosh \chi}{2}} = \sqrt{\frac{E + mc^2}{2mc^2}}$$
$$\sinh \frac{\chi}{2} = \sqrt{\cosh^2 \frac{\chi}{2} - 1} = \frac{cp_3}{\sqrt{2mc^2(E + mc^2)}} \tag{3.167}$$

であり，x 座標系から見た波動関数のスピノル因子は次のように与えられる．

$$S_{\text{Lor}}^{-1} \begin{pmatrix} 1 \\ 0 \\ 0 \\ 0 \end{pmatrix} = \begin{pmatrix} \sqrt{\dfrac{E+mc^2}{2mc^2}} I & \dfrac{cp_3\,\sigma_3}{\sqrt{2mc^2(E+mc^2)}} \\ \dfrac{cp_3\,\sigma_3}{\sqrt{2mc^2(E+mc^2)}} & \sqrt{\dfrac{E+mc^2}{2mc^2}} I \end{pmatrix} \begin{pmatrix} 1 \\ 0 \\ 0 \\ 0 \end{pmatrix}$$

$$= \sqrt{\dfrac{E+mc^2}{2mc^2}} \begin{pmatrix} 1 \\ 0 \\ \dfrac{cp_3}{E+mc^2} \\ 0 \end{pmatrix} \tag{3.168}$$

この結果は，前節で導入した平面波解の基本スピノル因子のうち，$u^{(1)}(\mathbf{p})$ の $p_1 = p_2 = 0$ と置いた結果と完全に一致している (式(3.114)参照)．上記の変換計算において自然に現れた係数が，式(3.110)に従って $u^\dagger u$ を4元ベクトルの第4成分のように見立てて $u(\mathbf{p})$ を規格化した際に現れる係数と正確に等しいことは興味深い．波動関数の時空座標に対する依存性については，単に次の時間の変換に注意すればよい．

$$\begin{aligned} t' &= t\cosh\chi - \dfrac{x_3}{c}\sinh\chi \\ &= \dfrac{E}{mc^2} t - \dfrac{p_3}{mc^2} x_3 \end{aligned} \tag{3.169}$$

したがって，x座標系から見た波動関数は次のようになる．

$$\begin{aligned} \psi(x) &= S_{\text{Lor}}^{-1} \psi'(x') \\ &= \dfrac{1}{\sqrt{V'}} u^{(1)}(\mathbf{p}) \exp\left[i\dfrac{p_3 x_3}{\hbar} - i\dfrac{Et}{\hbar} \right] \\ &= \sqrt{\dfrac{mc^2}{EV}} u^{(1)}(\mathbf{p}) \exp\left[i\dfrac{\mathbf{p}\cdot\mathbf{x}}{\hbar} - i\dfrac{Et}{\hbar} \right] \end{aligned} \tag{3.170}$$

上式では運動方向の Lorentz 収縮による体積変化の関係 $V = (mc^2/E)V'$ を用いた[†]．この例から，静止状態の波動関数が分かれば，それに S_{Lor}^{-1} を作用させることによって運動量の確定している任意の状態の波動関数を作れることが分かる．"Lorentz 等速推進" (Lorentz boost) という術語を，むしろ，波動関数のこのような変換操作に対する呼称として用いる場合もある．

第3の例として，S_P を含む変換の例を調べるために，確定したパリティ(空間的偶奇性)を持つ Dirac 波動関数を取り上げる．

$$\Pi\psi(\mathbf{x},t) = \pm\psi(\mathbf{x},t) \tag{3.171}$$

[†](訳註) つまり Lorentz 変換の前後で，同じ規格化体積を設定した規格化条件は保持されない．

3.4. 相対論的共変性

式(3.151) と式(3.154) により，空間反転した座標系における波動関数の形は，

$$\psi'(\mathbf{x},t) = \gamma_4 \psi(-\mathbf{x},t) \tag{3.172}$$

となる．これは $\Pi\psi(\mathbf{x},t)$ と同定されるべき関数である．よって，

$$\begin{pmatrix} I & 0 \\ 0 & -I \end{pmatrix} \begin{pmatrix} \psi_A(-\mathbf{x},t) \\ \psi_B(-\mathbf{x},t) \end{pmatrix} = \pm \begin{pmatrix} \psi_A(\mathbf{x},t) \\ \psi_B(\mathbf{x},t) \end{pmatrix} \tag{3.173}$$

である．もし ψ_A と ψ_B が軌道角運動量の固有状態であれば，上式は次のようになる．

$$\psi_A(-\mathbf{x},t) = (-1)^{l_A}\psi_A(\mathbf{x},t) = \pm\psi_A(\mathbf{x},t)$$
$$-\psi_B(-\mathbf{x},t) = -(-1)^{l_B}\psi_B(\mathbf{x},t) = \pm\psi_B(\mathbf{x},t) \tag{3.174}$$

l_A および l_B はそれぞれの2成分波動関数の軌道角運動量である．したがって，

$$(-1)^{l_A} = -(-1)^{l_B} \tag{3.175}$$

が結論される．これは波動関数全体のパリティが確定している場合に，もし2成分波動関数 ψ_A の軌道角運動量量子数が偶数 (奇数) ならば，もう一方の2成分波動関数 ψ_B の軌道角運動量量子数は奇数 (偶数) というように互い違いになることを意味しており，一見奇妙に見える．しかし ψ_A と ψ_B の関係式(3.62) を見ると，これはさほど驚くべき結果ではない．$\mathbf{A} = 0$ の中心力問題を考えると，式(3.62) の第2式は，

$$\psi_B = \frac{c}{E - V(r) + mc^2}(\boldsymbol{\sigma}\cdot\mathbf{p})\psi_A \tag{3.176}$$

となる．ψ_A がスピン上向きの $s_{1/2}$ 状態であると仮定しよう．

$$\psi_A = R(r)\begin{pmatrix} 1 \\ 0 \end{pmatrix} e^{-i(Et/\hbar)} \tag{3.177}$$

そうすると，ψ_B は次のように与えられる．

$$\begin{aligned}\psi_B &= -\frac{i\hbar c}{E-V+mc^2}\begin{pmatrix} \frac{\partial}{\partial x_3} & \frac{\partial}{\partial x_1} - i\frac{\partial}{\partial x_2} \\ \frac{\partial}{\partial x_1} + i\frac{\partial}{\partial x_2} & -\frac{\partial}{\partial x_3} \end{pmatrix}\begin{pmatrix} R(r) \\ 0 \end{pmatrix}e^{-iEt/\hbar} \\ &= -\frac{i\hbar c}{E-V+mc^2}\frac{1}{r}\frac{dR}{dr}\begin{pmatrix} x_3 & x_1 - ix_2 \\ x_1 + ix_2 & -x_3 \end{pmatrix}\begin{pmatrix} 1 \\ 0 \end{pmatrix}e^{-i(Et/\hbar)} \\ &= \frac{i\hbar c}{E-V+mc^2}\frac{dR}{dr}\left[-\sqrt{\frac{4\pi}{3}}Y_1^0\begin{pmatrix} 1 \\ 0 \end{pmatrix} + \sqrt{\frac{8\pi}{3}}Y_1^1\begin{pmatrix} 0 \\ 1 \end{pmatrix}\right]e^{-i(Et/\hbar)}\end{aligned}$$
$$\tag{3.178}$$

これは角運動量に関して $p_{1/2}$ 状態, $j_3 = \frac{1}{2}$ の波動関数である[‡]. このように ψ_A と ψ_B は, 式(3.175)の通りに反対符号のパリティを持つ. この結果は, 式(3.176)において ψ_A に作用する演算子が j と j_3 を変えないけれどもパリティを変える擬スカラー (pseudoscalar) 演算子であることから[§], あらかじめ推測し得ることである. 我々は3.8節で中心力問題を詳しく扱う際に, この性質を利用する予定である.

$S_P = \gamma_4$ 変換の更に驚くべき性質を指摘しておこう. $\mathbf{p} = 0$ の正エネルギーおよび負エネルギーの自由粒子を考える.

$$\begin{pmatrix} \chi^{(s)} \\ 0 \end{pmatrix} e^{-imc^2 t/\hbar} \quad \text{and} \quad \begin{pmatrix} 0 \\ \chi^{(s)} \end{pmatrix} e^{imc^2 t/\hbar} \tag{3.179}$$

$\chi^{(s)}$ は,

$$\begin{pmatrix} 1 \\ 0 \end{pmatrix} \quad \text{or} \quad \begin{pmatrix} 0 \\ 1 \end{pmatrix}$$

を表すものとする. 式(3.179)は γ_4 の固有状態で, それぞれ固有値は $+1$, -1 なので, 次の結論が導かれる.「静止した正エネルギーの電子と, 静止した負エネルギーの電子は, 反対符号のパリティを持つ.」これは3.9節で論じるように負エネルギー状態を正しく解釈するならば, 電子と陽電子それぞれに"固有に"備わっているパリティは互いに反対符号であることを意味する. たとえば $e^- e^+$ 系の s 状態は, 軌道のパリティが"偶"であるにもかかわらず, 全体としてのパリティは"奇"でなければならない. Dirac理論に基づくこの注目すべき予言は, ポジトロニウムの崩壊において実験的に確認された. これについては第4章で扱う.

3.5 双一次共変量

双一次共変量の変換性 ここでは一般に $\bar{\psi} \Gamma \psi$ という形で表される双一次形式の量を論じる. Γ は任意の数のガンマ行列の積を用いて表される行列である. これらは双一

[‡](訳註) 式(3.178)の最終行の $Y_l^{m_l}$ は球面調和関数で, 通常の球面座標表記をすると $Y_1^0 = (3/4\pi)^{1/2} \cos\theta$, $Y_1^1 = (3/8\pi)^{1/2} \sin\theta \exp(i\phi)$ である. これらは $l = 1$ なので p 状態を表す. 第1項は $m_l = 0$, $s_3 = 1/2$, 第2項は $m_l = 1$, $s_3 = -1/2$ で, どちらも各運動量の合成により $j_3 = 1/2$ になる.

[§](訳註) $\boldsymbol{\sigma}$ は角運動量の性質を持ち, 空間反転を施しても $|z\uparrow\rangle \to |z\uparrow\rangle$ のように座標軸との関係が反転しない擬ベクトルである (角運動量ベクトルの向きは実空間において固定的な意味を持つわけではなく, 導入する座標系の右手型／左手型の区別に依存する形で規定される). 通常の3次元ベクトル同士のスカラー積は空間反転の下で両方のベクトルが反転して結局は符号が変わらないのでスカラーになるが, $(\boldsymbol{\sigma} \cdot \mathbf{p})$ は擬ベクトルと通常のベクトルの積なので, 空間反転の下で符号が反転する擬スカラーになる. 演算子としての $(\boldsymbol{\sigma} \cdot \mathbf{p})$ の作用を見ると, $\mathbf{p}$ だけから座標軸方向に沿った1階微分が作用する形となり, 波動関数の空間的偶奇性を変えてしまう.

3.5. 双一次共変量

次共変量と呼ばれ，これから見るように Lorentz 変換の下で，それぞれが決まった変換性を持つ．まず式(3.146)により $\psi'(x') = S\psi(x)$ が，

$$\bar{\psi}'(x') = \psi^\dagger(x)S^\dagger\gamma_4 = \psi^\dagger(x)\gamma_4\gamma_4 S^\dagger\gamma_4 = \bar{\psi}(x)S^{-1} \tag{3.180}$$

を意味することに注意しよう．S は S_{rot} または S_{Lor} を表す．明らかに S_P に関してもこの関係は成り立つ．式(3.180)により即座に $\bar{\psi}\psi$ が不変であることが分かる．

$$\bar{\psi}'(x')\psi'(x') = \bar{\psi}(x)\psi(x) \tag{3.181}$$

これは純粋な回転，純粋な Lorentz 変換，空間反転において成り立つ．したがって $\bar{\psi}\psi$ ($\psi^\dagger\psi$ ではない) はスカラー量である．$\bar{\psi}\gamma_\mu\psi$ の変換性については式(3.131)を思い起こせば充分である．すなわち，

$$\bar{\psi}'(x')\gamma_\mu\psi'(x') = \bar{\psi}(x)S^{-1}\gamma_\mu S\psi(x) = a_{\mu\nu}\bar{\psi}(x)\gamma_\nu\psi(x) \tag{3.182}$$

が純粋な回転と純粋な Lorentz 変換において成り立つ．空間反転の下では，

$$\bar{\psi}'\begin{Bmatrix}\gamma_k\\\gamma_4\end{Bmatrix}\psi' = \bar{\psi}S_P^{-1}\begin{Bmatrix}\gamma_k\\\gamma_4\end{Bmatrix}S_P\psi = \begin{Bmatrix}-\bar{\psi}\gamma_k\psi\\\bar{\psi}\gamma_4\psi\end{Bmatrix} \tag{3.183}$$

となる．つまり $\bar{\psi}\gamma_\mu\psi$ はパリティ変換の下で空間成分が反転する4元ベクトル密度である．したがって3.2節で定義した確率流束密度と確率密度 (式(3.49)参照) は実際に4元ベクトルを形成している．同様の技法を用いて $\bar{\psi}\sigma_{\mu\nu}\psi = -i\bar{\psi}\gamma_\mu\gamma_\nu\psi$ ($\mu \neq \nu$) は2階の"テンソル"であることが示される (これは μ と ν に関して反対称なテンソルである)．ここで新たに 4×4 のエルミート行列，

$$\gamma_5 = \gamma_1\gamma_2\gamma_3\gamma_4 \tag{3.184}$$

を定義しておくと都合がよい．γ_5 行列は γ_μ ($\mu = 1, 2, 3, 4$) のすべてと反交換するという性質がある．

$$\{\gamma_\mu, \gamma_5\} = 0, \quad \mu \neq 5 \tag{3.185}$$

これは前に見たように，たとえば γ_2 は γ_2 と交換し $\gamma_1, \gamma_3, \gamma_4$ と反交換することから $\gamma_2\gamma_1\gamma_2\gamma_3\gamma_4 = (-1)^3\gamma_1\gamma_2\gamma_3\gamma_4\gamma_2$ が成立することによる．また γ_μ ($\mu = 1, 2, 3, 4$) と同様に，

$$\gamma_5^2 = 1 \tag{3.186}$$

表3.1　Lorentz変換の下での双一次共変量.

	固有順時Lorentz変換	空間反転
スカラー	$\bar{\psi}\psi$	$\bar{\psi}\psi$	$\bar{\psi}\psi$
擬スカラー	$\bar{\psi}\gamma_5\psi$	$\bar{\psi}\gamma_5\psi$	$-\bar{\psi}\gamma_5\psi$
ベクトル	$\bar{\psi}\gamma_\mu\psi$	$a_{\mu\nu}\bar{\psi}\gamma_\nu\psi$	$\left\{\begin{array}{l}-\bar{\psi}\gamma_k\psi \\ \bar{\psi}\gamma_4\psi\end{array}\right\}$
軸性ベクトル (擬ベクトル)	$i\bar{\psi}\gamma_5\gamma_\mu\psi$	$a_{\mu\nu}i\bar{\psi}\gamma_5\gamma_\nu\psi$	$\left\{\begin{array}{l}i\bar{\psi}\gamma_5\gamma_k\psi \\ -i\bar{\psi}\gamma_5\gamma_4\psi\end{array}\right\}$
テンソル (反対称, 2階)	$\bar{\psi}\sigma_{\mu\nu}\psi$	$a_{\mu\lambda}a_{\nu\sigma}\bar{\psi}\sigma_{\lambda\sigma}\psi$	$\left\{\begin{array}{l}\bar{\psi}\sigma_{kl}\psi \\ -\bar{\psi}\sigma_{k4}\psi\end{array}\right\}$

である. γ_5 を標準表示 (Dirac-Pauli表示) で明示すると,

$$\gamma_5 = \begin{pmatrix} 0 & -I \\ -I & 0 \end{pmatrix} \tag{3.187}$$

となる. γ_5 は $\sigma_{\mu\nu}$ と交換するので, 式(3.185) から,

$$S_{\text{Lor}}^{-1}\gamma_5 S_{\text{Lor}} = \gamma_5, \quad S_{\text{rot}}^{-1}\gamma_5 S_{\text{rot}} = \gamma_5 \tag{3.188}$$

となるが, γ_5 は γ_4 とは反交換するので,

$$S_P^{-1}\gamma_5 S_P = -\gamma_5 \tag{3.189}$$

である. したがって $\bar{\psi}\gamma_5\psi$ は固有順時Lorentz変換の下で $\bar{\psi}\psi$ と同じように変換するが, 空間反転の下では符号を変える. これは"擬スカラー"(pseudoscalar) の性質である. さらに同様の手続きから $i\bar{\psi}\gamma_5\gamma_\mu\psi$ が固有順時Lorentz変換の下で $\bar{\psi}\gamma_\mu\psi$ と同じように変換するけれども, 空間反転の結果は反対になることが分かる. これは"軸性ベクトル"(axial vector) すなわち"擬ベクトル"(pseudovector) の性質にあたる. 表3.1に結果をまとめておく.

ここで自ずから次の疑問が生じる. 我々は $\bar{\psi}\Gamma\psi$ という形を持つすべての可能な双一次共変量を挙げたのだろうか？ この問題に答えるために γ_μ の積について考えてみよう. ガンマ行列の任意の対の積は, 2つの行列が同じものであれば $\gamma_\mu^2 = 1$, 異なるものであれば $\gamma_\mu\gamma_\nu = -\gamma_\nu\gamma_\mu = i\sigma_{\mu\nu}$ である. 次に3つのガンマ行列の積を考えると, 3つ中に同じ行列が含まれていれば, 符号を除いて必ずひとつの γ_μ に帰着する (たとえば $\gamma_1\gamma_2\gamma_1 = -\gamma_1\gamma_1\gamma_2 = -\gamma_2$). 3つとも異なる行列の場合, 新たな行列 $\gamma_\mu\gamma_\nu\gamma_\lambda$

3.5. 双一次共変量

を得る. しかし $\gamma_\mu\gamma_\nu\gamma_\lambda$ ($\mu\neq\nu\neq\lambda$) は常に符号を除いて $\gamma_5\gamma_\sigma$ ($\sigma\neq\mu,\nu,\lambda$) に帰着する (たとえば $\gamma_1\gamma_2\gamma_3 = \gamma_1\gamma_2\gamma_3\gamma_4\gamma_4 = \gamma_5\gamma_4$). 最後に4つのガンマ行列の積を考えると, 新たに現れる行列は $\gamma_5 = \gamma_1\gamma_2\gamma_3\gamma_4$ である (もちろんこれは $-\gamma_2\gamma_3\gamma_4\gamma_1$, $\gamma_3\gamma_4\gamma_1\gamma_2$ などに等しい). 言うまでもなく5個もしくはそれ以上のガンマ行列を掛け合わせても新たな行列は現れない. したがって独立な 4×4 行列として得られる基本行列 Γ_A ($A = 1, 2, \ldots$) は,

$$1, \quad \gamma_\mu, \quad \sigma_{\mu\nu} = -i\gamma_\mu\gamma_\nu\,(\mu\neq\nu), \quad i\gamma_5\gamma_\mu, \quad \gamma_5 \tag{3.190}$$

がすべてと考えてよい. すなわち恒等行列, 4つの γ_μ 行列, 6つの $\sigma_{\mu\nu}$ 行列 (μ と ν に関して反対称), 4つの $i\gamma_5\gamma_\mu$ 行列, γ_5 行列の全16個で (予想通り) 充分である. 式 (3.190) の因子 $\pm i$ は,

$$\Gamma_A^2 = 1, \quad A = 1, 2, \ldots, 16 \tag{3.191}$$

となるように付加した. Γ_A は恒等行列だけを除いてすべて対角和(トレース)がゼロであるが, 読者はこれを Γ_A の具体的な標準表示を用いて容易に確認できる[21] (付録B参照). これらはすべて互いに1次独立でもあるので, 任意の 4×4 行列を16個の Γ_A の線形結合の形で一意的に表現することが可能である. 任意の 4×4 行列 Λ の展開係数を λ_A とすると,

$$\Lambda = \sum_A^{16} \lambda_A \Gamma_A \tag{3.192}$$

であるが, これらの各係数は, 次のように決まる.

$$\mathrm{Tr}(\Lambda\Gamma_A) = \mathrm{Tr}\left(\sum_B \lambda_B \Gamma_B \Gamma_A\right) = 4\lambda_A \tag{3.193}$$

上式では $\Gamma_A\Gamma_B$ が $B\neq A$ ならば対角和(トレース)がゼロであること, $A = B$ ならば恒等行列であることを用いた. Γ_A によって生成される代数を W. K. Clifford に因んで "Clifford代数(クリフォード)" と呼ぶ. 彼は Dirac 理論が現れる半世紀前に一般的な 四元数(クオータニオン) を研究した数学者である.

---

[21] 特定の表示から離れてこのことを証明するには, まず, どの Γ_A に対しても $\Gamma_A\Gamma_B = -\Gamma_B\Gamma_A$ となる Γ_B が (Γ_A 自身以外に) 少なくともひとつは存在することを示せばよい. そうすると,

$$-\mathrm{Tr}(\Gamma_A) = \mathrm{Tr}(\Gamma_B\Gamma_A\Gamma_B) = \mathrm{Tr}(\Gamma_B^2\Gamma_A) = \mathrm{Tr}(\Gamma_A)$$

となり, これは Γ_A の対角和がゼロでないと成立しない.

第3章　スピン1/2粒子の相対論的量子力学

双一次共変量の議論に戻ろう．$\bar{\psi}\Gamma\psi$ という形の可能な双一次共変量として，表3.1 に挙げたもの以外に独立なものは無いことを銘記すべきである．このことは1928年に J. von Neumann(ノイマン)によって示された．たとえば $\bar{\psi}\Gamma\psi$ という形で対称な2階のテンソルを作る方法は無い．しかしこのことは Dirac 理論において対称な2階のテンソルを構築できないということを意味するわけではない．ψ と $\bar{\psi}$ の導関数を導入すれば，次のような式を作ることができる．

$$T_{\mu\nu} = -\frac{i\hbar c}{2}\left(\bar{\psi}\gamma_\nu\frac{\partial\psi}{\partial x_\mu} - \frac{\partial\bar{\psi}}{\partial x_\mu}\gamma_\nu\psi\right) + \frac{i\hbar c}{4}\sum_{\substack{\sigma\neq\mu,\nu\\ \mu\neq\nu}}\frac{\partial}{\partial x_\sigma}(\bar{\psi}\gamma_\mu\gamma_\nu\gamma_\sigma\psi) \quad (3.194)$$

これは Dirac 波動関数のエネルギー-運動量テンソルにあたることを証明できる．

相対論的ではない正エネルギーを持つ電子を想定すると，"大きい"共変量と"小さい"共変量の区別を設けることができる．このことを見るために，まず $E\approx mc^2$ で $V\ll mc^2$ であれば，ψ_B は ψ_A の (v/c) 倍程度になることを思い出そう (3.3節)．$\bar{\psi}\psi$ と $\bar{\psi}\gamma_4\psi$ は，

$$\bar{\psi}\psi = \psi^\dagger\gamma_4\psi = \psi_A^\dagger\psi_A - \psi_B^\dagger\psi_B$$
$$\bar{\psi}\gamma_4\psi = \psi^\dagger\psi = \psi_A^\dagger\psi_A + \psi_B^\dagger\psi_B \quad (3.195)$$

と表されるので"大きい"共変量にあたり，$(v/c)^2$ までのオーダーの近似を考えるのであれば両者をほぼ等しいものと見なしてよい．同様に，

$$i\gamma_5\gamma_k = \begin{pmatrix} \sigma_k & 0 \\ 0 & -\sigma_k \end{pmatrix}, \quad \sigma_{ij} = \Sigma_k = \begin{pmatrix} \sigma_k & 0 \\ 0 & \sigma_k \end{pmatrix} \quad (3.196)$$

であることから $i\bar{\psi}\gamma_5\gamma_k\psi$ と $\bar{\psi}\sigma_{ij}\psi$ ((ijk) cyclic) も"大きい"共変量であり，v/c のオーダーまでは両者を区別しなくてよい．

$$\bar{\psi}\begin{Bmatrix} i\gamma_5\gamma_k \\ \sigma_{ij} \end{Bmatrix}\psi \approx \psi_A^\dagger\sigma_k\psi_A \quad (3.197)$$

$1, \gamma_4, i\gamma_5\gamma_k, \sigma_{ij}$ は $\psi_A^\dagger$ と ψ_A を結びつけるのに対して，$\gamma_k, i\gamma_5\gamma_4, \sigma_{k4}, \gamma_5$ は $\psi_A^\dagger$ ($\psi_B^\dagger$) と ψ_B (ψ_A) を結びつける．したがって後者は"小さい"共変量，すなわち v/c のオーダーの量を形成する．たとえば次のようになっている．

$$\bar{\psi}\gamma_5\psi = (\psi_A^\dagger, -\psi_B^\dagger)\begin{pmatrix} 0 & -I \\ -I & 0 \end{pmatrix}\begin{pmatrix} \psi_A \\ \psi_B \end{pmatrix}$$
$$= -\psi_A^\dagger\psi_B + \psi_B^\dagger\psi_A \quad (3.198)$$

3.5. 双一次共変量　　135

電荷電流密度のGordon分解　本節の残りの部分は，後から頻繁に扱うことになるベクトル共変量 $\bar{\psi}\gamma_\mu\psi$ に関する詳しい議論に充てる．すでに 3.2 節において，単一粒子に関する Dirac 理論の枠内で $s_\mu = ic\bar{\psi}\gamma_\mu\psi$ が確率密度の流れ(カレント)を表す4元ベクトルと見なされることを論じた．そこで，電荷電流密度と解釈される次のベクトルを定義する．

$$j_\mu = es_\mu = iec\bar{\psi}\gamma_\mu\psi \tag{3.199}$$

式(3.45)から式(3.48)までの手続きと同様に，j_μ が電磁場との相互作用があっても連続の方程式を満足することを示せる．式(3.199)を電荷電流密度として，荷電Dirac粒子と電磁場の相互作用ハミルトニアン密度は，次のように与えられる．

$$\begin{aligned}\mathcal{H}_{\text{int}} &= -j_\mu A_\mu/c \\ &= -ie\bar{\psi}\gamma_\mu\psi A_\mu \\ &= -e\psi^\dagger \boldsymbol{\alpha}\psi\cdot\mathbf{A} + e\psi^\dagger\psi A_0 \end{aligned} \tag{3.200}$$

この相互作用の形は，ハミルトニアン形式の Dirac 方程式 (式(3.38) と式(3.39)) から推測することもできる．

$$i\hbar\frac{\partial}{\partial t}\psi = \left[(-i\hbar c\nabla - e\mathbf{A})\cdot\boldsymbol{\alpha} + \beta mc^2 + eA_0\right]\psi \tag{3.201}$$

j_μ の物理的な重要性を理解するために，式(3.199) を書き直してみる．

$$\begin{aligned}j_\mu &= \frac{iec}{2}(\bar{\psi}\gamma_\mu\psi + \bar{\psi}\gamma_\mu\psi) \\ &= \frac{ie\hbar}{2m}\left[-\bar{\psi}\gamma_\mu\gamma_\nu\left(\frac{\partial}{\partial x_\nu} - \frac{ie}{\hbar c}A_\nu\right)\psi + \left\{\left(\frac{\partial}{\partial x_\nu} + \frac{ie}{\hbar c}A_\nu\right)\bar{\psi}\right\}\gamma_\nu\gamma_\mu\psi\right]\end{aligned}$$
$$\tag{3.202}$$

上式では式(3.60)，および随伴関数 $\bar{\psi}$ に関する同様の式を用いた．ここで j_μ を添字 ν が μ に一致する部分と異なる部分に分けて，

$$j_\mu = j_\mu^{(1)} + j_\mu^{(2)} \tag{3.203}$$

$$j_\mu^{(1)} = \frac{ie\hbar}{2m}\left(\frac{\partial\bar{\psi}}{\partial x_\mu}\psi - \bar{\psi}\frac{\partial\psi}{\partial x_\mu}\right) - \frac{e^2}{mc}A_\mu\bar{\psi}\psi \tag{3.204}$$

$$\begin{aligned}j_\mu^{(2)} &= \frac{ie\hbar}{2m}\left[-\bar{\psi}\gamma_\mu\gamma_\nu\frac{\partial}{\partial x_\nu}\psi + \left(\frac{\partial\bar{\psi}}{\partial x_\nu}\right)\gamma_\nu\gamma_\mu\psi \right. \\ &\qquad\qquad \left. + \frac{ie}{\hbar c}A_\mu\bar{\psi}\gamma_\mu\gamma_\nu\psi + \frac{ie}{\hbar c}A_\nu\bar{\psi}\gamma_\nu\gamma_\mu\psi\right]_{\mu\neq\nu} \\ &= -\frac{e\hbar}{2m}\frac{\partial}{\partial x_\nu}(\bar{\psi}\sigma_{\nu\mu}\psi) \end{aligned} \tag{3.205}$$

とする．これは W. Gordon に因んで "Gordon 分解" と呼ばれている．

式(3.204) と式(3.205) に与えた成分を，少し詳しく見てみよう．4元ベクトル (3.204) はガンマ行列を含んでいない．実際 $j_k^{(1)}$ の式は，Dirac 波動関数を Schrödinger 波動関数で置き換えることができるならば，Schrödinger 理論における 3 次元電流密度の式と同じ形である．我々は非相対論的極限において $(\partial\bar{\psi}/\partial x_k)\psi$ が $(\partial\psi_A^\dagger/\partial x_k)\psi_A$ に置き換わることなどを知っているので，上の結果は満足のいくものである．$j_4^{(1)}$ については時間依存因子 $e^{-iEt/\hbar}$ を仮定すると，

$$j_4^{(1)} = \frac{ieE}{mc}\bar{\psi}\psi - \frac{ie^2}{mc}\bar{\psi}\psi A_0 \qquad (3.206)$$

となることを容易に示せる．これは $E \approx mc^2$ および $|eA_0| \ll mc^2$ を仮定すると，Schrödinger 理論における電荷密度 $e\psi_A^\dagger\psi_A$ の ic 倍に帰着する．式(3.205) の $j_\mu^{(2)}$ を考えるにあたっては，非相対論的極限において，

$$\bar{\psi}\sigma_{k4}\psi = -\bar{\psi}\sigma_{4k}\psi$$

が "小さい" 共変量なので無視してよいことを思い出そう．また，$\bar{\psi}\sigma_{jk}\psi$ はスピン密度 $\psi_A^\dagger\sigma_l\psi_A$ ((jkl) cyclic) と解釈される．言い換えると式(3.205) の第 k 成分は，因子 $-e\hbar/2m$ を除いて，

$$\frac{\partial}{\partial x_j}(\psi_A^\dagger\sigma_l\psi_A) - \frac{\partial}{\partial x_l}(\psi_A^\dagger\sigma_j\psi_A) \qquad (ikl) \text{ cyclic} \qquad (3.207)$$

となるが，これはスピン密度の第 k 成分にほかならない[22]．したがって j_k の Gordon 分解は，ゆっくり動いている電子を想定する場合には，電荷の移動による電流成分と，内部磁化 (磁気双極子密度) の関係する電流成分への分離と見なすことができる．

j_μ と A_μ が式(3.200) を通じて相互作用をするならば，$j_\mu^{(2)}$ による相互作用ハミルトニアン密度は次のようになる．

$$\begin{aligned}
-\frac{j_\mu^{(2)}A_\mu}{c} &= \frac{e\hbar}{2mc}\left[\frac{\partial}{\partial x_\nu}(\bar{\psi}\sigma_{\nu\mu}\psi)\right]A_\mu \\
&= -\frac{e\hbar}{2mc}\frac{\partial A_\mu}{\partial x_\nu}(\bar{\psi}\sigma_{\nu\mu}\psi) \\
&= -\frac{e\hbar}{2mc}\left[\frac{1}{2}\frac{\partial A_\mu}{\partial x_\nu}(\bar{\psi}\sigma_{\nu\mu}\psi) + \frac{1}{2}\frac{\partial A_\nu}{\partial x_\mu}(\bar{\psi}\sigma_{\mu\nu}\psi)\right] \\
&= -\frac{e\hbar}{2mc}\left[\frac{1}{2}F_{\nu\mu}\bar{\psi}\sigma_{\nu\mu}\psi\right] \qquad (3.208)
\end{aligned}$$

---

[22] このこととの関連で，古典電磁気学において磁気双極子密度 $\mathcal{M}$ が次の実効的電流密度を与えることを思い出してもらいたい．

$$\mathbf{j}_{(\text{eff})} = c\nabla \times \mathcal{M}$$

Panofsky and Phillips (1995), p.120 もしくは Jackson (1962), p.152 を参照．

上式では $(\partial/\partial x_\nu)(\bar{\psi}\sigma_{\nu\mu}\psi A_\mu)$ を省いたが，相互作用密度を積分するのであれば，この項は結果に影響を与えない．非相対論的な極限において，

$$\frac{1}{2}F_{\nu\mu}\bar{\psi}\sigma_{\nu\mu}\psi \approx \mathbf{B}\cdot(\psi_A^\dagger \boldsymbol{\sigma}\psi_A) \tag{3.209}$$

となることに注意すると，式(3.208)はまさに磁気回転比 $g=2$ のスピン磁気能率と電磁場の相互作用を表しており，既に式(3.67)によって論じたスピンの議論とも整合する．

P. Kusch（クッシュ）が1947年に実験的に示したところによると，電子の磁気回転比は正確に2ではない．その値は，

$$g = 2\left[1 + \left(\frac{e^2}{4\pi\hbar c}\right)\frac{1}{2\pi} + \cdots\right] \tag{3.210}$$

のように与えられる．この数値はミュー粒子(muon)にもそのままあてはまる．この余分な磁気能率の起源を，2.8節で言及したように電子が仮想的な光子を放出したり吸収したりすることの効果として説明できることを J. Schwinger（シュウィンガー）が1947年に示した（この問題は第4章で再び取り上げる予定である）．磁気能率が $g=2$ によって正確に与えられないならば，たとえば相互作用ハミルトニアンに，次の現象論的な項を余分に加えておく必要がある．

$$\mathcal{H}_{\text{int(anomalous)}} = -\frac{e\hbar\kappa}{2mc}\left[\frac{1}{2}F_{\nu\mu}\bar{\psi}\sigma_{\nu\mu}\psi\right] \tag{3.211}$$

これを"異常磁気能率(もしくは Pauli 磁気能率) 相互作用"と呼ぶ[23]．式(3.208)と式(3.211)の和から計算される全磁気能率は，

$$\mu = \frac{e\hbar}{2mc}(1+\kappa) \tag{3.212}$$

である[†]．式(3.208)と式(3.211)において e を $|e|$ に，m を m_p に置き換えると，陽子(proton)の磁気能率は，

$$\mu_\text{p} = \frac{|e|\hbar}{2m_\text{p}c}(1+\kappa_\text{p}) \tag{3.213}$$

という形になる．実験的には最初にこれを O. Stern（シュテルン）が測定し，その数値は $\kappa_\text{p} = 1.79$ と与えられている．つまり実際に観測される陽子の磁気能率のうち，およそ60％が

---

[23] 相互作用(3.211)は"実効的な"ハミルトニアン密度と解釈すべきものである．式(3.200)に立脚して Schwinger の補正までを計算するならば，少なくとも電子とミュー粒子に関しては，式(3.211)のような余分の"基本的な"相互作用項をつけ加える必要はない．

[†] (訳註) Schwinger 機構によって説明される電子(やミュー粒子)の異常磁気能率は極めて小さい．$\kappa \approx 0.001159652$．式(3.210)参照．

"異常"な成分ということになる。式(3.208)によれば、スピン$\frac{1}{2}$粒子において$e \to 0$を想定すると磁気能率もゼロになるはずであるが、電荷を持たない中性子やΛハイペロンも実験的に磁気能率を持つことが知られている。これらも現象論的には式(3.211)のような相互作用によって扱うことになる。電子やミュー粒子の異常磁気能率とは異なり、陽子、中性子、Λハイペロンなどの異常磁気能率はSchwinger機構からは説明がつかない。したがって後者のような異常磁気能率の存在は、単純な$p_\mu \to p_\mu - qA_\mu/c$という置き換え操作が不適切であることを示すように見える。しかし仮にこれらの粒子が仮想的な中間子の雲を伴う複合粒子であると考えるならば、このような単純な扱い方を適用できないとしても驚くにはあたらない。電磁相互作用の性質が原理的に式(3.200)だけによって理解できるスピン$\frac{1}{2}$粒子のことを"純粋なDirac粒子"と呼ぶこともある。

自由粒子のベクトル共変量 ガンマ行列の物理的な意味を更に明らかにするために、今度はψ_iとψ_fを$E > 0$の平面波解とした場合の共変ベクトル$\bar{\psi}_f \gamma_k \psi_i$を考察しよう。

$$\psi_i = \sqrt{\frac{mc^2}{EV}} u^{(r)}(\mathbf{p}) \exp\left(\frac{i\mathbf{p}\cdot\mathbf{x}}{\hbar} - \frac{iEt}{\hbar}\right)$$
$$\psi_f = \sqrt{\frac{mc^2}{E'V}} u^{(r')}(\mathbf{p}') \exp\left(\frac{i\mathbf{p}'\cdot\mathbf{x}}{\hbar} - \frac{iE't}{\hbar}\right) \tag{3.214}$$

この問題は外部ベクトルポテンシャル$\mathbf{A}$によるDirac粒子の散乱を考える際に現実的な関心の対象となる。Born近似によってこのような遷移行列要素を求める場合に計算すべき量は$-ie\int \bar{\psi}_f \gamma_k \psi_i A_k d^3x$という形になる。

議論を簡単にするために、ベクトルポテンシャルが時間に依存しないものとして$E = E'$と置く(弾性散乱)。$i\gamma_k$をスピノル$\bar{u}^{(r')}(\mathbf{p})$と$u^{(r)}(\mathbf{p})$で挟んだ平面波状態間のベクトル量は、次のように評価される。

$$i\bar{u}^{(r')}(\mathbf{p}')\gamma_k u^{(r)}(\mathbf{p}) = u^{(r')\dagger}(\mathbf{p}')\alpha_k u^{(r)}(\mathbf{p})$$
$$= \left(\sqrt{\frac{E+mc^2}{2mc^2}}\right)^2 \left(\chi^{(s')\dagger}, \chi^{(s')\dagger}\frac{c\boldsymbol{\sigma}\cdot\mathbf{p}'}{E+mc^2}\right)\begin{pmatrix} 0 & \sigma_k \\ \sigma_k & 0 \end{pmatrix}\begin{pmatrix} \chi^{(s)} \\ \frac{c\boldsymbol{\sigma}\cdot\mathbf{p}}{E+mc^2}\chi^{(s)} \end{pmatrix}$$
$$= \chi^{(s')\dagger}\left[\frac{p_k + p'_k}{2mc} + \frac{i\boldsymbol{\sigma}\cdot\{(\mathbf{p}'-\mathbf{p})\times\hat{\mathbf{n}}_k\}}{2mc}\right]\chi^{(s)} \tag{3.215}$$

$\chi^{(s)}$と$\chi^{(s')}$は始状態と終状態におけるPauliの2成分スピノルである。第1項はもちろん電荷の流れによる電流密度$j_k^{(1)}$(式(3.204))に対応する。第2項の意味を理解するために、これに対応する形が、遷移行列要素において次のように現れることを指摘しておく。

3.5. 双一次共変量

$$-e\left(\sqrt{\frac{mc^2}{E}}\right)^2 \frac{1}{V}\int_V d^3x \chi^{(s')\dagger} \left[\frac{i\boldsymbol{\sigma}\cdot\{(\mathbf{p}'-\mathbf{p})\times\mathbf{A}\}}{2mc}\right]\chi^{(s)}\exp\left[\frac{i(\mathbf{p}-\mathbf{p}')\cdot\mathbf{x}}{\hbar}\right]$$

$$=\frac{mc^2}{EV}\left(\frac{e\hbar}{2mc}\right)\int_V d^3x \chi^{(s')\dagger}\boldsymbol{\sigma}\cdot\left[\left(\nabla\exp\left[\frac{i(\mathbf{p}-\mathbf{p})\cdot\mathbf{x}}{\hbar}\right]\right)\times\mathbf{A}\right]\chi^{(s)}$$

$$=-\frac{mc^2}{EV}\frac{e\hbar}{2mc}\chi^{(s')\dagger}\boldsymbol{\sigma}\chi^{(s)}\cdot\int_V d^3x\,(\nabla\times\mathbf{A})\exp\left[\frac{i(\mathbf{p}-\mathbf{p}')\cdot\mathbf{x}}{\hbar}\right] \quad (3.216)$$

上式はスピン磁気能率の相互作用から生じる摂動の行列要素である.

最後に $\psi_i=\psi_f$ の場合を考察しよう. 式(3.215)を $\mathbf{p}=\mathbf{p}'$ と置いて用いると, 次式を得る[24].

$$i\int_V \bar{\psi}\gamma_k\psi d^3x = \int_V \psi^\dagger \alpha_k \psi d^3x = \left(\frac{mc^2}{EV}\right)\frac{2p_k V}{2mc} = \frac{cp_k}{E} \quad (3.217)$$

この結果は単に古典的な粒子速度を c で割ったものに過ぎない[‡]. この結果との関連で, "古典" 電磁気学において $-ie\int\bar{\psi}\gamma_\mu\psi A_\mu d^3x$ に対応する荷電粒子の電磁場との相互作用が, 次のように与えられることを思い出すとよい.

$$H_{\text{classical}} = -\frac{e\mathbf{v}\cdot\mathbf{A}}{c} + eA_0 \quad (3.218)$$

式(3.214)の形で表される各平面波解は互いに直交するので, 式(3.217)の結果を, $E>0$ のいろいろな自由粒子状態を表す平面波解を任意に重ね合わせた, 次のような波動関数へと一般化できる.

$$\psi_{E>0} = \sum_{\mathbf{p}}\sum_{r=1,2}\sqrt{\frac{mc^2}{EV}}c_{\mathbf{p},r}u^{(r)}(\mathbf{p})\exp\left(\frac{i\mathbf{p}\cdot\mathbf{x}}{\hbar}-\frac{iEt}{\hbar}\right) \quad (3.219)$$

$c_{\mathbf{p},r}$ は Fourier 係数で, その絶対値の自乗が電子を $(\mathbf{p},r)$ 状態において見いだす確率を与える. 式(3.215)を利用すると, 次式が得られる[§].

$$\langle\alpha_k\rangle_+ \equiv \int_V \psi^\dagger_{E>0}\alpha_k\psi_{E>0}d^3x$$

$$=\sum_{\mathbf{p}}\sum_{\mathbf{p}'}\sum_{r=1,2}\sum_{r'=1,2}\sqrt{\frac{(mc^2)^2}{EE'V^2}}c_{\mathbf{p},r}c^*_{\mathbf{p}',r'}u^{(r')\dagger}(\mathbf{p}')\alpha_k u^{(r)}(\mathbf{p})V\delta_{\mathbf{p},\mathbf{p}'}$$

$$=\sum_{\mathbf{p}}\sum_{r=1,2}|c_{\mathbf{p},r}|^2\frac{cp_k}{E} = \left\langle\frac{cp_k}{E}\right\rangle \quad (3.220)$$

---

[24] ここでは2成分のスピノルによる言い回しを用いたけれども, 式(3.215)や式(3.217)を導く際に非相対論近似を施したわけではない.

[‡](訳註) $p=m_{\text{rel}}v$, $E=m_{\text{rel}}c^2$, $m_{\text{rel}}=m/\{1-(v/c)^2\}^{1/2}$.

[§](訳註) 期待値の計算には $\psi^\dagger$ を用いたい ($\bar{\psi}$ ではない) に注意されたい. p.103訳註参照.

添字の + は正エネルギーを意味する．同様の手続きにより，負エネルギーのスピノルについては次式が得られる．

$$\langle \alpha_k \rangle_- = -\left\langle \frac{cp_k}{|E|} \right\rangle \tag{3.221}$$

上式は負エネルギーの成分"だけ"しか含まない波動関数に適用される．後から再びこの非常に重要な関係の考察を行う予定である．

ここでは $i\bar{\psi}\gamma_k\psi = \psi^\dagger \alpha_k \psi$ だけを詳しく扱ったが，読者は式(3.215) と同様にして γ_4, $i\gamma_5\gamma_\mu$, σ_{k4}, γ_5 に関わる共変量と各種の遷移行列要素の関係について考察することもできる．たとえば $\bar{\psi}\sigma_{k4}\psi$ の解釈は，電子-中性子散乱との関連において関心が持たれる (p.220, 問題3-6).

3.6 Heisenberg表示によるDirac演算子

Heisenbergの運動方程式 ここまでDirac行列を，ψ の各成分を再構成するための単純な道具と見なしてきた．しかし行列要素の時間発展，たとえば $\int \psi''(\mathbf{x},t) \alpha_k \psi(\mathbf{x},t) d^3x$ などを考察する場合には，次のような性質を持つ時間に依存する演算子 $\alpha_k^{(\mathrm{H})}(t)$ を導入する方が便利な場合もある (添字の H は Heisenberg表示を意味する).

$$\int \psi'^\dagger(\mathbf{x},t) \alpha_k \psi(\mathbf{x},t) d^3x = \int \psi'^\dagger(\mathbf{x},0) \alpha_k^{(\mathrm{H})}(t) \psi(\mathbf{x},0) d^3x \tag{3.222}$$

このようにすれば $\int \psi'^\dagger(\mathbf{x},t)\alpha_k \psi(\mathbf{x},t)d^3x$ の時間発展を，演算子 $\alpha_k^{(\mathrm{H})}$ の挙動を支配する微分方程式から直接に推定できる．これが Heisenberg表示を用いることの意義に他ならない．この表示では状態ベクトルが時間に依存せず，力学的演算子が時間に依存する．Heisenberg表示と Schrödinger表示の関係を簡単に復習しよう．

Schrödinger方程式 (もしくはハミルトニアン形式のDirac方程式 (3.38) および (3.39)) によれば，波動関数 (必ずしもエネルギー固有関数ではない) は次のように書かれる．

$$\psi(\mathbf{x},t) = e^{-iHt/\hbar} \psi(\mathbf{x},0) \tag{3.223}$$

上式の中の H は波動関数に作用するハミルトニアン"演算子"である．時間に依存しない演算子 $\Omega^{(\mathrm{S})}$ (添字 S は Schrödinger表示を意味する) と対応する Heisenberg表示の演算子は，次のように定義される．

$$\Omega^{(\mathrm{H})}(t) = e^{iHt/\hbar} \Omega^{(\mathrm{S})} e^{-iHt/\hbar} \tag{3.224}$$

3.6. Heisenberg表示によるDirac演算子

$t = 0$ において両者が一致することは明らかである.

$$\Omega^{(\mathrm{H})}(0) = \Omega^{(\mathrm{S})}$$

式(3.223) と式(3.224) により,いかなる 2 つの状態の間で演算子の行列要素を考えるにしても,Heisenberg表示における波動関数として,Schrödinger表示における $t = 0$ の波動関数を用いれば,必ず両方の表示において同じ結果が得られる.

$$\int \psi'^{\dagger}(\mathbf{x}, t) \Omega^{(\mathrm{S})} \psi(\mathbf{x}, t) d^3 x = \int \psi'^{\dagger}(\mathbf{x}, 0) \Omega^{(\mathrm{H})} \psi(\mathbf{x}, 0) d^3 x \tag{3.225}$$

時間に関する無限小の推進を考えると,直ちに Heisenberg の運動方程式を導くことができる.

$$\frac{d\Omega^{(\mathrm{H})}}{dt} = \frac{i}{\hbar}[H, \Omega^{(\mathrm{H})}] + \frac{\partial \Omega^{(\mathrm{H})}}{\partial t} \tag{3.226}$$

Ω が時間にあらわに依存しなければ,上式の最後の項は不要である.この式は次式と等価であることに注意されたい.

$$\frac{d}{dt} \int \psi'^{\dagger}(\mathbf{x}, t) \Omega^{(\mathrm{S})} \psi(\mathbf{x}, t) d^3 x$$
$$= \frac{i}{\hbar} \int \psi'^{\dagger}(\mathbf{x}, t)[H, \Omega^{(\mathrm{S})}] \psi(\mathbf{x}, t) + \int \psi'^{\dagger}(\mathbf{x}, t) \frac{\partial \Omega^{(\mathrm{S})}}{\partial t} \psi(\mathbf{x}, t) d^3 x \tag{3.227}$$

Schrödinger表示の Dirac行列 α_k (β) に対しても,$t = 0$ における行列表示がこれらに一致するような Heisenberg表示の力学的演算子 $\alpha_k^{(\mathrm{H})}$ ($\beta^{(\mathrm{H})}$) を想定できる.$\alpha_k^{(\mathrm{H})}$ と α_k,$\beta_k^{(\mathrm{H})}$ と β を関係づける演算子 $e^{-iHt/\hbar}$ がユニタリー演算子なので,α_k と β の交換関係がそのまま力学的演算子にも成立する.この節に限り,これ以降は添字 (H) を省略して α_k が力学的演算子を表すものとし,同様に $\dot{\mathbf{x}}$, $\mathbf{p}$, $\mathbf{L}$ を,それぞれ Heisenberg表示の速度演算子,運動量演算子,軌道角運動量演算子として扱う.

運動における保存量 Heisenberg の運動方程式を用いると,与えられた観測量が保存量であるか否かを即座に判定できる.たとえば,ハミルトニアンが次式で与えられるような自由粒子を考える[25].

$$H = c\alpha_j p_j + \beta mc^2 \tag{3.228}$$

粒子の運動量に関する Heisenberg の運動方程式は,

$$\frac{dp_k}{dt} = \frac{i}{\hbar}[H, p_k] = 0 \tag{3.229}$$

---
[25] Dirac のハミルトニアンを書く場合には α_k と β を用いるのが慣習的なので,本節では σ_{k4} と γ_4 ではなく α_k と β を用いる.式(3.143),式(3.40)参照.

となる．p_k は $c\alpha_j p_j$ および βmc^2 と交換するからである．式(3.229)の含意は，ハミルトニアンと運動量の同時固有関数となるような Dirac 方程式の解が見いだせるということである．我々はすでに 3.3 節において H と $\mathbf{p}$ の同時固有関数となるような平面波解を得ており，このことは既知である．

自明ではない例として，自由粒子の $\mathbf{L}$ を考えてみよう．軌道角運動量 $\mathbf{L}$ の x_1 方向の成分に関して，

$$[H, L_1] = [c\alpha_k p_k, (x_2 p_3 - x_3 p_2)] = -i\hbar c(\alpha_2 p_3 - \alpha_3 p_2) \tag{3.230}$$

であり，L_2 および L_3 も同様に計算される．したがって，

$$\frac{d\mathbf{L}}{dt} = c(\boldsymbol{\alpha} \times \mathbf{p}) \tag{3.231}$$

となる．上式は Dirac 粒子において $\mathbf{L}$ が保存量では"ない"ことを意味している．これは Schrödinger 理論における $\mathbf{L}$ とは著しく異なる性質である．

次に，一般化スピン $\boldsymbol{\Sigma}$ (式(3.99)) を考えよう．まず，次の有用な関係に注意を向ける．

$$\alpha_k = -\Sigma_k \gamma_5 = -\gamma_5 \Sigma_k \tag{3.232}$$

上の関係は α_k, γ_5, Σ_k の具体的な形を考えれば自明である[26]．よって，

$$[H, \Sigma_1] = [c\alpha_k p_k, \Sigma_1] = -c[\gamma_5 \Sigma_k p_k, \Sigma_1]$$
$$= 2ic(\alpha_2 p_3 - \alpha_3 p_2) \tag{3.233}$$

となる．上式では $\gamma_5 \Sigma_2 \Sigma_1 = -i\gamma_5 \Sigma_3 = i\alpha_3$ などの関係を利用した．結果的に，

$$\frac{d\boldsymbol{\Sigma}}{dt} = -\frac{2c}{\hbar}(\boldsymbol{\alpha} \times \mathbf{p}) \tag{3.234}$$

が得られるので，自由電子のスピン角運動量も保存量では"ない"．しかし式(3.234)と $\mathbf{p}$ のスカラー積を取り，式(3.229)を考慮すると，

$$\frac{d(\boldsymbol{\Sigma} \cdot \mathbf{p})}{dt} = 0 \tag{3.235}$$

が得られる．すなわち 3.3 節で見たように，ヘリシティ $\boldsymbol{\Sigma} \cdot \mathbf{p}/|\mathbf{p}|$ は保存量である．

さらに，次のベクトル演算子を考える．

$$\mathbf{J} = \mathbf{L} + \frac{\hbar}{2}\boldsymbol{\Sigma} \tag{3.236}$$

---

[26] 特定の表示に依らない証明をするのであれば，たとえば $\alpha_3 = -i\gamma_3\gamma_4 = i\gamma_1\gamma_2\gamma_1\gamma_2\gamma_3\gamma_4 = -\Sigma_3\gamma_5$ のように考える．ここでは $(\gamma_1\gamma_2)^2 = -1$ を用いた．

3.6. Heisenberg表示によるDirac演算子

この演算子の時間微分は，式(3.231)と式(3.234)から，

$$\frac{d\mathbf{J}}{dt} = 0 \tag{3.237}$$

となる．つまり $\mathbf{L}$ と $(\hbar/2)\mathbf{\Sigma}$ は，それぞれ単独では保存量では"ない"が，両者の和 (3.236) は保存量になっている．これは式(3.161)から分かるように，全角運動量と同定されるべき量である．よく知られているように，$\mathbf{J}$ が保存量であるということは，その物理系が回転変換の下で不変であることの帰結である．したがって自由粒子ハミルトニアンに対して球対称な中心力ポテンシャル $V(r)$ を付け加えても，やはり $\mathbf{J}$ が保存量になることを証明できる．つまり $V(r)$ を導入しても，これは L_k および Σ_k の両者と可換なので，式(3.237)が成立する．

次に，電磁場 A_μ が存在する状況下での力学的運動量 (正準運動量ではない)，

$$\boldsymbol{\pi} = \mathbf{p} - \frac{e\mathbf{A}}{c} \tag{3.238}$$

の時間微分を考えよう．ハミルトニアンは，

$$H = c\boldsymbol{\alpha}\cdot\boldsymbol{\pi} + eA_0 + \beta mc^2 \tag{3.239}$$

と表され，運動方程式は次のように与えられる．

$$\dot{\pi}_k = \frac{i}{\hbar}[H, \pi_k] - \frac{e}{c}\frac{\partial A_k}{\partial t} = \frac{ic}{\hbar}\alpha_j[\pi_j, \pi_k] + \frac{ie}{\hbar}[A_0, \pi_k] \tag{3.240}$$

ここで，

$$[A_0, \pi_k] = i\hbar\frac{\partial A_0}{\partial x_k}$$

$$[\pi_1, \pi_2] = \frac{ie\hbar}{c}\frac{\partial A_2}{\partial x_1} - \frac{ie\hbar}{c}\frac{\partial A_1}{\partial x_2} = \frac{ie\hbar}{c}B_3, \quad \text{etc.} \tag{3.241}$$

を適用すると，次の結果を得る．

$$\dot{\boldsymbol{\pi}} = e(\mathbf{E} + \boldsymbol{\alpha}\times\mathbf{B}) \tag{3.242}$$

$\langle\alpha_k\rangle_+$ は古典的な粒子速度を c で割った量にあたることを既に見ているので (式(3.220))，式(3.242) は Lorentz 力を演算子で表した式に見える．しかしすぐ後に見るように，$c\boldsymbol{\alpha}$ は通常の意味でそのまま粒子速度に対応させ難い面もあるので，いささか慎重な見方が必要である．

電磁場中の電子の $\boldsymbol{\Sigma}\cdot\boldsymbol{\pi}$ の時間依存性にも興味が持たれる．A_μ が時間に依存しないと仮定すると，次式を得る．

$$\frac{d(\boldsymbol{\Sigma}\cdot\boldsymbol{\pi})}{dt} = \frac{i}{\hbar}[(-c\gamma_5\boldsymbol{\Sigma}\cdot\boldsymbol{\pi} + \beta mc^2 + eA_0), \boldsymbol{\Sigma}\cdot\boldsymbol{\pi}]$$

$$= \frac{ie}{\hbar}[A_0, \boldsymbol{\Sigma}\cdot\boldsymbol{\pi}] = e\boldsymbol{\Sigma}\cdot\mathbf{E} \tag{3.243}$$

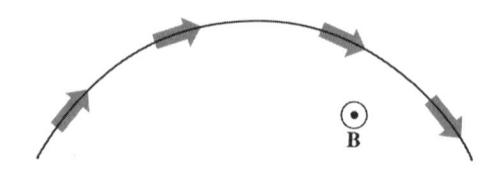

図3.3　一様な磁場の中を運動する電子の歳差運動．灰色の矢印がスピンの向きを表す．

上式では γ_5 と β が $\Sigma\cdot\pi$ と可換であることを用いた．電場がない状況を想定してみよう．我々は荷電粒子の力学的運動量が，時間に依存しない磁場の下で方向を変えても，その大きさを一定を保つことを知っている．そうすると $\Sigma\cdot\pi$ が一定であることは，ヘリシティが一定であることを意味する．したがって縦方向に偏極[†]した電子 (ヘリシティは +1 もしくは −1) が磁場のある領域に侵入すると，磁場 $\mathbf{B}$ の分布が複雑であったとしても，その電子は縦方向偏極の状態を保つ．磁場 $\mathbf{B}$ が一様で，その方向が入射してくる電子の速度に対して垂直であれば，電子は円軌道を形成して運動し，その角振動数はいわゆる "サイクロトロン角振動数" になる．

$$\omega_L = \frac{|e\mathbf{B}|}{mc}\sqrt{1-\beta^2} \tag{3.244}$$

この特別に単純な場合においてヘリシティが保存するということは，電子スピンの歳差運動の角振動数 ω_S がちょうど ω_L に等しく，図3.3 に示すように運動することを意味する．

しかし ω_L と ω_S が等しいという上述の結果は，電子の磁気回転比が厳密に 2 であるという暗黙の仮定に依っている．実際には異常磁気能率のために ω_L と ω_S は完全には一致しない．正しい関係は次のようになる．

$$\frac{\omega_S}{\omega_L} = 1 + \left(\frac{g-2}{2}\right)\frac{1}{\sqrt{1-\beta^2}} \tag{3.245}$$

これは初めは完全に縦方向に偏極していた電子がサイクロトロン軌道を周回すると，小さいずれではあるが偏極方向が運動方向からずれることを意味している．非相対論近似では，1周回でずれる角度は 1/137 rad ($\approx 0.42°$) である (式(3.210)参照)．この原理を用いて，電子やミュー粒子の異常磁気能率の正確な測定が行われる．

[†](訳註) 電子のようなフェルミオンを対象とする場合，"偏極"(polarization) という術語はスピンの向きを表すことになる．これは輻射場のようなスピン1のボソンを対象とする場合 (スピンではなくベクトルポテンシャルの向きを偏極と呼ぶ．p.27, p.38参照) とは用法が異なるので注意されたい．

3.6. Heisenberg表示によるDirac演算子

Dirac理論における"速度" 自由粒子の速度に関する考察に戻ろう．運動方程式，

$$\dot{x}_k = \frac{i}{\hbar}[H, x_k] = \frac{ic}{\hbar}[\alpha_j p_j, x_k] = c\alpha_k \tag{3.246}$$

によれば，α は c を単位とした速度にあたる (A_μ がある場合でも，この関係は正確に成り立つ)．式(3.220) を一見しても $\langle \alpha_k \rangle_+$ が $cp_k H^{-1}$，すなわち速度を c で割った量の期待値と見ることは理に適っているように思われる．しかしながら α_k の固有値は $+1$ か -1 であることに注意しよう．この速度演算子の固有値は $\pm c$ になってしまう．このことは G. Breit(ブライト)が 1928年に指摘した．有限の質量を持つ古典的な粒子の速度は決して $\pm c$ にはなり得ないはずなので，これは驚くべき結果である．また $k \neq l$ のとき α_k と α_l は交換せず，速度の x 方向成分と y 方向成分を同時に正確に測定することは不可能である．これも p_1 と p_2 が可換であることを考えると奇妙である．

上述のような不思議な状況にもかかわらず，この速度演算子が，これまで導出してきた結果と矛盾をきたすことはない．平面波解 (3.114) と (3.115) は $\mathbf{p}$ の固有関数であるが (質量がゼロでない限り) α_k の固有関数ではないことは，実際に α_k を平面波解へ作用させてみれば確認できる．α_k はハミルトニアンと交換せず (式(3.248)参照)，エネルギー固有関数は α_k の同時固有関数にはならない．

α_k の時間微分を調べてみよう．

$$\begin{aligned}
\dot{\alpha}_k &= \frac{i}{\hbar}[H, \alpha_k] \\
&= \frac{i}{\hbar}\bigl(-2\alpha_k H + \{H, \alpha_k\}\bigr) \\
&= \frac{i}{\hbar}(-2\alpha_k H + 2cp_k)
\end{aligned} \tag{3.247}$$

上式では α_k が H の α_k 自身を含まないすべての項と反交換する事実を用いた．この式を，次のように書き直すこともできる．

$$\dot{\alpha}_k = -\frac{2c}{\hbar}(\mathbf{\Sigma} \times \mathbf{p})_k - \frac{2i\alpha_k \beta mc^2}{\hbar} \tag{3.248}$$

つまり自由粒子でも速度演算子 $\dot{x}_k = c\alpha_k$ は保存量では"ない"のである．これに対して自由粒子の運動量は，式(3.229) に示したように保存量である．

式(3.247) は $\alpha_k(t)$ に関する微分方程式と見なせる．p_k と H が保存量であることを念頭に置くと，次式が解になることを直接の代入によって確認できる．

$$\alpha_k(t) = cp_k H^{-1} + \bigl(\alpha_k(0) - cp_k H^{-1}\bigr) e^{-2iHt/\hbar} \tag{3.249}$$

式(3.249) の第1項だけを見れば，運動量とエネルギーの固有状態では cp_k/E となり，式(3.220) と式(3.221) にも整合している．しかし第2項の物理的な意味は何な

のだろう？　文字通りに捉えると，電子の速度には，外部ポテンシャルが存在しなくても，その平均値からすばやい付加的な振動を生じさせる項が存在する．

式(3.249)は容易に積分できて，粒子の位置座標演算子が得られる．

$$x_k(t) = x_k(0) + c^2 p_k H^{-1} t + \frac{i\hbar c}{2}\bigl(\alpha_k(0) - c p_k H^{-1}\bigr) H^{-1} e^{-2iHt/\hbar} \quad (3.250)$$

第1項と第2項は，非相対論的な量子力学と同様に，波束の期待値の軌道が，次の"古典的な"運動に帰着するものと見ることによって容易に理解される．

$$x_k^{(\text{class})}(t) = x_k^{(\text{class})}(0) + t\left(\frac{c^2 p_k}{E}\right)^{(\text{class})} \quad (3.251)$$

式(3.250)の第3項の存在(もちろん式(3.249)の第2項による)は，自由粒子が単に一様な直線運動(3.251)をするのでなく，実際には直線運動を基調としながらも，それに非常に高速の微振動が加わった運動をすることを含意する．この特異な振動運動は1930年にE. Schrödingerによって考察され，"高速微細振動"(Zitterbewegung. 原義は'震える運動')と名付けられた．次節でこれを更に詳しく扱う．

3.7　高速微細振動(ツィッターベヴェーグング)と負エネルギーの解

αとxの期待値　前節で採用した代数的技法は運動の保存量や古典論との対応を調べる上で極めて有効である．しかし前節の末尾で言及した特殊な状況を分析するためには，再びSchrödinger表示に戻って，演算子の関係式(3.249)と(3.250)を具体的な波動関数の下で再解釈しておくことが教育的であろう．

すべての可能な$\mathbf{p}$に関する正エネルギーおよび負エネルギーの平面波解(3.114)および(3.115)は完全正規直交系を構成するので，自由粒子波動関数の最も一般的な形は次のように表される．

$$\begin{aligned}
\psi(\mathbf{x}, t) = &\sum_{\mathbf{p}} \sum_{r=1,2} \sqrt{\frac{mc^2}{|E|V}} c_{\mathbf{p},r} u^{(r)}(\mathbf{p}) \exp\left(\frac{i\mathbf{p}\cdot\mathbf{x}}{\hbar} - \frac{i|E|t}{\hbar}\right) \\
&+ \sum_{\mathbf{p}} \sum_{r=3,4} \sqrt{\frac{mc^2}{|E|V}} c_{\mathbf{p},r} u^{(r)}(\mathbf{p}) \exp\left(\frac{i\mathbf{p}\cdot\mathbf{x}}{\hbar} + \frac{i|E|t}{\hbar}\right) \quad (3.252)
\end{aligned}$$

$c_{\mathbf{p},r}$はψの$t=0$におけるFourier展開から決まる．$c_{\mathbf{p},r}$をうまく設定すると，式(3.252)において任意に局在させた自由粒子波束を表すことができる．$\langle\alpha_k\rangle$を見積もってみると，式(3.220)と式(3.221)に従った直接的な計算から，次のように求まる．

3.7. 高速微細振動(ツィッターベヴェーグング)と負エネルギーの解

$$\begin{aligned}\langle \alpha_k \rangle &= \int_V \psi^\dagger(\mathbf{x},t)\alpha_k \psi(\mathbf{x},t) d^3x \\ &= \sum_{\mathbf{p}} \sum_{r=1,2} |c_{\mathbf{p},r}|^2 \frac{cp_k}{|E|} - \sum_{\mathbf{p}} \sum_{r=3,4} |c_{\mathbf{p},r}|^2 \frac{cp_k}{|E|} \\ &\quad + \sum_{\mathbf{p}} \sum_{r=1,2} \sum_{r'=3,4} \frac{mc^2}{|E|} \Big[c^*_{\mathbf{p},r'} c_{\mathbf{p},r} u^{(r')\dagger}(\mathbf{p}) \alpha_k u^{(r)}(\mathbf{p}) e^{-2i|E|t/\hbar} \\ &\quad + c_{\mathbf{p},r'} c^*_{\mathbf{p},r} u^{(r)\dagger}(\mathbf{p}) \alpha_k u^{(r')}(\mathbf{p}) e^{2i|E|t/\hbar} \Big] \end{aligned} \quad (3.253)$$

時間に依存しない第1項(第2項)は, 正エネルギー(負エネルギー)の平面波成分から構成された波束の群速度を表す. 時間に依存する後ろの2つの項は興味深い. まず $|\mathbf{p}| \ll mc$ の場合, α_k を $u^{(3,4)\dagger}(\mathbf{p})$ と $u^{(1,2)}(\mathbf{p})$ で挟んだ因子は"大きい"量となり, これに対して α_k を $u^{(1,2)\dagger}(\mathbf{p})$ と $u^{(1,2)}(\mathbf{p})$ で挟んだ因子は (v/c) 程度に小さい. 具体的には,

$$u^{(3\,\text{or}\,4)\dagger}(\mathbf{p})\alpha_k u^{(1\,\text{or}\,2)}(\mathbf{p}) = \chi^{(s-)\dagger}\sigma_k \chi^{(s+)} + O\left(\left[\frac{|\mathbf{p}|}{mc}\right]^2\right) \quad (3.254)$$

となる. $\chi^{(s+)}$ と $\chi^{(s-)}$ は2成分Pauliスピノルで, $u^{(1\,\text{or}\,2)}$ と $u^{(3\,\text{or}\,4)}$ に対応する. したがって式(3.253)の後ろの2つの項は激しい高速振動の重ね合わせを表しており, それぞれの角振動数は $\sim 2mc^2/\hbar \approx 1.5 \times 10^{21}\,\text{sec}^{-1}$, 振幅は $\sim |c^{(1,2)*}c^{(3,4)}|$ である.

位置の期待値 $\langle x_k \rangle$ に関して, まず演算子の運動方程式 (3.246) の意味は, 次のように表される.

$$\frac{d}{dt}\int \psi^\dagger(\mathbf{x},t) x_k \psi(\mathbf{x},t) d^3x = c\int \psi^\dagger(\mathbf{x},t)\alpha_k \psi(\mathbf{x},t) d^3x \quad (3.255)$$

したがって式(3.253)の $\langle \alpha_k \rangle$ の式に時間積分を施して c 倍すると, $\langle x_k \rangle$ が得られる.

$$\begin{aligned}\langle x_k \rangle &= \langle x_k \rangle_{t=0} + \Bigg[\sum_{\mathbf{p}} \sum_{r=1,2} |c_{\mathbf{p},r}|^2 \frac{c^2 p_k}{|E|} t - \sum_{\mathbf{p}} \sum_{r=3,4} |c_{\mathbf{p},r}|^2 \frac{c^2 p_k}{|E|} t \\ &\quad + \sum_{\mathbf{p}} \sum_{r=1,2} \sum_{r'=3,4} \frac{i\hbar}{2mc}\left(\frac{mc^2}{|E|}\right)^2 \Big(c^*_{\mathbf{p},r'} c_{\mathbf{p},r} u^{(r')\dagger}(\mathbf{p}) \alpha_k u^{(r)}(\mathbf{p}) e^{-2i|E|t/\hbar} \\ &\quad + c_{\mathbf{p},r'} c^*_{\mathbf{p},r} u^{(r)\dagger}(\mathbf{p}) \alpha_k u^{(r')}(\mathbf{p}) e^{2i|E|t/\hbar} \Big) \Bigg] \end{aligned}$$
$$(3.256)$$

やはり波束の直線運動には付加的に激しい振動が重なっており，その角振動数は $\sim 2mc^2/\hbar$ であることが見て取れる．もし $c_{\mathbf{p},(1\,\mathrm{or}\,2)}$ と $c_{\mathbf{p},(3\,\mathrm{or}\,4)}$ が小さくなければ電子の位置ゆらぎは $\hbar/mc \approx 3.9 \times 10^{-11}$ cm $= 3.9 \times 10^{-13}$ m 程度になる．この $\langle \alpha_k \rangle$ と $\langle x_k \rangle$ に見られる特異な "高速微細振動"(ツィッターベヴェーグング) は，波束に含まれる正エネルギー成分と負エネルギー成分の干渉から生じているという点が極めて重要である．正エネルギーの平面波成分だけ，もしくは負エネルギーの平面波成分だけから構成されている波束には高速微細振動(ツィッターベヴェーグング)は生じない．

負エネルギー成分の存在 なぜ波束を構築するために，特異で煩わしい性質の付随する負エネルギーの成分を無視できないのかという疑問が，ここで自然に生じるであろう．この問題を考察するには，自由粒子の波束を考えればよい．ある時刻に自由粒子の波束が正エネルギーの成分だけから構成されているとするならば，その後の時間発展において負エネルギーの解が現れることはない．他方，よく局在している波動関数は，一般に負エネルギーの平面波成分を含んでしまう．簡単な例として $t=0$ において，一見無難な次の4成分波動関数の形 (エネルギーや運動量は確定していない) を想定する．

$$\psi(\mathbf{x},0) = \begin{pmatrix} \phi(\mathbf{x}) \\ 0 \\ 0 \\ 0 \end{pmatrix} \tag{3.257}$$

$|\phi(\mathbf{x})|^2$ は Δx_k の領域内だけで有意の値を持つものと仮定する．3.3節で示した議論から類推されるように，ψ は上向きスピンを持ち $\sim \Delta x_k$ の空間範囲内に局在している非相対論的波動関数に対応する4成分波動関数である．この波動関数 $\psi(\mathbf{x},0)$ の平面波展開を考え，式(3.252)において $t=0$ と置いた形に変換してみよう．Fourier係数は，式(3.257)に左から $u^{(r)\dagger}(\mathbf{p})e^{-i\mathbf{p}\cdot\mathbf{x}/\hbar}$ を掛けて空間座標の積分を行うことで得られる．各係数自体は $\phi(\mathbf{x})$ の詳しい形に依存して決まるが，相対関係として容易に次の結果を見いだすことができる．

$$\frac{c_{\mathbf{p},3}}{c_{\mathbf{p},1}} = -\frac{cp_3}{|E|+mc^2}, \quad \frac{c_{\mathbf{p},4}}{c_{\mathbf{p},1}} = -\frac{c(p_1-ip_2)}{|E|+mc^2}, \tag{3.258}$$

上式から負エネルギー成分が相対的に正エネルギー成分と同等に重要となる条件を見て取ることができる．すなわち ϕ の Fourier 成分の中に，運動量の大きさが mc に比べて無視できない成分が含まれていれば，負エネルギー成分も無視し得ない．他方，ϕ の Fourier 変換が有意値を持つ範囲は，

$$\Delta p_k \sim \frac{\hbar}{\Delta x_k} \tag{3.259}$$

3.7. 高速微細振動(ツィッターベヴェーグング)と負エネルギーの解

となる. 今, 波束の空間的な拡がりが $\Delta x_k \lesssim \hbar/mc$ に制限されているものと仮定すると, 不確定性関係 (3.259) から運動量成分として $|\mathbf{p}| \gtrsim mc$ のものが必ず必要となる. このとき式(3.258)に従って負エネルギー成分も少なからず寄与を持つことになる.

空間的によく局在させた状態は, 一般に負エネルギーの平面波成分を含むことを見た. 逆に, 正エネルギーの平面波成分だけを用いる場合, どの程度まで局在した状態をつくることが可能なのかという設問もあり得る. T. D. Newton と E. P. Wigner の入念な解析によると, このような方法で構築した最も拡がりの少ない波束の寸法はやはり $\sim \hbar/mc$ 程度であり, これより小さくならない. この命題は Klein-Gordon 粒子に関しても成立する.

"正エネルギー"の束縛状態を表す波動関数を自由粒子の平面波で展開すると, "負エネルギー"の成分がそこに含まれるという事実は興味深い. たとえば水素原子における電子の基底状態の波動関数を考えるならば, そのエネルギーは明らかに正で, $E = mc^2 - (e^2/8\pi a_0) > 0$ である. この束縛状態の波動関数 (次節で具体的に論じる) を平面波で展開すると, 負エネルギーの平面波成分にもゼロにならない係数が生じる. このことの直接的な帰結として, 水素原子における電子は高速微細振動(ツィッターベヴェーグング)をする. したがって位置 $\mathbf{x}$ において電子が実効的に感じるポテンシャルは単純に $V(\mathbf{x})$ というわけではなく, $V(\mathbf{x}+\delta\mathbf{x})$ と考えなければならない. $\delta\mathbf{x}$ は電子位置のゆらぎを表す. $V(\mathbf{x}+\delta\mathbf{x})$ を展開して考えよう.

$$V(\mathbf{x}+\delta\mathbf{x}) = V(\mathbf{x}) + \delta\mathbf{x}\cdot\nabla V + \frac{1}{2}\delta x_i \delta x_j \frac{\partial^2 V}{\partial x_i \partial x_j} + \cdots \tag{3.260}$$

$\mathbf{x}$ が振幅 $|\delta\mathbf{x}| \approx \hbar/mc$ で振動し, その振動に特別な方向性が無いと仮定して, $V(\mathbf{x}+\delta\mathbf{x}) - V(\mathbf{x})$ の時間平均を見積もると, 次のようになる.

$$(\Delta V)_{\text{time average}} \approx \frac{1}{2}\frac{1}{3}\left(\frac{\hbar}{mc}\right)^2 \nabla^2 V = \frac{e^2}{6}\left(\frac{\hbar}{mc}\right)^2 \delta^{(3)}(\mathbf{x}) \tag{3.261}$$

この結果は, 定係数の違い ($\frac{1}{8}$ の代わりに $\frac{1}{6}$ が現れている) を除き, 3.3節の静電的な問題の近似法のところで論じた Darwin項による寄与と同じである (式(3.83) および式(3.87)参照).

Klein の逆理　負エネルギーの存在に付随する特異性の最後の例として, 単純な1次元ポテンシャル問題を考える (図3.4). 領域 I では粒子は自由に振舞う. 領域 II におけるポテンシャルの高さを V_{II} とする. 両方の領域の間においてポテンシャルの空間変化が緩やかであれば, 直接に波動関数の形を求めることができる. ここでの目的では ψ_A だけを見ればよい (式(3.62)参照).

$$(\boldsymbol{\sigma}\cdot\mathbf{p})c\frac{1}{E-V+mc^2}(\boldsymbol{\sigma}\cdot\mathbf{p})c\psi_A = (E-V-mc^2)\psi_A \tag{3.262}$$

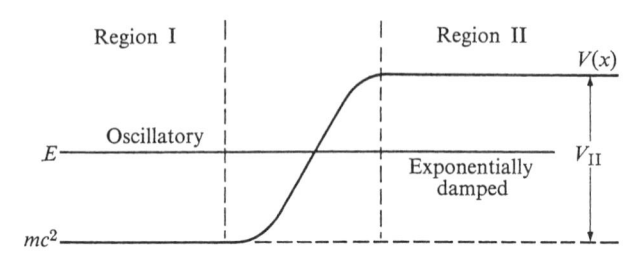

図3.4　1次元ポテンシャル．$mc^2 > E - V_{\mathrm{II}} > -mc^2$ とする．

局所的に見れば V が x に依存しないものと考えると，次の解を得る．

$$\psi_A \propto \exp\left(\frac{ipx}{\hbar} - \frac{iEt}{\hbar}\right)\chi, \quad \exp\left(-\frac{|p|x}{\hbar} - \frac{iEt}{\hbar}\right)\chi \tag{3.263}$$

$$c^2 p^2 = (E - V + mc^2)(E - V - mc^2) \tag{3.264}$$

$p^2 > 0$ であれば解は"振動的(伝播的)"になり(式(3.263)第1式)，$p^2 < 0$ であれば"指数関数的(減衰的)"になる(式(3.263)第2式)．ここで粒子のエネルギーが，

$$mc^2 > E - V_{\mathrm{II}} > -mc^2 \tag{3.265}$$

であると仮定しよう．領域IIは古典的には粒子の存在が禁じられた領域 ($p^2 < 0$) となり，領域Iにおける自由粒子波動関数は，領域IIに侵入すると指数関数的に減衰する．

ここまでは単純な話である．次に図3.5に示すようなポテンシャルを考えよう．非相対論的な量子力学の経験からすると，領域IIより更にポテンシャルの高い(斥力的な)領域IIIにおいて，波動関数は"さらに強く減衰する"ものと予想される．しかし領域IIIのポテンシャルが，

$$V_{\mathrm{III}} - E > mc^2 \tag{3.266}$$

を満たすほど高くなると，式(3.264)から逆のことが結論される．このとき $E-V+mc^2$ と $E-V-mc^2$ の両方が負なので $p^2 > 0$ となる．したがって領域IIIの波動関数は，領域Iの自由粒子解と同様に"振動的"になる．この結果は素朴に予想される結果とは正反対のものである．半古典的に言えば，初めに領域Iにあった粒子は領域IIをトンネルして(原子核が α 崩壊を起こすときに α 粒子がポテンシャル障壁をトンネルするのと同様である)，領域IIIからは式(3.266)から予想されるような非常に強い斥力で

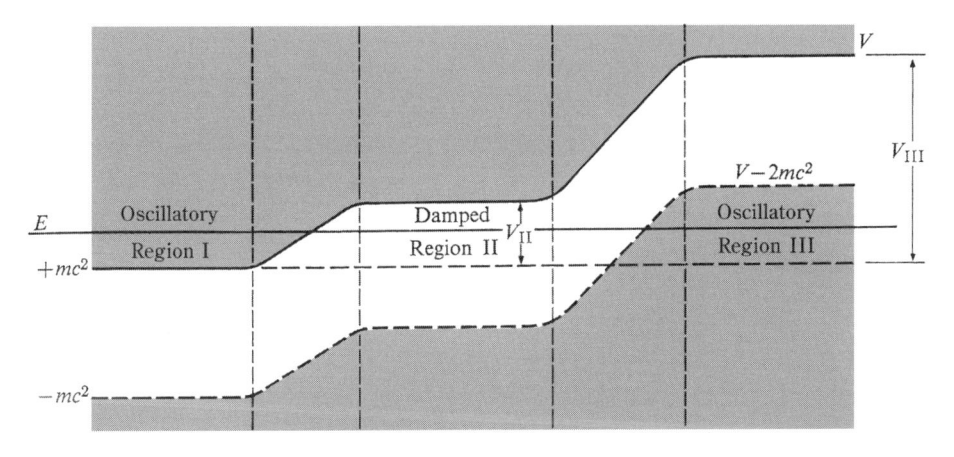

3.7. 高速微細振動(ツィッターベヴェーグング)と負エネルギーの解

図3.5 Kleinの逆理を説明するポテンシャル．灰色の領域では振動的な解が現れる．

はなく，むしろ引力ポテンシャルの影響を受けるかのように振舞う．この論考は O. Klein に因んで Klein の逆理(パラドックス)と呼ばれている．彼は 1930 年にこの問題を考察した．

この特異な粒子の振舞いの起源は何だろう？ Dirac 方程式の自由粒子解のエネルギーは $+mc^2 \sim \infty$ だけでなく，$-mc^2 \sim -\infty$ にも許容されることを思い出そう．小さな正のポテンシャル V を加えることを考えると，負エネルギーにおける振動解のエネルギー範囲は，

$$-\infty < E < -mc^2 + V \tag{3.267}$$

に変更される．V を断熱的に高くして mc^2 を超えるようにすれば，もはや式 (3.267) を成立させる E は必ずしも負でなくともよいことになる．図 3.5 を再び見ると，領域Ⅲにおける振動的な解は，$E > 0$ であるにもかかわらず本来的には負エネルギー解であることを見て取れる．その時空座標依存性は V を断熱的に加えたことで $\exp\left[i(px/\hbar) + i(|E|t/\hbar)\right]$ になっている．Klein の逆理(パラドックス)は，領域Ⅲのポテンシャル V が充分に大きくなると，領域Ⅲにおける振動的な負エネルギー解の準位が上昇して，領域Ⅰにおける正エネルギー振動解と同じエネルギーを持ちうることに因って生じる．したがって電子が領域Ⅰから領域Ⅲへトンネル遷移する現象は，正エネルギー状態から負エネルギー状態への遷移として捉えなければならない．このような遷移については 3.9 節においてさらに論じる予定である．とにかく高いポテンシャルの領域が粒子を斥けるという直観的な概念は，ポテンシャル V が $2mc^2$ と同等にまで高くなると完全に破綻

する.

ポテンシャルが著しく低い引力的な領域に関しても，上述と類似の特殊な事情が見られる．適度に引力的な有限範囲のポテンシャルは束縛解 ($E < mc^2$) を生じ，非相対論的な量子力学と同様にポテンシャルの及ぶ範囲外では減衰するが，このような挙動は引力が臨界強度を越えない場合に限られる．引力ポテンシャルが強すぎる場合には，Dirac方程式の解を $-mc^2$ より"低い"エネルギーまで考えて，"振動的"で"外部でも減衰しない"状態も考察しなければならない．この問題に関心のある読者は，深い球面井戸内の Dirac 粒子の問題を詳しく扱って，具体的な理解を深めることができる (p.221, 問題3-10(c)).

3.8 中心力問題；水素原子

一般的な考察 本節では，まず初めに球対称ポテンシャルの中にある電子の波動関数に関する一般的な性質をいくつか調べる．3.6節で見たように，ハミルトニアンが次の形で与えられるならば，全角運動量 **J** は運動における保存量である．

$$H = c\boldsymbol{\alpha}\cdot\mathbf{p} + \beta mc^2 + V(r) \tag{3.268}$$

他の保存量も探してみよう．直観的には電子のスピンが全角運動量に平行か反平行かを特定できることが期待される．非相対論的な量子力学では，これらの2つの可能性は，次の演算子,

$$\boldsymbol{\sigma}\cdot\mathbf{J} = \boldsymbol{\sigma}\cdot\left(\mathbf{L} + \frac{\hbar}{2}\boldsymbol{\sigma}\right) = \frac{1}{\hbar}\left(\mathbf{J}^2 - \mathbf{L}^2 + \frac{3}{4}\hbar^2\right) \tag{3.269}$$

によって区別される．あるいは l が $j+\frac{1}{2}$ か $j-\frac{1}{2}$ かを特定してもよい．相対論的な電子に関しては，単純に考えると式(3.269)を 4×4 行列へ一般化して，$\boldsymbol{\Sigma}\cdot\mathbf{J}$ とすればよいように思われるが，実際に試してみると容易に分かるように H と $\boldsymbol{\Sigma}\cdot\mathbf{J}$ は交換しない．そこで代わりに $\beta\boldsymbol{\Sigma}\cdot\mathbf{J}$ を考えてみる．これは非相対論的な極限において $\boldsymbol{\Sigma}\cdot\mathbf{J}$ と同じ結果を与える．

$$\begin{aligned}[H, \beta\boldsymbol{\Sigma}\cdot\mathbf{J}] &= [H, \beta]\boldsymbol{\Sigma}\cdot\mathbf{J} + \beta[H, \boldsymbol{\Sigma}]\cdot\mathbf{J} \\ &= -2c\beta(\boldsymbol{\alpha}\cdot\mathbf{p})(\boldsymbol{\Sigma}\cdot\mathbf{J}) + 2ic\beta(\boldsymbol{\alpha}\times\mathbf{p})\cdot\mathbf{J}\end{aligned} \tag{3.270}$$

上式では式(3.233)の関係と，

$$[H, \beta] = c\boldsymbol{\alpha}\cdot\mathbf{p}\beta - \beta c\boldsymbol{\alpha}\cdot\mathbf{p} = -2c\beta\boldsymbol{\alpha}\cdot\mathbf{p} \tag{3.271}$$

3.8. 中心力問題；水素原子

という関係を用いた．更に，次の式，

$$(\boldsymbol{\alpha}\cdot\mathbf{A})(\boldsymbol{\Sigma}\cdot\mathbf{B}) = -\gamma_5(\boldsymbol{\Sigma}\cdot\mathbf{A})(\boldsymbol{\Sigma}\cdot\mathbf{B})$$
$$= -\gamma_5\mathbf{A}\cdot\mathbf{B} + i\boldsymbol{\alpha}\cdot(\mathbf{A}\times\mathbf{B}) \tag{3.272}$$

を利用して，式(3.270) を簡単にすることができる．

$$[H, \beta\boldsymbol{\Sigma}\cdot\mathbf{J}] = 2c\beta\gamma_5(\mathbf{p}\cdot\mathbf{J}) = 2c\beta\gamma_5\mathbf{p}\cdot\left(\mathbf{L} + \frac{\hbar}{2}\boldsymbol{\Sigma}\right)$$
$$= -\hbar c\beta\boldsymbol{\alpha}\cdot\mathbf{p} = \frac{\hbar}{2}[H, \beta] \tag{3.273}$$

上式では，式(3.271) や，次の関係も用いた．

$$\mathbf{p}\cdot\mathbf{L} = -i\hbar\nabla\cdot[\mathbf{x}\times(-i\hbar\nabla)] = 0 \tag{3.274}$$

したがって，新たな演算子 K を，

$$K = \beta\boldsymbol{\Sigma}\cdot\mathbf{J} - \beta\frac{\hbar}{2} = \beta\left(\boldsymbol{\Sigma}\cdot\mathbf{J} + \frac{\hbar}{2}\boldsymbol{\Sigma}\cdot\boldsymbol{\Sigma}\right) - \beta\frac{\hbar}{2} = \beta(\boldsymbol{\Sigma}\cdot\mathbf{L} + \hbar) \tag{3.275}$$

のように定義すると[‡]，これは H と交換する．

$$[H, K] = 0 \tag{3.276}$$

さらに，全角運動量 $\mathbf{J}$ が β や $\boldsymbol{\Sigma}\cdot\mathbf{L}$ と交換するという事実を用いると，

$$[\mathbf{J}, K] = 0 \tag{3.277}$$

となることも容易に分かる．したがって中心力ポテンシャルの中にあるひとつの電子について H, K, $\mathbf{J}^2$, J_3 の同時固有関数を構築することが可能である．これらに対応する固有値はそれぞれ E, $-\kappa\hbar$, $j(j+1)\hbar^2$, $j_3\hbar$ である．

ここで量子数 κ と j の間の重要な関係を導くことにしよう．まずは K^2 を見てみる．

$$K^2 = \beta(\boldsymbol{\Sigma}\cdot\mathbf{L} + \hbar)\beta(\boldsymbol{\Sigma}\cdot\mathbf{L} + \hbar)$$
$$= (\boldsymbol{\Sigma}\cdot\mathbf{L} + \hbar)^2$$
$$= \mathbf{L}^2 + i\boldsymbol{\Sigma}\cdot(\mathbf{L}\times\mathbf{L}) + 2\hbar\boldsymbol{\Sigma}\cdot\mathbf{L} + \hbar^2$$
$$= \mathbf{L}^2 + \hbar\boldsymbol{\Sigma}\cdot\mathbf{L} + \hbar^2 \tag{3.278}$$

また，これと同時に $\mathbf{J}^2$ は，

$$\mathbf{J}^2 = \mathbf{L}^2 + \hbar\boldsymbol{\Sigma}\cdot\mathbf{L} + \frac{3}{4}\hbar^2 \tag{3.279}$$

[‡](訳註) $\boldsymbol{\Sigma}\cdot\boldsymbol{\Sigma} = \Sigma_1\Sigma_1 + \Sigma_2\Sigma_2 + \Sigma_3\Sigma_3 = 3$ である (式(3.99)参照)．

なので，次の関係が得られる．

$$K^2 = \mathbf{J}^2 + \frac{1}{4}\hbar^2 \tag{3.280}$$

上式は $\mathbf{J}^2$ と K^2 の固有値が，次のように関係することを意味する．

$$\kappa^2\hbar^2 = j(j+1)\hbar^2 + \frac{1}{4}\hbar^2 = \left(j+\frac{1}{2}\right)^2\hbar^2 \tag{3.281}$$

したがって，

$$\kappa = \pm\left(j+\frac{1}{2}\right) \tag{3.282}$$

となる．κ は "ゼロ以外の整数" であり，正の値も負の値も取り得る．κ の符号は，非相対論極限において，スピンが全角運動量に平行 ($\kappa > 0$) であるか反平行 ($\kappa < 0$) であるかを表す[§]．

演算子 K をあらわに記すと，次のようになる．

$$K = \begin{pmatrix} \boldsymbol{\sigma}\cdot\mathbf{L}+\hbar & 0 \\ 0 & -\boldsymbol{\sigma}\cdot\mathbf{L}-\hbar \end{pmatrix} \tag{3.283}$$

4成分波動関数 ψ (エネルギー固有関数を対象とする) が K, $\mathbf{J}^2$, J_3 の同時固有関数であれば，次のようになる．

$$(\boldsymbol{\sigma}\cdot\mathbf{L}+\hbar)\psi_A = -\kappa\hbar\psi_A, \quad (\boldsymbol{\sigma}\cdot\mathbf{L}+\hbar)\psi_B = \kappa\hbar\psi_B \tag{3.284}$$

$$\mathbf{J}^2\psi_{A,B} = \left(\mathbf{L}+\frac{\hbar}{2}\boldsymbol{\sigma}\right)^2\psi_{A,B} = j(j+1)\hbar^2\psi_{A,B}$$

$$J_3\psi_{A,B} = \left(L_3+\frac{\hbar}{2}\sigma_3\right)\psi_{A,B} = j_3\hbar\psi_{A,B} \tag{3.285}$$

演算子 $\mathbf{L}^2$ は，2成分波動関数 ψ_A と ψ_B に作用するときには $\mathbf{J}^2 - \hbar\boldsymbol{\sigma}\cdot\mathbf{L} - \frac{3}{4}\hbar^2$ に等しい (式(3.279)参照)．このことは $\boldsymbol{\sigma}\cdot\mathbf{L}+\hbar$ と $\mathbf{J}^2$ の2成分固有関数が，自動的に $\mathbf{L}^2$ の固有関数にもなっていることを意味する．したがって4成分波動関数 ψ は $\mathbf{L}^2$ の固有関数ではないけれども (H は $\mathbf{L}^2$ と交換しない)，ψ_A と ψ_B は "個別には" $\mathbf{L}^2$ の固有関数であり，その固有値を $l_A(l_A+1)\hbar^2$, $l_B(l_B+1)\hbar^2$ と書くことができる．そうすると式(3.284)と式(3.285)から，次の関係が得られる．

$$-\kappa = j(j+1) - l_A(l_A+1) + \frac{1}{4}, \quad \kappa = j(j+1) - l_B(l_B+1) + \frac{1}{4} \tag{3.286}$$

式(3.282)と式(3.286)を用いると，κ を与えれば l_A と l_B が決まる．この結果を表

[§] (訳註) 式(3.275)を見れば分かるように，κ はスピンの向きを規準とした軌道角運動量の成分に対応する量子数である．但し，すぐ後に言及があるが，軌道角運動量は良い量子数ではないので，表3.2に示されるように l_A, l_B として $|\kappa|$ と $|\kappa|-1$ が混在する．

3.8. 中心力問題；水素原子

表3.2 量子数 κ, j, l_A, l_B の関係.

	l_A	l_B
$\kappa = j + \dfrac{1}{2}$	$j + \dfrac{1}{2} = |\kappa|$	$j - \dfrac{1}{2} = |\kappa| - 1$
$\kappa = -\left(j + \dfrac{1}{2}\right)$	$j - \dfrac{1}{2} = |\kappa| - 1$	$j + \dfrac{1}{2} = |\kappa|$

3.2 に示す.

j の値を指定すると，そこから許容される正負の κ の値に対応して，2通りの可能な l_A の値が決まる．このような関係は，非相対論的な量子力学においてすでに経験しているものである．たとえば $j = \frac{1}{2}$ とすると, κ が負か正かに対応して l_A は 0 もしくは 1 になる (すなわち $s_{1/2}$ もしくは $p_{1/2}$). ここで新しいことは, κ が確定すると ψ_A と ψ_B のパリティ (空間的偶奇性) が必ず互いに反対符号になるということである．3.4節で既に見たように，この結果は4成分波動関数 ψ が確定したパリティを持つという要請から導くこともできる (式(3.172) から式(3.175) を参照).

上述のことを踏まえて，基本となる波動関数を，次のように表すことができる.

$$\psi = \begin{pmatrix} \psi_A \\ \psi_B \end{pmatrix} = \begin{pmatrix} g(r)\mathcal{Y}^{j_3}_{jl_A} \\ if(r)\mathcal{Y}^{j_3}_{jl_B} \end{pmatrix} \qquad (3.287)$$

$\mathcal{Y}^{j_3}_{jl}$ は Pauli スピノルと次数 l の球面調和関数を組み合わせて構築される規格化されたスピン-角度関数 (r には依存しない $\mathbf{J}^2$, J_3, $\mathbf{L}^2$, $\mathbf{S}^2$ の同時固有関数) である．具体的には, $j = l + \frac{1}{2}$ ならば,

$$\mathcal{Y}^{j_3}_{jl} = \sqrt{\frac{l+j_3+\frac{1}{2}}{2l+1}} Y^{j_3-1/2}_l \begin{pmatrix} 1 \\ 0 \end{pmatrix} + \sqrt{\frac{l-j_3+\frac{1}{2}}{2l+1}} Y^{j_3+1/2}_l \begin{pmatrix} 0 \\ 1 \end{pmatrix} \qquad (3.288)$$

$j = l - \frac{1}{2}$ ならば,

$$\mathcal{Y}^{j_3}_{jl} = -\sqrt{\frac{l-j_3+\frac{1}{2}}{2l+1}} Y^{j_3-1/2}_l \begin{pmatrix} 1 \\ 0 \end{pmatrix} + \sqrt{\frac{l+j_3+\frac{1}{2}}{2l+1}} Y^{j_3+1/2}_l \begin{pmatrix} 0 \\ 1 \end{pmatrix} \qquad (3.289)$$

である[27]. 動径方向の関数 f と g は，もちろん κ に依存する. f に掛けてある因子

---

[27] たとえば Merzbacher (1961), p.402 を参照．本書全体を通じて，位相の付け方は Condon and Shortley (1951), Rose (1957, 1961), Merzbacher (1961), Messiah (1962) などで採用されている流儀に従った．Bethe and Salpeter (1957) の位相の付け方は，Y_l^m の定義が通常のものと異なるために少々違っている．

i は，束縛状態 (もしくは定在波) の解において f と g が両方とも実数になるように挿入しておくものである．

式(3.287) を，Dirac方程式,

$$c(\boldsymbol{\sigma}\cdot\mathbf{p})\psi_B = (E - V(r) - mc^2)\psi_A$$
$$c(\boldsymbol{\sigma}\cdot\mathbf{p})\psi_A = (E - V(r) + mc^2)\psi_B \tag{3.290}$$

に代入する前に，次の関係に注意しておこう．

$$\begin{aligned}\boldsymbol{\sigma}\cdot\mathbf{p} &= \frac{(\boldsymbol{\sigma}\cdot\mathbf{x})}{r^2}(\boldsymbol{\sigma}\cdot\mathbf{x})(\boldsymbol{\sigma}\cdot\mathbf{p}) \\ &= \frac{(\boldsymbol{\sigma}\cdot\mathbf{x})}{r^2}\left(-i\hbar r\frac{\partial}{\partial r} + i\boldsymbol{\sigma}\cdot\mathbf{L}\right)\end{aligned} \tag{3.291}$$

そして擬スカラー演算子 $(\boldsymbol{\sigma}\cdot\mathbf{x})/r$ を $\mathcal{Y}_{jl}^{j_3}$ に作用させた結果は，やはり $\mathbf{J}^2$, J_3, $\mathbf{L}^2$ の固有関数となり，j と j_3 は変わらないが「軌道のパリティ (空間的偶奇性) は変わる．」よって $[(\boldsymbol{\sigma}\cdot\mathbf{x})/r]\mathcal{Y}_{jl_A}^{j_3}$ は位相因子を除いて $\mathcal{Y}_{jl_B}^{j_3}$ に等しい (注意：$(\boldsymbol{\sigma}\cdot\mathbf{x})^2/r^2 = 1$)．位相の付け方を式(3.288) と式(3.289) の流儀に決めるならば，ここで現れる位相因子が "-1" になることを示すのは難しくはない．我々は既に $j = j_3 = \frac{1}{2}$, $l_A = 0$ の場合の特例について，これを証明している (式(3.178))．また $[(\boldsymbol{\sigma}\cdot\mathbf{x})/r]$ を $\mathcal{Y}_{jl_B}^{j_3}$ に作用させると，負号を除き $\mathcal{Y}_{jl_A}^{j_3}$ になる．したがって，

$$\begin{aligned}(\boldsymbol{\sigma}\cdot\mathbf{p})\psi_B &= i\frac{(\boldsymbol{\sigma}\cdot\mathbf{x})}{r^2}\left(-i\hbar r\frac{\partial}{\partial r} + i\boldsymbol{\sigma}\cdot\mathbf{L}\right)f\mathcal{Y}_{jl_B}^{j_3} \\ &= i\frac{(\boldsymbol{\sigma}\cdot\mathbf{x})}{r^2}\left(-i\hbar r\frac{df}{dr} + i(\kappa-1)\hbar f\right)\mathcal{Y}_{jl_B}^{j_3} \\ &= -\hbar\frac{df}{dr}\mathcal{Y}_{jl_A}^{j_3} - \frac{(1-\kappa)\hbar}{r}f\mathcal{Y}_{jl_A}^{j_3}\end{aligned} \tag{3.292}$$

となる．同様に，

$$(\boldsymbol{\sigma}\cdot\mathbf{p})\psi_A = i\hbar\frac{dg}{dr}\mathcal{Y}_{jl_B}^{j_3} + i\frac{(1+\kappa)\hbar}{r}g\mathcal{Y}_{jl_B}^{j_3} \tag{3.293}$$

である．式(3.292) と式(3.293) を Dirac方程式(3.290) に適用すると，スピン-角度関数 $\mathcal{Y}_{jl}^{j_3}$ を含まない式が得られる．

$$\begin{aligned}-\hbar c\frac{df}{dr} - \frac{(1-\kappa)\hbar c}{r}f &= (E - V - mc^2)g \\ \hbar c\frac{dg}{dr} + \frac{(1+\kappa)\hbar c}{r}g &= (E - V + mc^2)f\end{aligned} \tag{3.294}$$

ここで，非相対論的な量子力学の場合と同様に，

$$F(r) = rf(r), \quad G(r) = rg(r) \tag{3.295}$$

のように関数 F, G を定義すると，最終的な動径方向関数の方程式が得られる．

$$\hbar c \left(\frac{dF}{dr} - \frac{\kappa}{r}F\right) = -(E - V - mc^2)G$$
$$\hbar c \left(\frac{dG}{dr} + \frac{\kappa}{r}G\right) = (E - V + mc^2)F \tag{3.296}$$

水素原子 連立微分方程式 (3.296) に基づいて，様々な球対称系の問題に取り組むことができる．ここでは問題をひとつだけ考察してみる．すなわち本節の残りの部分は，Coulombポテンシャルによって原子核に束縛されている1電子の問題に充てる．この"古典的"な問題 (1928年に C. G. Darwin と W. Gordon によって初めて扱われた) は厳密に解ける問題である．他の中心力問題——異常Zeeman効果，自由球面波，Coulomb散乱問題に対する厳密解 (第4章で示す Born近似による解ではなく) など——に関心のある読者は Rose の本を参照されたい[28]．

式(3.296) において，V が，

$$V = -\frac{Ze^2}{4\pi r} \tag{3.297}$$

と与えられる場合に，式を簡単にするために，次のように変数・定数を導入する[†]

$$\alpha_1 = \frac{mc^2 + E}{\hbar c}, \quad \alpha_2 = \frac{mc^2 - E}{\hbar c}, \quad \rho = \sqrt{\alpha_1 \alpha_2}\, r$$
$$\gamma = \frac{Ze^2}{4\pi \hbar c} = Z\alpha \simeq \frac{Z}{137}, \quad (\alpha はここでは微細構造定数を表す) \tag{3.298}$$

$\hbar\sqrt{\alpha_1 \alpha_2} = \sqrt{m^2 c^4 - E^2}/c$ が，エネルギー E を持つ電子の虚数運動量の大きさであることを注意しておく．解くべき連立方程式は次のようになる．

$$\left(\frac{d}{d\rho} - \frac{\kappa}{\rho}\right)F - \left(\sqrt{\frac{\alpha_2}{\alpha_1}} - \frac{\gamma}{\rho}\right)G = 0$$
$$\left(\frac{d}{d\rho} + \frac{\kappa}{\rho}\right)G - \left(\sqrt{\frac{\alpha_1}{\alpha_2}} + \frac{\gamma}{\rho}\right)F = 0 \tag{3.299}$$

---

[28] Rose (1961), 第5章.
[†] (訳註) ポテンシャルを式(3.297) のように置いているので，ここで対象とするのは"水素様原子" (hydrogen-like atom) すなわち電荷 $+Z|e|$ の原子核と1個の電子によって構成される系である．H $(Z=1)$, He$^+$ $(Z=2)$, Li^{2+} $(Z=3)$ など．新たに導入する変数 α_1 と α_2 は波数の次元を持ち，本文中にもあるように虚数運動量に関係する．γ は言わば"水素様原子の微細構造定数"である．

非相対論的な水素原子の取扱いと同様に，式(3.299)の解として，次の形を考えてみる‡．

$$F = e^{-\rho}\rho^s \sum_{m=0} a_m \rho^m, \quad G = e^{-\rho}\rho^s \sum_{m=0} b_m \rho^m \tag{3.300}$$

式(3.300)を式(3.299)に代入して，$e^{-\rho}\rho^s\rho^{q-1}$の項の係数同士を比較すると，次の漸化式が得られる．

$$\begin{aligned}(s+q-\kappa)a_q - a_{q-1} + \gamma b_q - \sqrt{\frac{\alpha_2}{\alpha_1}}b_{q-1} = 0 \\ (s+q+\kappa)b_q - b_{q-1} - \gamma a_q - \sqrt{\frac{\alpha_1}{\alpha_2}}a_{q-1} = 0\end{aligned} \tag{3.301}$$

$q=0$について，次式を得る．

$$\begin{aligned}(s-\kappa)a_0 + \gamma b_0 = 0 \\ (s+\kappa)b_0 - \gamma a_0 = 0\end{aligned} \tag{3.302}$$

a_0とb_0がゼロではないとすると，式(3.302)の永年行列式はゼロでなければならない．したがって，

$$s = \pm\sqrt{\kappa^2 - \gamma^2} \tag{3.303}$$

である．$\int \psi^\dagger \psi d^3 x$は当然，有限であって，この要請から，

$$\int |F|^2 d\rho < \infty, \quad \int |G|^2 d\rho < \infty \tag{3.304}$$

である．よってFとGは原点近傍において$\rho^{-1/2}$よりも素性が良くなければならないが，これは$s > -\frac{1}{2}$を意味する．ところで，

$$s^2 = \kappa^2 - \gamma^2 \geq \min(\kappa^2) - \gamma^2 \simeq 1 - \left(\frac{Z}{137}\right)^2 \tag{3.305}$$

なので，式(3.303)の複号について負を選ぶと，$s > -\frac{1}{2}$という要請は満たされない．よって$s > 0$の解を選ぶ[29]．

---

‡(訳註) sが関数F, Gの形を決める重要なパラメーターのひとつになる．すなわちsは，指数関数因子を除いたρの冪(べき)の部分の基調となる指数を指定する実数である．
[29] $|\kappa|=1$とすると$f=F/r$と$g=G/r$は原点において発散する($s<1$なので)．それでも式(3.304)は満足する．

3.8. 中心力問題；水素原子

もし式(3.300) の級数が際限なく続くならば，F も G も $\rho \to \infty$ において指数関数的に発散すること (無限遠で $F, G \sim e^{+\rho}$) を示すのは難しくない[30]．これらの2つの級数が同じ次数でまでで終わると仮定するならば，これらの動径関数が持つ指標として，次のような n' が存在することになる．

$$a_{n'+1} = b_{n'+1} = 0, \quad a_{n'} \neq 0, \quad b_{n'} \neq 0 \tag{3.306}$$

漸化式(3.301) において $q = n' + 1$ と設定すると，式(3.301) の両方から，

$$a_{n'} = -\sqrt{\frac{\alpha_2}{\alpha_1}} b_{n'} \tag{3.307}$$

と与えられる (それと同時に2つの級数が同じ次数で終わるという仮定も正当化される)．これで $a_{n'}$ と $b_{n'}$ の比が決まったが，この2つの係数だけを含む式を得るために，式(3.301) の第1式に α_1 を，第2式に $\sqrt{\alpha_1 \alpha_2}$ を掛けて，今度は $q = n'$ と置き，辺々の減算をすると，

$$\left[\alpha_1(s+n'-\kappa) + \sqrt{\alpha_1 \alpha_2}\gamma\right]a_{n'} - \left[\sqrt{\alpha_1 \alpha_2}(s+n'+\kappa) - \alpha_1 \gamma\right]b_{n'} = 0 \tag{3.308}$$

すなわち，

$$2\sqrt{\alpha_1 \alpha_2}(s+n') = \gamma(\alpha_1 - \alpha_2) \tag{3.309}$$

となり，α_1 と α_2 を E で書き換えると (式(3.298))，

$$\sqrt{(mc^2)^2 - E^2}(s+n') = E\gamma \tag{3.310}$$

を得る．エネルギーについて解くと，次のように求まる[31]．

$$E = \frac{mc^2}{\sqrt{1 + \frac{\gamma^2}{(s+n')^2}}} = \frac{mc^2}{\sqrt{1 + \frac{Z^2 \alpha^2}{\left(n' + \sqrt{(j+\frac{1}{2})^2 - Z^2 \alpha^2}\right)^2}}} \tag{3.311}$$

$s = \sqrt{|\kappa|^2 - \gamma^2}$ であり，上記のエネルギー E は，n' と $|\kappa| = j + \frac{1}{2}$ の2つの指標だけに依存して決まることに注意されたい．

式(3.311) を，これと対応する Schrödinger 理論の結果を比較するために，n を，

---

[30] $E > mc^2$ であれば，F と G が無限遠で e^{ρ} となる挙動も許容される．これはつまり ρ が純虚数になることを意味する．無限遠において動径方向関数が振動的だということは，連続なエネルギースペクトルに属する散乱状態の解の特徴である．
[31] 式(3.311) は，最初は A. Sommerfeld が，Bohr の前期量子論を相対論的に修正することによって得た式である．

表 3.3 水素原子の相対論的量子数と分光学の慣用表記.

n	$n' = n - |\kappa| \geq 0$	$\kappa = \pm(j + \frac{1}{2})$	分光学表記	
1	0	-1	$1s_{1/2}$	
2	1	-1	$2s_{1/2}$	⎫ 縮退
2	1	$+1$	$2p_{1/2}$	⎭
2	0	-2	$2p_{3/2}$	
3	2	-1	$3s_{1/2}$	⎫ 縮退
3	2	$+1$	$3p_{1/2}$	⎭
3	1	-2	$3p_{3/2}$	⎫ 縮退
3	1	$+2$	$3d_{3/2}$	⎭
3	0	-3	$3d_{5/2}$	

$$n = n' + \left(j + \frac{1}{2}\right) = n' + |\kappa| \tag{3.312}$$

と定義する. n' の最小値はゼロなので,

$$n \geq j + \frac{1}{2} = |\kappa| \tag{3.313}$$

であり, n の最小値は1である. 式(3.311) を展開すると, 次式を得る.

$$E = mc^2 \left[1 - \frac{1}{2}\frac{(Z\alpha)^2}{n^2} - \frac{1}{2}\frac{(Z\alpha)^4}{n^3}\left(\frac{1}{j + \frac{1}{2}} - \frac{3}{4n}\right) - \cdots \right] \tag{3.314}$$

ここで,

$$\frac{1}{2}\alpha^2 mc^2 = \frac{e^2}{8\pi a_{\text{Bohr}}} \tag{3.315}$$

であることを考え併せると[32], n が非相対論的量子力学における "主量子数" に同定されるべきものであることが分かる. Balmer(バルマー) の式に対する最初の補正項は, 微細構造のエネルギー分裂 (3.88) を正確に再現している. この項の影響により, 同じ n の下では j の大きい準位のほうが高くなる.

Dirac理論では, 水素様原子の状態が3つの量子数 n', κ, j_3 によって完全に特定される. この原子状態の分類法を, 分光学で慣用的に用いられる表記法と関係づけることができる. 表3.3 に関係をまとめておくが, これは表3.2 (p.155) と式(3.312), 式(3.313) に従って構成される. 相対論的な理論では $\mathbf{L}^2$ は "良い量子数" ではない

---
[32] 本節では Bohr半径を a_{Bohr} と書き, 通常の a_0 を用いない. 式(3.300)における係数との混同を避けるためである.

3.8. 中心力問題；水素原子

が，たとえば慣例に従って $p_{3/2}$ のように記す際には，実際には $l_A = 1$, $j = \frac{3}{2}$ を表す．言い換えると，上側の2成分波動関数 (非相対論的な極限では Schrödinger-Pauli 波動関数に帰着する) が分光学の術語としての軌道角運動量を決めている．読者は表3.3において $n' = 0$ のときの $\kappa > 0$ の状態を省いてあることに疑問を持ったかも知れない．この理由は式(3.302)の第2式と式(3.307)から明白になる．これらの式から，

$$\frac{s+\kappa}{\gamma} = -\sqrt{\frac{\alpha_2}{\alpha_1}}, \quad n' = 0 \ \text{only}. \tag{3.316}$$

となり，s が $|\kappa|$ よりも小さい正の数なので (式(3.303)-(3.305))，上式は κ が負の場合にのみ成立する．$n' = 0$ において $\kappa > 0$ の状態がないことは，非相対論的な量子力学において馴染みのある規則に整合する．すなわち l の最大値は $n-1$ であって，n ではない．

基底状態 ($n' = 0, \kappa = -1$) を考えると，エネルギーの式(3.311)は，

$$E_{\text{gd}} = mc^2\sqrt{1 - (Z\alpha)^2} \tag{3.317}$$

と簡単になり，このとき，

$$\sqrt{\alpha_1 \alpha_2} = \frac{Z\alpha mc^2}{\hbar c} = \frac{Z}{a_{\text{Bohr}}} \tag{3.318}$$

$$\frac{b_0}{a_0} = -\frac{Z\alpha}{1+\sqrt{1-(Z\alpha)^2}} = -\frac{1-\sqrt{1-(Z\alpha)^2}}{Z\alpha} \tag{3.319}$$

である．これで，波動関数全体に掛かる未定係数 N を除き，基底状態の波動関数を即座に書くことができる．

$$\psi_{\text{gd}} = \frac{N}{\sqrt{\pi}}\left(\frac{Z}{a_{\text{Bohr}}}\right)^{3/2} e^{-Zr/a_{\text{Bohr}}}$$

$$\times \left(\frac{Zr}{a_{\text{Bohr}}}\right)^{\sqrt{1-(Z\alpha)^2}-1} \begin{pmatrix} \chi^{(s)} \\ \dfrac{i\left(1-\sqrt{1-(Z\alpha)^2}\right)}{Z\alpha}\dfrac{(\boldsymbol{\sigma}\cdot\mathbf{x})}{r}\chi^{(s)} \end{pmatrix} \tag{3.320}$$

$\chi^{(s)}$ は Pauli スピノルであり，$j_3 = \frac{1}{2}$ か $j_3 = -\frac{1}{2}$ かに応じて，

$$\begin{pmatrix} 1 \\ 0 \end{pmatrix} \quad \text{or} \quad \begin{pmatrix} 0 \\ 1 \end{pmatrix}$$

を充てる．ψ の規格化条件の計算により，N は，

$$N = 2^{\sqrt{1-(Z\alpha)^2}-1}\sqrt{\frac{1+\sqrt{1-(Z\alpha)^2}}{\Gamma\left(1+2\sqrt{1-(Z\alpha)^2}\right)}} \tag{3.321}$$

と与えられる．ここで用いたガンマ関数の定義は，

$$\Gamma(x) = \int_0^\infty e^{-t} t^{x-1} dt \tag{3.322}$$

であって，次の性質がある．

$$\Gamma(m) = (m-1)! \quad \text{for} \quad m = \text{正の整数}$$

N は，$Z\alpha \to 0$ とすると 1 に近づく．さらに $(Zr/a_{\text{Bohr}})^{\sqrt{1-(Z\alpha)^2}-1}$ も，

$$r \sim \frac{137\hbar}{2mcZ} e^{-2(137)^2/Z^2} \tag{3.323}$$

の程度まで原点に近いところを考える必要はほとんどないので，現実的な措置として 1 と置いてよい．$r \to 0$ において ψ は緩い特異性を持けれども，原点近傍の波動関数は，本当は原子核電荷が有限範囲に拡がっていることを考慮して修正されるべきものなので，原点での発散の問題は数学的な関心以上の意味はない．したがって Z が小さい水素様原子の基底状態においては，その上側の 2 成分波動関数が Schrödinger 波動関数と Pauli スピノルを掛け合わせたものと本質的に同じである．下側の 2 成分波動関数については，単に次のことを指摘しておこう．$i(\boldsymbol{\sigma}\cdot\mathbf{x})/r$ を除き，下側成分の上側成分に対する比率は (式(3.307)参照)，

$$-\frac{a_0}{b_0} = \sqrt{\frac{mc^2 - E_{\text{gd}}}{mc^2 + E_{\text{gd}}}} \simeq \sqrt{\left(\frac{mv^2}{2}\right)\left(\frac{1}{2mc^2}\right)} = \frac{v}{2c} \tag{3.324}$$

と与えられる．v は Bohr の円軌道理論における電子の"速度"である．この結果は 3.3 節で言及した ψ_A と ψ_B の比率に関する議論と整合している．

1947 年に W. E. Lamb（ラム）と R. C. Retherford（レザフォード）は，水素原子の $2s_{1/2}$ 状態と $2p_{1/2}$ 状態の準位には，式(3.111) からは予想できないずれが生じていることを観測した．2.8 節で述べたように，この"Lamb シフト"の主要な部分は，電子と量子化された輻射場の相互作用の考察によって満足な説明がなされる．

式(3.111) に含まれないもうひとつの重要な効果は，原子核の磁気能率と電子の磁気能率の相互作用から生じる．たとえば水素原子において電子のスピンと陽子のスピンを合成すると，正味の結果は $F = 1$（3 重項）もしくは $F = 0$（1 重項）となる．F は"全スピン"に対応する量子数である．磁気的相互作用は磁気双極子（能率）同士の相対的な角度に依存するので，水素原子において $n, j, l (= l_A)$ によって特定される各準位は，外部磁場が存在しなくても，さらに 2 通りの F の値に対応する下部準位（サブレベル）へと分裂する．これは"超微細分裂"(hyperfine splitting) として知られている．非

3.8. 中心力問題；水素原子

相対論的な量子力学を用いて s 状態の超微細分裂を見積もってみよう．陽子の磁気能率 $\mathbf{M}^{(\mathrm{class})}$ によって生じる磁場は，古典的には，

$$\mathbf{B} = \nabla \times \left(\mathbf{M}^{(\mathrm{class})} \times \nabla \frac{1}{4\pi r} \right) \tag{3.325}$$

と表される[33]．$\mathbf{M}^{(\mathrm{class})}$ を量子力学的に，磁気能率演算子によって置き換える．

$$\mathbf{M} = \frac{|e|\hbar(1+\kappa)}{2m_{\mathrm{p}}c}\boldsymbol{\sigma}_{\mathrm{p}} \tag{3.326}$$

$\boldsymbol{\sigma}_{\mathrm{p}}$ は陽子のスピンを表すための Pauli 行列，$2(1+\kappa)$ は陽子の g-因子である (陽子における磁気能率の空間分布は考えず，点のように見なすことにする)．Schrödinger-Pauli 理論の枠内で，次の相互作用ハミルトニアンが得られる．

$$\begin{aligned} H^{(\mathrm{hf})} &= -\boldsymbol{\mu}\cdot\nabla \times \left(\mathbf{M}\times\nabla\frac{1}{4\pi r}\right) \\ &= (\boldsymbol{\mu}\cdot\mathbf{M})\nabla^2\left(\frac{1}{4\pi r}\right) - \left[(\boldsymbol{\mu}\cdot\nabla)(\boldsymbol{\mu}\cdot\nabla)\right]\frac{1}{4\pi r} \\ &= \frac{2}{3}(\boldsymbol{\mu}\cdot\mathbf{M})\nabla^2\left(\frac{1}{4\pi r}\right) - \left[(\boldsymbol{\mu}\cdot\nabla)(\boldsymbol{\mu}\cdot\nabla) - \frac{1}{3}\boldsymbol{\mu}\cdot\mathbf{M}\nabla^2\right]\frac{1}{4\pi r} \end{aligned} \tag{3.327}$$

ここで $\boldsymbol{\mu} = (e\hbar/2m_{\mathrm{e}}c)\boldsymbol{\sigma}_{\mathrm{e}}$ である．括弧の中の量は対角和(トレース)がゼロの 2 階テンソルのように変換する．したがって $\mathbf{x}$ の任意関数 $f(\mathbf{x})$ と一緒にこれを積分する場合，ゼロでない値が生じるのは $f(\mathbf{x})$ の球面調和関数による展開が Y_2^m を含む場合に限られる．球対称な s 状態に関しては，式 (3.327) において第 1 項だけが意味を持つ．非相対論的な波動関数 ψ_n を用いると，エネルギーのずれが次のように与えられる．

$$\begin{aligned} \Delta E_n &= -\frac{2}{3}\boldsymbol{\mu}\cdot\mathbf{M}\int \delta^{(3)}(\mathbf{x})|\psi_n(\mathbf{x})|^2 d^3x \\ &= \left[\frac{(1+\kappa)e^2\hbar^2}{6m_{\mathrm{e}}m_{\mathrm{p}}c^2}\right]\left[\frac{1}{\pi}\left(\frac{1}{a_{\mathrm{Bohr}}n}\right)^3\right]\boldsymbol{\sigma}_{\mathrm{e}}\cdot\boldsymbol{\sigma}_{\mathrm{p}} \\ &= \frac{2}{3}\alpha^4(1+\kappa)\left(\frac{m_{\mathrm{e}}}{m_{\mathrm{p}}}\right)\frac{m_{\mathrm{e}}c^2}{n^3}\begin{cases} 1, & F = 1 \\ -3, & F = 0 \end{cases} \end{aligned} \tag{3.328}$$

この結果は 1930 年に E. Fermi によって与えられた．この分裂の大きさが微細構造分裂の $(m_{\mathrm{e}}/m_{\mathrm{p}})$ 倍程度にすぎないことに注意してもらいたい．$1s_{1/2}$ 状態では，上のエネルギー差は 1420 MHz (波長 21 cm) に相当する．このような超微細準位間に起こる輻射遷移は，電波天文学において本質的に重要である．付言しておくと，このエネルギー差は現代物理において最も正確に測定されている量のひとつである．これ

---

[33] Panofsky and Phillips (1955), p.120 ; Jackson (1962), p.146.

に相当する周波数として S. B. Crampton, D. Kleppner and N. F. Ramsey が報告した値は 1420.405751800 ± 0.000000028 MHz である.

式(3.311)には，他にも補正すべき点がある．第1に，原子核の質量は無限大ではないので，原子核の運動を考慮する必要がある．この補正の主要な部分は，m_e をすべて換算質量 (reduced mass) $m_e m_p/(m_e + m_p)$ に置き換えることで取り込むことができる．第2に Lamb シフトは第2章で言及しなかった寄与も含んでいる．特に重要となるのは真空偏極の影響であるが，これは後から論じることにする．第3に原子核が有限の大きさを持つということによる補正も必要である．特に s 状態は，他の状態よりも原点近傍におけるポテンシャルの Coulomb 則からのずれに敏感なはずである．しかし水素原子の $2s$ 状態のこの効果による準位ずれは，陽子の電荷半径を $\sim 0.7 \times 10^{-13}$ cm として試算をすると，わずか 0.1 MHz にすぎない．

原子物理学における Dirac 理論の有効性は，軽い水素様原子に限定されるわけではない．重い原子において $(Z\alpha)^2$ が1に比べて充分に小さくない場合 (たとえばウランでは 0.45 となる) に定性的にエネルギー準位の特徴を理解するためにも，相対論効果の考慮が必要となる．実際に重原子の1電子イオンを扱うことはできないが，Dirac 理論による定量的な予言を，Z の大きい原子の内殻電子 (K 殻と L 殻) の準位と比較することは可能である．実験的にはX線分光によって内殻準位を推定し得る．同様の研究がミュー粒子原子 (原子内電子のひとつを負電荷のミュー粒子で置き換えたもの) に対しても行われている．

我々は Dirac 理論を用いた電磁波の放射と吸収を論じないが，2.4節の内容に"必要な変更を加えて"応用することが可能である．次のような置き換えによって，必要な変更を施すことができる[34].

$$H_{\text{int}} = -\frac{e}{2mc}(\mathbf{p}\cdot\mathbf{A} + \mathbf{A}\cdot\mathbf{p}) - \frac{e\hbar}{2mc}\sigma\cdot\mathbf{B} \quad \to \quad H_{\text{int}}^{(\text{Dirac})} = -e\boldsymbol{\alpha}\cdot\mathbf{A}$$

$$\psi^{(\text{Schrödinger-Pauli})} \quad \to \quad \psi^{(\text{Dirac})}$$

$$\psi^{(\text{Schrödinger-Pauli})\dagger} \quad \to \quad \psi^{(\text{Dirac})\dagger} \quad (\bar\psi^{(\text{Dirac})} ではない.) \quad (3.329)$$

---

[34] 非相対論的なハミルトニアンにおいて2次の $\mathbf{A}^2$ の項が重要となるような過程を扱う場合には，もう少し注意深い扱いが必要となる．この点については次節において Thomson 散乱を題材として論じることにする．(以下訳註) ハミルトニアンが $H = (1/2m)(\mathbf{p} - e\mathbf{A}/c)^2 +$ [スピン項] の代わりに $H = c\boldsymbol{\alpha}\cdot(\mathbf{p} - e\mathbf{A}/c) + \beta mc^2$ (式(3.39)参照) となるので $\mathbf{A}\cdot\mathbf{A}$ の項 (鴎グラフの過程) は現れない．しかし負エネルギーの電子を考慮して $\boldsymbol{\alpha}\cdot\mathbf{A}$ の寄与を考えると，鴎過程ではないけれども実質的に $\mathbf{A}\cdot\mathbf{A}$ に対応する項が現れる (p.170, 図3.6).

3.9 空孔理論と荷電共役変換

空孔と陽電子　Dirac理論では負エネルギーの解が存在し，その存在を無視できないことを既に示したが，その物理的な意味をまだ考察していない．本節では電子場を量子化しない理論の枠内において，負エネルギー状態に対する物理的な解釈を試みる．

1928年の"元々の"Dirac理論における困難を指摘するための簡単な例として，原子内電子を考える．前章において展開した輻射の量子論によれば，励起した原子状態は，外場がなくても自発的な光子の放射によってエネルギーを失うことができる．基底状態を除くすべての原子状態が有限の寿命を持つのはこのためである．しかしDirac理論では，原子のいわゆる基底状態が最もエネルギーの低い状態ではない．どのようなポテンシャルがあるにせよ，それが無限遠においてゼロになるのであれば，$-mc^2$ から $-\infty$ まで連続して負エネルギー状態が存在する．我々は励起した原子状態が放射を起こして基底状態へ緩和することを知っている．同様に $mc^2 - |E_{\text{BE}}|$ のエネルギーを持つ基底状態は，自発的に $\gtrsim 2mc^2$ のエネルギーを持つ光子を放射して，負エネルギー状態へ落ち込むことが予想される．その上，一旦，電子が負エネルギー状態に入ると，負エネルギーのスペクトルに"下限は無い"ので，電子は際限なく光子を放射してエネルギーの低下を続けることになってしまう．現実の原子の基底状態は安定なので，このような破滅的な遷移を妨げる何らかの理論的な根拠が必要である．

このような困難に直面したDiracは，1930年に「通常の状況において，すべての負エネルギー状態は完全に電子に占有されている」という仮説を提唱した．そうすると，上述のような破滅的な遷移はPauliの排他律によって妨げられる．我々が真空と呼んでいるものは，実際には負エネルギーの電子を無数にたたえた海である．時折，Diracの海の中にある負エネルギー電子のひとつが，$\hbar\omega > 2mc^2$ のエネルギーを持つ光子を吸収して $E > 0$ の状態へ遷移することも起こり得る．その際にDiracの海の中に"空孔"(hole)が形成される．"観測される"Diracの海のエネルギーは，真空エネルギーから空席になった状態の"負エネルギー"を"差し引いた"エネルギーであって，正の量となる．このような考察から，Diracの海における負エネルギー電子の欠損が，正エネルギーを持つ粒子の存在として見えることが予想される．一方，Diracの海の中に空孔が形成されると，Diracの海の全電荷は，

$$Q = Q_{\text{vacuum}} - e = Q_{\text{vacuum}} - (-|e|) = Q_{\text{vacuum}} + |e| \tag{3.330}$$

のように変更されるので，"観測される"空孔の電荷は，

$$Q_{\text{obs}} = Q - Q_{\text{vacuum}} = |e| \tag{3.331}$$

となる.これは負エネルギー状態の中の空孔が,電荷 $|e|$ を持つ正エネルギー粒子のように見えるということを意味する.したがって (a) 通常の状況において,負エネルギー状態は完全に満たされている,(b) 負エネルギーの電子は $> 2mc^2$ のエネルギーを持つ光子を (通常の正エネルギー電子と同じように) 吸収して,正エネルギーの電子になることができる,という2つの仮定を受け入れるならば,電荷 $|e|$ を持つ正エネルギー粒子の存在を,曖昧さのない形で予言することができる.

Dirac がこの"空孔理論"を提唱したとき,予言された正電荷の粒子として相応しい具体的な候補はなかった.最初 Dirac は,負エネルギー状態の空孔が陽子を表すものと考えた.しかし,その後すぐに J. R. Oppenheimer(オッペンハイマー)によって,もしそのような解釈が正しいとすれば,水素原子は極めて不安定で,寿命わずか $\sim 10^{-10}$ sec で2光子を放射して消滅してしまうはずであることが指摘された[35].さらに H. Weyl は Dirac 方程式が持つ対称性を調べ,"空孔の質量"が電子の質量と同じでなければならないことを証明した.1932年以前には,予言に該当する粒子が実験的に知られていなかったために,Diracの空孔理論を真面目に受け取る人はいなかった.この当時の一般的な雰囲気を知るために,$Handbuch$ における W. Pauli の記述を引用しよう[36].

> 既に Oppenheimer も論じているが,最近 Dirac は空孔を電荷 $+|e|$ で電子と同じ質量を持つ反電子のように見なす解釈を試みた.同様に考えると,陽子に対しては反陽子が存在しなければならない.このような粒子が実験的に見いだされていないという事実から遡って考えると,2種類の粒子のうち1種類だけが存在するような特殊な初期条件を想定しなければならない.この問題を自然の法則に照らして見ると,この仮説はすでに破綻を来たしているように思われる.何故なら Dirac の理論によれば電子と反電子は正確に対称な性質を持ち,γ 線光子 (エネルギーと運動量の保存則を守るために少なくとも2個は必要) が自発的にひとつの電子とひとつの反電子を同時に生成することが可能でなければならないからである.このような事情から,我々はこの仮説を真剣に考慮するに値するものとは信じていない.

しかしながら,この文献が出版されたときには,既に C. D. Anderson(アンダーソン)が陽電子を発見していた.後年 Pauli は Dirac について,次の有名な論評を述べた.

> ... 彼は,物理的実在への素晴らしい直観に基づき,自説を主張する論争を,その結末を知らずに始めたのであった.

もう少し詳しく Dirac の海の中の負エネルギー電子が光子を吸収する過程を調べてみよう.前にも述べたように,光子が充分に大きなエネルギーを持っていれば,負エ

---

[35] この数値は開放されるエネルギーが $2m_e c^2$ と仮定したものである.開放されるエネルギーが $m_e c^2 + m_p c^2$ であれば,寿命はさらに短くなる.
[36] 原書は独語であるが,J. Alexander, G. F. Chew, W. Selove and C. N. Yang によって英訳されている.

3.9. 空孔理論と荷電共役変換

ネルギー状態にある電子は，正エネルギー状態へ"持ち上げられる".

$$e^-_{E<0} + \gamma \to e^-_{E>0} \tag{3.332}$$

空孔理論の解釈によれば，負エネルギーの電子がひとつ欠損した状態は，陽電子がひとつある状態として観測されるはずなので，上の過程は次のように見えることになる．

$$\gamma \to e^-_{E>0} + e^+_{E>0} \tag{3.333}$$

自由空間において，ひとつの光子がエネルギー保存と運動量保存を破らずに $e^- e^+$ 対を生成することは不可能であるが，原子核による Coulomb 場の中であれば，式(3.333) の過程が起こり得る．今ではよく知られているように，電子-陽電子対の生成は，高エネルギーの γ 線を物質に照射させる際にしばしば起こる現象である．この過程と関係の深い次のような過程も考えられる．

$$e^-_{E>0} \to e^-_{E<0} + 2\gamma \tag{3.334}$$

通常の条件下では，負エネルギー状態がすべて電子で満たされているので式(3.334) の過程は起こらないけれども，負エネルギー状態の中にたまたま，あらかじめ空孔が存在する場合には，例外的にこのような過程も起こり得る．このことから，式(3.334) の過程が許容される場合には，必ずこれを，

$$e^-_{E>0} + e^+_{E>0} \to 2\gamma \tag{3.335}$$

と解釈できる．この過程は陽電子が固体内部に入射して減速する際に，しばしば見られるものである．この電子-陽電子消滅の定量的な議論を第4章で扱う予定である．

空孔理論が意味を持つためには，電子は Pauli の排他律に従わねばならないことを再び強調しておく．さもなくば負エネルギー状態が完全に電子に占有されている Dirac の海の概念は成立しない．数百万年以上もの間，無数の電子が"同じ"負エネルギー状態を保持することを可能にしているのは，排他律の存在である．自由な Klein-Gordon 粒子のエネルギースペクトルは，自由な Dirac 粒子のそれと同じと考えてよいようにも見えるが，Klein-Gordon 粒子は Bose-Einstein 統計に従うので排他律が働かず，空孔理論を構築することはできない．

負エネルギー電子の欠損が，陽電子の存在として見えるとすると，元の負エネルギー電子と，問題となる陽電子がどのような力学量の対応関係を持つのかを調べてみる必要がある．物理的な陽電子の電荷とエネルギーが正でなければならないことは既に見た．陽電子の運動量はどのように決まるべきか？ エネルギーの場合と同様に，Dirac の海において運動量 $\mathbf{p}$ が欠損していることを，運動量 $-\mathbf{p}$ の存在として捉え直

表3.4 空孔理論における負エネルギー電子と陽電子の力学量の対応関係.

	電荷	エネルギー	運動量	スピン	ヘリシティ	"速度"
電子 ($E<0$)	$-|e|$	$-|E|$	$+\mathbf{p}$	$+\dfrac{\hbar}{2}\langle\Sigma\rangle$	$\Sigma\cdot\hat{\mathbf{p}}$	$\mathbf{v}$
陽電子	$+|e|$	$+|E|$	$-\mathbf{p}$	$-\dfrac{\hbar}{2}\langle\Sigma\rangle$	$\Sigma\cdot\hat{\mathbf{p}}$	$\mathbf{v}$

すことができる.したがって物理的§な ($E>0$ の) 陽電子の運動量は,対応する負エネルギー電子が持つ運動量の反対である.これと同様に,スピンが上向きの $E<0$ の電子の欠損は,スピンが下向きの $E>0$ の陽電子の存在と解釈される.このようにして自由粒子に関する対応関係を,表3.4 のようにまとめることができる (一般の平面波解は Σ_3 の固有状態ではないので Σ_3 の代わりに $\langle\Sigma\rangle$ の関係を示した).

表3.4 の"速度"に関して説明を加える必要がある.負エネルギー解によって構築される波束を考え,その運動量が平均値付近に分布を持つものとする.そのような波束の速度には群速度を対応させることができる.この $E<0$ の波束の欠損は,$E>0$ の陽電子状態から構築される"同じ向き"に移動する波束として見えるはずである.すなわち陽電子の波束の速度は,対応する $E<0$ の電子の波束の速度と"同じ"である.このようなことは,負エネルギー電子の"速度"が運動量の"反対"を向いていると考えるならば可能である.一見これは奇妙に思われるが,式(3.221) によれば速度演算子 $c\boldsymbol{\alpha}$ の期待値が $c^2\mathbf{p}/|E|$ ではなく,これに負号を付けたものであるということと完全に整合する.これを信用する気になれない読者は,式(3.163) から式(3.170) までと同様の Lorentz 変換による波動関数の変換を,負エネルギー平面波について自ら試みてみればよい.x' 座標系において静止している $E<0$ の電子の波動関数 $\psi^{(3,4)}$ に変換 S_{Lor}^{-1} を施して得られる x 座標系における負エネルギー電子の波動関数 $\psi^{(3,4)}$ は,その運動量 ($-i\hbar\nabla$ の固有値として定義される) が x' 座標系の移動方向とは"反対"になっているはずである.

Dirac 理論による Thomson 散乱 負エネルギー状態の重要性を,予想の及ばない領域において劇的に示す簡単な計算例として Thomson 散乱,すなわち自由電子が低エネルギー光子 ($\hbar\omega\ll mc^2$) を散乱する断面積を計算してみよう.2.5節 (式(2.158) と式(2.168)) のように,微分断面積は古典的な結果と同じ $r_0^2\left|\boldsymbol{\epsilon}^{(\alpha)}\cdot\boldsymbol{\epsilon}^{(\alpha')}\right|^2$ によって与えられるものと予想される.Dirac 理論では図2.2(c) (p.60) の鴎グラフに類するも

---

§(訳註) ここでは直接に観測されることのない Dirac の海の中の電子を"非物理的"と見なし,観測し得る電子と陽電子の描像によって記述される過程を"物理的"と称している.

3.9. 空孔理論と荷電共役変換

のは現れないので，自由電子に関して図2.2(a)と(b)に対応する計算をすればよい．電子の始状態，終状態，中間状態をそれぞれ $(\mathbf{p},r)$, $(\mathbf{p}',r')$, $(\mathbf{p}'',r'')$ と表すことにする．そうすると遷移行列要素として次式が得られる[†]．

$$-\frac{e^2c^2\hbar}{2V\sqrt{\omega\omega'}}\sum_{\mathbf{p}''}\sum_{r''=1,2}\left(\frac{\langle\mathbf{p}'r'|\alpha\cdot\epsilon^{(\alpha')}e^{-i\mathbf{k}'\cdot\mathbf{x}}|\mathbf{p}''r''\rangle\langle\mathbf{p}''r''|\alpha\cdot\epsilon^{(\alpha)}e^{i\mathbf{k}\cdot\mathbf{x}}|\mathbf{p}r\rangle}{E''-E-\hbar\omega}\right.$$
$$\left.+\frac{\langle\mathbf{p}'r'|\alpha\cdot\epsilon^{(\alpha)}e^{i\mathbf{k}\cdot\mathbf{x}}|\mathbf{p}''r''\rangle\langle\mathbf{p}''r''|\alpha\cdot\epsilon^{(\alpha')}e^{-i\mathbf{k}'\cdot\mathbf{x}}|\mathbf{p}r\rangle}{E''-E+\hbar\omega'}\right)$$
(3.336)

上式は，式(3.329)に示した置換則に従って導かれる．すべての負エネルギー状態が満たされていると仮定するので，和は正エネルギー状態だけに関して行う $(r''=1,2)$．電子が初めに静止状態にあるものとすると $\mathbf{p}\to 0$, $\mathbf{k}\to 0$ であり，式(3.336)の中にある典型的な行列要素は次のようになる．

$$\langle\mathbf{p}''r''|\alpha\cdot\epsilon^{(\alpha)}|0r\rangle=\frac{1}{V}\sqrt{\frac{mc^2}{E''}}\int e^{-i\mathbf{p}''\cdot\mathbf{x}/\hbar}u^{(r'')\dagger}(\mathbf{p}'')(\alpha\cdot\epsilon^{(\alpha)})u^{(r)}(0)d^3x$$
$$=\delta_{\mathbf{p}''0}u^{(r'')\dagger}(\mathbf{p}'')(\alpha\cdot\epsilon^{(\alpha)})u^{(r)}(0)=0 \quad (3.337)$$

上式の最後の結果は，α_k を $E>0$ の2つの静止状態スピノルで挟んだ行列要素がゼロになることに因る．光子としてエネルギーの低い軟光子(ソフトフォトン)の極限を考えると，終状態の電子も静止状態になるはずなので，式(3.336)は恒等的にゼロになる．これはThomson散乱の断面積がゼロになることを意味するが，実際の観測結果とも，非相対論的量子力学の結果とも食い違っている．

何が間違っているのだろうか？ 空孔理論では，実は非相対論的な量子力学では類似過程がないような過程を新たに考慮する必要がある．Diracの海の中にある，負エネルギーの電子を考えてみよう．これは入射光子を吸収して(たとえば時刻 $t=t_1$ とする)，正エネルギー電子になることが可能である．この仮想遷移はエネルギーを保存しないものであっても ($\hbar\omega>2mc^2$ ではなくても) ゼロでない行列要素を与え得る．その後の時刻 $(t=t_2)$ において，初めから存在していた電子が光子を放射して，空いた負エネルギー状態を埋める．一方，励起した正エネルギーの電子は，終状態の電子として存在し続ける．この過程を図3.6(a)のように物理的に視覚化して捉えることができる．入射した光子$(\mathbf{k},\alpha)$は時刻 $t=t_1$ において電子-陽電子対を生成す

[†](訳註) 相互作用ハミルトニアンが式(2.94)-(2.95)の代わりに $H_{\text{int}}=-e\alpha\cdot\mathbf{A}$ となり ($\mathbf{A}\cdot\mathbf{A}$を含まないので"鷗グラフ"は生じない．p.164脚註参照)，α が遷移行列に特異な性質を与えることになる．式(3.336)に対応する式(2.160)の遷移行列相当部分には $e^{i\mathbf{k}\cdot\mathbf{x}}$ や $e^{-i\mathbf{k}'\cdot\mathbf{x}}$ が無いが，これは2.5節では最初から長波長極限を想定して，これらの因子を1と置いて省いているからである．2.4節-2.5節を H_{int} の置き換えを念頭に置いて再読するとよい．

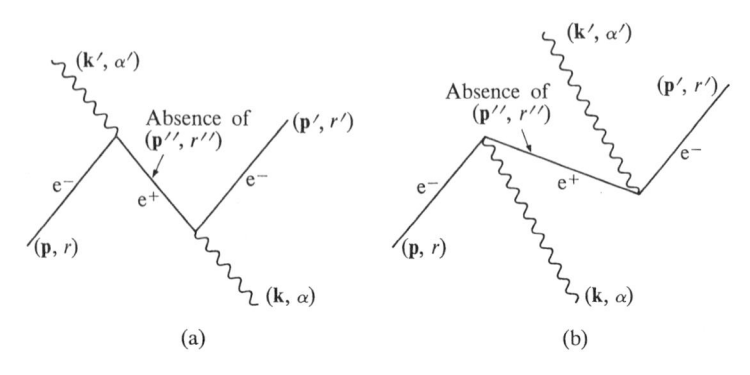

図3.6 Dirac理論において Thomson散乱に加わる過程.

る.その後の時刻 $t=t_2$ に陽電子は最初から存在していた電子 $(\mathbf{p},r)$ と結合して光子 $(\mathbf{k}',\alpha')$ を放射し消滅する.また,これとは別の過程として,まず Diracの海の中にある $E<0$ の電子が正エネルギーに励起すると同時に光子を放射し (仮想中間状態のエネルギーは保存しなくてよい),その後で最初からあった電子が,入射する光子を吸収しながら空いた負エネルギー状態を埋めるという過程も可能である.この過程を物理的に表現したのが図3.6(b) であるが,まず電子-陽電子対と放射光子 $(\mathbf{k}',\alpha')$ が生成され,その後で最初にあった電子と入射光子 $(\mathbf{k},\alpha)$ が陽電子と結合して消滅するという物理的描像が与えられる.

この2つのダイヤグラムに相当する行列要素を計算しよう.空孔理論では,初期状態の電子系は入射電子と Diracの海によって構成される.図3.6(a) において,最初 Diracの海の中にあった負エネルギー電子のひとつ (図には明示されない非物理的な $(\mathbf{p}'',r'')$ 状態の電子) が光子 $(\mathbf{k},\alpha)$ を吸収して正エネルギー状態 $(\mathbf{p}',r')$ へ遷移し,$(\mathbf{p}'',r'')$ 状態に電子の欠損した空孔を残す.これを表す行列要素は $-ec\sqrt{\hbar/2V\omega}\,\langle \mathbf{p}'r'|\boldsymbol{\alpha}\cdot\boldsymbol{\epsilon}^{(\alpha)}e^{i\mathbf{k}\cdot\mathbf{x}}|\mathbf{p}''r''\rangle$ である.先に吸収が起こるので,第2章の規則に従いエネルギー分母は $E_I-E_A-\hbar\omega$ であるが,ここでは $E_I=E_{\mathrm{vac}}-(-|E''|)+E+E'$,$E_A=E_{\mathrm{vac}}+E$ となる.時刻 t_2 における遷移の行列要素は $-ec\sqrt{\hbar/2V\omega}\,\langle \mathbf{p}''r''|\boldsymbol{\alpha}\cdot\boldsymbol{\epsilon}^{(\alpha')}e^{-i\mathbf{k}'\cdot\mathbf{x}}|\mathbf{p}r\rangle$ である.図3.6(b) の過程についても同様の手続きを繰り返すと,両方のダイヤグラムを合わせた遷移行列要素として次式が得られる.

$$-\frac{e^2c^2\hbar}{2V\sqrt{\omega\omega'}}\sum_{\mathbf{p}}\sum_{r''=3,4}\left(\frac{\langle\mathbf{p}''r''|\boldsymbol{\alpha}\cdot\boldsymbol{\epsilon}^{(\alpha')}e^{-i\mathbf{k}'\cdot\mathbf{x}}|\mathbf{p}r\rangle\langle\mathbf{p}'r'|\boldsymbol{\alpha}\cdot\boldsymbol{\epsilon}^{(\alpha)}e^{i\mathbf{k}\cdot\mathbf{x}}|\mathbf{p}''r''\rangle}{E'+|E''|-\hbar\omega}\right.$$
$$\left.+\frac{\langle\mathbf{p}''r''|\boldsymbol{\alpha}\cdot\boldsymbol{\epsilon}^{(\alpha)}e^{i\mathbf{k}\cdot\mathbf{x}}|\mathbf{p}r\rangle\langle\mathbf{p}'r'|\boldsymbol{\alpha}\cdot\boldsymbol{\epsilon}^{(\alpha')}e^{-i\mathbf{k}'\cdot\mathbf{x}}|\mathbf{p}''r''\rangle}{E'+|E''|+\hbar\omega'}\right)$$
(3.338)

先ほどと同様に $k\to 0$ を想定して $E=E'=mc^2$, $\mathbf{p}=\mathbf{p}'=\mathbf{0}$ と置いてみる. そうすると各行列要素を評価する際に現れる空間積分によって $\mathbf{p}''=\mathbf{0}$ となり, $|E''|=mc^2$ である. これで4つの行列要素の各々の評価は簡単になった. たとえば,

$$\langle 0r''|\boldsymbol{\alpha}\cdot\boldsymbol{\epsilon}^{(\alpha)}|0r\rangle = \left(0,\chi^{(s'')\dagger}\right)\begin{pmatrix}0 & \boldsymbol{\sigma}\cdot\boldsymbol{\epsilon}^{(\alpha)}\\ \boldsymbol{\sigma}\cdot\boldsymbol{\epsilon}^{(\alpha)} & 0\end{pmatrix}\begin{pmatrix}\chi^{(s)}\\ 0\end{pmatrix}$$
$$=\chi^{(s'')}\boldsymbol{\sigma}\cdot\boldsymbol{\epsilon}^{(\alpha)}\chi^{(s)} \tag{3.339}$$

となる[‡]. $\hbar\omega, \hbar\omega' \ll mc^2$ なので, 式(3.338)の2つの項の分母の違いを無視してよい. 静止状態の負エネルギー電子に2つのスピン状態があることを考慮すると, 計算は次のようになる.

$$\sum_{r''=3,4}\left[\langle 0r''|\boldsymbol{\alpha}\cdot\boldsymbol{\epsilon}^{(\alpha')}|0r\rangle\langle 0r'|\boldsymbol{\alpha}\cdot\boldsymbol{\epsilon}^{(\alpha)}|0r''\rangle + \langle 0r''|\boldsymbol{\alpha}\cdot\boldsymbol{\epsilon}^{(\alpha)}|0r\rangle\langle 0r'|\boldsymbol{\alpha}\cdot\boldsymbol{\epsilon}^{(\alpha')}|0r''\rangle\right]$$
$$=\sum_{s''=1,2}\left[\left(\chi^{(s'')\dagger}\boldsymbol{\sigma}\cdot\boldsymbol{\epsilon}^{(\alpha')}\chi^{(s)}\right)\left(\chi^{(s')\dagger}\boldsymbol{\sigma}\cdot\boldsymbol{\epsilon}^{(\alpha)}\chi^{(s'')}\right)\right.$$
$$\left.+\left(\chi^{(s'')\dagger}\boldsymbol{\sigma}\cdot\boldsymbol{\epsilon}^{(\alpha)}\chi^{(s)}\right)\left(\chi^{(s')\dagger}\boldsymbol{\sigma}\cdot\boldsymbol{\epsilon}^{(\alpha')}\chi^{(s'')}\right)\right]$$
$$=\chi^{(s')\dagger}\left[\left(\boldsymbol{\sigma}\cdot\boldsymbol{\epsilon}^{(\alpha)}\right)\left(\boldsymbol{\sigma}\cdot\boldsymbol{\epsilon}^{(\alpha')}\right)+\left(\boldsymbol{\sigma}\cdot\boldsymbol{\epsilon}^{(\alpha')}\right)\left(\boldsymbol{\sigma}\cdot\boldsymbol{\epsilon}^{(\alpha)}\right)\right]\chi^{(s)}$$
$$=2\boldsymbol{\epsilon}^{(\alpha)}\cdot\boldsymbol{\epsilon}^{(\alpha')}\delta_{ss'} \tag{3.340}$$

上式では, 式(3.339)と, 次のPauliスピノルの完全性を用いた.

[‡](訳註) $\boldsymbol{\alpha}$ が非対角的なので, $\boldsymbol{\alpha}$ の行列要素が (非相対論的極限で) 有意の寄与を持つためには遷移の前後でエネルギーの正負が変わらなければならない (式(3.337)参照). これが負エネルギー状態の関わる過程を無視し得ない理由の本質である. より一般的に言うと $\boldsymbol{\alpha}$ の行列要素はいわゆる"大きい成分"(標準表示で上側の成分 ψ_A) 同士の部分からの寄与を生じないので, むしろ"大きい成分"と"小さい成分"の間に形成される要素が意味を持つ. そして後者のいわゆる"小さい成分"が小さくない負エネルギー状態を中間状態として想定する過程から, 主要な寄与が生じるわけである. 読者は既にこれに似た状況を, 3.7節で $\langle a_k\rangle$ を計算した際に (式(3.253)) $u^{(1,2)\dagger}$ と $u^{(1,2)}$ で挟んだ因子が"小さい"項 (v/c 程度) となり, $u^{(3,4)\dagger}$ と $u^{(1,2)}$ で挟んだ因子が"大きい"高速微細振動の項を生じるという議論において見ている.

$$\sum_{s''=1,2} \chi^{(s'')}\chi^{(s'')\dagger} = \begin{pmatrix} 1 \\ 0 \end{pmatrix} \begin{pmatrix} 1 & 0 \end{pmatrix} + \begin{pmatrix} 0 \\ 1 \end{pmatrix} \begin{pmatrix} 0 & 1 \end{pmatrix} = \begin{pmatrix} 1 & 0 \\ 0 & 1 \end{pmatrix} \quad (3.341)$$

したがって，遷移行列要素 (3.338) は次のようになる．

$$-\frac{e^2 c^2 \hbar}{2V\sqrt{\omega\omega'}} \frac{1}{mc^2} \delta_{ss'} \cos\Theta \quad (3.342)$$

Θ は $\epsilon^{(\alpha)}$ と $\epsilon^{(\alpha')}$ がなす角度である．この結果は負号を除き，式 (2.158) の時間に依存しない部分に正確に一致しており，これが Thomson 散乱に寄与する部分であることは 2.5 節ですでに示してある[37]．非相対論的な Thomson 散乱では，ただひとつ寄与を持った鴎グラフ (p.60，図 2.2(c)) の過程が，相対論的な理論では光子の吸収と放射が別々に起こる 2 通りのダイヤグラムの過程に置き換わっていることは興味深い．

この計算から我々が汲み取るべき教訓は 2 つある．第 1 に，相対論的な理論から正しい"非相対論的"結果を得るためには，不可避的に"負エネルギー"の状態を含む遷移を考慮しなければならないということが (おそらく他の例で見るよりも明確に) 分かる．非相対論的な量子力学では不要な負エネルギー状態 (あるいは陽電子状態) を持ち出すことによって，初めて正しい Thomson 散乱の振幅が得られることは，特に注目すべきである．第 2 にエネルギー保存に注意して式 (3.336) を式 (3.338) と比較すると，式 (3.338) のエネルギー分母は，

$$E' + |E''| - \hbar\omega = -(E'' - E + \hbar\omega')$$
$$E' + |E''| + \hbar\omega' = -(E'' - E - \hbar\omega) \quad (3.343)$$

と書かれる．式 (3.338) に負号を付けたものは，$r'' = 3, 4$ を $r'' = 1, 2$ に置き換えれば，行列要素の時間順序は逆転しているにもかかわらず，形式的に式 (3.336) と同じ形になる[38]．このようにして見いだされた規則は，時間を"遡行する"負エネルギーの電子を，時間を"順行する"陽電子と見なすことができるという R. P. Feynman（ファインマン）の直観的な観点を正当化する根拠となる．これについては次章でさらに詳しく述べる．

式 (3.336) と式 (3.338) は，$\hbar\omega \ll mc^2$，$E' \ll mc^2$ という Thomson 散乱の近似をせずに評価することも可能であることを言い添えておく．その場合は 1929 年に O.

---

[37] 式 (3.336) が有限であれば (高エネルギー光子の散乱の場合に該当) 式 (3.336) と式 (3.338) の相対的な符号は重要である．実際，正しい振幅は式 (3.336) と式 (3.338) の差として与えられる．これは図 3.6 において，最初の $E > 0$ の電子が Dirac の海の中の $E < 0$ の電子のひとつと"入れ代わった"ことに伴う負号を考慮しなければならないことに因っている．読者はそのような微妙な符号の変更の問題について過度に心配する必要はない．次章において，量子化された Dirac 理論に基づく共変な摂動論の処方では，行列要素の正しい符号が自動的に与えられることを示す予定である (p.380，問題 4-12 参照)．

[38] 式 (3.336) と式 (3.338) を書くにあたり，摂動の作用した順序に応じて行列要素を右側から書いてゆくという通常の慣例に従った．

3.9. 空孔理論と荷電共役変換

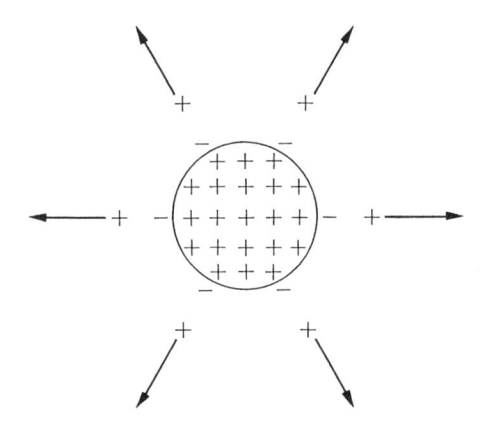

図3.7 原子核の周りに生じる真空の分極 (真空偏極).

KleinとY. Nishina (仁科芳雄) がDirac理論を応用して導いた，電子のCompton散乱に関する有名な次の式が得られる[39]．

$$\left(\frac{d\sigma}{d\Omega}\right) = \frac{1}{4}r_0^2 \left(\frac{\omega'}{\omega}\right)^2 \left(\frac{\omega}{\omega'} + \frac{\omega'}{\omega} - 2 + 4\cos^2\Theta\right) \tag{3.344}$$

仮想的な電子-陽電子対の効果　電子-陽電子対の重要性を理解するためのもうひとつの例として"真空偏極"(vacuum polarization) と呼ばれる現象に言及する．空孔理論によれば，負エネルギー電子で完全に満たされた海は，観測可能な効果を備えていない．通常，我々が真空と呼んでいるものは一様で等方的である．しかしここでDiracの海に，電荷 $Q = Z|e|$ の原子核を加えることを考えよう．そうすると負エネルギー電子による電荷分布は自由場の場合とは異なり，完全に一様ではなくなる．電子-陽電子の術語を用いるならば，原子核の周囲のCoulomb場の中に形成された仮想的な電子-陽電子対のうち，電子は原子核に引き寄せられる傾向を持ち，陽電子は原子核から遠ざけられる傾向を持つ．これを模式的に表現したものが図3.7である．原子核の近くの領域に"誘引された"負電荷と，その外部の"無限遠までにわたる領域へ斥けられた"正電荷が，総量として互いに等量であることに注意してもらいたい．その結果，原子核から離れた有限の距離から原子核の正味の電荷量を観測すると，裸の原子核の電荷よりも少なく見える．我々が通常，原子核の電荷と呼んでいるものは，本来の原子核電荷そのものではなく，その一部を周囲を取り巻く仮想電子によって遮蔽

---
[39] 式(3.344)は共変な摂動論を用いると，より簡単に導くことができる (4.4節).

された残りとして見えている電荷にあたる．この状況は誘電材料の中に電荷を配置した状況と似ている．分極する媒質の中で観測される実効的な電荷量は，元々の電荷量を誘電率 ϵ で割った量である．つまり言い方を変えるならば，真空には仮想的な電子-陽電子対(つい)が存在し得るために，真空はあたかも分極(偏極)する誘電媒質のように振舞う．

　一方，原子核に極めて近い位置からは"裸の電荷"そのものが見えるであろう．水素様原子における電子は，原子核から近距離のところでは，普通の観測から決まる見かけの原子核電荷によって生じると想定される Coulomb 力よりも強い引力を受けることになる．s 状態の電子は他の状態の電子よりも原子核に侵入する確率が高いので，s 状態の準位はこのような効果によって下方にずれているものと予想される．ここで示した議論は定性的なものであるが，水素原子の $2s_{1/2} - 2p_{1/2}$ 間の真空偏極に起因するずれを計算することが可能である．1935年に E. A. Uehling(ユーリン)は $2s_{1/2}$ 準位が $2p_{1/2}$ 準位に比べて 27 MHz 相当分だけ"低い"と予言した[40]．しかし 2.8 節で見たように，実際に観測された Lamb シフトでは，準位のずれは反対で，ずれの大きさが 40 倍もあった．Lamb シフトの主要な機構は Uehling 効果ではないが，Lamb シフトの実験値(精度 0.2 MHz)と理論値を正確に比較するためには，真空偏極の考慮も不可欠であることが明らかになっている．真空偏極の効果は π 中間子原子(負電荷の π 中間子が軌道粒子になっている原子)やミュー粒子原子でも観測されている．

　負エネルギー状態が完全に満たされているという概念は，これを外部ポテンシャル中の粒子の問題に応用してみると，安易に信用し難いものになる．3.7 節で言及したように，水素原子における(正エネルギーの)波動関数を平面波展開すると，そこには負エネルギー成分も含まれる．空孔理論の当初の意図としては，負エネルギー状態がすべて満たされているということにして，負エネルギー成分を省いて議論を単純化しようと試みた．しかしこの概念に固執すると，原子の正しいエネルギー準位を得ることができなくなってしまう．実際 Darwin 項は高速微細振動(ツィッターベヴェーグング)によって定性的に説明されるが，これは束縛状態の波動関数が含む正エネルギー平面波成分と負エネルギー平面波成分の干渉の結果として生じるものである．

　空孔理論の枠内での原子内電子の高速微細振動(ツィッターベヴェーグング)に関する大雑把な議論は次のようなものである．まず原子核による Coulomb 場の中では，負エネルギー電子は仮想的に正エネルギーへの遷移をすることに注意する(Coulomb 場が仮想的な電子-陽電子対(つい)を生成すると言ってもよい)．水素原子内の波動関数が負エネルギー成分を含むということは，軌道を形成している電子が負エネルギー状態の空孔を満たすことがで

---

[40] 第 4 章では共変な摂動論を用いて，Uehling 効果の計算の概要を簡単に紹介する予定である．

3.9. 空孔理論と荷電共役変換

きる (原子内電子は仮想電子-陽電子対の陽電子と結びついて消滅できる) ことを意味する．そうすると仮想的に生成していた対の一方であった電子が後に残り，今度は定在的な原子内電子となって原子核の周囲の軌道を巡る．一言でいうと，原子内電子と Dirac の海の中の $E<0$ の電子が"交換散乱"をするわけである．この効果が生じ得る距離範囲はどの程度であろうか？ 不確定性原理により，$2mc^2$ だけエネルギー保存を破って負エネルギー電子の励起を保持できる時間は $\Delta t \sim \hbar/2mc^2$ である (これが高速微細振動 (ツィッターベヴェーグング) の振動数の逆数のオーダーに相当することに注意せよ)．元々の原子内電子が仮想的に空いた負エネルギー状態を埋めるとき，励起している電子は元の位置から最大で $c(\Delta t) \sim \hbar/2mc$ 離れることができる．この距離のオーダーは高速微細振動 (ツィッターベヴェーグング) による位置ゆらぎと一致している．

荷電共役な波動関数 Dirac 方程式の形そのものからは，ポテンシャル A_μ の中にある電子状態の時空発展が，ポテンシャル $-A_\mu$ の中にある対応する陽電子状態の時空発展と一致するかどうか完全に明らかとは言えない．この理由から Dirac 理論を，電子と陽電子の対称性が自明となるような形式に導くことにしよう．この目的は H. A. Kramers, E. Majorana および W. Pauli が開拓した方法によって，最もよく達成される．

まず最初に，Dirac 方程式において eA_μ の符号を反転した式，

$$\left(\frac{\partial}{\partial x_\mu} + \frac{ie}{\hbar c} A_\mu\right)\gamma_\mu \psi^C + \frac{mc}{\hbar}\psi^C = 0 \tag{3.345}$$

が，元の Dirac 方程式 (3.60) と等価になり得るかどうかを問題にしてみる．通例どおりに式 (3.345) の解 ψ^C (荷電共役 charge-conjugate な波動関数と呼ばれる) と，元の方程式 (3.60) の解 ψ とを関係づける処方が存在すると仮定する．Klein-Gordon 理論に関する我々の経験 (p.24, 問題 1-3) を手がかりにして，次の形の変換を試みる[41]．

$$\psi^C = S_C \psi^* \tag{3.346}$$

S_C は 4×4 行列である．ここで示さなければならないのは，次の式，

$$\left[\left(\frac{\partial}{\partial x_k} + \frac{ie}{\hbar c}A_k\right)\gamma_k + \left(\frac{\partial}{\partial x_4} + \frac{ie}{\hbar c}A_4\right)\gamma_4\right] S_C \psi^* + \frac{mc}{\hbar} S_C \psi^* = 0 \tag{3.347}$$

が元の Dirac 方程式 (3.60) と等価になり得るかということである．式 (3.347) の複素共役を取ると，次式が得られる．

$$\left[\left(\frac{\partial}{\partial x_k} - \frac{ie}{\hbar c}A_k\right)\gamma_k^* + \left(-\frac{\partial}{\partial x_4} + \frac{ie}{\hbar c}A_4\right)\gamma_4^*\right] S_C^* \psi + \frac{mc}{\hbar} S_C^* \psi = 0 \tag{3.348}$$

---

[41] ψ^C は"縦行列"であることに注意されたい．$\psi^\dagger$ (エルミート共役) ではなく ψ^* (複素共役) に何らかの行列変換が施されたものになる．

式(3.348) に左から $(S_C^*)^{-1}$ を掛けて，その結果を元の Dirac 方程式と比較すると，次式を満たす S_C が存在すれば式(3.345) と式(3.60) の等価性が成立することが分かる．

$$(S_C^*)^{-1}\gamma_k^* S_C^* = \gamma_k$$
$$(S_C^*)^{-1}\gamma_4^* S_C^* = -\gamma_4 \tag{3.349}$$

標準表示 (Pauli-Dirac 表示) では，γ_2 と γ_4 は実数成分を持ち，γ_1 と γ_3 は純虚数成分を持つ．この表示において，

$$S_C = \gamma_2 = S_C^* = (S_C^*)^{-1} \tag{3.350}$$

と置けば，ここでの要件を満たすことを示すのは容易である[42]．すなわち次の関係が成立する．

$$\gamma_2 \left\{\begin{array}{c}(-\gamma_1)\\ \gamma_2 \\ (-\gamma_3)\end{array}\right\} \gamma_2 = \left\{\begin{array}{c}\gamma_1 \\ \gamma_2 \\ \gamma_3\end{array}\right\}$$

$$\gamma_2 \gamma_4 \gamma_2 = -\gamma_4 \tag{3.351}$$

これで式(3.349) を満たす S_C の存在が保証されたので，式(3.345) と式(3.60) は等価であることが証明された．

$S_C = \gamma_2$ と置けるのは標準表示 (Dirac-Pauli 表示) だけの事情であるという点は非常に重要である．採用する表示を変更すると S_C の形も変わる．たとえば Majorana 表示では γ_4 が純虚数，γ_k が実数であり，式(3.60) の複素共役を取れば容易に分かるように，ψ^C は単に ψ^* である[43]．この事実は，パリティ変換では任意の表示において (位相因子を除き) $S_P = \gamma_4$ であることとは対照的である．

前節までに得た簡単な波動関数の例に対して，式(3.346) の荷電共役変換はどのような意味を持つだろうか？　たとえば $E > 0$ の平面波解 (3.114) を考えてみよう．荷電共役な波動関数は，次のようになる．

$$\sqrt{\frac{mc^2}{EV}}\gamma_2\left[u^{(1)}(\mathbf{p})\exp\left(\frac{i\mathbf{p}\cdot\mathbf{x}}{\hbar} - \frac{iEt}{\hbar}\right)\right]^*$$

---

[42] より一般には，不定の位相因子 η を用いて $S_C = \eta\gamma_2$ と置くことができる．しかし慣例に従って $\eta = 1$ とする．

[43] この題材の，より高度な取扱いにおいては，式(3.346) と式(3.349) がしばしば $\psi^C = C\bar{\psi}^T$，$C^{-1}\gamma_\mu C = -\gamma_\mu^T$ と書かれる．T は"転置"(transpose) を意味する．標準表示では $\psi^C = \gamma_2\gamma_4(\psi^\dagger\gamma_4)^T = \gamma_2\gamma_4\gamma_4^T\psi^* = \gamma_2\psi^*$ なので，C 行列は位相因子を除き $C = \gamma_2\gamma_4$ である．

3.9. 空孔理論と荷電共役変換 ■177■

$$= \sqrt{\frac{E+mc^2}{2EV}} \begin{pmatrix} 0 & 0 & 0 & -1 \\ 0 & 0 & 1 & 0 \\ 0 & 1 & 0 & 0 \\ -1 & 0 & 0 & 0 \end{pmatrix} \begin{pmatrix} 1 \\ 0 \\ \frac{cp_3}{E+mc^2} \\ \frac{c(p_1+ip_2)}{E+mc^2} \end{pmatrix}^* \exp\left(-\frac{i\mathbf{p}\cdot\mathbf{x}}{\hbar}+\frac{iEt}{\hbar}\right)$$

$$= \sqrt{\frac{E+mc^2}{2EV}} \begin{pmatrix} -\frac{c(p_1-ip_2)}{|E|+mc^2} \\ \frac{cp_3}{|E|+mc^2} \\ 0 \\ -1 \end{pmatrix} \exp\left(-\frac{i\mathbf{p}\cdot\mathbf{x}}{\hbar}+\frac{i|E|t}{\hbar}\right)$$

$$= -\sqrt{\frac{mc^2}{|E|V}} u^{(4)}(-\mathbf{p}) \exp\left(-\frac{i\mathbf{p}\cdot\mathbf{x}}{\hbar}+\frac{i|E|t}{\hbar}\right) \tag{3.352}$$

$-i\hbar\nabla$ の固有値は $-\mathbf{p}$, $i\hbar(\partial/\partial t)$ の固有値は $-|E|$ であることに注意してもらいたい.同様にして,

$$\sqrt{\frac{mc^2}{EV}}\gamma_2\left[u^{(2)}(\mathbf{p})\exp\left(\frac{i\mathbf{p}\cdot\mathbf{x}}{\hbar}-\frac{iEt}{\hbar}\right)\right]^* = \sqrt{\frac{mc^2}{|E|V}} u^{(3)}(-\mathbf{p})\exp\left(-\frac{i\mathbf{p}\cdot\mathbf{x}}{\hbar}+\frac{i|E|t}{\hbar}\right) \tag{3.353}$$

となる.このように正エネルギー平面波解 ψ に式(3.346) の変換を施して得た荷電共役な波動関数 ψ^C は,エネルギーの絶対値が同じで,運動量が"反対"の負エネルギー平面波解になる.またスピノル因子の添字が 4 (3) から 1 (2) に変わったので,スピンの向き(あるいは $\mathbf{p}$ が z 軸と違う向きを持つならば Σ の期待値)も"反転"している.ここで空孔理論の術語を用いるならば,荷電共役な波動関数は,その状態における電子の欠損が,ちょうど元の波動関数と"同じ" $E>0$,"同じ" $\mathbf{p}$,"同じ" $\langle\Sigma\rangle$ を持つ"陽電子"にあたるような1電子状態の力学的な挙動を記述する (p.168,表3.4参照).また ψ が負エネルギー電子の状態で,その欠損が $\mathbf{p}$, $\langle\Sigma\rangle$ を持つ陽電子を表すならば,それに対応する ψ^C は $\mathbf{p}$, $\langle\Sigma\rangle$ を持つ正エネルギー電子を表す.

もうひとつの例として,確率分布 $\psi^\dagger\psi$ を考え,これに対応する $\psi^{C\dagger}\psi^C$ も正定値性を持つかを調べよう.ψ を水素原子の基底状態としてみる.一般に次の関係が成り立つ.

$$\psi^{C\dagger}\psi^C = (\gamma_2\psi^*)^\dagger(\gamma_2\psi^*) = \psi^{*\dagger}\psi^* = \psi^\dagger\psi \tag{3.354}$$

水素原子内の電子に関して,式(3.60) の中の A_0 $(=-iA_4)$ は $|e|/4\pi r$ と与えられる.式(3.345) によれば ψ^C は負電荷の周りの静電ポテンシャル場 $-|e|/4\pi r$ に関す

るCoulombエネルギー問題の解である．明らかにψ^Cのエネルギー固有値は，式(3.346)の複素共役操作のために，ψのエネルギーの符号を反転させたものになる．したがって式(3.354)は，負電荷の周りの静電ポテンシャル場の影響下にある負エネルギー電子の分布が，正電荷の周りの静電ポテンシャル場の影響下にある正エネルギー電子の分布と同じであることを含意する．したがって正エネルギー電子に斥力を及ぼすような静電ポテンシャル場(たとえば反陽子による負電荷Coulomb場)において，負エネルギーの"電子"は，あたかも"引力"場の中にあるような力学的挙動を示す．空孔の解釈を導入すると，負電荷ポテンシャル$A_0 = -|e|/4\pi r$に束縛された陽電子を持つ反原子は，正電荷ポテンシャル$A_0 = |e|/4\pi r$に束縛された電子を持つ通常の原子と同じように見える．

我々は荷電共役変換を，運動量$\mathbf{p}$，スピン$(\hbar/2)\langle\mathbf{\Sigma}\rangle$の電子(陽電子)に対する変換結果が同じ$\mathbf{p}$と$(\hbar/2)\langle\mathbf{\Sigma}\rangle$を持つ荷電共役な陽電子(電子)に"対応"するように定義した．式(3.345)と式(3.60)の等価性は，もし$\psi(\mathbf{x},t)$がポテンシャルA_μ内での$E>0$電子状態の時空における挙動を表すのであれば，その荷電共役な波動関数$\psi^C(\mathbf{x},t)$はポテンシャル$-A_\mu$内での"負エネルギー電子状態"を表し，「その"欠損"が反対の電荷を持った荷電共役粒子(陽電子)に見える」ような電子状態の時空における挙動を表す．

ψ^Cを用いて種々の力学変数の期待値の計算を始めると，第一印象としては困惑を免れない結果を得ることになる．たとえば$\mathbf{p}$の期待値をψとψ^Cそれぞれについて計算すると，自由粒子の場合は$\langle\mathbf{p}\rangle$と$\langle\mathbf{p}\rangle_C$が反対になることを式(3.352)と式(3.353)から容易に見て取れる．$\langle\mathbf{\Sigma}\rangle$についても同様である．しかし我々は荷電共役な粒子の運動量とスピンの向きが"変わらない"ことを知っている．$\mathbf{p}$と$\langle\mathbf{\Sigma}\rangle$を持つ電子状態は，$\mathbf{p}$と$\langle\mathbf{\Sigma}\rangle$を持つ陽電子状態に変換される($-\mathbf{p}$と$-\langle\mathbf{\Sigma}\rangle$ではない)．この紛らわしい性質は，量子化されていないDirac理論において，いわゆる荷電共役な波動関数ψ^Cが，荷電共役粒子そのものの波動関数では"ない"こと，すなわちその"欠損"が(元とは符号が逆のポテンシャルの下で)荷電共役粒子として見える状態にあたるという事実に因る．

さらにψ^Cの本質が明確となる実例は，電荷密度の空間積分である．

$$Q = e\int\bar{\psi}\gamma_4\psi d^3x = e\int\psi^\dagger\psi d^3x \tag{3.355}$$

これは全電荷を表すが，ψを荷電共役な波動関数ψ^Cに置き換えても符号を変えない．この性質はKlein-Gordon理論において$\phi \rightleftarrows \phi^*$という置き換えが電荷電流密度の逆転をもたらしたこと(式(1.55)および式(3.127)を参照)と著しい対照をなす[44]．

---

[44] 当然のことながら$\psi^\dagger\psi$は，その正定値性を保つような如何なる変換の下でも，その符号を

このことは ψ が正エネルギーの波動関数であるとして，ψ^C が外場の下で正電荷を持つ粒子のような"力学的な振舞い"を示すとしても，それがやはり"負電荷を持つ" $E<0$ の粒子の波動関数であるということから予想されることである．より満足のいく荷電共役の定式化を得るためには，電子場を Fermi-Dirac 統計に従うように量子化することが不可欠である．

3.10　Dirac場の量子化

量子化を施さないDirac理論の困難　相対論的な量子論が大きな成功を収めた点のひとつとして，種々の粒子の生成や消滅を含む多様な物理現象を定量的に扱う理論的な枠組みを与えることに成功したということがある．我々は第2章で，光子の生成や消滅を記述する"自然な言語"が，場の量子論であることを学んだ．前節では電子-陽電子対の生成や消滅のような現象を論じたが，しかしそこで用いた言葉は，場の量子論のそれとは非常に異なるものであった．対生成過程において電子数は保存されないと言う代わりに「電子数は本当は保存している」と見なし，起こり得るのは負エネルギー電子の励起に過ぎないという観点を与えた．言い換えると我々は，Dirac波動関数が単一粒子を表すという解釈を棄てずに対生成のような現象の記述を試みたわけである．その立場において $\psi^\dagger\psi$ の空間積分は，電磁場との相互作用がある場合でさえも，運動の保存量と見なされる．しかしながら我々は，そのように単一粒子理論としての性質を保持しようとする試み自体によって，結局は，むしろ単一粒子理論から急進的に離れることを強いられた．すなわち負エネルギー粒子が"無数に存在する海"を導入せざるを得なかったのである．

空孔理論のような記述が成立することは，基本的に2つの理由に依っている．第1に，空孔理論の成功のために決定的に重要であった要素は，すでに強調してきたように電子が Pauli の排他律に従うという仮定であった．第2に，電子と陽電子は生成したり消滅したりするが，電磁力学的な相互作用において (正エネルギーの) 電子と (正エネルギーの) 陽電子の数の"差"，

$$N = N(\mathrm{e}^-) - N(\mathrm{e}^+) \tag{3.356}$$

が保存されるという性質が不可欠であった．空孔理論では，

$$N(\mathrm{e}^-_{E>0}) = N(\mathrm{e}^-)$$
$$N(\mathrm{e}^-_{E<0}) = -N(\mathrm{e}^+) + [\text{constant background}] \tag{3.357}$$

変えることは不可能である．

という設定がなされ，式(3.356)の N が保存する状況下では，正エネルギー電子数と負エネルギー電子数の"和"として定義された総電子数，

$$N' = N(\mathrm{e}^-_{E>0}) + N(\mathrm{e}^-_{E<0}) \tag{3.358}$$

も，その保存が保証される．

"現実の世界"では，式(3.356)が保存されないような非電磁力学的な現象も起こる．例として β^+ 崩壊を見てみよう．

$$\mathrm{p} \to \mathrm{n} + \mathrm{e}^+ + \nu \tag{3.359}$$

自由な陽子はエネルギー保存のために崩壊できないが，原子核の内部に束縛されている陽子 p は陽電子 e^+ とニュートリノ ν を放出して中性子 n に変わることができる．空孔理論による解釈を試みるならば，終状態において現れる e^+ は Dirac の海における負エネルギー電子の欠損と見なさればならない．しかし元々その状態を埋めていた電子は何処へいったのだろうか？ このような過程において，もはや電子を見いだす確率が保存しないことは明白である[45]．

Dirac場の第二量子化 上述の β 崩壊の例は，現実的には電子や陽電子が自由に消滅したり生成したりすることを許容する形式を構築することが，はるかに理に適うことを示している．輻射の量子論の成功を参考にして，可能な限り光子に対して用いた手続きと同様の手続きの構築を試みてみよう．まず Dirac 場の"古典的な"理論を，第1章に示した標準的なラグランジアン形式を用いて定式化し，それからその Fourier 係数を生成消滅演算子に置き換えることによって Dirac 場の力学的な励起を量子化すればよい．この段階では，この方法の正当性が充分に明確なわけではない．2.3節で強調したように，古典場の理論は，場の量子論において占有数を無限大とした極限における近似にあたるが，電子系において特定の1粒子状態を電子が占有できる数は"最大でも1"にすぎない．しかしながら，まずはラグランジアン形式による古典的な Dirac 場の定式化を進めてみよう[46]．

必要とされる場の方程式が導かれるような，基本的な自由場のラグランジアン密度を，次のように置くことが考えられる．

---

[45] β^+ 過程において，負エネルギー電子が電荷を陽子に与えて(正エネルギーの)ニュートリノ状態へ励起されたと考える人もあるかも知れない．しかし電子とニュートリノは異なる粒子であり，異なる波動関数によって記述される．
[46] ここで採用する手順に馴染めない読者は，代わりに J. Schwinger の作用原理に基づく公理論的なアプローチを学んでみるのもよいであろう．これはたとえば Jauch and Rohrlich (1955) の第1章で論じられている．Schwinger の定式化では，場の変数が議論の最初から演算子として扱われる．

3.10. Dirac場の量子化

$$\mathcal{L} = -\bar{\psi}\Big(\hbar c\gamma_\mu \frac{\partial}{\partial x_\mu} + mc^2\Big)\psi$$

$$= -\hbar c \bar{\psi}\gamma_\mu \frac{\partial}{\partial x_\mu}\psi - mc^2 \bar{\psi}\psi$$

$$= -\hbar c \bar{\psi}_\alpha (\gamma_\mu)_{\alpha\beta} \frac{\partial}{\partial x_\mu}\psi_\beta - mc^2 \delta_{\alpha\beta}\bar{\psi}_\alpha \psi_\beta \tag{3.360}$$

これはLorentz不変なスカラー密度になっている．ラグランジアン形式では ψ と $\bar{\psi}$ のそれぞれの4成分すべてが独立な場の変数と見なされる．$\bar{\psi}_\alpha$ (具体的には $(\psi^\dagger)_\gamma (\gamma_4)_{\gamma\alpha}$ という意味である) の変分により，$\partial \mathcal{L}/\partial \bar{\psi}_\alpha = 0$ の形の4本のEuler-Lagrange方程式を得ることができるが，この結果はDirac方程式(3.31)そのものになる．ψ に関する方程式を得るには，次の置き換えを行う．

$$-\hbar c \bar{\psi}_\alpha (\gamma_\mu)_{\alpha\beta} \frac{\partial}{\partial x_\mu}\psi_\beta \to \hbar c \Big(\frac{\partial}{\partial x_\mu}\bar{\psi}\Big)_\alpha (\gamma_\mu)_{\alpha\beta}\psi_\beta \tag{3.361}$$

生じる違いは4元発散なので，この置き換えは正当化される．ψ_β の変分によって，随伴方程式(3.46)が得られる．ψ に対して共役な"正準運動量"π は，次のように定義される[47]．

$$\pi_\beta = \frac{\partial \mathcal{L}}{\partial(\partial \psi_\beta/\partial t)} = i\hbar \bar{\psi}_\alpha (\gamma_4)_{\alpha\beta} = i\hbar \psi_\beta^\dagger \tag{3.362}$$

そして，標準的な手続き(式(1.4))に基づいてハミルトニアン密度が与えられる．

$$\mathcal{H} = c\pi_\beta \frac{\partial \psi_\beta}{\partial x_0} - \mathcal{L}$$

$$= \hbar c \Big(i\psi^\dagger \frac{\partial \psi}{\partial x_0} - i\bar{\psi}\gamma_4 \frac{\partial \psi}{\partial x_0} + \bar{\psi}\gamma_k \frac{\partial}{\partial x_k}\psi\Big) + mc^2 \bar{\psi}\psi$$

$$= \psi^\dagger \big(-i\hbar c\boldsymbol{\alpha}\cdot\nabla + \beta mc^2\big)\psi \tag{3.363}$$

したがって，自由Dirac場の全ハミルトニアンは，次のようになる．

$$H = \int \psi^\dagger \big(-i\hbar c\boldsymbol{\alpha}\cdot\nabla + \beta mc^2\big)\psi \, d^3x \tag{3.364}$$

平面波解(3.114)および(3.115)において $t=0$ と置いたものは完全正規直交系を構成するので，$t=0$ における任意の4成分場を自由粒子の平面波で展開することができる．この平面波展開においてFourier係数を2.2節の末尾で見たような型の演算子に置き換えれば，Dirac場は量子化された場になる．これを，

$$\psi(\mathbf{x},t) = \frac{1}{\sqrt{V}}\sum_{\mathbf{p}}\sum_{r=1}^{4}\sqrt{\frac{mc^2}{|E|}}\, b_{\mathbf{p}}^{(r)}(t) u^{(r)}(\mathbf{p}) e^{i\mathbf{p}\cdot\mathbf{x}/\hbar} \tag{3.365}$$

---

[47] ラグランジアン密度を見ると分かるように，$\bar{\psi}$ に対する正準共役運動量はゼロになる．

と書くことにする.この ψ は演算子であって,占有数空間内の状態ベクトルに作用を及ぼすことが想定される. $b_{\mathbf{p}}^{(r)}$ と $b_{\mathbf{p}}^{(r)\dagger}$ は,それぞれ 1 電子状態 $(\mathbf{p}, r)$ を占める電子の消滅演算子および生成演算子と解釈される.占有数空間において 1 電子状態 $(\mathbf{p}, r)$ にひとつの電子がある状態を表すベクトルは $b_{\mathbf{p}}^{(r)\dagger}(0)|0\rangle$ と表されるものとする.第 2 章で見たように,消滅・生成演算子に対して Jordan-Wigner の反交換関係を適用すれば (式(2.49) 参照),Pauli の排他律が保証される.

$$\{b_{\mathbf{p}}^{(r)}, b_{\mathbf{p}'}^{(r')\dagger}\} = \delta_{rr'}\delta_{\mathbf{p}\mathbf{p}'}$$
$$\{b_{\mathbf{p}}^{(r)}, b_{\mathbf{p}'}^{(r')}\} = 0$$
$$\{b_{\mathbf{p}}^{(r)\dagger}, b_{\mathbf{p}'}^{(r')\dagger}\} = 0 \tag{3.366}$$

上の反交換関係の下で,次のように定義される個数演算子,

$$N_{\mathbf{p}}^{(r)} = b_{\mathbf{p}}^{(r)\dagger} b_{\mathbf{p}}^{(r)} \tag{3.367}$$

は,その固有値として 0 もしくは 1 だけが許容される.

量子化された Dirac 場のハミルトニアン演算子も "古典的な" ハミルトニアン (3.364) と同じ形を持つものと仮定する.そうすると,このハミルトニアンを次のように書き直すことができる[48].

$$\begin{aligned}
H &= \frac{1}{V}\int \sum_{\mathbf{p}}\sum_{\mathbf{p}'}\sum_{r=1}^{4}\sum_{r'=1}^{4} \left(\sqrt{\frac{mc^2}{|E|}} b_{\mathbf{p}}^{(r)\dagger} u^{(r)\dagger}(\mathbf{p}) e^{-i\mathbf{p}\cdot\mathbf{x}/\hbar}\right) \\
&\quad \times (-i\hbar c\boldsymbol{\alpha}\cdot\nabla + \beta mc^2) \left(\sqrt{\frac{mc^2}{|E'|}} b_{\mathbf{p}'}^{(r')\dagger} u^{(r')\dagger}(\mathbf{p}') e^{i\mathbf{p}'\cdot\mathbf{x}/\hbar}\right) d^3x \\
&= \sum_{\mathbf{p}}\sum_{\mathbf{p}'}\sum_{r=1}^{4}\sum_{r'=1}^{4} \delta_{\mathbf{p}\mathbf{p}'} \frac{mc^2 E'}{\sqrt{|EE'|}} b_{\mathbf{p}}^{(r)\dagger} b_{\mathbf{p}'}^{(r')} u^{(r)\dagger}(\mathbf{p}) u^{(r')}(\mathbf{p}') \\
&= \sum_{\mathbf{p}}\sum_{r=1,2} |E| b_{\mathbf{p}}^{(r)\dagger} b_{\mathbf{p}}^{(r)} - \sum_{\mathbf{p}}\sum_{r=3,4} |E| b_{\mathbf{p}}^{(r)\dagger} b_{\mathbf{p}}^{(r)} \tag{3.368}
\end{aligned}$$

上式ではスピノル因子の規格化条件 (式(3.106) と式(3.110)) および,相対論的なエネルギーと運動量の関係を用いた.

$$E' = \pm\sqrt{c^2|\mathbf{p}'|^2 + m^2c^4} \quad \text{for} \quad r' = \begin{cases} 1, 2 \\ 3, 4 \end{cases} \tag{3.369}$$

---

[48] 前に,我々は記号 H を Dirac 波動関数に作用するハミルトニアン演算子 $(-i\hbar c\boldsymbol{\alpha}\cdot\nabla + \beta mc^2)$ に充てた.しかし本節では H は占有数空間における状態ベクトルに対して作用を及ぼす自由 Dirac 場の全ハミルトニアン演算子を表すものとする.

3.10. Dirac場の量子化

我々が採用している定義では，生成演算子 $b_{\mathbf{p}}^{(r)\dagger}$ も消滅演算子 $b_{\mathbf{p}}^{(r)}$ も"時間に依存する"演算子であることを思い出してもらいたい．これらの時間依存性は Heisenberg の運動方程式によって決まる．

$$\dot{b}_{\mathbf{p}}^{(r)} = \frac{i}{\hbar}[H, b_{\mathbf{p}}^{(r)}] = \mp \frac{i}{\hbar} b_{\mathbf{p}}^{(r)} |E| \qquad \text{for} \quad r = \begin{cases} 1,2 \\ 3,4 \end{cases}$$

$$\dot{b}_{\mathbf{p}}^{(r)\dagger} = \frac{i}{\hbar}[H, b_{\mathbf{p}}^{(r)\dagger}] = \pm \frac{i}{\hbar} b_{\mathbf{p}}^{(r)\dagger} |E| \qquad \text{for} \quad r = \begin{cases} 1,2 \\ 3,4 \end{cases} \qquad (3.370)$$

上式では，交換子に関する次の有用な関係式を用いた．

$$[AB, C] = A\{B, C\} - \{A, C\}B \qquad (3.371)$$

したがって，消滅演算子の時間依存性は，

$$b_{\mathbf{p}}^{(r)}(t) = b_{\mathbf{p}}^{(r)}(0) e^{\mp i|E|t/\hbar} \qquad \text{for} \quad r = \begin{cases} 1,2 \\ 3,4 \end{cases} \qquad (3.372)$$

と与えられる．生成演算子 $b_{\mathbf{p}}^{(r)\dagger}(t)$ に関しても時間依存性が求まる．これを用いると，場の演算子の展開式(3.365) は，次のように表される．

$$\psi(\mathbf{x}, t) = \frac{1}{V} \sum_{\mathbf{p}} \sqrt{\frac{mc^2}{|E|}} \left(\sum_{r=1,2} b_{\mathbf{p}}^{(r)}(0) u^{(r)}(\mathbf{p}) \exp\left[\frac{i\mathbf{p}\cdot\mathbf{x}}{\hbar} - \frac{i|E|t}{\hbar}\right] \right.$$
$$\left. + \sum_{r=3,4} b_{\mathbf{p}}^{(r)}(0) u^{(r)}(\mathbf{p}) \exp\left[\frac{i\mathbf{p}\cdot\mathbf{x}}{\hbar} + \frac{i|E|t}{\hbar}\right] \right) \qquad (3.373)$$

"量子化された"自由場の演算子は，"古典的な"変分原理から導かれた元の場の方程式(すなわち Dirac 方程式) と同じ式を満たす形を持つことが見て取れる．この性質が先験的(ア・プリオリ)には自明でないことに注意を促しておく．特に b と $b^\dagger$ は，$[Q, P] = i\hbar$ を満たすような P と Q の1次結合として書けないことを思い出してもらいたい．さらに驚くべきことに，Heisenberg の運動方程式から得られる場の方程式の形は，生成演算子と消滅演算子が反交換関係を満たす場合も交換関係を満たす場合も同じになることを読者は容易に証明できるはずである[49]．この注目すべき性質は数学的には，式(3.371) に与えた交換子 $[AB, C]$ が次のようにも書けることによる帰結である．

$$[AB, C] = A[B, C] + [A, C]B \qquad (3.374)$$

---

[49] 電子が仮に Bose-Einstein 統計に従うとしても，式(3.368) をそのまま用いることができることに注意されたい．

電子が Fermi-Dirac 統計に従うか Bose-Einstein 統計に従うかによらず，同じ場の方程式が得られるという事実から，読者は場の量子論の枠内で電子がどちらの統計に従うかを"知る"ことができないように思えるかもしれない．しかしながら，この推測が正しくないことを，後で示すことにする．

ここでは b と $b^\dagger$ を"時間に依存しない"演算子として再定義するほうが都合がよい．この措置は場の演算子 ψ の時間依存性を，より明確に示したいという意図に基づくものである．次のように設定する．

$$b_{\mathbf{p}}^{(r)(\text{new})} = b_{\mathbf{p}}^{(r)(\text{old})}(0)$$

$$b_{\mathbf{p}}^{(r)(\text{old})}(t) = b_{\mathbf{p}}^{(r)(\text{new})} e^{\mp i|E|t/\hbar} \quad \text{for} \quad r = \begin{cases} 1, 2 \\ 3, 4 \end{cases} \tag{3.375}$$

この置き換えの前後で，同じ形の反交換関係が保持される．

前節まで ψ は1粒子波動関数であったが，本節では同じ記号 ψ を量子化された Dirac 場の演算子として用い，占有数空間の状態ベクトルに作用を及ぼす性質を持つものとする．これらの2つの扱い方を区別する術語として，波動関数 ψ を "c-数"の場，場の演算子 ψ を "q-数"の場と呼ぶことがしばしばある．ここで自ずから c-数の ψ と q-数の ψ はどのような関係を持つのだろうか，という疑問が出てくるであろう．1粒子平面波状態に関しては，両者の関係が容易に見いだされる．

$$\psi^{(c\text{-number})} = \langle 0|\psi^{(q\text{-number})}|b_{\mathbf{p}}^{(r)\dagger}\Phi_0\rangle \tag{3.376}$$

$\psi^{(q\text{-number})}$ は式 (3.373) において $b_{\mathbf{p}}^{(r)}$ を $b_{\mathbf{p}}^{(r)}(0)$ に置き換えた式である．この関係を確認するには，次の関係に注意すればよい．

$$\langle 0|b_{\mathbf{p}'}^{(r')}b_{\mathbf{p}}^{(r)\dagger}|0\rangle = \delta_{rr'}\delta_{\mathbf{pp}'} \tag{3.377}$$

よって $r = 1, 2$ に関して，次式が得られる．

$$\langle 0|\psi^{(q\text{-number})}|b_{\mathbf{p}}^{(r)\dagger}\Phi_0\rangle = \sqrt{\frac{mc^2}{EV}}\, u^{(r)}(\mathbf{p}) \exp\left(\frac{i\mathbf{p}\cdot\mathbf{x}}{\hbar} - \frac{iEt}{\hbar}\right) \tag{3.378}$$

これは実際に $(\mathbf{p}, r)$ の状態を持つ正エネルギー平面波の1粒子波動関数に他ならない．$\psi^{(c\text{-number})}$ から $\psi^{(q\text{-number})}$ への移行措置のことを"第二量子化"と呼ぶことがある[50]．上の例では1粒子状態だけを考えたが，一般に $\psi^{(q\text{-number})}$ は"多電子"（および'多陽電子'）の状態に作用するものであることを忘れてはならない．量子化

---

[50] 単一粒子の力学変数に対して $\mathbf{p}^{(\text{classical})} \to -i\hbar\nabla$ などの置き換えを施す措置を"第一量子化"と位置づけるわけである．

されたDirac方程式は，物理系における電子(や陽電子)の集団全体の力学的な挙動を決める微分方程式と見なされる．

ハミルトニアン演算子の式(3.368)に戻ろう．これは式(3.375)に与えた演算子の置き換えによって形を変えない．第2章において$b_{\mathbf{p}}^{(r)\dagger}b_{\mathbf{p}}^{(r)}$ (固有値は0と1だけである)が個数演算子と解釈されたことを念頭に置けば，この全ハミルトニアンの形は理解しやすいものである．1電子状態$(\mathbf{p},r)$のエネルギーは$|E|$もしくは$-|E|$で，その符号は$r=1,2$か$r=3,4$かによって決まる．$E>0$の電子の集団が持つ総エネルギーは，個々の電子が持つエネルギーの総和として表される．

全電荷の演算子も計算することができる．式(1.51)から式(1.54)までの手続きにならって，$i\bar{\psi}\gamma_\mu\psi$が連続の方程式を満たすことを示すのは容易である．$q$-数の理論でも電荷密度の演算子が$e\psi^\dagger\psi$と与えられるものと仮定すると，全電荷の演算子は次のようになる．

$$\begin{aligned}Q &= e\int \psi^\dagger \psi d^3 x \\ &= e\sum_{\mathbf{p}}\sum_{\mathbf{p}'}\sum_{r}\sum_{r'}\frac{mc^2}{\sqrt{|EE'|}}\delta_{\mathbf{p}\mathbf{p}'}b_{\mathbf{p}}^{(r)\dagger}b_{\mathbf{p}'}^{(r')}u^{(r)\dagger}(\mathbf{p})u^{(r')}(\mathbf{p}') \\ &= e\sum_{\mathbf{p}}\sum_{r=1}^{4}b_{\mathbf{p}}^{(r)\dagger}b_{\mathbf{p}}^{(r)}\end{aligned} \qquad (3.379)$$

これも予想どおりの結果である[51]．場の全運動量の成分は(p.23, 問題1-1参照),

$$P_k = -i\int \mathcal{T}_{4k}d^3x \qquad (3.380)$$

によって求められるが，ここでは，

$$\mathcal{T}_{4k} = -\frac{\partial\mathcal{L}}{\partial(\partial\psi_\alpha/\partial x_4)}\frac{\partial\psi_\alpha}{\partial x_k} - \frac{\partial\bar{\psi}_\alpha}{\partial x_k}\frac{\partial\mathcal{L}}{\partial(\partial\bar{\psi}_\alpha/\partial x_4)} \qquad (3.381)$$

であり，全運動量演算子は，次のように与えられる．

$$\mathbf{P} = -i\hbar\int \psi^\dagger \nabla\psi d^3x = \sum_{\mathbf{p}}\sum_{r}\mathbf{p}\,b_{\mathbf{p}}^{(r)\dagger}b_{\mathbf{p}}^{(r)} \qquad (3.382)$$

陽電子を表す演算子とスピノル 演算子化されたエネルギーの式(3.368)，電荷の式(3.379)，運動量の式(3.382)は，空孔理論の観点からは満足のいくものであるが，負

---

[51] 負エネルギーの電子は"力学的な挙動としては"正電荷粒子のように振舞うけれども，電子自身が持つ電荷はやはり$e=-|e|$であることを思い出すこと．

エネルギーが現れ続ける点で，いささか好ましからざる印象を与える．むしろ自由粒子のエネルギーは常に正で，代わりに全電荷が (陽電子と電子のどちらが多いかに依存して) 正にも負にもなり得る定式化ができれば，その方が好ましいであろう．この目的を念頭に置いて $b_{\mathbf{p}}^{(s)}$, $d_{\mathbf{p}}^{(s)}$ という2種類の演算子と $u^{(s)}(\mathbf{p})$, $v^{(s)}(\mathbf{p})$ という2種類の自由粒子スピノル因子 ($s=1,2$) を次のように定義する．

$$b_{\mathbf{p}}^{(s)} = b_{\mathbf{p}}^{(r)} \qquad (r=s) \quad \text{for } r=1,2$$
$$d_{\mathbf{p}}^{(s)\dagger} = \mp b_{-\mathbf{p}}^{(r)} \qquad \begin{cases} s=1 & \text{for } r=4 \\ s=2 & \text{for } r=3 \end{cases} \tag{3.383}$$

$$u^{(s)}(\mathbf{p}) = u^{(r)}(\mathbf{p}) \qquad (r=s) \quad \text{for } r=1,2$$
$$v^{(s)}(\mathbf{p}) = \mp u^{(r)}(-\mathbf{p}) \qquad \begin{cases} s=1 & \text{for } r=4 \\ s=2 & \text{for } r=3 \end{cases} \tag{3.384}$$

上の定義を動機づけているのは，運動量 $-\mathbf{p}$ でスピンが"下向き"の負エネルギー電子の消滅が，運動量 $+\mathbf{p}$ でスピンが"上向き"の陽電子の生成として見えるという事実である．この後で実際に $d^\dagger$ (d) を陽電子の生成 (消滅) 演算子と解釈できることを示す予定である．添え字 r と s の順序を入れ換え，符号に操作を施したのは，"同じ" $s\,(=1,2)$ に関して，

$$S_C u^{(s)*}(\mathbf{p}) = \gamma_2 u^{(s)*}(\mathbf{p}) = v^{(s)}(\mathbf{p})$$
$$S_C v^{(s)*}(\mathbf{p}) = \gamma_2 v^{(s)*}(\mathbf{p}) = u^{(s)}(\mathbf{p}) \tag{3.385}$$

を成立させるためである (式(3.352)参照)．d および $d^\dagger$ は，b および $b^\dagger$ と同じ反交換関係を満たすことに注意されたい．

$$\{d_{\mathbf{p}}^{(s)}, d_{\mathbf{p}'}^{(s')\dagger}\} = \delta_{ss'}\delta_{\mathbf{pp}'}$$
$$\{d_{\mathbf{p}}^{(s)}, d_{\mathbf{p}'}^{(s')}\} = \{d_{\mathbf{p}}^{(s)\dagger}, d_{\mathbf{p}'}^{(s')\dagger}\} = 0 \tag{3.386}$$

また $b, b^\dagger$ と $d, d^\dagger$ には次の関係がある．

$$\{b_{\mathbf{p}}^{(s)}, d_{\mathbf{p}'}^{(s')}\} = \{b_{\mathbf{p}}^{(s)}, d_{\mathbf{p}'}^{(s')\dagger}\} = \{b_{\mathbf{p}}^{(s)\dagger}, d_{\mathbf{p}'}^{(s')\dagger}\} = \{b_{\mathbf{p}}^{(s)\dagger}, d_{\mathbf{p}'}^{(s')}\} = 0 \tag{3.387}$$

u と v に関する公式をまとめておくと後々のために都合がよい．まず式(3.105)は次のようになる．

$$(i\gamma \cdot p + mc)u^{(s)}(\mathbf{p}) = 0$$
$$(-i\gamma \cdot p + mc)v^{(s)}(\mathbf{p}) = 0 \tag{3.388}$$

3.10. Dirac場の量子化

$p = (\mathbf{p}, iE/c)$ であるが,ここでは $v^{(s)}(\mathbf{p})$ に関する式でも E は"正"である.規格化条件 (3.110) と直交性条件 (3.106) は,それぞれ次のようになる.

$$u^{(s')\dagger}(\mathbf{p})u^{(s)}(\mathbf{p}) = \delta_{ss'}\frac{E}{mc^2}, \quad v^{(s')\dagger}(\mathbf{p})v^{(s)}(\mathbf{p}) = \delta_{ss'}\frac{E}{mc^2}$$
$$v^{(s')\dagger}(-\mathbf{p})u^{(s)}(\mathbf{p}) = u^{(s')\dagger}(-\mathbf{p})v^{(s)}(\mathbf{p}) = 0 \qquad (3.389)$$

ここでも E は常に正である.式(3.388)のエルミート共役を取って,$\bar{u}^{(s)}(\mathbf{p})$ と $\bar{v}^{(s)}(\mathbf{p})$ が満たす式を導くことができる.

$$\bar{u}^{(s)}(\mathbf{p})(i\gamma\cdot p + mc) = 0$$
$$\bar{v}^{(s)}(\mathbf{p})(-i\gamma\cdot p + mc) = 0 \qquad (3.390)$$

上式の導出には $(\pm i\gamma\cdot p + mc)^\dagger \gamma_4 = \gamma_4(\pm i\gamma\cdot p + mc)$ を用いた.以下の関係も式 (3.389) から直接的に証明される.

$$\bar{u}^{(s')}(\mathbf{p})u^{(s)}(\mathbf{p}) = \delta_{ss'}, \quad \bar{v}^{(s')}(\mathbf{p})v^{(s)}(\mathbf{p}) = -\delta_{ss'}$$
$$\bar{u}^{(s')}(\mathbf{p})v^{(s)}(\mathbf{p}) = \bar{v}^{(s')}(\mathbf{p})u^{(s)}(\mathbf{p}) = 0 \qquad (3.391)$$

たとえば式(3.388)の第1式に左から $\bar{u}^{(s')}(\mathbf{p})\gamma_4$ を掛け,式(3.390)の第1式 (s を s' に置き換える) に右から $\gamma_4 u^{(s)}(\mathbf{p})$ を掛けて,両者の和を取ればよい.一般の波動関数 ψ と $\bar\psi$ の平面波展開は,次のようになる.

$$\psi(\mathbf{x},t) = \frac{1}{\sqrt{V}}\sum_{\mathbf{p}}\sum_{s=1,2}\sqrt{\frac{mc^2}{E}}\left(b^{(s)}_{\mathbf{p}}u^{(s)}(\mathbf{p})\exp\left[\frac{i\mathbf{p}\cdot\mathbf{x}}{\hbar} - \frac{iEt}{\hbar}\right]\right.$$
$$\left. + d^{(s)\dagger}_{\mathbf{p}}v^{(s)}(\mathbf{p})\exp\left[-\frac{i\mathbf{p}\cdot\mathbf{x}}{\hbar} + \frac{iEt}{\hbar}\right]\right)$$
$$\bar\psi(\mathbf{x},t) = \frac{1}{\sqrt{V}}\sum_{\mathbf{p}}\sum_{s=1,2}\sqrt{\frac{mc^2}{E}}\left(d^{(s)}_{\mathbf{p}}\bar v^{(s)}(\mathbf{p})\exp\left[\frac{i\mathbf{p}\cdot\mathbf{x}}{\hbar} - \frac{iEt}{\hbar}\right]\right.$$
$$\left. + b^{(s)\dagger}_{\mathbf{p}}\bar u^{(s)}(\mathbf{p})\exp\left[-\frac{i\mathbf{p}\cdot\mathbf{x}}{\hbar} + \frac{iEt}{\hbar}\right]\right)$$
$$(3.392)$$

これ以降,E は常に正の相対論的エネルギー値 $\sqrt{c^2|\mathbf{p}|^2 + m^2c^4}$ だけを意味するものと見なすことにする.式(3.373)から式(3.392)を得る際に,$\mathbf{p}$ に関する和が"全方向"にわたること ($\mathbf{p}$ と $-\mathbf{p}$ を置き換えてもよい) を利用した.

ハミルトニアン演算子と全電荷演算子を再び考えると,式(3.368)と式(3.379)は次のように書き直される.

$$H = \sum_{\mathbf{p}} \sum_{s} E\left(b_{\mathbf{p}}^{(s)\dagger} b_{\mathbf{p}}^{(s)} - d_{-\mathbf{p}}^{(s)} d_{-\mathbf{p}}^{(s)\dagger}\right)$$

$$= \sum_{\mathbf{p}} \sum_{s} E\left(b_{\mathbf{p}}^{(s)\dagger} b_{\mathbf{p}}^{(s)} + d_{\mathbf{p}}^{(s)\dagger} d_{\mathbf{p}}^{(s)} - 1\right) \tag{3.393}$$

$$Q = e \sum_{\mathbf{p}} \sum_{s} \left(b_{\mathbf{p}}^{(s)\dagger} b_{\mathbf{p}}^{(s)} + d_{-\mathbf{p}}^{(s)} d_{-\mathbf{p}}^{(s)\dagger}\right)$$

$$= e \sum_{\mathbf{p}} \sum_{s} \left(b_{\mathbf{p}}^{(s)\dagger} b_{\mathbf{p}}^{(s)} - d_{\mathbf{p}}^{(s)\dagger} d_{\mathbf{p}}^{(s)} + 1\right) \tag{3.394}$$

d と $d^{\dagger}$ の間の反交換関係は, b と $b^{\dagger}$ の間の反交換関係と全く同じであることを思い出そう. これは $d_{\mathbf{p}}^{(s)\dagger} d_{\mathbf{p}}^{(s)}$ の固有値が 0 か 1 であることを意味している. 式(3.393)と式(3.394)において, $d_{\mathbf{p}}^{(s)\dagger} d_{\mathbf{p}}^{(s)}$ を正エネルギーを持つ陽電子の個数演算子と見なすならば, 自然な解釈が可能である. すなわち「陽電子が存在する状態は, その個数から自然に予想される正エネルギーと正電荷 $(-e = |e|)$ を持つ.」したがって我々は 2 種類の演算子,

$$N_{\mathbf{p}}^{(e^{-},s)} = b_{\mathbf{p}}^{(s)\dagger} b_{\mathbf{p}}^{(s)}, \quad N_{\mathbf{p}}^{(e^{+},s)} = d_{\mathbf{p}}^{(s)\dagger} d_{\mathbf{p}}^{(s)} \tag{3.395}$$

を定義して, それぞれ $(\mathbf{p}, s)$ 状態を占める電子と陽電子の個数演算子と見なすことにする. 空孔理論の言い回しでは r は 1 から 4 までの値を取り, $E < 0$ の電子を生成する演算子 $b_{\mathbf{p}}^{(3,4)\dagger}$ を "物理的な真空" に作用させると, すでに電子に占有されている負エネルギーの状態に更に電子を加えることは不可能なので, 状態ベクトル自体が消失する. これを新たな記述方法から見てみると, 真空状態に対して $d_{\mathbf{p}}^{(1,2)}$ を作用させると状態ベクトルは消失することになる. $d_{\mathbf{p}}^{(1,2)}$ は $(\mathbf{p}, s)$ の陽電子を消滅させる演算子であり, 消滅させる対象となるべき陽電子が真空状態には存在しないので, この結果は理に適っている. したがって真空状態に対して, 次の要請を設定しておくことができる.

$$b_{\mathbf{p}}^{(s)}|0\rangle = 0, \quad d_{\mathbf{p}}^{(s)}|0\rangle = 0 \tag{3.396}$$

$N_{\mathbf{p}}^{(e^{+},s)}$ と $d_{\mathbf{p}}^{(s)}$ と $d_{\mathbf{p}}^{(s)\dagger}$ の間の反交換関係から, 真空状態は $N_{\mathbf{p}}^{(e^{+},s)}$ の固有値 0 の固有ベクトルであり, 1 陽電子状態 $d_{\mathbf{p}}^{(s)\dagger}|0\rangle$ は $N_{\mathbf{p}}^{(e^{+},s)}$ の固有値 1 の固有ベクトルであることが導かれる (式(2.55)-(2.57)参照). 言い換えると $d_{\mathbf{p}}^{(s)\dagger}$ は陽電子の生成演算子にあたる.

式(3.393) と式(3.394) は, まだ完全に満足すべき形ではない. 式(3.393) によれば, 真空状態は許容し得る最もエネルギーの低い状態である. しかし H を真空状態に作用させると $-\sum_{\mathbf{p}} \sum_{s} E$, すなわち $-\infty$ になってしまう. これは物理的には Dirac

3.10. Dirac場の量子化

の海が持つ無限の負のエネルギーが除かれていないことを意味する. そこで H を $|0\rangle$ に作用させると固有値が 0 になるように, エネルギーの基準を再定義すればよい. そうするとハミルトニアンは,

$$H = \sum_{\mathbf{p}} \sum_{s} E \bigl(N_{\mathbf{p}}^{(\mathrm{e}^{-},s)} + N_{\mathbf{p}}^{(\mathrm{e}^{+},s)} \bigr) \tag{3.397}$$

と表され, 固有値は必ずゼロ以上になる. 同様にして Dirac の海から無限の負電荷を差し引いてやると, 全電荷の演算子は,

$$\begin{aligned} Q &= e \sum_{\mathbf{p}} \sum_{s} \bigl(N_{\mathbf{p}}^{(\mathrm{e}^{-},s)} - N_{\mathbf{p}}^{(\mathrm{e}^{+},s)} \bigr) \\ &= -|e| \sum_{\mathbf{p}} \sum_{s} \bigl(N_{\mathbf{p}}^{(\mathrm{e}^{-},s)} - N_{\mathbf{p}}^{(\mathrm{e}^{+},s)} \bigr) \end{aligned} \tag{3.398}$$

となる. このように電荷を差し引く手続きは, 初めに電荷密度を,

$$\rho = e\psi^{\dagger}\psi - e\langle \psi^{\dagger}\psi \rangle_{0} \tag{3.399}$$

と置くことと等価な措置である[52]. c-数の理論において必ず負となる全電荷 (3.355) とは異なり, 式(3.398) の固有値は負にも正にもなり得る. 以上の措置により, 我々は負エネルギー電子や, 図式的な Dirac の海の概念や, $E < 0$ の負電荷粒子による正電荷粒子のような挙動や, $\mathbf{p}$ の欠損が $-\mathbf{p}$ の存在として見えるという迂遠な解釈を完全に忘れてしまってもよいことになる. これ以降の議論では"必ず正のエネルギーを持つ電子と陽電子"だけを扱うことにしよう.

真空のエネルギーと電荷がゼロとなるように定義をしてしまえば, Dirac 場の全エネルギーは必ず非負であり, 全電荷は負にも正にもなり得ることを見た. この満足のいく形式を得るために, 消滅・生成演算子の"反交換"関係が決定的に重要な役割を果たしたことを強調しておこう. もし代わりに交換関係を用いたならば, 得られるハミルトニアン演算子は固有値の下限に制約がないものになったであろう (式(3.368) において $r = 3, 4$ の $b_{\mathbf{p}}^{(r)\dagger} b_{\mathbf{p}}^{(r)}$ として無限に大きな数を想定できる[§]). したがって, 最低エネルギーの状態 (真空状態) が確定することを理論に要請するのであれば, Dirac 場の量子化は Fermi-Dirac 統計に従うように行わなければならないのである. ここ

---

[52] 式(3.399) は, 次式と同じものであることを示すことができる.

$$(e/2)\bigl(\psi^{\dagger}\psi - \psi^{T}\psi^{\dagger T}\bigr)$$

上式は q-数の理論ではゼロではない. このようにして, 望ましからざる真空期待値を除く方法は W. Heisenberg によって与えられた.

[§] (訳註) つまり Dirac 場の元々のハミルトニアン (式(3.363), 式(3.368)) の符号が不定であることが, 反交換関係を採用することの必然性に関係するわけである. これに対して交換関係

で示したことは「半整数スピンを持つ場は Fermi-Dirac 統計に従って量子化しなければならず，整数スピンを持つ場は Bose-Einstein 統計に従って量子化しなければならない」という一般的な定理の具体例にあたる．このスピン-統計の定理は 1940 年に W. Pauli によって証明されたものであるが，相対論的な量子論における最高の到達点のひとつと言えるだろう．

全運動量演算子 (3.382) を書き直してみよう．

$$\begin{aligned}\mathbf{P} &= \sum_{\mathbf{p}}\sum_{s=1,2}\mathbf{p}\bigl(b_{\mathbf{p}}^{(s)\dagger}b_{\mathbf{p}}^{(s)} + d_{-\mathbf{p}}^{(s)}d_{-\mathbf{p}}^{(s)\dagger}\bigr) \\ &= \sum_{\mathbf{p}}\sum_{s=1,2}\mathbf{p}\, b_{\mathbf{p}}^{(s)\dagger}b_{\mathbf{p}}^{(s)} + \sum_{\mathbf{p}}\sum_{s=1,2}(-\mathbf{p})\bigl(-d_{\mathbf{p}}^{(s)\dagger}d_{\mathbf{p}}^{(s)} + 1\bigr) \\ &= \sum_{\mathbf{p}}\sum_{s=1,2}\mathbf{p}\bigl(N_{\mathbf{p}}^{(\mathrm{e}^-,s)} + N_{\mathbf{p}}^{(\mathrm{e}^+,s)}\bigr)\end{aligned} \quad (3.400)$$

($\Sigma_{\mathbf{p}}\mathbf{p} = \mathbf{0}$ を用いた．) 上式は前に陽電子状態 $d_{\mathbf{p}}^{(s)\dagger}|0\rangle$ の物理的な運動量が $\mathbf{p}$ であって $-\mathbf{p}$ ではないと主張したことに整合している (式(3.384)参照)．

同じ $(\mathbf{p}, s)$ に電子を生成した状態 $b_{\mathbf{p}}^{(s)\dagger}|0\rangle$ と，陽電子を生成した状態 $d_{\mathbf{p}}^{(s)\dagger}|0\rangle$ が，本当に"同じ"スピンの向きを持つことを自ら納得するために，これらの状態に対してスピン演算子を実際に作用させてみることは教育的に有意義である．スピン密度を $(\hbar/2)\psi^{\dagger}\mathbf{\Sigma}\psi$ と置くと，スピンの z 成分は次のように与えられる[53]．

$$S_3 = \frac{\hbar}{2}\int \psi^{\dagger}\Sigma_3\psi\, d^3x \quad (3.401)$$

を想定するボソン場のハミルトニアンは，中性スカラー場では (p.89, 問題2-3)，

$$H = \sum_{\mathbf{k}} E\bigl(a_{\mathbf{k}}^{\dagger}a_{\mathbf{k}} + \tfrac{1}{2}\bigr), \quad E = \sqrt{\hbar^2 c^2|\mathbf{k}|^2 + m^2 c^4}$$

Maxwell 場では (式(2.62))，

$$H = \sum_{\mathbf{k}}\sum_{\alpha} E\bigl(a_{\mathbf{k}\alpha}^{\dagger}a_{\mathbf{k}\alpha} + \tfrac{1}{2}\bigr), \quad E = \hbar c|\mathbf{k}|$$

のように負の項を含まない．そもそもこれらの場のエネルギーの正定値性は，元のハミルトニアンの形 (p.89訳註, 式(2.16)) にまで遡ってみれば自明のことである．

[53] ラグランジアン形式の枠内で，$(\hbar/2)\psi^{\dagger}\mathbf{\Sigma}\psi$ をスピン密度と解釈することは，ラグランジアン密度が z 軸のまわりの無限小回転操作の下で不変であることから，

$$\int \psi^{\dagger}\left[-i\hbar(\mathbf{x}\times\nabla)_3 + \frac{\hbar}{2}\Sigma_3\right]\psi\, d^3x$$

が一定を保つという事実によって正当化される (たとえば Bjorken and Drell (1965), pp.17-19, 55 を参照)．付加的な定数が不要であることに注意されたい．何故なら式(3.401)のように定義される S_3 は，回転不変性によって自動的に $S_3|0\rangle = 0$ を満たすからである．

3.10. Dirac場の量子化

1電子状態に関しては,

$$\begin{aligned}
S_3 b_{\mathbf{p}}^{(s)\dagger}|0\rangle &= [S_3, b_{\mathbf{p}}^{(s)\dagger}]|0\rangle \\
&= \frac{\hbar}{2}\int \psi^\dagger \Sigma_3 \{\psi, b_{\mathbf{p}}^{(s)\dagger}\} d^3x |0\rangle \\
&= \frac{\hbar}{2}\frac{mc^2}{E} u^{(s)\dagger}(\mathbf{p})\Sigma_3 u^{(s)}(\mathbf{p}) b_{\mathbf{p}}^{(s)\dagger}|0\rangle
\end{aligned} \tag{3.402}$$

となり, 1陽電子状態に関しては,

$$\begin{aligned}
S_3 d_{\mathbf{p}}^{(s)\dagger}|0\rangle &= [S_3, d_{\mathbf{p}}^{(s)\dagger}]|0\rangle \\
&= -\frac{\hbar}{2}\int \{\psi^\dagger, d_{\mathbf{p}}^{(s)\dagger}\} \Sigma_3 \psi \, d^3x |0\rangle \\
&= -\frac{\hbar}{2}\frac{mc^2}{E} v^{(s)\dagger}(\mathbf{p})\Sigma_3 v^{(s)}(\mathbf{p}) d_{\mathbf{p}}^{(s)\dagger}|0\rangle
\end{aligned} \tag{3.403}$$

となる. もし1電子状態に対応する自由粒子スピノル u が Σ_3 の固有値として $+1$ を持つならば, 式(3.402)は予想どおりに $S_3 = \hbar/2$ を意味する. 一方, スピンが"上向き"の陽電子を記述したいのであれば, 式(3.403)は自由粒子スピノル v として Σ_3 の固有値が "-1" のものを用いることを要請する. 具体例としてスピンが上向きの静止している電子を考えよう. これに対応する自由粒子スピノルは $u^{(1)}(\mathbf{0})$ で, これは $\Sigma_3 = +1$ である. 同じスピンの向きを持つ陽電子状態に対して, 我々は $v^{(1)}(\mathbf{0}) = -u^{(4)}(\mathbf{0})$ を充てることになるが (式(3.384)), これはまさに $\Sigma_3 = -1$ の状態である. このことはもちろん空孔理論の考え方からも予想されることである.

前節で定義した荷電共役変換の下で1電子状態 $b_{\mathbf{p}}^{(s)\dagger}|0\rangle$ は, 同じ $(\mathbf{p}, s)$ を持つ1陽電子状態 $d_{\mathbf{p}}^{(s)\dagger}|0\rangle$ に変換される. したがって荷電共役変換の下での演算子の関係は,

$$b_{\mathbf{p}}^{(s)} \rightleftharpoons d_{\mathbf{p}}^{(s)}, \quad b_{\mathbf{p}}^{(s)\dagger} \rightleftharpoons d_{\mathbf{p}}^{(s)\dagger} \tag{3.404}$$

となる. 全電荷演算子(3.398)は荷電共役変換の下で実際に符号を変える. このことは, c-数の電荷量の式(3.355)が変換を施しても符号が変わらないことと著しい対照をなす. ハミルトニアン演算子(3.397)は荷電共役変換の下で不変でなければならないし, 実際にそうなっている.

前節では $eA_\mu \to -eA_\mu$ の変換の下でのDirac方程式の不変性も調べた. 式(3.345)-(3.351)の手続きは, 第二量子化した理論でも ψ^* を $\psi^{\dagger T}$ に置き換えればそのまま成立する (転置の操作 T は生成消滅作用に影響を与えずに自由粒子スピノルを元の縦行列の形に戻す). このように定義された演算子 ψ^C, すなわち,

$$\psi^C = \gamma_2 \psi^{\dagger T} \tag{3.405}$$

は (荷電共役な '波動関数' ではなく) 荷電共役な場と呼ばれる．式(3.385) を用いると，自由場に関する ψ^C は次のように表される．

$$\psi^C = \frac{1}{\sqrt{V}} \sum_{\mathbf{p}} \sum_{s=1,2} \sqrt{\frac{mc^2}{E}} \left(b_{\mathbf{p}}^{(s)\dagger} v_{\mathbf{p}}^{(s)} \exp\left[-\frac{i\mathbf{p}\cdot\mathbf{x}}{\hbar} + \frac{iEt}{\hbar}\right] \right.$$
$$\left. + d_{\mathbf{p}}^{(s)} u_{\mathbf{p}}^{(s)} \exp\left[\frac{i\mathbf{p}\cdot\mathbf{x}}{\hbar} - \frac{iEt}{\hbar}\right] \right) \quad (3.406)$$

これを式(3.392) と比較すると，式(3.404) のように演算子の置き換えを施すことで，

$$\psi \to \psi^C \quad (3.407)$$

の変換が成されることが分かる．ψ が電子を消滅させ，陽電子を生成するのに対して，ψ^C は陽電子を消滅させ，電子を生成する．

ここで簡単に ψ, $\psi^\dagger$, $\bar\psi$ の間の反交換関係に言及する．次の関係は自明である．

$$\{\psi_\alpha(x), \psi_\beta(x')\} = \{\psi_\alpha^\dagger(x), \psi_\beta^\dagger(x')\} = \{\bar\psi_\alpha(x), \bar\psi_\beta(x')\} = 0 \quad (3.408)$$

ここでは x は 4 元座標 $(\mathbf{x}, ict)$ を表す．$\psi(x)$ と $\psi^\dagger(x')$ は同時刻反交換関係を満たす．これは W. Heisenberg と W. Pauli によって書き下されたものである．

$$\{\psi_\alpha(\mathbf{x},t), \psi_\beta^\dagger(\mathbf{x}',t')\}_{t=t'} = \delta_{\alpha\beta}\delta^{(3)}(\mathbf{x}-\mathbf{x}') \quad (3.409)$$

この関係の証明は練習問題とする (p.222, 問題3-13)．これは次の関係をも含意する．

$$\{\psi_\alpha(\mathbf{x},t), \bar\psi_\beta(\mathbf{x}',t')\}_{t=t'} = (\gamma_4)_{\alpha\beta}\delta^{(3)}(\mathbf{x}-\mathbf{x}') \quad (3.410)$$

異なる時刻の ψ と $\bar\psi$ の反交換関係については，本書の目的の範囲内では次のことに言及すれば充分である．すなわち $\{\psi_\alpha(x), \bar\psi_\beta(x')\}$ は 4 元ベクトル $x - x'$ の関数として与えられ，x と x' の間の不変距離が空間的 (スペースライク) な場合にはゼロになる[54]．すなわち，

$$\{\psi_\alpha(x), \bar\psi_\beta(x')\} = 0 \quad \text{if} \quad (x-x')^2 = (\mathbf{x}-\mathbf{x}')^2 - c^2(t-t')^2 > 0 \quad (3.411)$$

となる．この "反交換" 関係のために，$x - x'$ が空間的 (スペースライク) の場合にも $\psi(x)$ と $\bar\psi(x')$ は "可換ではない"．このことは両者が空間的に隔たっていても共には確定させられず，互いに何らかの関係を持ってしまうことを含意する．しかし ψ と $\bar\psi$ には古典的な対

---

[54] $\{\psi_\alpha(x), \bar\psi_\beta(x')\}$ は，より上級の教科書では $-iS_{\alpha\beta}(x-x')$ と表記され，具体的な式の形も示されている．たとえば Mandl (1959), pp.30-35, pp.54-55 ; Schweber (1961), pp.180-182, pp.225-227 など．(以下訳註) この "不変 S 関数" $S(x-x')$ は，次章 (p.272参照) で言及のある $S_F(x-x')$ とは別のものである．

3.10. Dirac場の量子化

応物が存在せず，これら自体は **E** や **B** などとは違って "観測可能ではない" ので，このことによる実際上の不都合は生じない．他方，電荷電流密度，

$$j_\mu(x) = ie\bar{\psi}\gamma_\mu\psi - ie\langle 0|\bar{\psi}\gamma_\mu\psi|0\rangle \tag{3.412}$$

は "観測可能" であるが，式(3.408)と式(3.410)から，

$$[j_\mu(x), j_\nu(x')] = 0, \quad \text{if} \quad (x-x')^2 > 0 \tag{3.413}$$

となる．上式の導出には，次の関係を用いた．

$$[AB, CD] = -AC\{D, B\} + A\{C, B\}D - C\{D, A\}B + \{C, A\}DB \tag{3.414}$$

したがって空間的(スペースライク)に隔たった2つの時空点における電荷電流密度の測定が互いに影響を及ぼすことはない．この結果は因果律に整合している．

電磁相互作用と湯川型相互作用 電磁場と電子や陽電子の相互作用を論じてみよう．基本的な相互作用を表すハミルトニアン密度は，次のように書かれる．

$$\mathcal{H}_{\text{int}} = -ie\bar{\psi}\gamma_\mu\psi A_\mu \tag{3.415}$$

ψ は量子化された電子場である．A_μ は古典的な場でも量子化した場でもよい．これは次の相互作用ラグランジアン密度から導かれる†．

$$\mathcal{L}_{\text{int}} = ie\bar{\psi}\gamma_\mu\psi A_\mu \tag{3.416}$$

$\mathcal{L}_{\text{int}}$ が場の演算子の時間微分を含まない限り，$\mathcal{H}_{\text{int}}$ は単に $\mathcal{L}_{\text{int}}$ の符号だけを変えたものになる．厳密に言えば $ie\bar{\psi}\gamma_\mu\psi$ を式(3.412)に置き換えるべきであるが，定数(c-数)の相互作用は異なる状態間の遷移を起こさないので，実際上は式(3.415)の形で充分である．

最低次の摂動論では(次章で論じる相互作用表示に基礎を置く共変な摂動論でも同様であるが)相互作用ハミルトニアン(3.415)における ψ を，式(3.392)によって与えられる自由場 ψ と考えて，想定される始状態に対する相互作用 $\mathcal{H}_{\text{int}}$ の影響を調べればよい．ψ と $\bar{\psi}$ をそれぞれ以下のように2つの部分に分解しておくと都合がよい．

$$\begin{aligned}\psi &= \psi^{(+)} + \psi^{(-)} \\ \bar{\psi} &= \bar{\psi}^{(+)} + \bar{\psi}^{(-)}\end{aligned} \tag{3.417}$$

---

† (訳註) 相互作用ラグランジアン密度の形は，元のラグランジアン密度(3.360)に対して $p_\mu \to p_\mu - eA_\mu/c$ の置き換えを施すことによって得られる ($p_\mu = -i\hbar\partial/\partial x_\mu$)．一方，式(3.415) は $\mathcal{H}_{\text{int}} = \psi^\dagger(-e\boldsymbol{\alpha}\cdot\mathbf{A} + eA_0)\psi$ と書くこともできるが，括弧内が c-数の相互作用ハミルトニアン密度にあたることを見て取れる．式(1.84)と式(3.329)の置き換え規則を参照．

(a) $ie\bar{\psi}^{(-)}\gamma_\mu\psi^{(+)}A_\mu$ (b) $ie\bar{\psi}^{(+)}\gamma_\mu\psi^{(-)}A_\mu$ (c) $ie\bar{\psi}^{(+)}\gamma_\mu\psi^{(+)}A_\mu$ (d) $ie\bar{\psi}^{(-)}\gamma_\mu\psi^{(-)}A_\mu$

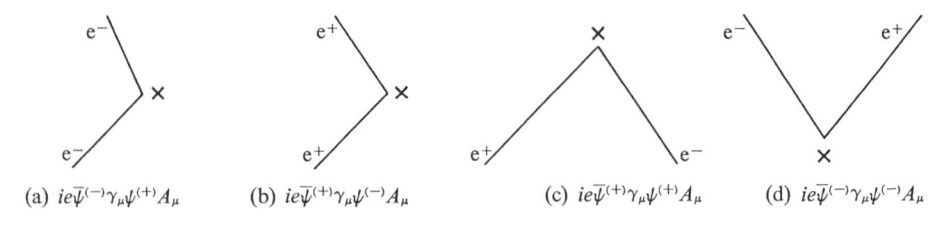

図3.8 電磁相互作用 (3.415) により生じ得る4種類の過程.

$$\psi^{(+)} = \frac{1}{\sqrt{V}} \sum_{\mathbf{p}} \sum_{s} \sqrt{\frac{mc^2}{E}} b_{\mathbf{p}}^{(s)} u^{(s)}(\mathbf{p}) \exp\left(\frac{i\mathbf{p}\cdot\mathbf{x}}{\hbar} - \frac{iEt}{\hbar}\right)$$

$$\psi^{(-)} = \frac{1}{\sqrt{V}} \sum_{\mathbf{p}} \sum_{s} \sqrt{\frac{mc^2}{E}} d_{\mathbf{p}}^{(s)\dagger} v^{(s)}(\mathbf{p}) \exp\left(-\frac{i\mathbf{p}\cdot\mathbf{x}}{\hbar} + \frac{iEt}{\hbar}\right)$$

$$\bar{\psi}^{(+)} = \frac{1}{\sqrt{V}} \sum_{\mathbf{p}} \sum_{s} \sqrt{\frac{mc^2}{E}} d_{\mathbf{p}}^{(s)} \bar{v}^{(s)}(\mathbf{p}) \exp\left(\frac{i\mathbf{p}\cdot\mathbf{x}}{\hbar} - \frac{iEt}{\hbar}\right)$$

$$\bar{\psi}^{(-)} = \frac{1}{\sqrt{V}} \sum_{\mathbf{p}} \sum_{s} \sqrt{\frac{mc^2}{E}} b_{\mathbf{p}}^{(s)\dagger} \bar{u}^{(s)}(\mathbf{p}) \exp\left(-\frac{i\mathbf{p}\cdot\mathbf{x}}{\hbar} + \frac{iEt}{\hbar}\right) \qquad (3.418)$$

$\psi^{(+)}$ は ψ の "正振動数の部分" と呼ばれるが，これは電子の消滅演算子の1次式である．したがって電子を消滅させることが可能であり，それ以外の作用は持たない．同様に $\psi^{(-)}$ は陽電子を生成し，$\bar{\psi}^{(+)}$ は陽電子を消滅させ，$\bar{\psi}^{(-)}$ は電子を生成する．したがって式(3.415)の相互作用は，図3.8に示すような4通りの過程を起こし得る．×印は外部の古典的な電磁ポテンシャルとの相互作用，すなわち光子の放射もしくは吸収を意味する．特定の状況において図3.8の4種類の可能性のどれが実現するかという問題は，想定する始状態と終状態に依存して決まる．たとえば始状態において陽電子がひとつだけ存在していたとすると，ハミルトニアン(3.415)の作用は必然的に図3.8(b)のような陽電子の散乱になる．あるいは，始状態において電子-陽電子対が存在していたけれども終状態において電子も陽電子も無いことが分かったとすると，実際に働いた $\mathcal{H}_{\text{int}}$ の行列要素は図3.8(c)に示すような対消滅であったと決めることができる．すべての過程において電子数と陽電子数の差 (3.356) は保存する．第4章では，量子電磁力学の様々な問題を式(3.415)の相互作用に基づいて調べる予定である．

3.10. Dirac 場の量子化

1935年に H. Yukawa (湯川秀樹) は，式(3.415) を参考にして，中間子-核子相互作用として[55]，

$$\mathcal{H}_{\text{int}} = G\bar{\psi}\psi\phi \qquad [\text{スカラー結合}] \qquad (3.419)$$

という形を考えた．ここでは ψ は核子の場，ϕ はスピンがゼロの中性中間子の場を表す．ψ は核子の消滅もしくは反核子の生成，$\bar{\psi}$ は核子の生成もしくは反核子の消滅をつかさどる．係数 G は中間子場と核子の相互作用の強さを設定する定数である．しかし可能性としては，上式の代わりに，

$$\mathcal{H}_{\text{int}} = iG\bar{\psi}\gamma_5\psi\phi \qquad [\text{擬スカラー (擬スカラー) 結合}] \qquad (3.420)$$

という形も考えられる[56]．式(3.419) と式(3.420) が両方とも固有Lorentz変換の下で不変であることは表3.1 (p.132) を見れば明らかである．もし ϕ が空間反転の下で，

$$\phi'(x') = \phi(x), \quad x' = (-\mathbf{x}, ict) \qquad (3.421)$$

のように不変であれば，式(3.419) の相互作用の形は空間反転の下で不変である．一方，もし ϕ が空間反転の下で，

$$\phi'(x') = -\phi(x), \quad x' = (-\mathbf{x}, ict) \qquad (3.422)$$

のように符号を反転するならば，式(3.420) の方が空間反転の下で不変となる．何故なら $\bar{\psi}\gamma_5\psi$ も空間反転の下で符号を変えるからである．理論においてパリティの保存を要請するのであれば，"式(3.419) だけ" もしくは "式(3.420) だけ" のどちらかを採用しなければならず，両方を同時に選ぶことはできない．次節において，式(3.419) の湯川型相互作用によれば核子からの中間子放射 (吸収) は s 波となり，式(3.420) の相互作用では p 波の放射 (吸収) が起こることを見る予定である．空間反転の下で式(3.421) に従う場を "スカラー場"，式(3.422) に従う場を "擬スカラー場" (pseudoscalar field) と呼ぶ．式(3.419) と式(3.420) で表されるような相互作用結合を，それぞれ "スカラー結合" および "擬スカラー(擬スカラー)結合" [57]と呼ぶ．スピンがゼロの中性中間子 π^0 や η に対応する中間子場は，両方とも擬スカラー場であることが判明している．次章で1中間子交換ポテンシャルについて論じる際に，中間子-核子相互作用について，もう少し言及する予定である．

---

[55] 電子や陽電子の電磁相互作用とは異なり，中間子-核子相互作用に関してはこれを場の量子論によって定量的に扱う方法が確立されているわけではない．しかしながら中間子と核子が関わる諸現象の記述においても場の量子論が便利な言葉を与えるという側面は確かにある．

[56] エルミートな相互作用ハミルトニアン密度を作るために，因子 i を付ける必要がある．$(\bar{\psi}\gamma_5\psi)^\dagger = \psi^\dagger\gamma_5\gamma_4\psi = -\bar{\psi}\gamma_5\psi$ という関係に注意すること．

[57] これは $(iF\hbar/m_\pi c)(\partial\phi/\partial x_\mu)\bar{\psi}\gamma_5\gamma_\mu\psi$ のような "擬スカラー(擬ベクトル)結合" との区別を明確にするための記法である．

3.11 弱い相互作用とパリティ非保存

相互作用の種類 前節で展開した場の理論による定式化の威力を見てもらうために，本節ではいわゆる "弱い相互作用" の物理からいくつかの例を取り上げて論じることにする．よく知られているように，素粒子の基本的な相互作用は，次の3種類に分類される．

a) 強い相互作用．$n + p \to n + p$, $p + \pi^- \to \Lambda + K^0$, $\rho^0 \to \pi^+ + \pi^-$ など．
b) 電磁相互作用．$e^+ + e^- \to 2\gamma$, $p + \gamma \to p + \pi^0$, $\Sigma^0 \to \Lambda + \gamma$ など．
c) 弱い相互作用．$n \to p + e^- + \bar{\nu}$, $\bar{\nu}' + p \to \mu^+ + \Lambda$, $K^+ \to \pi^+ + \pi^0$ など．

完全を期するならば，上記のリストには第4の (最も古くから知られた) 相互作用である "重力相互作用" も加えるべきである．しかし重力は現代の素粒子物理において，あまり具体的な関心の対象にはなっていない．注意すべき点は，これらの4つの相互作用それぞれを特徴づける "無次元の結合定数" が，桁違いに異なることである．電磁相互作用を特徴づける無次元結合定数は $e^2/4\pi\hbar c = \alpha \simeq 1/137$ である．4.6節で示す予定であるが，式(3.420) のように定義した中間子-核子相互作用の結合定数は $G^2/4\pi\hbar c \simeq 14$ と与えられ，これが強い相互作用の結合定数の典型的な数値である．弱い相互作用過程についても同様に結合定数を定義すると 10^{-12} から 10^{-14} という非常に小さい値になるが，すぐ後でΛハイペロンの崩壊やπ中間子の崩壊を論じる際に，このような実例を見ることになる．重力相互作用はさらに弱い．2つの陽子の間に働く重力による引力は，電気的な斥力に対してわずか 10^{-37} 倍程度にすぎない．

素粒子の相互作用のもうひとつの驚くべき性質として，強い相互作用や電磁相互作用において高い精度で成立している保存則が，弱い相互作用では破れていることが知られている．弱い相互作用は "一般に" パリティを保存しない．本節ではこの性質を，場の量子論の言葉を用いて論じてみる．

粒子系のパリティ 我々は非相対論的な量子力学において，パリティ操作 (空間反転変換) の下で運動量 $\mathbf{p}$ の状態は運動量 $-\mathbf{p}$ の状態へ移行することを学んでいる．これは運動量演算子の形 $\mathbf{p} = -i\hbar\nabla$ を見れば自明である．たとえばSchrödinger理論において，平面波解 $\psi(\mathbf{x}, t) = \exp(i\mathbf{p}\cdot\mathbf{x}/\hbar - iEt/\hbar)$ は，$\psi(-\mathbf{x}, t) = \exp\{i(-\mathbf{p})\cdot\mathbf{x}/\hbar - iEt/\hbar\}$ に変換される．すなわち元の解とは "反対の" 運動量を持つ平面波になる．軌道角運動量 $\mathbf{L}$ は $\mathbf{x} \times \mathbf{p}$ と定義されており，$\mathbf{x}$ と $\mathbf{p}$ が同時に反転するので $\mathbf{L}$ は空間反転の下で符号を変えない．また空間反転は無限小回転と可換なので，スピン角運動量もパリティが偶である．その結果，たとえば磁気能率相互作用 $-(e\hbar/2mc)\boldsymbol{\sigma}\cdot\mathbf{B}$ も空間反転によって変わらない．$\boldsymbol{\sigma}$ も $\mathbf{B}$ も反転しないからである．これらの考察から，場の理

3.11. 弱い相互作用とパリティ非保存

論において 1 電子状態 $b_{\mathbf{p}}^{(s)\dagger}|0\rangle$ は $b_{-\mathbf{p}}^{(s)\dagger}|0\rangle$ (同じスピン s) へと変換するものと予想される．しかしすぐ後に見るように，電子と陽電子の相対的な変換性には注意を要する．

3.4 節において，空間反転した座標系 $\mathbf{x}' = -\mathbf{x}$, $t' = t$ における Dirac 波動関数は元の座標系の波動関数と (位相因子を除いて) $\psi'(\mathbf{x}',t) = \gamma_4 \psi(\mathbf{x},t)$ のように関係することを証明した．そこで与えた証明は，ψ を量子化した Dirac 場に置き換えてもそのまま成立する．$\mathbf{x}$ を $-\mathbf{x}$ に移行させるような空間反転操作 (パリティ操作と呼ばれる) を考えると，場の演算子の関数形は次のように変わる．

$$\psi(\mathbf{x},t) \rightarrow \psi'(\mathbf{x},t) = \gamma_4 \psi(-\mathbf{x},t) \tag{3.423}$$

これまで変換後の座標を $\mathbf{x}' = -\mathbf{x}$ と表示していたが，ここからは変換後の座標を改めて $\mathbf{x}$ と書き直すことにする．この反転変換は何を意味するだろう？ 場の演算子の平面波展開に戻って考えると，

$$\gamma_4 \psi(-\mathbf{x},t) = \sum_{\mathbf{p}} \sum_s \sqrt{\frac{mc^2}{E}} \left[b_{\mathbf{p}}^{(s)} \gamma_4 u^{(s)}(\mathbf{p}) \exp\left(-\frac{i\mathbf{p}\cdot\mathbf{x}}{\hbar} - \frac{iEt}{\hbar}\right) \right.$$
$$\left. + d_{\mathbf{p}}^{(s)\dagger} \gamma_4 v^{(s)}(\mathbf{p}) \exp\left(\frac{i\mathbf{p}\cdot\mathbf{x}}{\hbar} + \frac{iEt}{\hbar}\right) \right] \tag{3.424}$$

となる．ここで次の関係を示すのは容易である (p.219, 問題 3-4)．

$$\gamma_4 u^{(s)}(\mathbf{p}) = u^{(s)}(-\mathbf{p}), \quad \gamma_4 v^{(s)}(\mathbf{p}) = -v^{(s)}(-\mathbf{p}) \tag{3.425}$$

陽電子スピノル $v^{(s)}(-\mathbf{p})$ には負号が付いていることに注意してもらいたい．このことの特例は，3.4 節において正エネルギーの静止スピノルと負エネルギー静止スピノルが反対符号のパリティを持つことを学んだときに既に経験している．したがって，次式が得られる．

$$\gamma_4 \psi(-\mathbf{x},t) = \sum_{\mathbf{p}} \sum_s \sqrt{\frac{mc^2}{E}} \left[b_{\mathbf{p}}^{(s)} u^{(s)}(\mathbf{p}) \exp\left(\frac{i\mathbf{p}\cdot\mathbf{x}}{\hbar} - \frac{iEt}{\hbar}\right) \right.$$
$$\left. - d_{\mathbf{p}}^{(s)\dagger} v^{(s)}(\mathbf{p}) \exp\left(-\frac{i\mathbf{p}\cdot\mathbf{x}}{\hbar} + \frac{iEt}{\hbar}\right) \right] \tag{3.426}$$

この式を式 (3.392) と比較すると，変換 (3.423) は，消滅・生成演算子を次のように置き換えることにあたると結論される．

$$b_{\mathbf{p}}^{(s)} \rightarrow b_{-\mathbf{p}}^{(s)}, \quad d_{\mathbf{p}}^{(s)} \rightarrow -d_{-\mathbf{p}}^{(s)}$$
$$b_{\mathbf{p}}^{(s)\dagger} \rightarrow b_{-\mathbf{p}}^{(s)\dagger}, \quad d_{\mathbf{p}}^{(s)\dagger} \rightarrow -d_{-\mathbf{p}}^{(s)\dagger} \tag{3.427}$$

つまり非相対論的な量子力学と同様に $(\mathbf{p}, s)$ の1粒子状態は $(-\mathbf{p}, s)$ の1粒子状態に変換されるが，陽電子状態に関しては負号が付く．状態ベクトルの変換の形で表すと，

$$b_{\mathbf{p}}^{(s)\dagger}|0\rangle \to \Pi b_{\mathbf{p}}^{(s)\dagger}|0\rangle = b_{-\mathbf{p}}^{(s)\dagger}|0\rangle$$
$$d_{\mathbf{p}}^{(s)\dagger}|0\rangle \to \Pi d_{\mathbf{p}}^{(s)\dagger}|0\rangle = -d_{-\mathbf{p}}^{(s)\dagger}|0\rangle \tag{3.428}$$

となる．Π は状態ベクトルに作用するパリティ操作の演算子を表す[58]．

式(3.428) の第2式において，陽電子の演算子に付け加わる負号について考察しよう．簡単な議論のために，電子と陽電子がともに静止している電子-陽電子系を考える．両者は相対的に角運動量を持たないので，これは s 状態ということになる．式(3.428) により，このような系はパリティ操作の下で，

$$b_{\mathbf{p}=0}^{(s)\dagger} d_{\mathbf{p}=0}^{(s')\dagger}|0\rangle \to -b_{\mathbf{p}=0}^{(s)\dagger} d_{\mathbf{p}=0}^{(s')\dagger}|0\rangle \tag{3.429}$$

のように変換する．上式は s 状態の e^-e^+ 系のパリティが "奇" であることを意味する[59]．この性質は空孔理論からも予想し得ることである．空孔理論の解釈によれば，陽電子として物理的に観測できるのは，完全に満たされたDiracの海と，負エネルギー電子がひとつ欠損したDiracの海の相対的なパリティである．パリティが可積な概念であり，複合系のパリティが，それを構成する各系のパリティの積によって与えられることを念頭に置くと，観測される陽電子のパリティは，欠損した負エネルギー電子のパリティと "同じ" であると推定される．しかし式(3.179) のところの議論によれば (静止した正エネルギー電子のパリティが偶であるように因子 η を選ぶならば) 静止した負エネルギー電子のパリティは奇である．したがって静止した陽電子のパリティは (静止した電子との相対関係において) 奇である．

式(3.423)-(3.429) と同様の手続きを，非エルミートで (すなわち電荷を持っていて)，パリティ操作の下で，

$$\phi_{\text{ch}}(\mathbf{x}, t) \to \pm \phi_{\text{ch}}(-\mathbf{x}, t) \tag{3.430}$$

のように変換する場 $\phi_{\text{ch}}(\mathbf{x}, t)$ について行うと，π^- 状態と π^+ 状態がパリティ操作の下で "同じ" 変換性を持ち，相対的に s 状態にある $\pi^+\pi^-$ 系は "偶" であることが容易に示される (e^-e^+ 系とは対照的である)．一般に "反粒子" の "固有 (intrinsic) パリティ" は，フェルミオンの場合には逆になり，ボゾンの場合には同じになる．この

---

[58] 演算子 Π を使うと，式(3.427) を $\Pi b_{\mathbf{p}}^{(s)} \Pi^{-1} = b_{-\mathbf{p}}^{(s)}$ のように書ける．慣例に従って，我々は真空はパリティが偶であると仮定する．すなわち $\Pi|0\rangle = |0\rangle$ である．
[59] 疑い深い読者は，この結論 (実験的に確認されている) が，$\psi'(x') = \eta\gamma_4\psi(x)$ における我々の $\eta = 1$ という選択に依存しないものであることを自ら確認してみるとよい．

3.11. 弱い相互作用とパリティ非保存

ことは，相対論的な場の量子論から得られる重要な結果のひとつである．4.4節では，s 状態の e^-e^+ 系のパリティが奇であることの実験的な証拠に言及する予定である．

Λハイペロンの崩壊 自由粒子のパリティ変換性の議論はここまでにして，ここからパリティを保存しない粒子崩壊過程を，場の量子論の言葉で考察してみよう．特別に簡単な例として，自由な Λハイペロン (スピン $\frac{1}{2}$，電荷ゼロ) の崩壊を取り上げる[‡]．

$$\Lambda \to p + \pi^- \tag{3.431}$$

この過程を説明する相互作用密度 (演算子) として，次のものが考えられる．

$$\mathcal{H}_{\text{int}} = \phi_\pi^\dagger \bar{\psi}_p (g + g' \gamma_5) \psi_\Lambda + \text{Hc} \tag{3.432}$$

ψ_Λ は Λハイペロンを消滅させるか，もしくは反Λハイペロンを生成する[60]．$\bar{\psi}_p$ は反陽子を消滅させるか，もしくは陽子を生成する．$\phi_\pi^\dagger$ は π^- を生成するか，もしくは π^+ を消滅させる．末尾の Hc は，その前にある項全体に対して"エルミート共役"な式を意味し，相互作用密度全体をエルミートにするために，この項を加えてある[61]．これを具体的に書くと，次のようになる．

$$\begin{aligned} \text{Hc} &= \psi_\Lambda^\dagger (g^* + g'^* \gamma_5) \gamma_4 \psi_p \phi_\pi \\ &= \bar{\psi}_\Lambda (g^* - g'^* \gamma_5) \psi_p \phi_\pi \end{aligned} \tag{3.433}$$

上の Hc を見ると，これは，

$$\bar{\Lambda} \to \bar{p} + \pi^+ \tag{3.434}$$

のような過程を担うことがわかる．$\bar{\Lambda}$ は反Λハイペロン，$\bar{p}$ は反陽子である．式(3.431) の過程が起こるのであれば，必然的に式(3.434) のような過程も起こり得るというこ

[‡](訳註) Λハイペロン (1115.7 MeV) は通常の核子 p (938.3 MeV) や n (939.6 MeV) よりも少し重い"奇妙な"重粒子であり (p.2訳註参照)，式(3.431) は弱い相互作用による強粒子の強粒子化崩壊 (hadronic decay) の一例にあたる．強粒子はクォークによって構成されており，組成クォークを併せて書くと $\Lambda(\text{uds}) \to \text{p(uud)} + \pi^-(\text{u}\bar{\text{d}})$ で，本質的にはクォーク同士に弱い相互作用が働く反応である (同様に $\bar{\Lambda}(\bar{\text{u}}\bar{\text{d}}\bar{\text{s}}) \to \bar{\text{p}}(\bar{\text{u}}\bar{\text{u}}\bar{\text{d}}) + \pi^+(\text{u}\bar{\text{d}})$)．u, d, s はそれぞれアップクォーク (電荷$+(2/3)|e|$)，ダウンクォーク ($-(1/3)|e|$)，ストレンジクォーク ($-(1/3)|e|$) を表す．後からこのような強粒子化崩壊と対照される，レプトン-反レプトン対を生成する強粒子のレプトン化崩壊の例 (式(3.474)-(3.475)) や半レプトン化崩壊の例 (β崩壊．式(3.454)) も見ることになるが，これらはクォーク-レプトン間の弱い相互作用による反応と解釈される．

[60] 反Λハイペロンはハイペロンと区別されねばならない．第1にこれらが同じ電荷 (ゼロ)，同じ質量，同じ寿命を持つにしても，磁気能率は反対である．第2にたとえば $\bar{\Lambda}$p 系が消滅して中間子を生じる $\bar{\Lambda} + p \to K^+ + \pi^+ + \pi^-$ は観測されるが，$\Lambda + p \to$ [中間子] という反応は禁じられる．

[61] ハミルトニアン密度をエルミートにする理由は，ハミルトニアン演算子の期待値が実数でなければならないからである．さらに 4.2節では，非エルミートなハミルトニアンが確率保存の要請を破ってしまうことを見る予定である．

とは，場の量子論の記述における著しい特徴である．本節の末尾で，この性質が CPT 不変性と呼ばれる性質の帰結であることを示す予定である．実際に実験において式 (3.434) のような過程も観測されており，たとえば次のような反応が見られる．

$$p + \bar{p} \rightarrow \Lambda + \bar{\Lambda} \begin{array}{l} \longrightarrow p + \pi^- \\ \longrightarrow \bar{p} + \pi^+ \end{array} \tag{3.435}$$

我々は $-ie\bar{\psi}_e\gamma_\mu\psi_e A_\mu$ と同等な意味で，式(3.432) が "基本的な" 相互作用であると信じているわけではない．今日，高エネルギー核物理においては夥(おびただ)しい数の新粒子と新たな崩壊過程が見いだされており，新しい崩壊反応が発見されるたびに新たな基本相互作用を導入してゆくとすると，その基本相互作用のリストはむやみに長いものになる．真っ当な感覚を持つ人であれば，そのような相互作用の大部分が (あるいはすべてが) "基本的" なものであると見なす気にはなれないであろう．残念ながら，式(3.432) のような現象論的な相互作用を引き起こしている本当に基本的な相互作用の機構を我々はまだ知らないのである§．しかしとにかく当面の計算には，式(3.432) を採用することにする．

式(3.432) の変換性を調べてみよう．まず式(3.432) が固有順時 Lorentz 変換の下で不変であることは，容易に見て取れる．

$$\bar{\psi}'_p \left\{ \begin{array}{c} 1 \\ \gamma_5 \end{array} \right\} \psi'_\Lambda \phi'_\pi = \bar{\psi}_p S_{\text{Lor}}^{-1} \left\{ \begin{array}{c} 1 \\ \gamma_5 \end{array} \right\} S_{\text{Lor}} \psi_\Lambda \phi_\pi$$

$$= \bar{\psi}_p \left\{ \begin{array}{c} 1 \\ \gamma_5 \end{array} \right\} \psi_\Lambda \phi_\pi \tag{3.436}$$

何故なら S_{Lor} (S_{Lor}^{-1}) の形はスピン $\frac{1}{2}$ 粒子の種類によらないからである．次に $g = 0$ もしくは $g' = 0$ でない限り，式(3.432) はパリティ操作の下で不変ではないことを示す．ψ_p, ψ_Λ, ϕ_π はパリティ操作の下で次のように変換する．

$$\psi_p \rightarrow \eta_p \gamma_4 \psi_p(-\mathbf{x}, t), \quad \psi_\Lambda \rightarrow \eta_\Lambda \gamma_4 \psi_\Lambda(-\mathbf{x}, t), \quad \phi_\pi \rightarrow \eta_\pi \phi_\pi(-\mathbf{x}, t) \tag{3.437}$$

したがって相互作用密度(3.432) は，次のように変換する．

$$\mathcal{H}_{\text{int}}(\mathbf{x}, t) \rightarrow \eta_p^* \eta_\pi^* \eta_\Lambda \phi_\pi^\dagger(-\mathbf{x}, t) \bar{\psi}_p(-\mathbf{x}, t) \left(g - g' \gamma_5 \right) \psi_\Lambda(-\mathbf{x}, t) + \text{Hc} \tag{3.438}$$

仮に $g' = 0$ であるとすると，位相因子を $\eta_p^* \eta_\pi^* \eta_\Lambda = 1$ となるように選んでおけば，$\mathcal{H}_{\text{int}}$ はスカラー密度のように変換する．

---

§(訳註) 1970年代に素粒子の標準理論が成立するが，本書はそれ以前に書かれている．

3.11. 弱い相互作用とパリティ非保存

$$\mathcal{H}_{\text{int}}(\mathbf{x},t) \to \mathcal{H}_{\text{int}}(-\mathbf{x},t) \tag{3.439}$$

一方,$g = 0$ を仮定すると,位相因子を $\eta_{\text{p}}^*\eta_{\pi}^*\eta_{\Lambda} = -1$ となるように選んでおくことで $\mathcal{H}_{\text{int}}$ がスカラー密度として変換する.しかし g も g' もゼロでない場合には,η_{p},η_{π},η_{Λ} をどのように選んでも $\mathcal{H}_{\text{int}}$ はスカラー密度として変換しない.これが「相互作用がパリティ変換の下で不変ではない」という命題 (パリティ非保存) の意味である.

上述のことは形式的なものに見える.ここでパリティを保存しない相互作用 (3.432) の物理的な意味を,いくつかの点から明らかにしてみる.この目的のために,まずはこの過程の遷移行列要素を計算しよう.我々がここで採用する状態ベクトルは時間に依存せず,相互作用ハミルトニアン密度を構成する演算子は時間に依存する場の演算子であることを確認しておく.2.4節で論じた時間に依存する摂動論と対照してもらいたいが,ここでの占有数空間における状態ベクトルは時間に依存しない波動関数 $u_n(\mathbf{x})$ に相当するものであって,時間に依存する $u_n(\mathbf{x})e^{-iE_nt/\hbar}$ ではない.Heisenberg表示と Schrödinger 表示の関係を思い起こすと,Λ だけの始状態から π^-p の終状態への $\int \mathcal{H}_{\text{int}} d^3x$ の遷移行列要素は,第2章の形式で $e^{iH_0t/\hbar}H_{\text{I}}e^{-iH_0t/\hbar}$ を $u_i(\mathbf{x})$ と $u_f(\mathbf{x})$ で挟んだ行列要素に対応している[†].ここで新しい点は,ハミルトニアンが粒子の性質を変えることである.この事実と $c^{(1)}$ の式(2.109)の導出を参考にして,この場合の時間に依存する確率振幅 $c^{(1)}(t)$ は次のように与えられる.

$$c^{(1)}(t) = -\frac{i}{\hbar}\Big\langle f \Big| \int_0^t dt' \int \mathcal{H}_{\text{int}}(\mathbf{x},t')d^3x \Big| i \Big\rangle \tag{3.440}$$

ここでは $t = 0$ において摂動が始まるものと仮定している[62].

場の量子論では,Λ ハイペロン崩壊過程の始状態と終状態が,次のように表される.

$$|i\rangle = b_{\mathbf{p}}^{(\Lambda,s)\dagger}|0\rangle$$
$$|f\rangle = a^{\dagger}(\mathbf{p}_\pi)b_{\mathbf{p}'}^{(\text{p},s')\dagger}|0\rangle \tag{3.441}$$

$b_{\mathbf{p}}^{(\Lambda,s)\dagger}$,$b_{\mathbf{p}'}^{(\text{p},s')\dagger}$,$a^{\dagger}(\mathbf{p}_\pi)$ はそれぞれ Λ ハイペロン,陽子,π^- 中間子の生成演算子である.ここでは ψ_Λ を正振動数部分 $\psi_\Lambda^{(+)}$ で置き換えることが許される.何故なら始

[†](訳註) 2.4節では Schrödinger 表示を採用してあるので,相互作用ハミルトニアン H_{I} は量子力学的な時間発展を担っておらず $(H_{\text{I}}(t)$ としてあるのは"外部から"摂動項の時間変化を与えるための措置である),波動関数 ψ は時間に依存しているが,2.4節では ψ を更に時間に依存しない基本関数 $u_k(\mathbf{x})$ によって展開することで (式(2.103)) 波動関数の中から時間依存因子を分離して,時間に依存しない遷移行列要素 $\langle u_m|H_{\text{I}}|u_l\rangle$ を抽出してある.これに対して,本節では Heisenberg 表示をそのまま採用し,あらかじめ時間依存因子を分離する措置を施していないので,遷移行列要素 $\langle f|\int \mathcal{H}_{\text{int}}d^3x|i\rangle$ の計算の結果に時間依存因子が含まれる (式(3.442)).
[62] 遷移行列と相互作用ハミルトニアンの関係について,定式化された議論を後から与える予定である.すなわち 4.2節において,相互作用表示の下でS行列展開を論じる.

状態に $\psi_\Lambda^{(-)}$ を作用させると $(\Lambda + \bar{\Lambda})$ 状態になるが，これに左から $\langle f|\phi_\pi^\dagger \bar{\psi}_\mathrm{p}$ を掛けると前後の状態ベクトルの直交性によってゼロになるからである．さらに $\psi_\Lambda^{(+)}$ の中で寄与を持つ部分は $\sqrt{m_\Lambda c^2/E_\Lambda V}\, b_\mathbf{p}^{(\Lambda,s)} u_\Lambda^{(s)}(\mathbf{p}) \exp(i\mathbf{p}\cdot\mathbf{x}/\hbar - iEt/\hbar)$ である（但しここでは $E_\Lambda = m_\Lambda c^2$）．これは $\mathbf{p}'' = \mathbf{p}$, $s'' = s$ でない限り $b_{\mathbf{p}''}^{(\Lambda,s'')} b_\mathbf{p}^{(\Lambda,s)\dagger}|0\rangle = 0$ となることによる．これらのことを言い直すと，場の演算子 ψ_Λ を，始状態の Λ ハイペロンの波動関数に消滅演算子を掛けたもので置き換えてよいということである．同様に考えて，$\phi_\pi^\dagger$ が次のように置き換えられることも容易に分かる．

$$a^\dagger(\mathbf{p}_\pi) c \sqrt{\frac{\hbar}{2\omega_\pi V}} \exp\left(-\frac{i\mathbf{p}_\pi \cdot \mathbf{x}}{\hbar} + i\omega_\pi t\right)$$

（ここで $\hbar\omega_\pi = \sqrt{c^2|\mathbf{p}_\pi|^2 + m_\pi^2 c^4}$ である．）また $\bar{\psi}_\mathrm{p}$ は次のように置き換わる．

$$\sqrt{\frac{m_\mathrm{p} c^2}{E_\mathrm{p} V}}\, b_{\mathbf{p}'}^{(\mathrm{p},s')\dagger} \bar{u}_\mathrm{p}^{(s')}(\mathbf{p}') \exp\left(-\frac{i\mathbf{p}'\cdot \mathbf{x}}{\hbar} + \frac{iE_\mathrm{p} t}{\hbar}\right)$$

したがって，次の結果が得られる．

$$\left\langle f \left| \int \mathcal{H}_\mathrm{int} d^3 x \right| i \right\rangle$$
$$= \langle f | a^\dagger(\mathbf{p}_\pi) b_{\mathbf{p}'}^{(\mathrm{p},s')\dagger} b_{\mathbf{p}=0}^{(\Lambda,s)} | i \rangle c \sqrt{\frac{\hbar}{2\omega_\pi}} \sqrt{\frac{m_\mathrm{p} c^2}{E_\mathrm{p}}} \bar{u}_\mathrm{p}^{(s')}(\mathbf{p}')(g + g'\gamma_5) u_\Lambda^{(s)}(\mathbf{0})$$
$$\times \left[\frac{1}{\sqrt{V^3}} \int \exp\left(-\frac{i\mathbf{p}_\pi \cdot \mathbf{x}}{\hbar} - \frac{i\mathbf{p}'\cdot \mathbf{x}}{\hbar}\right) d^3 x\right] \exp\left(i\omega_\pi t + \frac{iE_\mathrm{p} t}{\hbar} - \frac{im_\Lambda c^2 t}{\hbar}\right)$$
$$\tag{3.442}$$

上式では始状態において Λ ハイペロンが静止しているものと仮定した．ここで，

$$b_{\mathbf{p}=0}^{(\Lambda,s)} b_{\mathbf{p}=0}^{(\Lambda,s)\dagger} |0\rangle = \left(1 - b_{\mathbf{p}=0}^{(\Lambda,s)\dagger} b_{\mathbf{p}=0}^{(\Lambda,s)}\right)|0\rangle, \quad \text{etc.}$$

などの関係を用いると $\langle f | a^\dagger(\mathbf{p}_\pi) b_{\mathbf{p}'}^{(\mathrm{p},s')\dagger} b_{\mathbf{p}=0}^{(\Lambda,s)} | i \rangle$ が $\langle 0 | 0 \rangle = 1$ に帰着することを確認できる．式(3.442)における指数関数の時間依存因子は，通常の時間に依存する摂動論に基づく黄金律の導出において現れる因子と正確に一致している（式(2.113)参照）．摂動項が時刻 $t' = 0$ に働き始めて，$t' = t$ までの充分に長い時間継続するものとすると，$\int \exp(i\omega_\pi t' + iE_\mathrm{p} t'/\hbar - im_\Lambda c^2 t'/\hbar) dt'$ の絶対値の自乗は通常のエネルギー保存を表すデルタ関数に $2\pi\hbar t$ を掛けたものになる‡．また式(3.442)の空間積分は，運動量を保存しない過程の遷移行列要素がゼロになることを意味している．

以上をまとめると，黄金律に現れる時間に依存する行列要素は，ハミルトニアン演算子 $\int \mathcal{H}_\mathrm{int} d^3 x$ において，$\mathcal{H}_\mathrm{int}$ の中の量子化された場の演算子を，それぞれ適切

---

‡(訳註) p.49 訳註参照．

3.11. 弱い相互作用とパリティ非保存

な始状態波動関数や終状態波動関数から時間依存因子を除いたものに置き換えることによって即座に得ることができる. つまり場の演算子によって書かれた q-数密度 (3.432) を, 始状態と終状態の波動関数によって構成された c-数密度に読み換えれば, 正しい結果が得られるのである[63].

式 (3.442) におけるスピノル積を簡単にすることを考えよう.

$$\bar{u}_{\mathrm{p}}^{(s')}(\mathbf{p}')\bigl(g + g'\gamma_5\bigr)u_{\Lambda}^{(s)}(\mathbf{0})$$

$$= \sqrt{\frac{m_{\mathrm{p}}c^2 + E_{\mathrm{p}}}{2m_{\mathrm{p}}c^2}}\left(\chi^{(s')\dagger}, -\chi^{(s')\dagger}\frac{c(\boldsymbol{\sigma}\cdot\mathbf{p}')}{E_{\mathrm{p}}+m_{\mathrm{p}}c^2}\right)\begin{pmatrix} g & -g' \\ -g' & g \end{pmatrix}\begin{pmatrix} \chi^{(s)} \\ 0 \end{pmatrix}$$

$$= \sqrt{\frac{m_{\mathrm{p}}c^2 + E_{\mathrm{p}}}{2m_{\mathrm{p}}c^2}}\,\chi^{(s')\dagger}\left(g + g'\frac{c(\boldsymbol{\sigma}\cdot\mathbf{p}')}{E_{\mathrm{p}}+m_{\mathrm{p}}c^2}\right)\chi^{(s)} \qquad (3.443)$$

始状態において Λ ハイペロンのスピンが z 軸の正の向きに偏極していると仮定すると, 次のような書き換えができる[§].

$$\left(g + g'\frac{c(\boldsymbol{\sigma}\cdot\mathbf{p}')}{E_{\mathrm{p}}+m_{\mathrm{p}}c^2}\right)\chi^{(s)} = (a_s + a_p\cos\theta)\begin{pmatrix}1\\0\end{pmatrix} + a_p\sin\theta\, e^{i\phi}\begin{pmatrix}0\\1\end{pmatrix} \qquad (3.444)$$

$$a_s = g, \qquad a_p = g'\frac{c|\mathbf{p}'|}{E_{\mathrm{p}}+m_{\mathrm{p}}c^2} \qquad (3.445)$$

θ と ϕ は崩壊する Λ ハイペロンのスピンと生成する陽子の運動量 $\mathbf{p}'$ の相対角度を表す. g と g' の物理的な意味を, 次のように見ることができる. もし $g \neq 0$, $g' = 0$ であれば終状態における陽子の状態は $s_{1/2}$, $j_z = \frac{1}{2}$ の波動関数 $\begin{pmatrix}1\\0\end{pmatrix}$ となる. 他方 $g = 0$, $g' \neq 0$ であれば終状態の陽子は $\cos\theta\begin{pmatrix}1\\0\end{pmatrix} + \sin\theta\, e^{i\phi}\begin{pmatrix}0\\1\end{pmatrix}$ と表される純粋な $p_{1/2}$, $j_z = \frac{1}{2}$ の状態になる. 言い換えるとスカラー結合 (g-項) は $s_{1/2}$-(π^-p) 系を生成し, 擬スカラー結合 (γ_5 結合, g'-項) は $p_{1/2}$-(π^-p) 系を生成する. 仮に g も g' もともにゼロでなければ $s_{1/2}$ 状態と $p_{1/2}$ 状態の生成が両方とも許容される. すなわち同じ始状態から, 互いに "反対符号の" パリティを持つ終状態が両方とも現れてよいことになる. 既に $g \neq 0$, $g' \neq 0$ であれば相互作用密度 (3.432) はパリティ操作の下で不変ではないことに言及したが, これで実際に式 (3.439) のように変換しない

---

[63] この種の置き換えは, 核物理の教科書の大多数では β 崩壊の議論などにおいて暗黙のうちに行われている. たとえば Segrè (1964), 第9章や Preston (1964), 第15章など. 我々はこれで, β 崩壊の基本的な議論を, 場の量子論の術語を用いずに論じることができる理由が理解できたことになる.

[§] (訳註) $\chi^{(s)} \to \chi^{(1)}$ とするので, 次のような計算がなされる.

$$(\boldsymbol{\sigma}\cdot\mathbf{p}')\chi^{(1)} = \bigl(\sigma_1\chi^{(1)},\ \sigma_2\chi^{(1)},\ \sigma_3\chi^{(1)}\bigr)\cdot\mathbf{p}' = \left(\begin{pmatrix}0\\1\end{pmatrix}p'_1,\ \begin{pmatrix}0\\i\end{pmatrix}p'_2,\ \begin{pmatrix}1\\0\end{pmatrix}p'_3\right)$$

$\mathcal{H}_{\text{int}}$ が, 終状態として互いに反対符号のパリティを持つ状態を両方とも生成してしまうことを具体的に見たことになる.

ここで本筋の Λ ハイペロンの議論から少々離れて, $p \to p + \pi^0$ のような過程を起こす π 中間子と核子の "擬スカラー (擬スカラー) 結合" を見てみよう (式(3.420)). これによれば, 陽子が π^0 を放出すると, 終状態の πp 系は $p_{1/2}$ 状態にならなければならない. 残念ながらこのような放出過程は, すべての粒子が自由であるならばエネルギーと運動量の保存によって禁じられる. しかし核子が束縛されている系の反応 (特に重陽子核 d を用いた $\pi^+ + d \to p + p$) を利用すると, $\pi^{\pm}$ が (陽子と中性子を偶とする慣例に従うならば) 擬スカラーであること, すなわち $\phi(\mathbf{x}, t) \to -\phi(-\mathbf{x}, t)$ となることを確認できる. γ_5 型の結合だけであればパリティは保存することに注意されたい. π 中間子自体の "固有の" 奇パリティは, 軌道の奇パリティによって補償される[64]).

Λ ハイペロンの崩壊の議論に戻って, 崩壊において生成する粒子の角度分布を見てみる. スピンが上向きの陽子もしくはスピンが下向きの陽子が生じる相対的な確率が, 式(3.444) から直接に得られる.

スピン上向き : $|a_s + a_p \cos\theta|^2$
スピン下向き : $|a_p|^2 \sin^2\theta$ (3.446)

これに伴い, 陽子生成の角度分布は次のように与えられる[65]).

角度分布 : $1 - \alpha \cos\theta$ (3.447)

$$\alpha = -\frac{2\text{Re}(a_s a_p^*)}{|a_2|^2 + |a_p|^2}$$ (3.448)

θ は生成する陽子の運動量が崩壊前の Λ のスピンの向きに対してなす角度なので, $\text{Re}(a_s a_p^*) \neq 0$ であれば (あるいは等価的に $\text{Re}(gg'^*) \neq 0$ であれば), この角度分布 (3.447) には必然的に $\langle \boldsymbol{\sigma}_\Lambda \rangle \cdot \mathbf{p}'$ に依存する効果が現れる. これはパリティ操作の下で符号を変える擬スカラー量である.

この崩壊過程におけるパリティ非保存の意味を本当に理解するために, $\theta = 0$ の具体例を調べてみることは教育的である. これを図3.9(a) に示す. この過程による遷移確率は, 式(3.446) によれば運動学的因子を除いて $|a_s + a_p|^2$ と与えられる. 図 3.9(a) に対してパリティ操作を施すと, 運動量は反転するけれどもスピンは変わらな

---

[64]) π 中間子の固有パリティが奇であることの意味を理解する別の方法として, π 中間子が核子 (固有パリティは偶) と反核子 (固有パリティは奇) の非常に強く束縛し合った s 状態であるという見方もできる.

[65]) 式(3.447) の負号は, 実験家たちが慣例として Λ のスピンに対する π 中間子の方の放射角度分布に言及することによる. これは $1 + \alpha \cos\theta^{(\pi)}$ で, $\cos\theta^{(\pi)} = -\cos\theta$ である.

3.11. 弱い相互作用とパリティ非保存

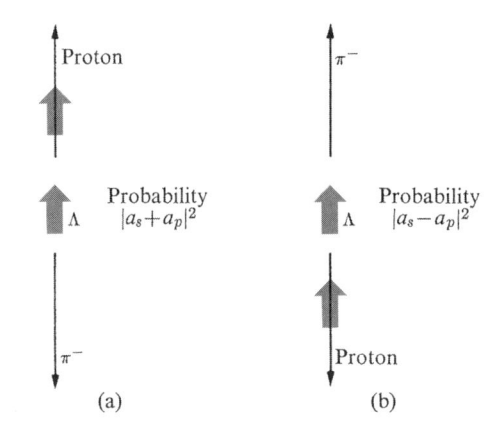

```
     ↑                         ↑
   Proton                      π⁻
     ↑                         ↑


     ↑    Probability          ↑    Probability
  Λ ↑    |aₛ+aₚ|²           Λ ↑    |aₛ−aₚ|²


                               ↑
                               ↑
                             Proton
     ↑                         ↑
     π⁻
    (a)                       (b)
```

図3.9　Λハイペロンの崩壊.パリティが保存するならば,これらの2通りの崩壊(互いに空間反転の関係にある)が,物理的に等しい遷移確率で起こらなければならない.灰色の矢印はスピンの向きを表す.

いので図3.9(b) のようになる.しかし式(3.446)によると,図3.9(b) の過程が起こる確率は $\theta = \pi$ と置いて $|a_s - a_p|^2$ と与えられる.したがって $\text{Re}(a_s a_p^*) = 0$ でない限り $|i\rangle \to |f\rangle$ の遷移確率と $\Pi|i\rangle \to \Pi|f\rangle$ の遷移確率は等しくならない.図3.9(a)の反転像にあたる図3.9(b) は,図3.9(a) の鏡映像とは $\mathbf{p}'$ に垂直な軸に関して $180°$ 回転すると重なる関係にあたるので,もし $\text{Re}(gg'^*) \neq 0$ であれば,鏡像の物理的な振舞いは実像のそれとは異なっていると結論される.

偏極した Λ ハイペロンを磁石を使って用意することはできないが,次の反応[†],

$$\pi^- + p \to \Lambda + K^0 \tag{3.449}$$

によって生じる Λ ハイペロンは $\mathbf{p}_{\pi\text{-incident}} \times \mathbf{p}_\Lambda$ の向きに強く偏極することが分かっている.Λ ハイペロンの崩壊過程におけるパリティの非保存は,1957年に Berkley のグループおよび Columbia-Michigan-Pisa-Bologna 共同研究グループの明確な実験結果によって確認された.彼らは $(\mathbf{p}_{\pi\text{-incident}} \times \mathbf{p}_\Lambda) \cdot \mathbf{p}_{\pi\text{-decay}} > 0$ の方向への π 中間子の生成が $(\mathbf{p}_{\pi\text{-incident}} \times \mathbf{p}_\Lambda) \cdot \mathbf{p}_{\pi\text{-decay}} < 0$ の方向への π 中間子の生成よりも多いことを示した.今や我々は,宇宙における他の知的生命との交信において,右手系の意味を伝えることが可能になったのである.すなわち入射させる π 中間子の運動の向き,Λ ハイペロンの運動の向き,その Λ ハイペロンの崩壊によって π 中間子が生成しやすい向きという順序で座標軸を指定すれば,右手型の座標系が形成される.

[†](訳註) K^0 は中性 K 中間子 $K^0(d\bar{s})$. 次頁の正電荷 K 中間子は $K^+(u\bar{s})$ である.

1956年以前には，誰もが式(3.432)のようにパリティを保存しない相互作用は"正しいものではない"と考えていた．これには尤もな理由があった．原子物理や核物理におけるパリティ選択則の成功は，電磁相互作用においても強い相互作用においてもパリティの保存則が極めて高精度で成立していることを意味していた．1954年から1956年にかけて，多くの実験グループが"奇妙な"中間子と呼ばれた τ^+ と θ^+ の性質を調べていた．これらは弱い相互作用によって次のように崩壊する．

$$\tau^+ \to 2\pi^+ + \pi^-, \quad \theta^+ \to \pi^+ + \pi^0 \tag{3.450}$$

τ^+ と θ^+ は同じ質量，同じ寿命を持つことが，ほどなく明らかになった ($494\,\mathrm{MeV}/c^2$, $1.2 \times 10^{-8}\,\mathrm{sec}$). そこで τ-的な崩壊事象と θ-的な崩壊事象は，同じ粒子 (今では K^+ 中間子と呼ばれている) の異なる崩壊モードであると想定することが自然に思われた．しかしながら R. H. Dalitz はパリティと角運動量保存に関する巧妙な議論を利用して，τ-崩壊から生じる π 中間子のエネルギーと角度分布から，τ と θ が同じスピンとパリティを持ち得ないことを強く示唆した．この時からこの問題が，パリティ保存を信じる人々の間で，"τ-θ パズル"として取り沙汰されるようになった[66]．このジレンマに直面した T. D. Lee（リー）と C. N. Yang（ヤン）は，1956年の春に，素粒子の相互作用におけるパリティ保存の妥当性を系統的に調べ直した．彼らの結論は，パリティ保存は (強い相互作用と電磁相互作用においては完全によく成立しているが) 弱い相互作用の領域では「外挿された仮説にすぎず，それを支持する実験的証拠はない」というものであった．その上で彼らはパリティが保存するかどうかという問題に対して判定感度の高い実験方法を幾通りも提案した (その提案された実験のリストには，我々が論じている偏極した Λ ハイペロンの崩壊における角度分布測定も含まれていた). よく知られているように，その後すぐに実験が行われ (C. S. Wu（ウー）とその同僚による歴史的な Co^{60} の実験と，それに続く J. I. Friedman and V. L. Telegdi や R. L. Garwin, L. M. Lederman and M. Weinrich による π-μ-e 実験)，弱い相互作用が一般にパリティを保存しないという"パリティ非保存"の仮説に対して明確な支持が与えられた．

Λ ハイペロンの崩壊の問題に戻って，黄金律と式(3.442)-(3.446)を用いて崩壊頻度を求めてみよう．全方向にわたる角度積分を行うので $\cos\theta$ などの角度依存項は消える．この崩壊過程に関する寿命として，次式が得られる[‡]．

---

[66] τ-θ パズルに関する詳しい議論については，たとえば Nishijima (1964), pp.315-323, Sakurai (1964), pp.47-51 を参照．

[‡] (訳註) 終状態 f をひとつに特定した場合の崩壊頻度は (式(3.440)参照)，

$$\frac{1}{\tau_{fi}} = \frac{|c^{(1)}(t)|^2}{t} = \frac{1}{t\hbar^2}\left|\int dt \langle f|\int \mathcal{H}_{\mathrm{int}} d^3 x|i\rangle\right|^2 = \frac{2\pi}{\hbar}\frac{1}{2\pi\hbar t}\left|\int dt \langle f|\int \mathcal{H}_{\mathrm{int}} d^3 x|i\rangle\right|^2$$

3.11. 弱い相互作用とパリティ非保存 ■207■

$$\frac{1}{\tau_{\Lambda\to\mathrm{p}\pi^-}} = \frac{\Gamma(\Lambda\to\mathrm{p}\pi^-)}{\hbar}$$

$$= \frac{2\pi}{\hbar}\frac{\hbar c^2}{2\omega_\pi}\frac{m_\mathrm{p}c^2}{E_\mathrm{p}}\frac{m_\mathrm{p}c^2+E_\mathrm{p}}{2m_\mathrm{p}c^2}\left(|g|^2 + \frac{|g'|^2 c^2|\mathbf{p}'|^2}{(E_\mathrm{p}+m_\mathrm{p}c^2)^2}\right)\frac{4\pi}{(2\pi\hbar)^3}\frac{|\mathbf{p}'|^2 d|\mathbf{p}'|}{d(E_\pi+E_\mathrm{p})}$$

$$= \left(\frac{|g|^2}{4\pi\hbar c} + \frac{|g'|^2}{4\pi\hbar c}\frac{E_\mathrm{p}-m_\mathrm{p}c^2}{E_\mathrm{p}+m_\mathrm{p}c^2}\right)\frac{|\mathbf{p}'|(E_\mathrm{p}+m_\mathrm{p}c^2)}{\hbar c m_\Lambda} \tag{3.451}$$

上式では，次の関係を用いた[§]．

$$\frac{d|\mathbf{p}'|}{d(E_\mathrm{p}+E_\pi)} = \frac{d|\mathbf{p}'|}{\left(\frac{c^2|\mathbf{p}'|}{E_\mathrm{p}} + \frac{c^2|\mathbf{p}'|}{E_\pi}\right)d|\mathbf{p}'|} = \frac{\hbar\omega_\pi E_\mathrm{p}}{c^4 m_\Lambda |\mathbf{p}'|} \tag{3.452}$$

実験的に得られている Λ ハイペロンの平均寿命 (2.6×10^{-10} sec) と π^-p 崩壊モードへの分岐比率 (約 $\frac{2}{3}$) をつき合わせると，

$$\frac{|g|^2}{4\pi\hbar c} + 0.003\frac{|g'|^2}{4\pi\hbar c} \simeq 2 \times 10^{-14} \tag{3.453}$$

となる．したがって Λ ハイペロンの崩壊を起こす相互作用の無次元結合定数，

$$\frac{|g|^2}{4\pi\hbar c} \quad \text{and} \quad \frac{|g'|^2}{4\pi\hbar c}$$

だが，ここでは πp 系の可能な終状態をすべて考えるので，式(3.451) では $\Sigma_{\mathbf{p}_\pi}\Sigma_{\mathbf{p}'}\Sigma_{s'}(1/\tau_{fi})$ を計算している．次のような積分やデルタ関数 (位相相関因子の積分から生じる．p.202 および p.49 訳註参照) の諸性質を利用して計算を行う．

$$\sum_\mathbf{p} \to \iiint \frac{V d^3 p}{(2\pi\hbar)^3}, \quad \iiint d^3 p \to \int d|\mathbf{p}|\int d\Omega|\mathbf{p}|^2 \quad (d\Omega = \sin\theta d\theta d\phi)$$

$$\int F(|\mathbf{p}|)\delta(E(|\mathbf{p}|))d|\mathbf{p}| = \left.\frac{F(|\mathbf{p}|)}{\bigl|dE(|\mathbf{p}|)/d|\mathbf{p}|\bigr|}\right|_{E(|\mathbf{p}|)=0} \quad \left(\begin{array}{l}\text{積分変数の関数を引数とする}\\ \text{デルタ関数の一般的性質を表す式.}\\ F \text{ は連続関数, } E \text{ は単調関数}\end{array}\right)$$

[§](訳註) 式(3.451)-(3.452) では $|\mathbf{p}'|$ が変数なのか定数なのか分かり難いが，式(3.452) の左辺 (すなわち式(3.451) 2行目右端の因子) は，本来は前記訳註に示したような計算により，エネルギー保存を表すデルタ関数 $\delta(E_\mathrm{p}+E_\pi-E_\Lambda)$ の運動量積分から現れる因子，

$$\left.\left(\frac{d(E_\mathrm{p}+E_\pi-E_\Lambda)}{d|\mathbf{p}'|}\right)^{-1}\right|_{E_\mathrm{p}+E_\pi-E_\Lambda=0}$$

であり，括弧内の計算において $|\mathbf{p}'|$ は変数としての生成陽子の運動量である．ただし始状態の Λ ハイペロンが静止しているという状況下 ($E_\Lambda = \mathrm{const} = m_\Lambda c^2$) では $\mathbf{p}_\pi = -\mathbf{p}'$ という制約で ($E_{\mathrm{p},\pi} = \sqrt{c^2|\mathbf{p}'|^2 + m_{\mathrm{p},\pi}^2 c^4}$), $E_\mathrm{p}(|\mathbf{p}'|) + E_\pi(|\mathbf{p}'|) - E_\Lambda = 0$ を成立させる $|\mathbf{p}'|$ の値が一意的に決まり，デルタ関数を含んだ積分の結果を与える際に，その決まった値を改めて式全体の $|\mathbf{p}'|$ に代入するという措置が暗黙のうちに施されていることになる．したがって式(3.451) や式(3.452) の結果は定数値として与えられているものと見る．

は電磁相互作用の $e^2/(4\pi\hbar c) \simeq 1/137$ に比べて全く桁違いに小さい．すなわち Λ ハイペロン崩壊の相互作用は本当に"弱い"．

β崩壊の理論　弱い相互作用の理論は，歴史的には，1932年に E. Fermi が原子核の β 崩壊，

$$n \to p + e^- + \bar{\nu} \tag{3.454}$$

を説明するために陽子，中性子，電子およびニュートリノの場を含んだハミルトニアン密度を書いたときに始まった†．Fermi は議論を簡単にするために，相互作用項において場の演算子の導関数は不要と仮定した．この仮説の下で，固有順時Lorentz変換において不変な最も一般的な相互作用密度の形は，次のように与えられる[67]．

$$\mathcal{H}_{\text{int}} = \sum_i (\bar{\psi}_p \Gamma_i \psi_n) [\bar{\psi}_e \Gamma_i (C_i + C'_i \gamma_5) \psi_\nu] + \text{Hc} \tag{3.455}$$

$$\Gamma_i = 1,\ \gamma_\lambda,\ \sigma_{\lambda\sigma},\ i\gamma_5\gamma_\lambda,\ \gamma_5 \tag{3.456}$$

我々は式(3.454) の反応において，e^- とともに生成される軽い中性粒子を"ニュートリノ"(ν) ではなく"反ニュートリノ"($\bar{\nu}$) とする通常の慣例に従う．ψ_ν はニュートリノを消滅させるか，もしくは反ニュートリノを生成する．式(3.455) において明示した部分を見ると，これが式(3.454) の通常の β 崩壊 (すなわち β^- 崩壊) 以外に，次のようなニュートリノ起因の反応，

$$\nu + n \to e^- + p \tag{3.457}$$

も記述できることが明らかである．他方，式(3.455) の Hc の部分は，以下に示す β^+ 崩壊や軌道電子捕獲などの反応を記述する．

$$p \to n + e^+ + \nu$$
$$e^- + p \to n + \nu \tag{3.458}$$

Hc の部分は陽子と電子それぞれの消滅演算子，および中性子とニュートリノ (と陽電子) それぞれの生成演算子を含む．定数 C_i と C'_i は i型 (スカラー，ベクトル，テンソル，軸性ベクトル，擬スカラー) の相互作用の強さを特徴づける．これらはエネル

---

† (訳註) 組成クォーク (p.199 訳註参照) を書くと n は udd，p は uud なので，式(3.454) の β 崩壊は本質的には $d \to u + e^- + \bar{\nu}$ である．生成する p は強粒子，e^- と $\bar{\nu}$ はレプトンなので半レプトン化崩壊 (semileptonic decay) の例にあたる．
[67] ここでは添字として μ と ν を使わない．ミュー粒子やニュートリノを表す記号との混同を避けるためである．

3.11. 弱い相互作用とパリティ非保存

ギーと体積を掛け合わせた次元を持つ. 既に見た Λ ハイペロンの崩壊に関する議論から, パリティ保存の要請が次のように与えられることは明白である.

$$C'_i = 0 \quad \text{for all } i \quad (\eta_\text{p}^* \eta_\text{n} \eta_\text{e}^* \eta_\nu = 1)$$

or

$$C_i = 0 \quad \text{for all } i \quad (\eta_\text{p}^* \eta_\text{n} \eta_\text{e}^* \eta_\nu = -1) \tag{3.459}$$

上の条件のどちらも満たされない場合には, この相互作用密度 (3.455) はパリティ操作の下で不変にはならない.

式(3.455) には10個の任意定数が含まれている (これらは実数でなくともよい). Fermiの論文が現れてから約四半世紀の後に, β 崩壊を現象論的に正しく記述するハミルトニアン密度が, 次のように与えられることが明らかになった.

$$\mathcal{H}_\text{int} = C_V \left(\bar{\psi}_\text{p} \gamma_\lambda \psi_\text{n} \right) \left[\bar{\psi}_\text{e} \gamma_\lambda (1+\gamma_5) \psi_\nu \right] + C_A \left(\bar{\psi}_\text{p} i \gamma_5 \gamma_\lambda \psi_\text{n} \right) \left[\bar{\psi}_\text{e} i \gamma_5 \gamma_\lambda (1+\gamma_5) \psi_\nu \right]$$
$$+ \text{Hc} \tag{3.460}$$

$$C_V = 6.2 \times 10^{-44} \text{ MeV cm}^3 \simeq \frac{10^{-5}}{\sqrt{2}} m_\text{p} c^2 \left(\frac{\hbar}{m_\text{p} c} \right)^3$$

$$\frac{C_A}{C_V} \simeq -1.2 \tag{3.461}$$

式(3.460) において $C_V \simeq -C_A$ という関係を想定する相互作用は "$V - A$ 相互作用" という呼称で知られる[‡]. この形の相互作用密度は審美的な背景に基づいて E. C. G. Sudarshan and R. E. Marshakや, R. P. Feynman and M. Gell-Mannや J. J. Sakurai によって考えられ, 実験的にも確立されてきた. 通常の状況下における原子核は非相対論的であると仮定してよいので, 核子の始状態と終状態の対称性を見て 1 ($\bar{\psi}_\text{p} \gamma_4 \psi_\text{n}$ の非相対論極限) の期待値と σ_k ($\bar{\psi}_\text{p} i \gamma_5 \gamma_k \psi_\text{n}$ の非相対論極限) の期待値が両方ともゼロにならない限り, ベクトル共変量の時間成分と軸性ベクトル共変量の空間成分だけが寄与を持つ (γ_k と $i\gamma_5 \gamma_4$ は '小さい'). "核の状態" に関してベクトル相互作用は Fermiの選択則, すなわち $\Delta J = 0$, パリティ不変という結果を与え, 軸性ベクトル相互作用はGamow-Teller選択則, すなわち $\Delta J = 0, \pm 1$, パリティ不変という結果を与える.

ここでは詳しい議論を行わないが, 核の β 崩壊に関する様々な話題がある. 電子スペクトルや, ft-値や, 遷移の禁止則や, 電子-ニュートリノ角度相関, 偏極核から生じる電子の角度分布, 等々である. これらの話題は標準的な原子核物理の教科書において扱われている[68]. 我々は式(3.460) のひとつの側面, すなわち $(1 + \gamma_5)\psi_\nu$ の物

[‡](訳註) V はベクトル型, A は軸性ベクトル (axial vector) 型を意味する.
[68] たとえば Preston (1962), 第15章 ; Källén (1964), 第13章など.

理的な意味だけに注意を払うことにする.

2成分ニュートリノ ニュートリノ場 ψ_ν も式(3.392)のように展開できる. 唯一の違いは質量をゼロと見なしてよいと考えられることである§(実験的には $m_\nu < 200\,\mathrm{eV}/c^2$). 消滅するニュートリノに関わる ψ_ν の正振動数部分は,消滅させるニュートリノの自由粒子スピノルの1次式である. そこで $(1+\gamma_5)$ の $u^{(s)}(\mathbf{p})$ への作用を調べてみよう. $m_\nu \to 0$ とすると,γ_5 は次のように作用する.

$$\gamma_5 \begin{pmatrix} \chi^{(s)} \\ \dfrac{c\boldsymbol{\sigma}\cdot\mathbf{p}}{E}\chi^{(s)} \end{pmatrix} = -\begin{pmatrix} 0 & I \\ I & 0 \end{pmatrix}\begin{pmatrix} \chi^{(s)} \\ \boldsymbol{\sigma}\cdot\hat{\mathbf{p}}\chi^{(s)} \end{pmatrix} = -\begin{pmatrix} \boldsymbol{\sigma}\cdot\hat{\mathbf{p}}\chi^{(s)} \\ \chi^{(s)} \end{pmatrix} \quad (3.462)$$

一方,$-\boldsymbol{\Sigma}\cdot\hat{\mathbf{p}}$ を作用させても,

$$-\boldsymbol{\Sigma}\cdot\hat{\mathbf{p}}\begin{pmatrix} \chi^{(s)} \\ \dfrac{c\boldsymbol{\sigma}\cdot\mathbf{p}}{E}\chi^{(s)} \end{pmatrix} = -\begin{pmatrix} \boldsymbol{\sigma}\cdot\hat{\mathbf{p}} & 0 \\ 0 & \boldsymbol{\sigma}\cdot\hat{\mathbf{p}} \end{pmatrix}\begin{pmatrix} \chi^{(s)} \\ \boldsymbol{\sigma}\cdot\hat{\mathbf{p}}\chi^{(s)} \end{pmatrix} = -\begin{pmatrix} \boldsymbol{\sigma}\cdot\hat{\mathbf{p}}\chi^{(s)} \\ \chi^{(s)} \end{pmatrix}$$

(3.463)

となる. この結果は,$m_\nu \to 0$ とすると γ_5 演算子('カイラリティ'の演算子[69]と呼ばれることがある)とヘリシティの演算子が自由粒子スピノル $u^{(s)}(\mathbf{p})$ に対して同じ作用を持つことを意味する. ヘリシティ $\boldsymbol{\Sigma}\cdot\hat{\mathbf{p}}$ の固有スピノルは γ_5 の固有スピノルでもあり,その固有値は符号を反転させた関係になる. そして $(1+\gamma_5)$ を右巻き状態の自由粒子スピノルに作用させた結果は,$m_\nu \to 0$ とするとゼロになる. したがって $(1+\gamma_5)\psi_\nu^{(+)}$ は左手型のニュートリノ ν_L (ヘリシティ -1) だけを消滅させる. 同様にして以下のことも言える.

$(1+\gamma_5)\psi_\nu^{(-)}$ は $\bar{\nu}_R$ を生成する.

---

§(訳註) 長い間 (1970年代の標準理論成立以降も) ニュートリノの質量を事実上ゼロと仮定する扱い方が主流ではあったが,実験的に正確にゼロと確認することも不可能であり,非常に小さいけれども有限の質量を持つのではないかという可能性も完全には否定されずに存続する状態が続いた. 1998年にスーパーカミオカンデ (岐阜県の神岡鉱山内に建設されたニュートリノ観測施設) における大気ニュートリノの観測結果が発表されて"ニュートリノ振動"が観測事実として認知されたことから,それ以降はニュートリノには有限の質量があると見なされるようになり,標準理論における2成分ニュートリノの扱い方は見直しを迫られることになった.

[69] "カイラリティ"(chirality) は,ギリシャ語で"手"を表す $\chi\epsilon\iota\rho$ に因む. この術語を最初に用いたのは Kelvin 卿だが,それは現在とは別の文脈においてであった. (以下訳註) $c|\mathbf{p}| \gg mc^2$ の場合には,カイラリティ(掌性:右手型/左手型) の区別とヘリシティ(旋性:右巻き/左巻き)の区別は実質的にほとんど同じことになる. 本書の流儀における対応関係は,γ_5 の固有値 -1 (右手型) $\leftrightarrow$ ヘリシティ $+1$ (右巻き),γ_5 の固有値 $+1$ (左手型) $\leftrightarrow$ ヘリシティ:-1 (左巻き) である. p.116 訳註も参照. また $(1/2)(1\mp\gamma_5)$ は右手型成分/左手型成分の射影演算子となり,弱い相互作用の記述において重要な意味を持つ (式(3.460),式(3.477)-(3.478)). 射影演算子としての性質は式(3.29) に作用させることで確認できるが,Weyl 表示 (カイラル表示) では,このような事情がより直接的に分かるようになっている (式(3.467)-(3.469)).

3.11. 弱い相互作用とパリティ非保存

$\bar{\psi}_\nu^{(+)}(1-\gamma_5)$ は $\bar{\nu}_R$ を消滅させる.
$\bar{\psi}_\nu^{(-)}(1-\gamma_5)$ は ν_L を生成する.

$\bar{\nu}_R$ は右手型の反ニュートリノを表す. 式(3.460) の Hc の部分には, 次に示すように $\bar{\psi}_\nu(1-\gamma_5)$ が含まれる.

$$\left[\bar{\psi}_e \left\{\begin{array}{c}\gamma_\lambda \\ i\gamma_5\gamma_\lambda\end{array}\right\}(1+\gamma_5)\psi_\nu\right]^\dagger = \psi_\nu^\dagger (1+\gamma_5)\left\{\begin{array}{c}\gamma_\lambda \\ -i\gamma_\lambda\gamma_5\end{array}\right\}\gamma_4\psi_e$$

$$= \bar{\psi}_\nu(1-\gamma_5)\left\{\begin{array}{c}\mp\gamma_\lambda \\ \pm i\gamma_5\gamma_\lambda\end{array}\right\}\psi_e \qquad (3.464)$$

複号は上が空間成分に, 下が時間成分に適用される. ここから直接に得られる結論は, 軌道電子捕獲のような反応 (式(3.458) の下側) によって放出されたニュートリノのヘリシティは -1 だということである. この性質については M. Goldhaber, L. Grodzins and A. W. Sunyar による美しい実験結果が与えられている. β 崩壊 (β^+ 崩壊) によって生成される反ニュートリノ (ニュートリノ) の正 (負) のヘリシティは, 電子 (陽電子) の偏極と $e^-\bar{\nu}$ ($e^+\nu$) の角度相関から推定することもできる (p.222, 問題3-14). もしパリティが保存するならば, パリティ操作の下でヘリシティは符号を変えるので, 物理的に実現される過程において右手型粒子と左手型粒子が放出される確率は等しくなければならない. したがって式(3.460) のような ν_L ($\bar{\nu}_R$) だけしか生成しない β^+ 崩壊 (β 崩壊) の相互作用が, パリティ保存の原理と相容れないことは明白である.

質量のない粒子のヘリシティとカイラリティの関係を見るためのもうひとつの (より簡単な) 方法がある. Waerden の方程式を線形化して得た式(3.26) に戻ってみよう. フェルミオンの質量がゼロであれば, 2つの方程式は完全に分離する[70].

$$\left(i\boldsymbol{\sigma}\cdot\nabla - i\frac{\partial}{\partial x_0}\right)\phi^{(L)} = 0, \quad \left(-i\boldsymbol{\sigma}\cdot\nabla - i\frac{\partial}{\partial x_0}\right)\phi^{(R)} = 0 \qquad (3.465)$$

---

[70] Maxwell方程式を何もない空間に適用するときに, 式(3.465) と似た形にも掛けることは興味深い. 読者は式(1.57)-(1.58) において $\rho=0$, $\mathbf{j}=\mathbf{0}$ と置いて組み合わせると, 次のように表せることを確認するとよい.

$$\left(-i\mathbf{S}\cdot\nabla - i\frac{\partial}{\partial x_0}\right)\Phi = 0, \quad \Phi = \begin{pmatrix} B_1 - iE_1 \\ B_2 - iE_2 \\ B_3 - iE_3 \end{pmatrix}$$

$$S_1 = i\begin{pmatrix} 0 & 0 & 0 \\ 0 & 0 & -1 \\ 0 & 1 & 0 \end{pmatrix}, \ S_2 = i\begin{pmatrix} 0 & 0 & 1 \\ 0 & 0 & 0 \\ -1 & 0 & 0 \end{pmatrix}, \ S_3 = i\begin{pmatrix} 0 & -1 & 0 \\ 1 & 0 & 0 \\ 0 & 0 & 0 \end{pmatrix}$$

ここで，式(3.465)の第1式だけが物理的実在に関わるという仮説を立てよう．c-数 (波動関数)の言葉の下で，$\phi^{(L)}$ の自由粒子解が次式を満たすことは明らかである．

$$\boldsymbol{\sigma} \cdot \mathbf{p} = -\frac{E}{c} \tag{3.466}$$

E は正にも負にもなり得る．これは正エネルギーのニュートリノが負のヘリシティを持ち，負エネルギーのニュートリノが正のヘリシティを持つことを意味する．空孔理論を用いると，(正エネルギーの) 反ニュートリノも正のヘリシティを持つと推測される (p.168, 表3.4参照)．ここで，もしニュートリノ (反ニュートリノ) が必ず左巻き (右巻き) であるという主張をするならば，それはニュートリノの質量が"厳密に"ゼロでなければ意味をなさないということを強調しておく．質量が有限であれば，左巻きの粒子が右巻きの粒子に変わるようなLorentz変換を容易に見出すことができる†．

一方，問題3-5 (p.219) によれば，Dirac方程式においてWeyl表示を採用すると，波動関数と γ_5 が次のように表される．

$$\psi = \begin{pmatrix} \phi^{(R)} \\ \phi^{(L)} \end{pmatrix} \tag{3.467}$$

$$\gamma_5 = \begin{pmatrix} -I & 0 \\ 0 & I \end{pmatrix} \tag{3.468}$$

この場合 $(1+\gamma_5)\psi_\nu$ が，ψ_ν から $\phi^{(L)}$ だけを選び取ったものになることは明らかである．Weyl表示では，これは4成分波動関数の下側の2成分だけを選ぶことになる．

$$(1+\gamma_5)\psi = 2 \begin{pmatrix} 0 \\ \phi^{(L)} \end{pmatrix} \tag{3.469}$$

β崩壊を起こす相互作用において必要となるのは，

$$(1+\gamma_5)\psi_\nu, \quad \text{and} \quad \bar{\psi}_\nu(1-\gamma_5) = \left[(1+\gamma_5)\psi_\nu\right]^\dagger \gamma_4$$

だけであると仮定してみよう．式(3.469)によると，この要請は $\phi^{(L)}$ と $\phi^{(L)\dagger}$ だけが現れるという意味になり，β^+崩壊 (β崩壊) において放出されるニュートリノは必ず左手型 (右手型) ということになる．$\phi^{(L)}$ だけが現れるということの理由は，(a) "自由な"ニュートリノそれ自体に固有の性質かも知れないし，(b) パリティを保存し

---

†(訳註) つまりヘリシティは固有順時Lorentz変換の下で不変な概念ではない (右巻きの粒子を'追い越しながら見れば'左巻きに見える) が，カイラリティは固有順時Lorentz不変である．厳密に $m \to 0$ にすると，ヘリシティが固有順時Lorentz変換の下で反転しなくなるという状況と，$\phi^{(R)}$ と $\phi^{(L)}$ が相互の結合を持たなくなるという状況が同時に成立する．

3.11. 弱い相互作用とパリティ非保存

ない β 崩壊の "相互作用" (およびその他のニュートリノが関わる相互作用) が $\phi^{(L)}$ を選び取っているということかも知れない．ニュートリノの質量が正確にゼロであれば，上記の2通りの観点は全く区別がつかない[71]．$\phi^{(L)} \neq 0$, $\phi^{(R)} = 0$ (あるいはこの逆) を仮定するニュートリノの理論は，2成分理論と呼ばれる．

$\phi^{(L)}$ だけ (もしくは $\phi^{(R)}$ だけ) によってニュートリノが記述されるという概念は，歴史的には 1929 年に H. Weyl が考えたものである．W. Pauli はこの概念を，Handbuch の解説において拒絶したが，その理由は $\phi^{(L)}$ だけ (または $\phi^{(R)}$ だけ) の波動方程式 (Weyl 方程式と呼ばれる) が，空間反転に関する対称性を持たないからであった (p.219, 問題 3-5 参照)．1957 年にパリティ非保存が認知されてから，Weyl 方程式の理論は A. Salam や L. D. Landau や，T. D. Lee and C. N. Yang などの研究によって復活した．

軌道電子捕獲 (式(3.458) の第 2 式) と類似のミュー粒子捕獲反応，

$$\mu^- + p \to n + \nu' \tag{3.470}$$

も，式(3.455) と同じ形の相互作用によって記述できる．ψ_e と ψ_ν は，この場合には ψ_μ および $\psi_{\nu'}$ に置き換わる．粒子 ν' も質量がゼロと見て差し支えないように考えられているが，そうであれば，これも左手型だけということになる (反粒子の $\bar\nu'$ は右手型だけである)．過去には ν と ν' が同じ粒子であると一般に信じられていた時期があった[‡]．しかし実験的に $\mu^+ \overset{?}{\to} e^+ + \gamma$ という反応が観測されないという事実 (これは $\nu \neq \nu'$ と考えれば理解しやすい) に動機づけられて，B. Pontecorvo やその他の人々が ν と ν' が同じかどうかを検証する実験を提案した．ν' は次のような反応，

$$\pi^+ \to \mu^+ + \nu' \tag{3.471}$$

からも生じるので (π^+ が仮想的に陽子と反中性子に分裂することによる) π 中間子崩壊(3.471) から生じる中性粒子が，

$$\nu' + n \overset{?}{\to} e^- + p \tag{3.472}$$

のような高エネルギーニュートリノ反応を起こせるかどうかによって，ν' が ν と同じものか違うものかを判定できる．1962 年に M. Schwartz とその共同研究者たちが

---

[71] 一般に，他の場 (成分) に結合しない場の存在を仮想しても，物理的な過程の理論的予測には全く影響が及ばない．

[‡] (訳註) 今日の呼び方では ν は電子ニュートリノ ν_e であり，ν' はミュー・ニュートリノ ν_μ である．現在ではレプトン (p.2 訳註参照) として他にタウ粒子 τ (τ-θ パズルの τ 中間子とは別のフェルミオン) とタウ・ニュートリノ ν_τ の存在が知られており，(e, ν_e), (μ, ν_μ), (τ, ν_τ) の 3 世代，6 種類でレプトン族全体が構成されているものと考えられている．本文中に挙げられている各種反応の可否は，同世代のレプトン数保存 (反レプトンは負に数える) の観点から説明される．各世代の荷電レプトンの質量: $e^\mp$: 0.511 MeV; $\mu^\mp$: 105.7 MeV; $\tau^\mp$: 1777 MeV.

式(3.472) のような反応は現実には禁じられており，代わりにπ中間子崩壊から生じる ν' に関しては，

$$\nu' + \mathrm{n} \to \mu^- + \mathrm{p} \tag{3.473}$$

が完全に許容されることを実験的に確認した．この実験事実は ν と ν' が異なる粒子であるという概念に整合する．

π中間子の崩壊とCPT定理　最後の例として，次の2通りの崩壊反応を比較してみよう．

$$\pi^- \to \mu^- + \bar{\nu}' \tag{3.474}$$
$$\pi^- \to \mathrm{e}^- + \bar{\nu} \tag{3.475}$$

上の式(3.474) および式(3.475) の反応を起こす相互作用が，同じ形で同じ強さを持つという仮説は魅力のあるものに映る．すなわち相互作用は次の置き換えに関して不変であると仮定するわけである．

$$\mathrm{e}^\pm \leftrightarrow \mu^\pm, \quad \nu \leftrightarrow \nu', \quad \bar{\nu} \leftrightarrow \bar{\nu}' \tag{3.476}$$

また，式(3.475) において，電子とニュートリノの場の演算子 ψ_e と ψ_ν が，原子核の β 崩壊の場合と同じ組合せで相互作用密度に含まれると仮定することは理に適っているように思われる§(式(3.460)参照)．すなわち $i\bar{\psi}_\mathrm{e}\gamma_5\gamma_\lambda(1+\gamma_5)\psi_\nu$ のように想定する ($-i\bar{\psi}_\mathrm{e}\gamma_\lambda(1+\gamma_5)\psi_\nu$ と等しい)．これらの2つの仮定の下で，相互作用密度を次のように置いてみる．式(3.475) の反応に関しては，

$$\mathcal{H}_\mathrm{int} = if\frac{\hbar}{m_\pi c}\frac{\partial \phi_\pi}{\partial x_\lambda}\left[\bar{\psi}_\mathrm{e}\gamma_5\gamma_\lambda(1+\gamma_5)\psi_\nu\right] + \mathrm{Hc} \tag{3.477}$$

式(3.474) の反応に関しては，

$$\mathcal{H}_\mathrm{int} = if\frac{\hbar}{m_\pi c}\frac{\partial \phi_\pi}{\partial x_\lambda}\left[\bar{\psi}_\mu\gamma_5\gamma_\lambda(1+\gamma_5)\psi_{\nu'}\right] + \mathrm{Hc} \tag{3.478}$$

とする．定数 f は普遍的なものと考え，式(3.474) と式(3.475) において共通の値を想定する．($f^2/4\pi\hbar c$) が無次元になるように因子 $\hbar/m_\pi c$ を入れてある．Λハイペロンの崩壊の場合と同じ議論を用いて，π-e過程の確率振幅が次のように与えられる．

$$c^{(1)} = -\frac{i}{\hbar}\frac{f\hbar}{m_\pi c}c\sqrt{\frac{\hbar}{2\omega_\pi}}\sqrt{\frac{m_\nu c^2}{E_\nu}}\sqrt{\frac{m_\mathrm{e} c^2}{E_\mathrm{e}}}\left[i\bar{u}_\mathrm{e}\gamma_5\gamma_\lambda(1+\gamma_5)v_\nu\right]$$

---

§(訳註) 式(3.474) と式(3.475) はレプトン化崩壊 (leptonic decay) の例にあたり，崩壊によってレプトン-反レプトン対 ($\mu^-\bar{\nu}'$, $\mathrm{e}^-\bar{\nu}$) が生成しているという型が共通している．弱い相互作用による過程でも，レプトンの関与しない強粒子化崩壊 (p.199訳註) では事情が異なる．

3.11. 弱い相互作用とパリティ非保存

$$\times \frac{1}{V^{3/2}} \int_0^t dt' \int d^3 x' \left[\left(\frac{\partial}{\partial x'_\lambda} \exp\left[\frac{ip^{(\pi)} \cdot x'}{\hbar}\right] \right) \exp\left[-\frac{ip^{(\bar\nu)} \cdot x'}{\hbar} - \frac{ip^{(e)} \cdot x'}{\hbar}\right] \right]$$
(3.479)

上式では自由粒子スピノルの運動量とスピン添え字を省略した．π中間子の平面波に作用する4元勾配は単に $ip_\lambda^{(\pi)}/\hbar$ を生じる．さらに，運動量-エネルギー保存の下で，次式を得る．

$$\begin{aligned} ip_\lambda^{(\pi)} \bar u_e \gamma_5 \gamma_\lambda (1+\gamma_5) v_\nu &= -ip_\lambda^{(\pi)} \bar u_e \gamma_\lambda (1+\gamma_5) v_\nu \\ &= -i \bar u_e \big(\gamma \cdot p^{(e)} + \gamma \cdot p^{(\bar\nu)}\big)(1+\gamma_5) v_\nu \\ &= m_e c \bar u_e (1+\gamma_5) v_\nu \end{aligned}$$
(3.480)

上式には式(3.388)と式(3.390)を $m_\nu = 0$ と置いて用いた．始状態のπ中間子は静止しているものとし，生成する反ニュートリノの運動量 $\mathbf{p}$ の方向に z 軸を設定する．自由粒子スピノルの具体的な形を用いると(式(3.115)および式(3.384)参照)，スピン量子化軸を向いた $\mathbf{p}$ に関して，$m_\nu \to 0$ において次式を容易に証明できる．

$$(1+\gamma_5) v_\nu^{(1)}(\mathbf{p}) = 2 v_\nu^{(1)}(\mathbf{p}), \quad (1+\gamma_5) v_\nu^{(2)}(\mathbf{p}) = 0$$
(3.481)

これは我々が前に述べた $(1+\gamma_5)\psi_\nu^{(-)}$ が右手型反ニュートリノだけを生成するという主張を支持する．$\mathbf{p}_e = -\mathbf{p}$ の右手型(スピン'下向き')の電子が生成する振幅は，次式に比例する．

$$\sqrt{\frac{m_\nu c^2}{E_\nu}} \sqrt{\frac{m_e c^2}{E_e}} \bar u_e^{(2)}(-\mathbf{p})(1+\gamma_5) v_\nu^{(1)}(\mathbf{p})$$

$$= -2 \sqrt{\frac{m_\nu c^2 + E_\nu}{2 E_\nu}} \sqrt{\frac{m_e c^2 + E_e}{2 E_e}} \left(0,\ 1,\ 0,\ -\frac{c|\mathbf{p}|}{E_e + m_e c^2}\right) \begin{pmatrix} 0 \\ -1 \\ 0 \\ 0 \end{pmatrix}$$

$$= \frac{E_e + m_e c^2 + c|\mathbf{p}|}{\sqrt{E_e(E_e + m_e c^2)}} = \sqrt{\frac{m_\pi c^2}{2 E_e}}$$
(3.482)

上式でも $m_\nu \to 0$ とし，次の関係を利用した．

$$|\mathbf{p}| = \frac{E_\nu}{c} = \frac{(m_\pi^2 - m_e^2) c}{2 m_\pi}$$

$$E_e + c|\mathbf{p}| = m_\pi c^2$$
(3.483)

第3章 スピン1/2粒子の相対論的量子力学

スピノル因子の通常の規格化条件(3.389)は, $m_\nu \to 0$ の極限においても支障を生じないことに注意してもらいたい. 電子の他の (左手型の) スピン状態に関しては, 容易に次の結果を示すことができる.

$$\bar{u}_e^{(1)}(-\mathbf{p})(1+\gamma_5)v_\nu^{(1)}(\mathbf{p}) = 0 \tag{3.484}$$

これは角運動量保存の観点から, あらかじめ推測される結果である. (π 中間子はスピンを持たず, 軌道角運動量も $\mathbf{p}$ の方向に寄与を持つことはない.) 他に評価しなければならないものは, 相空間因子 (運動量積分におけるエネルギー保存換算因子) である[†].

$$\frac{|\mathbf{p}|^2 d|\mathbf{p}|}{d(E_p+E_\nu)} = \frac{E_e|\mathbf{p}|^2}{m_\pi c^3} = \frac{E_e(m_\pi^2-m_e^2)^2}{4m_\pi^3} \tag{3.485}$$

すべての因子を集めて黄金律を利用すると, 最終的に次の結果が得られる.

$$\frac{1}{\tau(\pi^- \to e^- + \bar{\nu})} = \left(\frac{f^2}{4\pi\hbar c}\right)\frac{m_e^2(m_\pi^2-m_e^2)^2 c^2}{\hbar m_\pi^5} \tag{3.486}$$

ミュー粒子生成崩壊に関しても同様に,

$$\frac{1}{\tau(\pi^- \to \mu^- + \bar{\nu}')} = \left(\frac{f^2}{4\pi\hbar c}\right)\frac{m_\mu^2(m_\pi^2-m_\mu^2)^2 c^2}{\hbar m_\pi^5} \tag{3.487}$$

と求まる. より重要な結果は, 式(3.475)と式(3.474)の比である.

$$\frac{\Gamma(\pi^- \to e^- + \bar{\nu})}{\Gamma(\pi^- \to \mu^- + \bar{\nu}')} = \left(\frac{m_e}{m_\mu}\right)^2 \frac{(m_\pi^2-m_e^2)^2}{(m_\pi^2-m_\mu^2)^2} \simeq 1.3 \times 10^{-4} \tag{3.488}$$

すなわちミュー粒子を生成する崩壊モードの方が, 起こる頻度がはるかに高い. Q-値はミュー粒子のモードの方が小さいけれども, むしろ因子 $(m_e/m_\mu)^2 \simeq 2.3 \times 10^{-5}$ が強く影響している[‡].

式(3.477)を用いて計算した遷移確率が m_e^2 に比例するという事実は, 実は驚くには当たらない. このことを見るために, 仮に $m_e = 0$ と置いたときに,

$$\bar{\psi}_e \gamma_5 \gamma_\lambda (1+\gamma_5)\psi_\nu = \bar{\psi}_e(1-\gamma_5)\gamma_5\gamma_\lambda\psi_\nu$$

は左手型の電子だけを生成することに注意する. しかし π 中間子の崩壊において, 左手型の電子と右手型の $\bar{\nu}$ が同時に生成することは, 角運動量の保存則から禁じられる. したがって式(3.475)の振幅は m_e に比例するものと予想される.

[†](訳註) p.207訳註参照.
[‡](訳註) Q-値は素粒子反応の"生成熱"に相当するエネルギーのことである. Γ は崩壊幅 (崩壊過程を考慮した始状態のエネルギー幅) $\hbar/\tau$ を意味し, 崩壊頻度 $1/\tau$ との関係は $1/\tau = \Gamma/\hbar$ となる (2.6節および式(3.451)参照). 自然単位系 (4.1節) では $\hbar = 1$ なので崩壊幅と崩壊頻度の区別はなくなる.

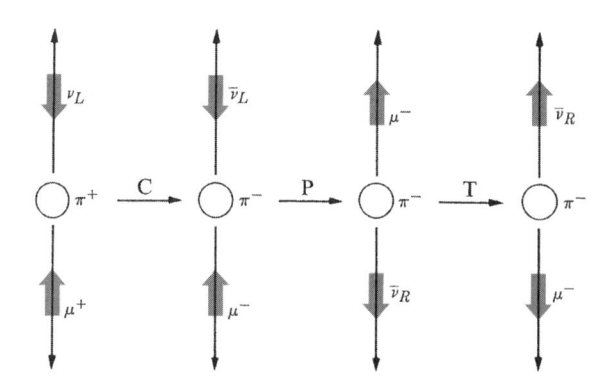

3.11. 弱い相互作用とパリティ非保存

図3.10　π中間子の崩壊に対するCPT操作. 灰色の矢印はスピンの向きを表す.

M. Ruderman and R. Finkelstein が最初に式(3.488)の結果を推定したのは，π中間子発見からわずか2年後の1949年のことであった[72]. しかしながら実験家たちは長い間，電子へ崩壊するモードを見出せず，その頻度の"上限"として推定された値は式(3.488)よりも1桁"低かった". 電子とニュートリノが β 崩壊過程においてもミュー粒子崩壊[§]においても $\bar{\psi}_e\gamma_\lambda(1+\gamma_5)\psi_\nu$ という組合せで関わることが明らかになったとき，π中間子の崩壊が式(3.477)および式(3.478)によって記述されるという概念は，理論的に逆らい難い魅力を感じさせるものとなり，「実験結果が誤っているに違いない」と断言する理論家もいた. そして1958年以降にCERNやその他の研究機関で行われた多くの実験は，本当に式(3.488)の予言を輝かしく実証した. この事例に言及した理由は，相対論的な量子力学の定量的な予測の能力が，電磁相互作用の領域に限られるものでないことを強調するためである.

上に示した計算の副産物として，実際に観測されているπ中間子の寿命を式(3.487)とつき合わせると，

$$\frac{f^2}{4\pi\hbar c} \simeq 1.8 \times 10^{-15} \tag{3.489}$$

---

[72] Ruderman と Finkelstein の元々の計算は，パリティ保存を満たす相互作用 $if(\hbar/m_\pi c)(\partial\phi_\pi/\partial x_\lambda)\bar{\psi}_e\gamma_5\gamma_\lambda\psi_\nu$ に基づいたものであった. しかし2つの崩壊モードの比率に違いはない. 何故なら，

$$\bar{\psi}_e\gamma_5\gamma_\lambda\psi_\nu = \frac{1}{2}\left[\bar{\psi}_e\gamma_5\gamma_\lambda(1+\gamma_5)\psi_\nu + \bar{\psi}_e\gamma_5\gamma_\lambda(1-\gamma_5)\psi_\nu\right]$$

であり，右手型 ν の放出の計算は，左手型の ν 放出の計算と同じ方法で行われるからである.

[§] (訳註) $\mu^- \to \nu' + e^- + \bar{\nu}$, $\mu^+ \to \bar{\nu}' + e^+ + \nu$. レプトン間の弱い相互作用による，レプトンのレプトニック崩壊である.

表3.5　荷電共役, パリティ, 時間反転, および CPT 操作の変換性.

	Q	**p**	**J**	ヘリシティ
荷電共役変換*	−	+	+	+
パリティ	+	−	+	−
時間反転	+	−	−	+
CPT	−	+	−	−

＊荷電共役は"粒子-反粒子共役"を意味する.

という結合定数の値が得られ, これもこの相互作用が"弱い"ことを示す実例となっている. また同様の計算を式(3.487) の Hc に関しても行うと, 次の結果が得られる.

$$\Gamma(\pi^+ \to \mu^+ + \nu'_L) = \Gamma(\pi^- \to \mu^- + \bar{\nu}'_R) \neq 0$$
$$\Gamma(\pi^+ \to \mu^+ + \nu'_R) = \Gamma(\pi^- \to \mu^- + \bar{\nu}'_L) = 0 \qquad (3.490)$$

このことは荷電共役不変性 (これは $\Gamma(\pi^+ \to \mu^+ + \nu'_L) = \Gamma(\pi^- \to \mu^- + \nu'_L)$ などを要請する) も, パリティ不変性同様に破れていることを意味している.

荷電共役不変性が破れているにもかかわらず, π^+ と π^- の寿命が等しいことは極めて重要である.

　E. P. Wigner に倣って運動量とスピンを両方とも反転させる時間反転操作を定義する. この時間反転の定義は, 我々が直観的に持つ"運動の反転"の概念と整合するものである[73]. そして荷電共役, パリティ, 時間反転の3種類の変換操作の積 CPT について考えてみよう. 式(3.490) は CPT 操作に関する完全な不変性を備えている. 崩壊過程に CPT 操作を施すことを具体的に考えると, それは同じ遷移確率を持つ配置を再現するように見える (図3.10 および表3.5参照).

　本章で展開した形式で見ると, CPT 操作の下での不変性はエルミートなハミルトニアンを用いたことの帰結と見なすことができる. (実は, 我々が π 中間子崩壊を記述するために書いた相互作用は CP 操作, すなわち荷電共役操作とパリティ操作だけの組合せの下でも不変である. しかし CP 操作に関する不変性を破るようなエルミートのハミルトニアンを容易に作ることができる. たとえば問題3-16 (p.222) の電気双極子能率の相互作用など.) 公理論的な場の量子論の考察においても, 理論構造を根底から変更しない限り CPT 不変性を破ることは不可能であることが示されている.

---

[73] もし終状態が平面波で記述されないならば, 時間反転に関してもっと注意深い議論が必要である. これは時間反転が入射状態と放出状態の役割を入れ換えるからである. 非相対論的量子力学における時間反転, および相対論的量子力学における時間反転の詳しい議論については, Sakurai (1964), 第4章を参照.

一般的な場の量子論が CPT 不変性を備えていることは，まず G. Lüders and W. Pauli によって指摘され，その物理的な含意に関する発展的な考察が T. D. Lee, R. Oehme and C. N. Yang によって行われた[74]．

練習問題

3-1 式(3.13) を証明せよ．

3-2 z 軸方向の一様な静磁場 **B** の中にあるひとつの電子を考える．最も一般的な4成分正エネルギー固有関数を求めよ．エネルギー固有値が次のように与えられることを示せ．

$$E = \sqrt{m^2c^4 + c^2p_3^2 + 2n\hbar c|e\mathbf{B}|}, \quad n = 0, 1, 2, \ldots$$

運動の保存量をすべて挙げよ．

3-3 (a) ヘリシティ演算子の固有状態である $E > 0$ の規格化した波動関数を求めよ．(運動量 **p** は一般に z 方向には一致しない．) $\mathbf{\Sigma}\cdot\hat{\mathbf{p}}$ と $i\gamma_5\boldsymbol{\gamma}\cdot\hat{\mathbf{p}} = \beta\mathbf{\Sigma}\cdot\hat{\mathbf{p}}$ の期待値を求めよ．すなわち $\int\psi^\dagger\mathbf{\Sigma}\cdot\hat{\mathbf{p}}\psi d^3x = \int\bar\psi i\gamma_5\boldsymbol{\gamma}\cdot\hat{\mathbf{p}}\psi d^3x$ と $\int\psi^\dagger i\gamma_5\boldsymbol{\gamma}\cdot\hat{\mathbf{p}}\psi d^3x = \int\bar\psi\mathbf{\Sigma}\cdot\hat{\mathbf{p}}\psi d^3x$ を比較せよ．

(b) 伝播方向が z の正の方向，スピン期待値 $\langle\mathbf{\Sigma}\rangle$ が x の正の方向を向いた，横方向に偏極した $E > 0$ の規格化波動関数を求めよ．Σ_1 と $i\gamma_5\gamma_1 = \beta\Sigma_1$ の期待値を評価せよ．

3-4 $\psi(\mathbf{x}, t)$ を $E > 0$ の平面波とする．

a) $\gamma_4\psi(-\mathbf{x}, t)$ が，やはり $E > 0$ の平面波動関数で，運動量は反転し，スピンの向きは変わらないことを示せ．

b) $i\Sigma_2\psi^*(\mathbf{x}, -t)$ が，運動量とスピンの向きが反転し，エネルギーが変わらない"時間反転状態"にあたることを示せ．

3-5 相互に結合している，次のような2成分波動関数の偏微分方程式の組を考える (式(3.26)参照)．

$$-i\frac{\partial}{\partial x_\mu}\sigma_\mu^{(R)}\phi^{(R)} = -\frac{mc}{\hbar}\phi^{(L)}, \quad \sigma_\mu^{(R)} = (\boldsymbol{\sigma}, i)$$

$$i\frac{\partial}{\partial x_\mu}\sigma_\mu^{(L)}\phi^{(L)} = -\frac{mc}{\hbar}\phi^{(R)}, \quad \sigma_\mu^{(L)} = (\boldsymbol{\sigma}, -i)$$

(a) 上の式を次の形に書き直してみる．

$$\left(\gamma'_\mu\frac{\partial}{\partial x_\mu} + \frac{mc}{\hbar}\right)\psi' = 0, \quad \psi' = \begin{pmatrix}\phi^{(R)}\\\phi^{(L)}\end{pmatrix}$$

---

[74] CPT 不変性に関する，より完全な議論については Nishijima (1964), pp.329-339, Sakurai (1964), 第6章, Streater and Wightman (1963), pp.142-146 を参照．

γ'_μ および $\gamma'_5 = \gamma'_1\gamma'_2\gamma'_3\gamma'_4$ の具体的な形を見出して，$\{\gamma'_\mu, \gamma'_\nu\} = 2\delta_{\mu\nu}$ ($\mu, \nu = 1, \ldots, 5$) を確認せよ．新たな (Weyl表示の) 行列の組 $\{\gamma'_\mu\}$ と，標準表示の行列の組 $\{\gamma_\mu\}$ を $\gamma'_\mu = S\gamma_\mu S^{-1}$ のように関係づけるユニタリー行列 S を求めよ．

(b) 3.4節で論じた Dirac 方程式の不変性を使わずに，上の相互に結合した2成分関数の方程式の相対論的共変性を直接示してみよ．x と x' が x_1 軸方向の Lorentz 変換によって関係しているものとして，

$$\phi^{(R,L)'}(x') = S^{(R,L)}\phi^{(R,L)}(x)$$

となるような 2×2 変換行列 $S^{(R)}$ および $S^{(L)}$ を見いだせ．また，この結合した方程式のパリティ操作の下での共変性について論じてみよ．すなわち $x' = (-\mathbf{x}, ict)$ として $\phi^{(R,L)'}(x') = ?$ を考察せよ．

3-6 (a) $u^{(r)}(\mathbf{p})$ と $u^{(r')}(\mathbf{p}')$ を正エネルギー自由粒子のスピノルとする．次の量，

$$\bar{u}^{(r')}(\mathbf{p}')\sigma_{k4}u^{(r)}(\mathbf{p}) = iu^{(r')\dagger}(\mathbf{p}')\gamma_k u^{(r)}(\mathbf{p})$$

を2成分Pauliスピノル $\chi^{(s)}$, $\chi^{(s')}$ を用いた $\chi^{(s')\dagger}\mathcal{O}\chi^{(s)}$ という形に還元してみよ．$|\mathbf{p}| = |\mathbf{p}'|$ を仮定せよ．

(b) 低エネルギーにおける中性子と電磁場の相互作用は，次のような現象論的ハミルトニアン密度によって表される．

$$\mathcal{H}_{\text{int}} = -\frac{\kappa|e|\hbar}{2m_n c}\left[\frac{1}{2}F_{\mu\nu}\bar{\psi}\sigma_{\mu\nu}\psi\right], \quad \kappa = -1.91$$

(a) で得た式を利用して，静電場が低速中性子を散乱する微分断面積を Born 近似で計算し，得られた結果を物理的に解釈せよ．非常に遅い中性子でも，電子との間に短距離の ($\delta^3(\mathbf{x})$-的な) 引力が働くことを示せ ('Foldy相互作用' として知られる)．また，この相互作用を半径 $r_0 = e^2/4\pi m_e c^2$ の球状ポテンシャル井戸のモデルによって等価的に表現した場合，ポテンシャルの深さは 4.08 keV となることを示せ[75]．

3-7 N. Bohr は不確定性原理を用いて次のことを論じた．Stern-Gerlach (シュテルン-ゲルラッハ) 実験のような装置を用いて自由電子のビームにおいてすべてのスピンを同じ向きに揃えることは不可能である．より一般には，粒子の古典的な軌道の概念を利用するような選択機構によって，スピンの選択を完全に行うことは不可能である[76]．Bohr の命題を Dirac 電子論の観点から正当化せよ．仮に電子に大きな異常磁気能率を持たせたとしても，この命題は成立するか？

---

[75] Foldy相互作用は核子の相互作用に比べて極めて弱いが，実験的には Z の大きい重原子による熱中性子のコヒーレント (可干渉的) な散乱において検出することができる．

[76] Bohr の元々の議論に関する記述は Mott and Massey (1949), p.61 において見いだされる．(以下訳註) Stern-Gerlach 実験ではビームに対して垂直に，縦方向の強度勾配を持った静磁場が印加される．ビームを構成する粒子がスピン1/2相当の磁気能率を持つ粒子であれば，スピン成分の向きに応じた2本のビームへの分裂が起こる．

3-8 次のユニタリー演算子を考える.

$$U = \sqrt{\frac{mc^2 + |E|}{2|E|}} + \frac{\beta c\boldsymbol{\alpha}\cdot\mathbf{p}}{\sqrt{2|E|(mc^2 + |E|)}}$$

$|E|$ は "自乗和平方根演算子" $\sqrt{c^2\mathbf{p}^2 + m^2c^4}$ として理解すべきもので,自由粒子平面波に作用させると固有値 $\sqrt{c^2|\mathbf{p}|^2 + m^2c^4}$ を与える.

(a) U を正 (負) エネルギー平面波に作用させると,下側 (上側) の2成分が消えることを示せ.

(b) 上の変換 (1948年に M. H. Pryce が考えた[77]) は Dirac 行列の表示の変更と見なすことができる. 通常の表示において $\mathbf{x}$ に対応する演算子が,この新たな表示において,

$$\mathbf{X} = \mathbf{x} + \frac{i\hbar c\beta\boldsymbol{\alpha}}{2|E|} - \frac{i\hbar c^3\beta(\boldsymbol{\alpha}\times\mathbf{p})\mathbf{p}}{2|E|^2(|E| + mc^2)} - \frac{\hbar c^2(\boldsymbol{\sigma}\times\mathbf{p})}{2|E|(|E| + mc^2)}$$

となることを示せ (演算子 $\mathbf{X}$ は '平均位置演算子' と呼ばれることがある).

(c) 次を証明せよ.

$$\dot{\mathbf{X}} = \pm\frac{c^2\mathbf{p}}{|E|}$$

($\dot{\mathbf{X}}$ は高速微細振動を含まないという利点があるが,その代償として $\mathbf{X}$ は非局所性を持つ.)

3-9 ある瞬間 ($t = 0$ と置く) に,電子の規格化した波動関数が,

$$\psi(\mathbf{x}, 0) = \frac{1}{\sqrt{V}}\begin{pmatrix} a \\ b \\ c \\ d \end{pmatrix}e^{ip_3 x_3/\hbar}$$

であることが分かったとする. a, b, c, d は時空座標には依存せず, $|a|^2+|b|^2+|c|^2+|d|^2 = 1$ を満たす. 次の状態の電子を見いだす確率をそれぞれ求めよ. (i) $E > 0$,スピン上向き,(ii) $E > 0$,スピン下向き,(iii) $E < 0$,スピン上向き,(iv) $E < 0$,スピン下向き.

3-10 Dirac 粒子が,次の (3次元の) 球状井戸の中にあるものとしよう.

$$V(r) = -V_0 < 0, \quad \text{for} \quad r < r_0$$
$$V(r) = 0 \quad\quad\quad \text{for} \quad r > r_0$$

(a) $j = \frac{1}{2}$ の ('偶' の) 4成分エネルギー固有関数を正確に求めよ. 4成分関数が "偶" とは,上の2成分の軌道パリティが偶という意味である.

---

[77] この変換は L. L. Foldy and S. A. Wouthuysen および S. Tani が考察した広範意にわたる変換の特例にあたる.

(b) エネルギー固有値を決定する式を構築せよ．

(c) ポテンシャルを強くしていって V_0 が $2mc^2$ と同等もしくはそれ以上になるときに，何が起こるか？

3-11 水素原子の動径方向関数 $G(r)$ と $F(r)$ の節点の数は，量子数 n, j, l とどのように関係するかを論じよ．

3-12 スピンが上向きの正エネルギー電子が静止している．時刻 $t = 0$ から，次のような古典的ベクトルポテンシャルによって表される外場を加え始めることにする．

$$\mathbf{A} = \hat{\mathbf{n}}_3 a \cos \omega t$$

(a は時空座標に依存しない．$\hat{\mathbf{n}}_3$ は z の正の方向の単位ベクトルである．) 初期状態において負エネルギー状態が空であると仮定すると，$t > 0$ において負エネルギー電子を見いだす有限の確率が現れることを示せ．特に $\hbar\omega \ll 2mc^2$ および $\hbar\omega \approx 2mc^2$ の2通りの場合について定量的に調べよ．

3-13 (a) 次式を証明せよ．

$$\sum_{r=1}^{4} u_\alpha^{(r)}(\mathbf{p}) u_\beta^{(r)\dagger}(\mathbf{p}) = \sum_{s=1}^{2} \left[u_\alpha^{(s)}(\mathbf{p}) u_\beta^{(s)\dagger}(\mathbf{p}) + v_\alpha^{(s)}(-\mathbf{p}) v_\beta^{(s)\dagger}(-\mathbf{p}) \right]$$
$$= \delta_{\alpha\beta} \left(\frac{|E|}{mc^2} \right)$$

(b) 上の式を用いて $\psi_\alpha(x)$ と $\psi_\beta^\dagger(x)$ の同時刻反交換関係 (3.409) を証明せよ．

3-14 許容される純粋な Fermi の β^+ 崩壊を考える．ベクトル相互作用だけが寄与を持ち，γ_μ を γ_4 に置き換えることが許されるものとする．次章で導入する対角和 (トレース) の技法を用いずに，陽電子-ニュートリノ角度相関が次のように与えられることを示せ．

$$1 + \left(\frac{v}{c} \right)_{e^+} \cos \theta$$

θ は e^+ と ν の運動量の相対角度である[78]．陽電子のヘリシティの期待値も計算し，その結果を角運動量保存の観点から解釈せよ．

3-15 2.3節において，原子物理によるとパリティが反対符号の状態間で放射遷移が起こりやすいこと，すなわち遷移においてパリティが "変わらなければならない" ことを示した．その一方で，我々は基本的な電磁相互作用がパリティを "保存する" ことを知っている．この逆理を解明せよ．

3-16 (a) 電子が磁気能率と類似した静電双極子能率を持っているものと仮想する．電気双極子能率と電磁場の相互作用を表すハミルトニアン密度を書き，それがパリティ操作の下で不変であることを証明せよ．

---

[78] $\gamma_4 u(\mathbf{p}) = u(-\mathbf{p})$ なので，スカラー相互作用と比べて角度因子は符号だけ反対になることが容易に示される．歴史的に Fermi 反応のベクトル性を最初に確認したのは J. S. Allen とその共同研究者たちである．彼らは A^{35} の β^+ 崩壊 (ほとんど純粋な Fermi 反応) において陽電子とニュートリノが同じ向きに放出される傾向があることを示した．

(b) そのような電気双極子能率の相互作用は，水素原子において (量子力学的な意味合いにおいて) $2s_{1/2}$ 状態と $2p_{1/2}$ 状態を混合させる．Lamb シフトの実測値と計算値が 0.5 MHz 以内の精度で一致するという事実から，電子が持ちうる電気双極子能率の上限値を見積もれ．(注意：非相対論的な $2s_{1/2}$ 状態と $2p_{1/2}$ 状態を使うと，関係する行列要素はゼロになってしまう．)

索引

＜あ行＞
アイソスピン, 14
Einstein, A., 29, 58
Einsteinの規約, 7
Aharonov, Y., 21
Aharonov-Bohm効果, 21
Abraham, M., 79
α行列, 101
　　──と粒子速度, 145
Allen, J. S., 222
Anderson, C. D., 166
E1近似(E1遷移), 51
E2遷移, 55
異常磁気能率, 137
　　電子の──, 137
　　陽子の──, 138
因果律, 72
　　──と交換関係, 41, 193
　　──と分散関係, 72, 78
Wigner, E. P., 34, 67, 149, 218
Wigner-Eckartの定理, 52
Wu, C. S., 206
Wouthuysen, S. A., 221
Waerden, B. L. van der, 98
Waerden方程式(2成分波動方程式), 98, 113, 211, 219
A_μ, 16, 19
Oehme, R., 219
$S_{\alpha\beta}(x-x')$, 192
エネルギー-運動量密度テンソル, 23
$F_{\mu\nu}$, 16
M1遷移(磁気双極遷移), 56
MKSA有理化単位系, 15
円偏光, 38
Euler-Lagrange方程式, 7
黄金律, 50

"大きい"共変量, 134
"大きい"成分, 107
Oppenheimer, J. R., 166
Onsager, L., 23

＜か行＞
Garwin, R. L., 206
χ (等速推進変換パラメーター), 119
$\chi^{(s)}$, 130
回転(回転変換), 118
　　無限小──, 126
カイラリティ(掌性), 210
カイラル表示(Weyl表示), 105, 212
Gauss単位系, 15
確率の保存, 103
確率密度, 93, 103
確率流束密度, 93, 103
仮想光子, 82
荷電共役, 178
　　──場, 192
　　──波動関数, 175
　　──不変性[崩壊反応], 218
　　──変換と電子・陽電子の演算子, 191
　　──粒子, 178
Gamow-Teller選択則, 209
鴎(かもめ)グラフ, 59
Γ_A (4×4基本行列), 133
ガンマ行列 (γ_μ), 99
　　──の表示の任意性, 104
　　──の標準表示(Dirac-Pauli表示), 99, 105
　　──のMajorana表示, 105, 176
　　──のWeyl表示(カイラル表示), 105, 212, 220
γ_5, 131
擬スカラー, 130, 132
"擬スカラー(擬スカラー)結合", 195

索引 (第Ⅰ巻)

"擬スカラー(擬ベクトル)結合", 195
擬スカラー場, 195
軌道電子捕獲, 208
擬ベクトル, 130, 132
奇妙さ(ストレンジネス), 2, 15
q-数, 184
鏡映, 125
共変性, 8
共鳴散乱(共鳴蛍光), 66
強粒子化崩壊(ハドロニック崩壊), 199
局在状態, 148
局所可換性, 72
Kirchhoffの法則, 68
空間的(スペースライク), 72
空間反転, 124
　　　中間子-核子相互作用の—, 195
空孔理論, 166
Coulombゲージ, 26
Coulomb相互作用, 26
Kusch, P., 137
屈折率, 76
Klein, O., 9, 151, 173
Klein-Gordon方程式, 9
　　　—と保存する流れ, 94
Klein-Nishinaの公式, 173
Kleinの逆理, 149
Kramers, H. A., 61, 72, 175
Kramers-Kronig の関係, 72
　　　前方散乱振幅に関する—, 72
　　　複素屈折率に関する—, 77
Kramers-Heisenberg公式, 61
　　　輻射減衰を考慮した—, 69
Crampton, S. B., 164
繰り込み, 84
Clifford, W. K., 133
Clifford代数, 133
Kleppner, D., 164
Clebsch-Gordan係数, 52
Kronig, R., 72
Grodzins, L., 211
K演算子[中心力問題], 153
K中間子, 14, 206
ゲージ変換, 13, 18, 25
　　　第1種—, 14
　　　第2種—, 19, 25
結合定数, 196
　　　π中間子崩壊の—, 218

Λハイペロン崩壊の—, 207
Gell-Mann, M., 14, 73, 209
原子準位のずれ, 80
原子の光子散乱, 58
原子の光子放射・吸収, 44
光学定理, 78
交換関係, 30
　　　光子の演算子の—, 30
　　　スカラー場の—, 89
　　　輻射振動子の—, 30
光子, 30, 33
　　　—系の状態, 33
　　　—の原子による散乱, 58
　　　—の原子による放射と吸収, 44
　　　—の質量, 38
高速微細振動(ツィッターベヴェーグング), 146, 174
光電効果, 29, 90
Goldberger, M. L., 73
Goldhaber, M., 211
個数演算子(占有数演算子), 30
　　　光子(ボソン)の—, 30
　　　電子・陽電子の—, 188
　　　フェルミオンの—, 35
古典的な場, 2, 7
　　　中性スカラー(実スカラー)場, 8
　　　複素スカラー場, 12
　　　Maxwell場, 15
古典電子半径, 61
Gordon, W., 136, 157
Gordon分解, 136
Compton散乱
　　　—とThomson散乱, 63
　　　—の断面積, 173

＜さ行＞

Thirring, W., 73
サイクロトロン角振動数, 144
Sakurai, J. J., 209
Salam, A., 213
Sunyar, A. W., 211
C行列, 176
c-数, 184
CPT不変性, 218
CP不変性の破れ, 218
Jeans, J. H., 29
時間的(タイムライク), 72

索引 (第Ⅰ巻)

時間に依存する摂動論, 48
時間反転, 218
磁気回転比(g因子), 98, 137
磁気双極遷移(M1遷移), 56
磁気単極子, 17
軸性ベクトル, 132
Σ_k, 112
Σ^0 ハイペロンの崩壊, 90
σ_μ (Pauli行列), 99
$\sigma_{\mu\nu}$, 123
自己エネルギー, 79
　　束縛された電子の—, 80
自然幅, 68
磁束量子化, 23
質量の繰り込み, 84
自発放射, 46, 50
　　—の選択則, 52, 56
　　—の電気双極近似, 51
　　磁気双極遷移による—, 56
　　電気四重極遷移による—, 55
射影演算子, 210
　　カイラリティの—, 210, 212
Schwinger, J., 137
Schwinger補正[異常磁気能率], 137
周期境界条件, 27
重粒子(バリオン), 2
自由粒子スピノル, 115, 186
重力相互作用, 196
Stern, O., 137
寿命, 54, 83
　　原子の励起状態の—, 54, 83
　　π中間子の—, 216
　　Λハイペロンの—, 206
主量子数, 160
Schrödinger, E., 9, 146
Schrödinger表示, 140
Schwartz, M., 213
瞬時(同時刻)のCoulomb相互作用, 26
純粋なDirac粒子, 138
詳細つり合い, 58
状態密度, 50
消滅演算子, 30, 34
　　光子(ボソン)の—, 30
　　電子の—, 182
　　フェルミオンの—, 34
　　陽電子の—, 186
真空状態, 33

真空偏極, 173
真空ゆらぎ, 40
　　スカラー場の—, 90
　　輻射場の—, 40
水素原子(水素様原子), 157
　　—のエネルギー準位, 159
　　—の超微細分裂(超微細構造), 162
　　—の$2p$状態の寿命, 55
　　—の微細構造, 110, 160
随伴スピノル, 102
随伴方程式[Dirac方程式], 102
Sudarshan, E. C. G., 209
スカラー場, 8, 195
　　中性—, 8, 89
　　複素—, 12
sr (ステラジアン), 61
Stokes線, 65
ストレンジネス(奇妙さ), 2, 15
スピン, 38
　　光子の—, 38
　　電子の—, 97, 112, 142, 190
スピン演算子, 142, 190
スピン-角度関数, 155
スピン-軌道相互作用, 110
スピン磁気能率相互作用, 45, 97
スピン-統計の定理, 190
スピン密度[Dirac理論], 190
スペースライク(空間的), 72
スペクトルの幅(自然幅), 68
Smekal, A., 65
正エネルギーの状態, 117
　　—のパリティ, 130
正準運動量, 4, 6
　　Dirac場の—, 181
　　電磁場中の荷電粒子の—, 20
　　場の—, 89
生成演算子, 30, 34
　　光子(ボソン)の—, 30
　　電子の—, 182
　　フェルミオンの—, 34
　　陽電子の—, 186
切断エネルギー, 85
摂動論, 48
セミレプトニック崩壊(半レプトン化崩壊), 208
遷移頻度, 50
全角運動量[Dirac理論], 126, 143
　　中心力問題における—, 153

索引 （第Ⅰ巻）

前方散乱振幅, 71
占有数, 33
双一次共変量, 130
相互作用の種類, 196
相互作用ハミルトニアン, 44
　　輻射場と原子内電子の—, 44
相互作用密度, 10
　　核子-中間子結合(湯川結合)の—, 195
　　Dirac電子と輻射場の—, 193
　　$\pi^{\pm}$中間子崩壊の—, 214
　　β崩壊の—, 209
　　Λハイペロン崩壊の—, 199
速度演算子[Dirac理論], 145
Sommerfeld, A., 1, 159

＜た行＞
Darwin, C. G., 110, 157
Darwin項, 110, 149
第二量子化, 184
タイムライク(時間的), 72
τ-θパズル, 206
Tani, S., 221
D'Alembertian(ダランベルシャン), 9
Dalitz, R. H., 206
断面積, 61
　　Thomson散乱(光子-電子散乱)の—, 63
　　Rayleigh散乱(光子-原子弾性散乱)の—, 62
"小さい"共変量, 134
"小さい"成分, 107
Chambers, R. G., 22
中間子, 2, 11, 195
中性スカラー場, 8
　　—の量子化, 89
超電荷(ハイパーチャージ), 14
超微細分裂(超微細構造), 162
ツィッターベウェーグング(高速微細振動), 146, 174
強い相互作用, 196
Deaver, B. S., 23
Dirac, P. A. M., 1, 29, 95, 165
Dirac演算子, 140
Dirac共役, 102
Diracスピノル, 100
Diracの海, 165
Dirac場, 179
　　—の全運動量演算子, 185, 190

　　—のハミルトニアン密度, 181
　　—の平面波展開, 181, 194
　　—のラグランジアン密度, 180
　　—の量子化, 181
Dirac-Pauli表示(標準表示), 99, 105
Dirac方程式, 99, 100
　　—の共変性, 120
　　—の非相対論極限, 106
　　—の平面波解, 116
　　電磁場中の—, 106
　　ハミルトニアン形式の—, 101
デルタ関数, 50, 72, 73, 206
Telegdi, V. L., 206
電荷演算子, 185
　　Klein-Gordon場(スカラー場)の—, 96
　　Dirac場の—, 185, 187
電荷電流密度, 14, 16, 95, 135
電気双極近似(電気双極遷移, E1遷移), 51
電気四重極遷移(E2遷移), 55
電子の偏極状態の時間変化, 144
電子-陽電子消滅(対消滅), 167
電子-陽電子生成(対生成), 167
テンソル, 8, 131
Doll, R., 23
Thomas, L. H., 109
Thomas項, 109
Thomas-Reiche-Kuhnの和則, 91
Toll, J. S., 73
Thomson, J. J., 63
Thomson散乱, 63, 168

＜な行＞
Näbauer, M., 23
Nishijima, K.(西島和彦), 14
Nishina, Y.(仁科芳雄), 173
2成分ニュートリノの理論, 210
2成分波動方程式(Waerden方程式), 98, 113, 211, 219
ニュートリノ, 180, 208, 210
Newton, T. D., 149

＜は行＞
バイスピノル, 100
Heisenberg, W., 41, 54, 61, 189, 192
Heisenberg表示, 140
　　—のDirac演算子, 140
排他律, 34

索引 (第Ⅰ巻)

π中間子, 12, 14, 195
　—の崩壊, 214
Heitler, W., 42, 44
ハイパーチャージ(超電荷), 14
ハイペロン(ハイパー核子), 2
Powell, C. F., 12
Pauli, W., 2, 14, 41, 95, 97, 166, 190, 192
Pauli行列, 100
Pauliの基本定理, 104
Pasternack, S., 88
裸の電子質量, 85
ハドロニック崩壊(強粒子化崩壊), 199
場の演算子, 36
場のテンソル [Maxwell場], 16
ハミルトニアン, 4
　Dirac場の—, 181, 187
　Dirac理論の—, 101, 141
　輻射場の—, 18, 28, 36
ハミルトニアン密度, 6
　中性スカラー場の—, 89
　Dirac場の—, 181
　輻射場の—, 18
バリオン(重粒子), 2
パリティ(空間的偶奇性), 128, 196
　正／負エネルギー電子の—, 130
　π中間子の—, 204
　陽電子の—, 198
パリティの選択則 [原子の自発放射], 52
パリティ非保存, 201, 206
パリティ変換(空間反転), 124
van Kanpen, N. G., 72
反交換関係, 34
　ガンマ行列の—, 101
　Dirac場の—, 192
　電子の演算子の—, 182
　フェルミオン演算子の—, 34
　陽電子の—, 186
反Stokes線, 65
反ニュートリノ, 208
半レプトン化崩壊(セミレプトニック崩壊), 208
微細構造 [水素原子], 110, 160
微細構造定数, 15
標準表示(Dirac-Pauli表示), 99, 105
Hilbert変換, 76
Feynman, R. P., 172, 209
$v^{(s)}(\mathbf{p})$, 186

$V-A$相互作用, 209
Finkelstein, R., 217
Fourier展開(平面波展開), 27, 146, 181, 187, 194
Fairbank, W. M., 23
負エネルギー成分, 148
負エネルギーの状態, 95, 117, 151, 165
　—のパリティ, 130
Fermi, E., 26, 163, 208
Fermi-Dirac統計, 2, 34, 190
Fermiの選択則 [β崩壊], 209
Foldy, L. L., 221
Foldy相互作用, 220
von Neumann, J., 134
不確定性関係 [光子], 43
輻射ゲージ, 26
輻射減衰, 67
輻射振動子, 29
輻射場, 25
　—の運動量演算子, 37
　—の古典的な記述, 43, 47
　—のゆらぎ, 40, 43
　—の量子化, 30, 36
複素共役な場, 12
複素屈折率, 77
不変S関数, 192
不変距離, 72
Pryce, M. H., 221
Breit, G., 145
Planck, M., 29
Planckの輻射則, 58
Friedman, J. I., 206
Proca, A, 24
分散関係, 72
平均位置演算子, 221
Heaviside-Lorentz有理化単位系, 15
β (等速推進変換パラメーター), 118
β行列 $(=\gamma_4)$, 101
β^+崩壊, 180
β崩壊, 208
　—の選択則, 209
Bethe, H. A., 86
ベクトルポテンシャル, 16
　光子の吸収・放射を等価的に表す—, 47
　輻射場(横波電磁場)の—, 25
　量子力学における—, 19
ヘリシティ(旋性), 115, 144, 210

ニュートリノの―, 210
偏極ベクトル [光子], 27, 38
　　　Thomson散乱と―, 63
変分原理, 4
Poincaré, H., 16, 79
Bose-Einstein統計, 2, 34
Bohr, N., 1, 41, 220
Bohr-Peierls-Placzekの関係, 78
Bohr半径, 160
Bohm, D., 21
保存する流れ, 13
　　　Klein-Gordon理論における―, 13, 94
　　　Dirac理論における―, 102
保存量, 141
Poisson方程式, 87
Pontecorvo, B., 213

<ま行>
Meissner効果, 22
Maxwell, C., 16
Maxwellの方程式, 15, 211
Majorana, E., 175
Marshak, R. E., 209
ミュー粒子捕獲, 213

<や行>
Yang, C. N., 206, 213, 219
Young率, 5
$u^{(r)}(\mathbf{p})$, 116
$u^{(s)}(\mathbf{p})$, 186
誘導放射, 47
Uehling, E. A., 174
Uehling効果, 174
Yukawa, H. (湯川秀樹), 3, 11, 195
湯川型相互作用, 195
湯川ポテンシャル, 10
陽電子, 165, 167
陽電子スピノル, 185
横波の電磁場, 25
Jordan, P., 34, 41
弱い相互作用, 196, 208, 218
　　　―の理論, 208
4元運動量, 9
4元勾配, 8
4元ベクトル, 7
4元ポテンシャル, 16, 19

<ら行>
ラグランジアン, 4
ラグランジアン密度, 5
　　　中性スカラー場の―, 9
　　　Dirac場の―, 180
　　　輻射場の―, 17
　　　複素スカラー場の―, 12
Rutherford散乱, 227
Ruderman, M., 217
Raman, C. V., 65
Raman散乱(Raman効果), 65
Lamb, W. E., 88, 162
Lambシフト, 88
　　　―のBetheによる非相対論的な取扱い, 86
Ramsey, N. F., 164
Λハイペロンの崩壊, 199
Landau, L. D., 213
Lee, T. D., 206, 213, 219
Rydbergエネルギー, 87
Rayleigh卿, 29, 61
Rayleigh散乱, 61
Rayleigh則, 62
Retherford, R. C., 88, 162
Lederman, L. M., 206
レプトン, 2, 213
レプトン化崩壊(レプトニック崩壊), 214
連続の方程式, 16, 94, 103
Rosenfeld, L., 41
ρ行列, 102
Lorentz, H. A., 77, 79
Lorentz等速推進(ブースト), 128
Lorentz変換, 7, 118
　　　固有順時―, 126
　　　非固有順時―, 125
Lorentz力, 19, 124, 143
London, F., 21, 23

<わ行>
Weisskopf, V. F., 67, 95
Weyl, H., 166, 213
Weyl表示(カイラル表示), 105, 212
Weyl方程式, 213

訳者略歴
1990年　大阪大学大学院基礎工学研究科物理系専攻前期課程修了
　　　　㈱日立製作所 中央研究所 研究員
1996年　㈱日立製作所 電子デバイス製造システム推進本部 技師
1999年　㈱日立製作所 計測器グループ 技師
2001年　㈱日立ハイテクノロジーズ 技師

著書
Studies of High-Temperature Superconductors, Vol. 1
　（共著，Nova Science，1989）
Studies of High-Temperature Superconductors, Vol. 6
　（共著，Nova Science，1990）

訳書
『多体系の量子論』（シュプリンガー，1999）
『現代量子論の基礎』（丸善プラネット，2000）
『メソスコピック物理入門』（吉岡書店，2000）
『量子場の物理』（シュプリンガー，2002）
『ニュートリノは何処へ？』（シュプリンガー，2002）
『低次元半導体の物理』（シュプリンガー，2004）
『素粒子標準模型入門』（シュプリンガー，2005）
『半導体デバイスの基礎（上/中/下）』（シュプリンガー，2008）
『ザイマン現代量子論の基礎―新装版』（丸善プラネット，2008）
『現代量子力学入門―基礎理論から量子情報・解釈問題まで』（丸善プラネット，2009）

サクライ「上級量子力学」第Ⅰ巻　輻射と粒子

2010年4月20日　初 版 発 行
2013年3月30日　第3刷発行

訳　者　　樺　沢　宇　紀　　　Ⓒ 2010

発行所　　丸善プラネット株式会社
　　　　　〒101-0051　東京都千代田区神田神保町 2-17
　　　　　電 話 03-3512-8516
　　　　　http://planet.maruzen.co.jp/

発売所　　丸善出版株式会社
　　　　　〒101-0051　東京都千代田区神田神保町 2-17
　　　　　電 話 03-3512-3256
　　　　　http://pub.maruzen.co.jp/

印刷・製本/富士美術印刷株式会社

ISBN 978-4-86345-047-9 C3042